Report of International Science and Technology Development

国际科学技术发展报告 2014

中华人民共和国科学技术部

科学技术文献出版社
SCIENTIFIC AND TECHNICAL DOCUMENTATION PRESS
·北京·

图书在版编目（CIP）数据

国际科学技术发展报告．2014/中华人民共和国科学技术部编著．—北京：科学技术文献出版社，2014.4

ISBN 978－7－5023－8778－5

Ⅰ．①国…　Ⅱ．①中…　Ⅲ．①科学技术-技术发展-研究报告-世界-2014　Ⅳ．①N11

中国版本图书馆 CIP 数据核字（2014）第 062739 号

国际科学技术发展报告·2014

策划编辑：周国臻　责任编辑：周国臻　张　丹　宋　玉　责任校对：张吲哚　责任出版：张志平

出　版　者　科学技术文献出版社
地　　　址　北京市复兴路 15 号　邮编 100038
编　务　部　（010）58882938，58882087（传真）
发　行　部　（010）58882868，58882874（传真）
邮　购　部　（010）58882873
官 方 网 址　www. stdp. com. cn
发　行　者　科学技术文献出版社发行　全国各地新华书店经销
印　刷　者　北京时尚印佳彩色印刷有限公司
版　　　次　2014 年 4 月第 1 版　2014 年 4 月第 1 次印刷
开　　　本　710×1000　1/16
字　　　数　510 千
印　　　张　26.75　插页 8 面
书　　　号　ISBN 978－7－5023－8778－5
定　　　价　88.00 元

《国际科学技术发展报告·2014》编辑委员会

《国际科学技术发展报告·2014》课题组成员

序

当今世界，科技发展日新月异，一些重要科学问题和关键核心技术已经呈现出革命性突破的先兆。物质构造、意识本质、宇宙演化等基础科学领域取得重大进展，信息、生物、能源、材料和海洋、空间等应用科学领域不断发展，带动了关键技术交叉融合、群体跃进，变革的能量正在不断积累。

随着科技创新在经济社会中的作用日益凸显，世界各国科技竞争日益激烈。为在未来竞争中占据先机，美国、日本、欧盟及其成员国、韩国、俄罗斯等国近年来密集出台科技计划和创新战略，对科技创新发展进行了远景设计，以便在未来抢占竞争制高点。除了提升科技创新能力之外，各国均把促进经济快速发展以及改善社会民生作为创新战略的重点。

首先，各国均制定了宏大的科技目标。美国、欧盟、日本等科技发达国家和地区强调要保持已有科技优势，新兴国家则提出要大力追赶。在研发投入方面，美国、欧盟、俄罗斯等国提出的目标是把研发强度提高到3%，日本提出的目标是4%，印度和南非的目标是2%。在研发人员方面，《美国创新战略》提出到2020年要使美国拥有本科学位的人所占比例位居世界第一。印度提出到2018年，印度研发人员全时当量要比现在至少增加66%。俄罗斯则致力于科研人员的年轻化，提出到2020年让科研人员的平均年龄降至43岁，39岁以下科研人员占科研人员总量的比例提高至35%，从而让俄罗斯的科研人员充满活力和创造性。

第二，各国都将促进经济增长和解决社会发展问题作为战略重点。《美国创新战略》的副标题是保障经济增长与繁荣，突出了创新对经济增长的支撑作用；欧盟《地平线2020》的目标之一是使欧盟成为全球工业领袖；德国《高技术战略2020》中强调要利用科学技术解决德国所面临的最严峻的经济与金融环境挑战；日本《科学技术创新综合战略》的目标是，到2030年，经济实力维持世界前列，实现可持续发展；实现社会安全、生活富足安心。一些国家还提出了具体的指标，如韩国《第三期科学技术基本计划》提出研发对经济增长的贡献率要由1981—2010年的35.4%提高至2013—2017年的40%；创造64万个新的就业岗位；《至2020年俄罗斯创新发展战略》提出，到2020年，俄罗斯高技术产品（及服务）占世界高技术产品市场份额不少于5%~10%，高技术产品在国家GDP中的份额要提高到17%~20%。

第三，各国强调根据国家经济社会发展的重大需求部署重点科技领域。在推动创新战略的过程中，世界主要国家往往会根据经济社会发展的重大需求，面向信息、生物、能源等重点科技领域，部署一些重大战略任务，以期通过这些重大战略任务，突破可以引领产业变革的重大关键技术和产品，从而实现国家的战略目标。如欧盟在《地平线2020》计划下“推动未来新兴技术旗舰项目”，力图建立大规模、长期的欧洲合作伙伴关系，集中力量，取得重大突破。韩国《第三期科学技术基本计划》明确将在融合信息技术并创造新产业，扩充未来增长动力，营造清洁舒适的环境，开创健康长寿时代，构建安全无忧的社会这五大领域推进120项国家战略技术（含30项重点技术）的开发。

第四，各国重视制定保障措施，确保战略目标和任务的落实。为确保未来科技发展规划各项任务的落实，各国还制定了一系列保障措施，具体包括：给予资金保障，完善投入结构，改革经费资助方式和管理办法，以提高科研资金的效率和效用；通过设立新型创新机构、设立专项计划、完善评价机制等举措，加强产学研合作，支持创新链的关键和薄弱环节，推动技术转移和商业化，让科技成果的经济效益最大化；加强本国创新人才培养，创造良好的环境条件，留住本国优秀人才，同时吸引更多优秀的人才为本国效力；加大国际科技合作，充分利用国际创新资源，提升本国的科技竞争力和国际影响力。

新世纪以来，中国的科技发展取得了令世界瞩目的成果。但是在这些成就的背后，还应该充分认识到我国与发达国家间存在的差距。我们必须增强忧患意识，敏锐把握世界科技创新发展趋势，学习其他国家在科技创新方面一切有效的做法，紧紧抓住和用好新一轮科技革命和产业变革的机遇，围绕我国经济社会发展中面临的突出和重大问题，做好创新驱动发展的顶层设计并有效实施，使中国早日进入创新型国家的行列。

科学技术部副部长 曹健林

前言

当前，世界科技继续快速发展，一些重要科学问题和关键技术已经呈现出革命性突破的先兆，带动了关键技术交叉融合、群体跃进，变革突破的能量正在不断积累；科学技术越来越成为推动经济社会发展的主要力量，以大数据、智能制造和无线网络为代表的科学技术的发展，加快催生新一轮产业变革。为在新的科技产业革命中占据先机，各国都在积极布局，出台科技创新战略，把其作为创造新的经济增长点、维持经济可持续发展的引擎。2013 年，印度发布指导未来 10 年的科技创新政策，提出要加强科学、技术与创新之间的协同，使之全方位融入社会经济进程。日本出台《科学技术创新综合战略》，视科技创新为日本经济再生的引擎，明确了未来日本社会经济发展的应有面貌和科技创新应攻克的主要难题。韩国发布《第三期科学技术基本计划》，提出以“以创造性的科学技术为钥匙，开启充满希望的新时代”为发展蓝图，系统推进国家科技创新。在此背景下，要在新一轮创新竞赛中占据主动地位，必须全面了解世界科技发展的最新趋势和各国科技创新战略和政策的最新动向。这正是我们编撰出版《国际科学技术发展报告·2014》的出发点。

《国际科学技术发展报告》从 20 世纪 80 年代开始发布延续至今，已经有 30 多年的历史了。报告由科学技术部国际合作司与中国科学技术信息研究所共同组成专题研究组，在我国驻外使领馆科技处（组）的配合下，对当年世界各国科技发展的最新趋势和动向进行全面分析和探讨，是国内介绍世界科技新发展的重要报告之一。

《国际科学技术发展报告·2014》共分四部分。第一部分主要对2013年的国际科学技术发展动向进行综述，包括各国科技创新战略和规划的动向、政府促进企业创新的举措、全球科技投入和人才的最新趋势。第二部分主要选择一些重点科技领域就国际发展状况进行较深入的综合介绍，包括清洁能源、信息技术、生命科学和生物技术、新材料、航天、开放获取以及颠覆性技术等。第三部分介绍了美国、加拿大、墨西哥、古巴、哥斯达黎加、巴西、智利、欧盟、英国、法国、爱尔兰、比利时、挪威、瑞典、丹麦、意大利、西班牙、罗马尼亚、塞尔维亚、希腊、德国、瑞士、波兰、捷克、匈牙利、奥地利、俄罗斯、白俄罗斯、日本、韩国、朝鲜、越南、印度、新加坡、印度尼西亚、以色列、哈萨克斯坦、澳大利亚、新西兰、南非和埃及等国家和地区2013年的科技发展概况。第四部分提供了最新的科技统计数据。

在撰写本书的过程中，我们参阅了大量的政府机构、国际组织及知名研究机构的公开报告，也引用了国内外许多报刊的资料。由于涉及资料很多，报告中未及一一列出被引用文献的名称，谨表歉意。

由于时间和编写人员水平所限，本书难免有疏漏之处，敬请读者批评指正。

“国际科学技术发展报告”课题组

目录

第一部分　国际科学技术发展动向综述

第二部分　国际科技热点追踪与分析

第三部分　主要国家和地区科技发展概况

第四部分　附　录

第一部分

国际科学技术发展动向综述

本部分主要介绍近几年尤其是2013年世界科技发展的最新趋势、各国科技发展与创新政策的新动向、全球科技投入和人才战略的最新走向。

各国出台科技创新战略，谋划长远发展

随着科技创新在经济社会中的作用日益凸显，世界各国科技竞争日益激烈。为在未来竞争中占据先机，美国、日本、欧盟及其成员国、韩国、俄罗斯等国近年来密集出台科技计划和创新战略，对未来的科技创新发展进行了远景设计和部署。2007 年，南非发布《2008—2018：面向知识经济的十年创新规划》；2009 年，德国制定《高技术战略 2020》，美国出台《创新战略：推动可持续增长和高质量就业》（2011 年进行更新）；2011 年，日本出台《第四期科学技术基本计划》；2012 年，欧盟发布《地平线 2020》科研规划（2014 年 1 月正式实施），俄罗斯制定《至 2020 年俄罗斯联邦科技发展规划》；2013 年，印度发布指导未来 10 年的科技创新政策，日本出台《科学技术创新综合战略》，韩国发布《第三期科学技术基本计划》，法国出台《创新议程》。这些科技创新战略重视科技创新与创业、商业环境和就业市场等更为广泛的改革措施的结合，尤其注重促进科研成果商业化。同时，为了更好地落实计划和战略，各国还出台多项政策和措施。

一、制定宏大目标，促进以科技带动经济社会发展

科技创新能力是提升综合国力的根本，各国科技发展规划和创新战略均提出要大力提升科技创新能力。美国、日本、欧盟等科技发达国家和地区强调要保持已有的科技优势；新兴国家则提出要大力追赶，韩国、印度等国甚至提出了至 2020 年要进入世界科技强国前 5 位之列的宏伟目标。除了提升科技创新能力之外，各国均把促进经济快速发展以及改善社会民生作为科技计划和创新战略的重要目标。

1. 研发资金

对科学研究的资金投入是对国家未来的战略性投资，各国高度重视。2010年，从研发经费总量来看，美国位居世界第一，数额高达4000多亿美元，日本位居第二（1690亿美元），中国大陆第三（1043亿美元），德国为925亿美元，法国为578亿美元，英国为399亿美元，韩国为379亿美元，加拿大为284亿美元，巴西为249亿美元，俄罗斯为172亿美元，印度为140亿美元，南非为25亿美元（图1－1）。从研发强度（研发资金占GDP的百分比）来看，美国为2.88%，日本为3.36%，中国大陆为1.77%，德国为2.82%，法国为2.26%，英国为1.76%，韩国为3.74%，巴西为1.16%，俄罗斯为1.16%，印度为0.85%，南非为0.93%（图1－2）。

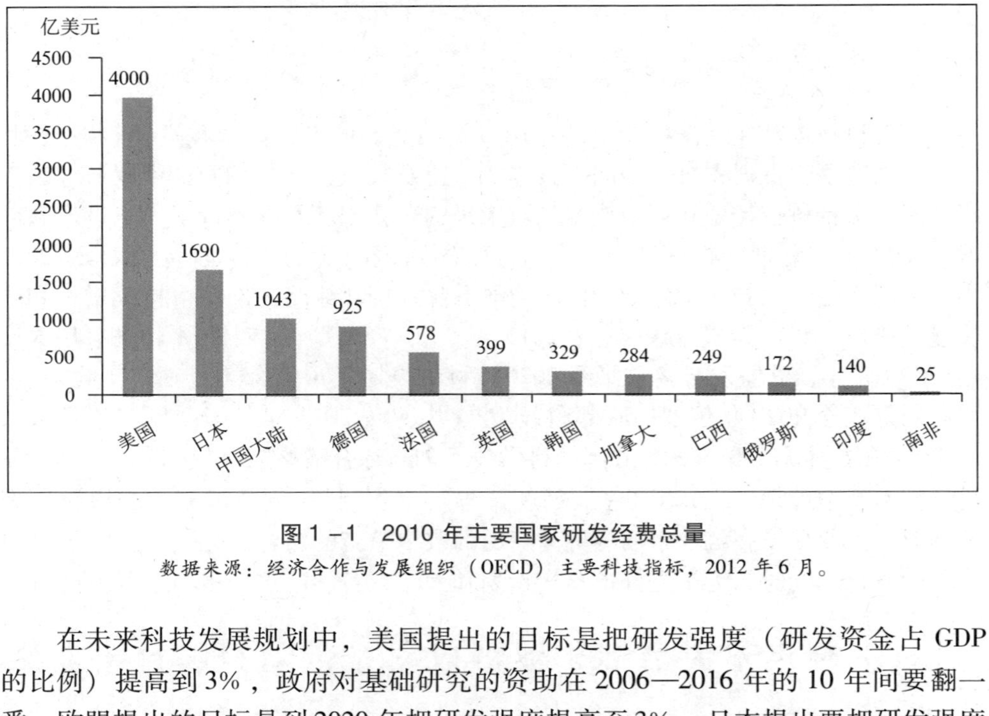

图1－1 2010年主要国家研发经费总量

数据来源：经济合作与发展组织（OECD）主要科技指标，2012年6月。

在未来科技发展规划中，美国提出的目标是把研发强度（研发资金占GDP的比例）提高到3%，政府对基础研究的资助在2006—2016年的10年间要翻一番；欧盟提出的目标是到2020年把研发强度提高至3%；日本提出要把研发强度提高到4%，与此同时，政府研发资助占GDP的份额达到1%；俄罗斯提出到2020年研发强度要达到3%，与此同时，财政外研发经费占国内研发经费的比例提高至57%；中国提出至2020年将研发强度提高到2.5%；印度提出至2018年将研发强度提高到2%；南非提出至2018年将研发强度提高到2%。

各国目标的提出与其科技基础以及政府对科技的重视程度密切相关。从图1－2所示的各国2010年的研发强度及其2020年的目标值来看，虽然经济发达国家确定的目标较高，但由于其当前研发强度相对较高，其完成目标的难度并不是很大，而发展中国家尽管确定的目标不太高，一些国家要完成其目标还有很大的困难，如俄罗斯距离未来目标还有近2%的差距，南非和印度离未来目标的差距均超过1%。

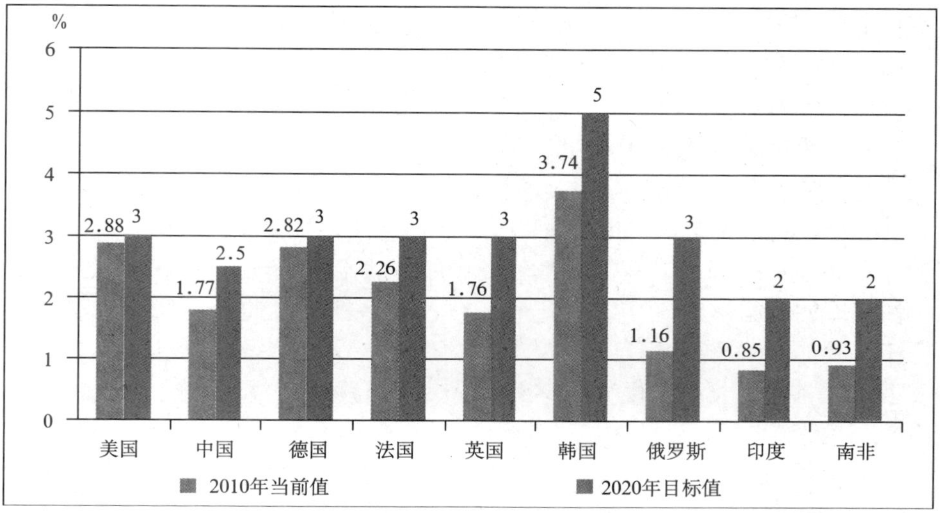

图1－2　2010年主要国家研发强度的当前值及2020年目标值

2. 研发人员

研发人员是科技活动的最核心资源，各国在未来科技规划中高度重视研发人员的培养和队伍建设。面对本国科技研发人员短缺的局面，2011版的《美国创新战略》提出要加强科技教育，提高研发人员的能力和素质，到2020年使美国拥有本科学位的人所占比例位居世界第一。印度提出要大力增加研发人员的数量，2013年《科技与创新政策》指出研发到2018年，印度研发人员全时当量要比当前至少增加66%。最新数据表明，印度当前的研发人员为39.1万名，到2018年，其研发人员将达到64.9万名。印度最大的优势在于其年轻的劳动力，印度人均年龄仅为26岁，要达到此目标应该比较容易，届时，印度研发人员的数量有可能仅次于中国、美国位居第三。俄罗斯则致力于科研人员的年轻化，提出到2020年让科研人员的平均年龄降至43岁，39岁以下科研人员占科研人员总量的比例提高至35%，从而让俄罗斯的科研人员充满活力和创造力。南非提出的目标是到2018年全时当量研发人员达到2万名。

3. 科技产出

论文、专利等科技产出是衡量一个国家科技实力的重要标志。科技产出多的国家一般科技实力也很强。在科技论文方面，2012 年排名前 10 位的国家分别是美国、中国、德国、英国、日本、法国、意大利、加拿大、西班牙和韩国。在三方专利申请方面，2010 年排名前 5 位的国家分别是日本（15 713 件）、美国（14 022 件）、德国（5726 件）、法国（2465 件）和韩国（2223 件）。中国申请的三方专利有 883 件。

为实现快速的追赶，中国、俄罗斯、南非等发展中国家对于科技论文、引文以及专利等科技产出都制订了明确的目标：中国的目标是本国人的发明专利年度授权量和国际科学论文被引用数均进入世界前 5 位。俄罗斯的目标是本国学者发表的文章在“Web of Science”检索系统中所占的比例达到 3%，被收录进 Scopus 索引数据库的本国学者论文比重升至 13%；俄罗斯学者的论文平均被引用频次不低于 5 次（2009 年为每篇 2.4 次）；俄罗斯的三方专利申请量至少达到 2500 ~ 3000 项。南非的目标是本国科技产出占全球的份额达 0.7%，其中在美国专利局获得专利达 250 件。

从各国制定的目标来看，科技实力较强的国家不仅重视科技产出的数量，而且重视科技产出的质量。中国的目标是提高国际科学论文被引用数而不是论文数量，俄罗斯对论文平均被引用频次和三方专利提出了要求。而科技实力较弱的国家目前所提出的目标仍然停留在数量层面上。

4. 提高科技对经济社会发展的支撑作用

2008 年以来，为应对与解决经济增速放缓或停滞、国家债务负担沉重、失业率上升、社会发展失序等严峻挑战与问题，世界主要国家面向未来的科技创新战略和规划，都将促进经济增长和解决社会发展问题作为主要的战略目标之一。其中《美国创新战略》以“保障经济增长与繁荣”为副标题，突出了创新对经济增长的支撑作用；欧盟《地平线 2020》的目标之一是成为全球工业领袖；德国《高技术战略 2020》强调要利用科学技术解决德国所面临的最严峻的经济与金融环境挑战；日本《科学技术创新综合战略》的目标是，到 2030 年，经济实力维持在世界前列，实现可持续发展，实现社会安全、生活富足，包括延长国民的健康寿命，促进残障儿童和成人融入社会，支持下一代儿童健康成长；韩国《第三期科学技术基本计划》提出了到 2017 年实现人均国民收入 3 万美元并创造 64 万个新的就业岗位的目标；印度《科学技术创新战略》将科学研究对创新体系的贡献与包容式经济增长的目标相挂钩。

一些国家在科技规划和创新战略中还对科技支撑经济社会发展提出了具体要

求。韩国提出，研发对经济增长的贡献率要由 1981—2010 年的 35.4% 提高至 2013—2017 年的 40%，并创造 64 万个新的就业岗位；南非提出，至 2018 年，技术进步对经济增长的贡献率要达到 30%，国家从知识型产业获得收入的比例将高于 50%，超过 50% 的企业进行创新；《至 2020 年俄罗斯联邦创新发展战略》提出，到 2020 年，俄罗斯高技术产品（及服务）占世界高技术产品市场份额不低于 5%~10%，高技术产品在国家 GDP 中的份额要提高到 17%~20%，创新产品在工业产值中的比例要提高 5~6 倍，创新企业占全部企业总数的比例提升到 40%~50%；中国则提出，到 2020 年科技进步贡献率达到 60% 以上。

二、明确重点任务，实施重大科技专项

1. 各国明确的重点任务

纵观各国科技创新战略，可以发现其重点任务主要集中于加强科技基础、提升产业竞争力、改善民生社会等三个方面。

科技基础是确保长期创新能力的根本，各国高度重视。《美国创新战略》指出，政府要加大研发投资，对三个主要基础研究机构（国家科学基金会、能源部科学局以及国家标准与技术研究院）的投资要翻一番，以加强和扩大美国在基础研究领域的领先地位。欧盟科研规划《地平线 2020》把“卓越的科学”作为三大支柱之一，侧重基础科学研究，强化欧洲领先世界的研发地位。韩国《第三期科学技术基本计划》把振兴创新性基础研究作为重点任务之一，具体措施有：提高基础研究投资在政府研发预算中的比重，计划到 2017 年达到 40%；将基础科学研究院培育成国际基础研究中心；到 2017 年，成功发展 50 个研究团队，吸引 300 名居世界前 1% 的科学家；简化创新型课题的选定和评估环节；实施从基础研究到商业化的后续研究支持计划。

促进经济繁荣是科技创新的重要目标之一，各国科技计划和创新战略均提出要采取各种举措，提升产业竞争力。《美国创新战略》提出要促进基于市场的创新，使美国企业能够推动未来的经济增长，并继续引领全球市场。欧盟《地平线 2020》提出要成为全球工业领袖，要在关键的工业技术领域进行重点投资，包括信息通信技术、纳米技术、新材料技术、生物技术、先进制造及加工技术和空间技术等。日本《第四期科学技术基本计划》提出，要强化日本的产业竞争力，包括强化产业竞争力的基础技术（尖端材料、多功能电子设备、信息通信等基础技术、测量技术、精密加工、嵌入式系统等），利用日本既有优势发展新产业（第二代交通网络、智能网络、高速互联网、高可靠云计算等）。韩国《第三期科学技术基本计划》提出，要扩充未来增长动力，积极发掘新产业。

改善民生、应对社会挑战是科技创新的最终目的，也是各国科技规划和创新

战略的重点任务。日本《第四期科学技术基本计划》确定的三大任务——灾后复兴、绿色创新计划、民生创新计划均与民生社会密切相关。针对灾后复兴，日本确定的重点领域包括：被污染土壤与水质的调查与改良，恢复海洋生态系统，提升对农林水产品安全性等的研发，加强地震、海啸等的调查观测和灾区防灾减灾的对策研究，继续强化辐射线监测等。针对绿色创新，日本确定的重点领域包括：可再生能源开发，完善基础核心与分散型两用能源供给体系，基础核心能源供应的高效化与低碳化，制造业、民生与交通、信息通信领域内的节能技术，能源利用的高效化、低碳化与智能化。针对民生创新，日本确定的重点领域包括：基于个人综合因素的疾病预防方法，医疗信息的现代化，疫苗开发，高精度早期诊断技术，内视镜成像技术，通过 iPS 疾病细胞模型探索全新药物，核酸、药物传输系统等治疗方式的研发，再生医疗技术，针对癌症晚期患者减轻痛苦的医疗方式，等等。

欧盟《地平线 2020》中提出了健康、人口变化和社会福利，安全、清洁和高效的能源，智能、绿色和整合的交通运输，包容、创新与安全的社会，气候变化与行动等国际社会所面临的共同挑战，并针对这些挑战确定了重点领域，例如，为应对交通运输的挑战，欧盟提出的重点领域有航空（提高航空的资源效率、灵活的顾客导向的空中机动性、突破性创新以及提高航空安全性的研究创新等）、铁路（智能基础设施、自动铁路服务以及新一代铁路机车）、公路（低排放动力系统技术、先进汽车概念、汽车供应链管理等）、水路（低能耗低排放的船只、通过新技术和智能惨痛管理实现更安全和更有效的水路运作、水运资产的生命周期成本和绩效优化等）。

韩国《第三期科学技术基本计划》提出，将在五大领域推进 120 项国家战略技术（含 30 项重点技术）的开发。这五大领域包括：融合信息技术并创造新产业，扩充未来增长动力，营造清洁舒适的环境，开创健康长寿时代，构建安全无忧的社会。

2. 实施重大科技专项

重大科技专项对于提升国家的科技实力和整体竞争力有重要作用，如阿波罗计划大大提升了美国的航天水平，信息高速公路计划让美国在信息技术领域位居世界前列，并开启了 20 世纪 90 年代长达十年经济高速发展的繁荣期。近年来，很多国家根据社会经济发展的需要，选择重大战略性科技创新专项给予专项支持，开展从基础研究到实用化一条龙的研究开发。

作为美国创新战略的一部分，奥巴马政府鼓励各界与政府一道，识别并迎接 21 世纪的各项“大挑战”。美国政府除了继续推进国家纳米技术计划、网络与信息技术研发计划外，还在清洁能源、先进制造、生物技术、航天技术等国家优先领域陆续推出了一些新的更具体的目标导向型专项计划，如 Sunshot 太阳能计划、电动汽车普及计划、脑计划等目标远大但有可能实现的“大挑战”计划。其中，Sunshot 太阳能计划力争在2020 年实现电力平价，电动汽车普及计划拟在2022 年使插电式电动汽车与燃油汽车相当，“材料基因组计划”将大幅缩短先进材料的开发和应用周期，“脑计划”旨在彻底改变人们对人脑的认知，最终目的是帮助研究人员找到治疗和预防阿尔茨海默病、癫痫病、创伤性脑损伤等脑部疾病的新方法。

在第 7 框架计划中，欧盟首次引入了公私合作机制，在航空、制药、燃料电池与氢、嵌入式系统和纳米电子领域设立了 5 项“联合技术计划”，由“联合执行体”（JU）具体负责其执行。第 7 研发框架计划向 5 项“联合技术计划”投入31. 2 亿欧元，产业界配套投入 46. 6 亿欧元。鉴于“联合技术计划”在吸引高水平的产业界参与方面取得了成功，欧盟委员会提出在《地平线 2020》计划中继续实施“联合技术计划”。当前，欧盟提出要设立 5 项“联合技术计划”，一是创新药物，以提供新的、更有效的诊断和治疗方法；二是燃料电池与氢；三是清洁天空，从根本上降低下一代飞机的环境影响；四是生物基产业，开发新的、具有竞争力的生物基价值链，替代化石燃料需求，并对农村发展产生强有力的影响；五是电子元器件及系统。欧盟委员会指出，所有这些“联合技术计划”将研究支撑全球竞争性产业增长与就业的战略性技术。此外，欧盟委员会还考虑在未来工厂、节能建筑、绿色汽车、未来互联网、可持续流程工业、机器人、光子技术和高性能计算等方向建立契约型公私伙伴关系。

日本在 2013 年 6 月出台的《日本复兴战略》中提出，科学技术创新对于“战略市场创造计划”的实现发挥着十分重大的作用，因而需要创立一个跨省府合作、历时数年的战略性创新项目，期待其在解决国家级重要课题、创造战略市场上有所贡献。9 月，日本综合科学技术会议决定，从 2014 年开始设立“跨部门战略性创新促进计划（SIP）”。根据社会经济发展的需要，日本综合科学技术会议遴选出了十项重大课题，包括来自能源研究领域的“汽车燃烧技术创新”、“能源载体技术创新（氢社会等）”等 5 个课题，来自下一代基础设施研究领域的“自动驾驶系统研究开发”、“基础设施维护管理技术（应用机器人等）”等 3 个课题，以及地域产业竞争力与农林技术竞争力提升领域的“创新的设计、生产技术（3D 打印等）”和“下一代农林水产业创新技术”这 2 个课题。日本政府将围绕这 10 项课题组织开展从基础研究到实用化一条龙的研究开发，并将集成内阁总理府和相关部、省的力量联合推动实施。

三、制定保障措施，确保规划目标和任务的落实

为确保未来科技发展规划各项任务的落实，各国还制定了一系列保障措施。

1. 资金保障和经费管理改革

资金是开展科技活动的重要基础，很多国家对于科技发展规划给予了明确的资金保障。欧盟对《地平线2020》的资助为700多亿欧元；俄罗斯联邦政府对《至2020年科技发展规划》的资助为1.6万亿卢布，另外，俄政府还将在现代化资金中划拨部分资金补充支持该计划；日本政府对《第四期科学技术基本计划》的资助为25万亿日元左右；韩国《第三期科学技术基本计划》预算规模将达到92.4万亿韩元（约合830亿美元），比《第二期科学技术基本计划（2008—2012）》的研发投资高出24.4万亿韩元。

除了资金保障外，一些国家提出要改革经费资助方式和管理办法，以提高科研资金的效率和效用。日本在《第四期科学技术基本计划》中提出，要逐步将科研经费转移到省部委统一管理，达到统一化、简明化和合理化；加大竞争性资金力度；改革大学和公立科研机构的资金监管体制，彻底公开审查的结果。欧盟提出，要针对不同环节创新主体的不同需求，达到对创新的无缝支持。韩国在《第三期科学技术基本计划》中提出，要对现有投资项目进行重新审查，整合类似或重复项目，减少预算浪费。对于剩余预算，政府将其集中用于战略性投资，以提高投资效率。而原有研发体系将向领先的研发计划、管理、评估体系转变，并将扩大创新跨越型研究，构建研发成果质量评估体系，营造接受诚实失败的环境，实现科研设备设施、大数据等科技基础设施的开放共享。作为欧盟成员国共同参与的一项重大科研计划，《地平线2020》既包括针对科研活动的研究与创新基金，针对人员的培训与流动基金，还包括针对管理机构的协调资金，针对中小企业的债券与股权投资基金，此外，还包括政府奖励和面向创新的公共采购，以及商业化前公共采购和面向创新型解决方案的公共采购。

2. 加强产学研合作，支持创新链关键环节

产学研合作是把科研成果转化为产品和经济效益的重要手段，是创新链的关键环节。当前，各国采取了多种举措加强产学研合作，支持创新链的关键环节，以便让科技成果的经济效益最大化。欧盟《地平线2020》强调要完善基于创新链的服务，包括概念设计阶段、试验阶段、应用阶段以及市场化阶段。韩国《第三期科学技术基本计划》提出：要推动技术转移和商业化。俄罗斯总统普京在2013年12月发表的国情咨文中指出，要坚持政府与企业对项目的联合支持原则；总理梅德韦杰夫指出，在国家发展战略中应将重点放在发展从基础科学到技术商品化的创新链。

促进公共科研成果的转移。科技对经济社会发展有重要的促进作用，但由于公共科研成果的主要开发者是高校和科研机构，而新产品和服务的开发者是企

业，因此，促进公共科研成果向企业的转移成为很多国家的政策着力点。日本《第四期科学技术基本计划》提出，由大学及科研机构提供研发成果，由政府参与强化与产业界和技术转移机构的合作。韩国《第三期科学技术基本计划》提出，将研究所内部的技术转移和商业化机构培育成连接大学和企业的商务及创业纽带；壮大技术转移专业组织、商业化专业公司等技术转移中介的力量。欧盟成立了 Pronano 研发团队，借助欧盟纳米技术创新伙伴关系网络平台 NANOfuture，从纳米工业技术最近几年的优秀科研成果入手，积极探索快速有效的商业化解决方案。在 Pronano 研发团队的指导下，创办了由科技人员利用其科研成果成立的近 20 家创新型企业。法国在 2012 年 11 月出台了《促进研发技术转移政策》，旨在活跃技术成果转化和公共研发活动。新政策涵盖了六个主要方面的措施：一是在技术成果转化方面为各个环节提供贴身服务，二是在公共研发方面，着力完善技术转化体系和建设创新文化，三是建立一个新公共研发的专利管理框架，四是增强中小企业和创新型企业的技术成果转化力度，五是积极扶持通过技术成果转化建立新企业，六是通过公共政策支持，调动和强化经济创新研发。加拿大联邦政府于 2013 年 5 月宣布，其国家研究理事会（NRC）回归为产业导向的研发和技术组织，更加注重商业化应用，而非基础研究。回归之后的 NRC 将会与加拿大产业界共同合作填补企业的技术差距，为产业界提供战略性研发、技术服务，以及专业化的科技基础设施，帮助加拿大成为更具有创新力的经济体。芬兰国家技术开发中心 2013 年 6 月 24 日调整了其新战略的工作重点，关注那些对商业产生直接益处、用户需求强烈的研究领域，放弃那些更适合大学或其他机构所从事的研究领域，包括与核聚变反应有关的基础研究、癌症机制、血浆和血清基础代谢学、机械木材加工、图形打印等，通过业务重点的收敛、业务重组和运行模式的变化等，将新战略定位于产生更佳的经济社会影响。

成立新型创新机构。作为连接学术发展和商业开发的重要载体，产学研合作新型创新机构将创新活动集中在一起，有助于解决技术创新难题、交流隐性知识、共享研究设备和仪器，从而能够更好地促进产学研合作。近年来，很多国家重视产学研合作机构的发展。日本《第四期科学技术基本计划》提出，鼓励企业自己与大学合作成立研发中心。英国技术创新中心计划自 2010 年启动以来进展顺利，创建了多个技术创新中心，涉及 7 个关键领域：先进制造、卫星应用、细胞疗法、近海可再生能源、未来城市、交通系统和联通数字经济。未来两年还将投资建设两个新的技术创新中心，分别关注能源系统领域和分层医学诊断领域。截至目前，各技术创新中心的公私投资总共达到了 14 亿英镑。2008 年，欧盟理事会（EC）正式通过决定，启动欧盟“人才、研发、创新”知识三角“三位一体”的欧盟创新与技术研究学院（EIT）和研发创新价值链产学研用紧密结合实体——知识与创新共同体（KICs）的建设。旨在连接研发创新价值链源头的知识人才到研发创新价值链终端的价值实现，强化整个研发创新价值链的无缝衔接。截至2013年底，欧盟第7研发框架计划（FP7）共投入了3亿欧元资助EIT和KICs建设，主要包括三大主题领域：气候变化、信息通信技术（LCT）和新能源技术。2014—2020年期间，欧盟将陆续启动五大主题领域的EIT和KICs建设，分别为：积极与健康的老龄化社会、原材料及有效利用、未来食品与安全、先进制造业和城市智能交通。芬兰将继续实施国家科技创新战略中心（SHOK）计划。SHOK计划自2007年推出以来共确立了6个战略中心：森林集群产业、信息与通信产业和服务、钢铁生产与机械制造、能源与环境、建筑与环境创新、健康与福利，2008—2012年间投入资金达3.725亿欧元。SHOK计划把政府、国际企业、国际研究等资源结合起来，实现新的产学研形式，取得了较好的效果。例如，SHOK计划成功地将芬兰森林集群变为生物经济集群，加速了这个行业的演变和重新定义。新西兰2013年2月成立了先进技术研究院（也称卡拉翰创新院，Callaghan Innovation)，为企业提供科学、技术、工程和设计等相关服务的“一站式”服务。创新院未来4年将获得政府预算1.66亿新元，用于机构的建设与发展。此外，创新院还负责管理政府各类创新资助计划，年资助额为1.15亿新元。

完善评价机制，增加对经济社会发展贡献的定性评价指标。日本《第四期科学技术基本计划》提出，在科技评价指标中，要增加市场贡献、成果普及、促进就业等定性评价指标。英国计划从2014年起以卓越研究框架（REF）作为研究评价标准，废除原有的研究评估制度（REA)。从REA到REF，三项评价指标中前两项即“研究质量”和“研究环境”不变，但是第三项“研究的声誉”将被“研究的经济社会影响”所取代。各项指标的权重分别是：研究质量占60%、研究环境占15%，研究的经济社会影响占25%。同时，英国技术创新中心的主要考核指标不是发表论文的数量，而是新增客户、成功项目、专利等知识产权情况、新创企业等与经济相关的指标。美国《促进联邦研究的技术转移和商业化》备忘录指出，为更好地促进联邦机构的技术转移，要制定绩效目标及其测度和评估方法。评估指标应包括公开发明的数量和质量、现有专利的许可情况、合作研发协议、产业伙伴关系、新产品以及子公司等。

3. 人才培养和引进

加强本国创新人才培养，让更多的人接受科技教育和培训是很多国家未来科技发展规划的重要内容。日本《第四期科学技术基本计划》提出，要塑造全方位的科技人才，强化研究生教育，培养独创性的优秀研究人员，培育科技创新接班人。《至2020年俄罗斯联邦创新发展战略》中提出，要大力培养创新型人才，他们不仅能充分应用科研成果，还应具备将科研成果在社会各领域推广的能力。

南非《2008—2018：面向知识经济的十年创新规划》提出，到2018年，全国大学中研究领军人物将达到210人；到2025年，科学、工程和技术类高校入学人数达到26万人，博士毕业生达5610人。

吸引海外优秀人才也受到很多国家的重视。日本《第四期科学技术基本计划》提出，要促进大学和公立研究机构接收海外的优秀研究人员和学生，完善研究奖金和奖学金资助体制；改革出入境管理制度，为海外研究人员的家庭成员提供方便的生活环境。《至2020年俄罗斯联邦创新发展战略》提出，要修订外国人出入境管理法，为外国人在俄工作消除障碍；设立引进世界知名学者到俄罗斯大学从事科研活动的专项资助计划。此外，创造良好的环境条件、留住本国优秀人才是一些发展中国家的关切。《俄罗斯联邦至2020年创新发展战略》提出，要建立各种专项基金，提高科研人员工资待遇，为青年科学家建立住房建设基金，改善科研人员的工作和生活条件，科研人员的工资水平要达到当地平均工资水平的2倍。

4. 国际科技合作

随着科技全球化的不断深入，充分利用国际科技资源受到各国的高度重视。在未来科技发展规划中，很多国家均把国际科技合作作为重要的保障措施。

欧盟重视科技计划与非欧盟国家和地区的相互开放。欧盟《地平线2020》规划将维持开放申请的原则，在鼓励世界各地的优秀研究人员和发明家申请欧盟项目的同时，也鼓励欧盟参加第三国的科研计划。很多欧盟成员国正在考虑将本国科研与创新系统融入全球和整个欧洲，以进入全球价值链，满足国际市场新的创新需求。

日本《科学技术创新综合战略》提出要从全球化的战略视角上推动科学技术创新，强调将视野提升到世界范围内，国家、个人、企业、大学、地区等各层次不仅同国内也要同海外进行互动。该战略还提出要通过提升科研机构中外籍研究人员的比例来提高科研机构的学术水平，其目标是：到2020年，在一流大学和研究机构中，外籍研究人员的比例增至20%，到2030年达30%。日本《第四期科学技术基本计划》则提出，要推进知识产权战略与国际标准化战略，强化国际标准化、性能评价以及安全标准制定等研发机构的功能，加强知识产权信息的网络化，培养国际标准化人才，构筑日美欧韩中各国间专利部门审查结果的共享体系。

俄罗斯《国家科学技术发展规划2013—2020》指出，促进科研活动国际化，扩大国际科技合作，鼓励俄罗斯科研机构与国外机构合作。该规划的子计划之一《加强国际科技合作子计划》，目标是实施国际科技协定和其他国际项目。

韩国则提出：要加强全球科技外交，并设立国家科技外交中心；扩大政府科技开发援助，加强解决全球性问题和大科学领域的共同研究，如推广韩国科技创新发展模式，传播相应技术，培养科技外援专业人才；组建国际研发中心，加强韩国科研合作网络，如打造国际研发特区，推动亚洲框架合作计划（泛亚洲合作研究计划）。

政府支持企业开展创新活动，提升国家竞争力

企业是创新活动的主体，其创新能力既是企业自身发展壮大的根本动力，也是提升国家竞争力的关键因素。为此，各国一直在通过各种措施促进企业的创新，包括以竞争性拨款和研发税收激励等手段向企业提供财政支持，通过政府采购等需求面的政策工具拉动企业的创新，针对高成长的中小企业制定专门的扶持政策等。

一、世界各国企业创新能力概况

当前，最具竞争力的企业当属那些创新投入多、创新能力强的企业。世界知名咨询公司博斯公司预测，2013 年全球研发支出最高的十家企业依次为：大众（114 亿美元）、三星（104 亿美元）、罗氏（102 亿美元）、英特尔（101 亿美元）、微软（98 亿美元）、丰田（98 亿美元）、诺华（93 亿美元）、默克（82 亿美元）、辉瑞（79 亿美元）和强生（77 亿美元）。这些公司的一个共同特点是重视研发支出，研发强度（研发支出占营业收入的比例）较高，罗氏、诺华等医药公司和英特尔、微软等信息技术公司的研发强度均在 10% 以上。当然，不同行业领域公司的研发强度也不尽相同，相对于生物、信息技术等行业，汽车业的研发强度普遍较低，大众、丰田汽车的研发强度大约为 4% 。此外，企业的创新能力不仅取决于研发强度，还与其产品、管理、营销、文化等因素密切相关。

近年来，一些研究机构从不同的角度和侧面对企业的创新能力进行评价。博斯公司在《2013 年全球创新 1000 强》中根据调查意见评选出了最具创新性的十大公司，分别是苹果、谷歌、三星、亚马逊、3M、通用电气、微软、IBM、特斯拉和脸书（Facebook）。这些公司并非研发投入最多和研发强度最高的公司，但特斯拉除外。特斯拉的产品为纯电动汽车，鉴于纯电动汽车的技术仍不成熟，因此，公司需要投入大量资金进行技术研发。2012 年，特斯拉研发投入达 3 亿美

元，占营业收入的比例高达66.3%。除此以外，这些公司在了解用户需求和市场需求以及满足这些需求方面具有较强的能力和潜力，因此被业界评为最具创新性的公司。福布斯2013年8月发布了《最具创新能力企业百强排行榜》，该排行榜主要基于投资者对企业未来创新成果经济价值的预判所做出，排名前10位的公司分别是美国的Salesforce.com、亚力兄制药（Alexion）、威睿信息技术公司（VMware）、雷杰纳荣制药（Regeneron）、英国的ARM控股、中国的百度、美国的亚马逊、直觉外科（Intuitive Surgica）、韩国的乐天以及巴西的娜图化妆品公司。波士顿咨询集团9月26日公布了《2013年最具创新的50家公司》，该排名是基于全球企业创新的相关投入以及创新在企业战略中的地位，在向全球各行业1000多名高级经理人调研的基础上综合评选得出的[①]。排名前十位的公司分别是苹果、三星、谷歌、微软、丰田、IBM、亚马逊、福特、宝马和通用电气[②]。汤森路透公司10月公布了报告《2013年全球创新百强》，该报告主要基于专利（专利数量、专利申请成功率、四方专利数量；在美国专利商标局、日本专利局、欧洲专利局和中国国家知识产权局都注册申请了的专利以及影响力；被其他专利文献所引用的次数）评价出了世界创新百强，其中排名前10位的分别是：美国的3M公司，瑞士的ABB，美国的雅培公司、AMD公司、空气产品公司（Air Products），法国的阿尔卡特－朗讯，美国的阿尔卡特、模拟器件公司，法国的阿科玛，日本的旭硝子。需要说明的是，由于不同机构在评价企业创新能力时选取的角度不同，因此，其结果也有很大不同，如微软和英特尔等知名科技公司从未入选《福布斯》最具创新能力企业排行榜。

实践表明，当今世界强国无一不拥有强大的企业，国家的创新能力在很大程度上决定着国家的创新能力和竞争力。欧盟2013年发布的《创新联盟记分牌》指出，企业创新是衡量一个国家创新能力的重要指标，一些权威机构公布的企业创新排行也较好地说明了这个观点。在福布斯2013年发布的《最具创新能力企业百强排行榜》中，美国上榜的公司共有39家，日本有11家，法国有7家，德国、英国、中国各有5家，瑞士有4家，瑞典、荷兰、丹麦、印度和巴西各有3家。在汤森路透公布的《2013年全球创新机构100强》中，美国占了45家，日本为28家，法国为12家，瑞士为4家，韩国为3家。从两个排行榜中可以看出，美国拥有的创新百强机构数占了1/3以上，其创新能力远超其他国家，日本、法国、德国、英国等拥有的百强机构数也较多，这些国家的创新能力较强。

尽管从整体来看，美国企业的创新能力强于其他国家，但不同国家的企业在不同产业、不同价值链上都有各自优势。例如，欧洲企业在民用机器人（工业和

① http://finance.ifeng.com/stock/ssgs/20130122/7586995.shtml

② http://blog.sciencenet.cn/blog-1557-731437.html

服务型机器人）上领先美国企业，而美国企业则在军用机器人上领先欧洲企业。美国企业在网络服务方面最具创新力，而亚洲企业在平板显示上则要比欧美企业强很多。网络服务企业大多在美国创办并增长是因为在那里更容易获得创投资本，但在机器人和显示技术这些需要长期投资与支持的技术类别上，美国就不如其他国家成功。

二、创新型企业快速成长

随着科学发现和技术发展速度的不断加快，科技成果转化为现实生产力的周期也越来越短，19 世纪，电从发现到应用时隔近 300 年，电磁波通信时隔近 30 年；到了 20 世纪，集成电路仅用了 7 年的时间就得到应用，而激光器仅仅用了 1 年多。今天，人类基因组、超导、纳米材料等本属于基础研究的成果，在中间成果阶段就申请了专利，有些甚至迅速转化为产品走进人们的生活。在此背景下，一些领域尤其是高成长领域，新兴公司大量出现并快速成长。

在网络服务领域，出现了谷歌、百度、亚马逊、腾讯等快速成长的公司。谷歌公司于 1998 年创建，2012 年的营业额超过 500 亿美元，被公认为全球规模最大的搜索引擎。百度于 2000 年 1 月创建，2012 年营业额达 230 亿元人民币，是全球最大的中文搜索引擎。亚马逊公司创立于 1995 年，2012 年的销售额高达 480 亿美元，已成为全球商品品种最多的网上零售商。腾讯公司成立于 1998 年，2012 年营业额超过 400 亿元人民币，是中国最大的互联网综合服务提供商之一。讯佳普公司于 2003 年创办，其核心技术讯佳普能够使用户在网上进行语音和视频的通话。2005 年 9 月易贝以 31 亿美元买下了讯佳普，2011 年 10 月微软公司又以 85 亿美元买下了讯佳普。

在移动互联网领域，出现了苹果、小米等公司。苹果公司在推出 iPhone、iPad 等产品之后，营业额快速增长。2012 年 9 月至 2013 年 9 月，iPhone 销售额超过了微软、高盛、亚马逊、百事、戴尔、谷歌、辉瑞等公司。而中国的小米公司也创造了历史传奇，从 2010 年创业到销售额突破 100 亿元仅仅用了 3 年时间，已经成为中国专注于智能手机研发的移动互联网公司。

在显示器领域，则出现了剑桥显示技术、塑料逻辑等公司。剑桥显示技术公司于 1992 年成立，2004 年在纳斯达克上市，2007 年被住友化学株式会社以大约 2.85 亿美元收购，如今它是显示器生产过程中所使用的有机发光聚合物（LEP）技术的研发龙头。塑料逻辑公司是英国剑桥大学卡文迪许实验室的研究人员在 2000 年成立的，主要生产有机柔性显示屏，2010 年，俄罗斯纳米技术公司以 1.5 亿美元获得它 25% 的股权，2011 年，塑料逻辑接受了俄罗斯纳米技术公司另外提供的 7 亿美元注资，并开始在俄罗斯修建第二家生产基地。

此外，在其他领域也出现了很多快速成长的公司，如机器人行业的 iRobot 公司和电动汽车领域的特斯拉公司。iRobot 公司在 2000 年正式注册为法人，主要设计、制造各种机器人，比如用于家庭真空吸尘的自主式保洁机器人 Roomba，擦洗、清洁硬质地面的 Scooba，以及用于军队和警务的机器人 PackBot。2010 年其销售收入约为 4 亿美元，毛利 1.45 亿美元，公司市值超过 7 亿美元。特斯拉公司成立于 2003 年，主要定位是生产高端纯电动跑车。2013 年一季度，该公司的销售收入为 5.55 亿美元，同比增长 27 倍。

实践表明，高成长企业具有一些共同的特点，包括创新能力强、拥有一流人才以及在关键阶段能够获得资助等。

高成长企业的一个共性是具有创新性，谷歌公司拥有用来处理海量数据的 Bigtable 结构化数据存储系统等在线搜索引擎核心技术，剑桥显示技术掌握着有机发光聚合物的关键技术和专利，塑料逻辑公司开发了以塑料取代硅来生产集成电路的技术，从而创造出了连续基板的柔性电子显示屏。然而，创新并不止于技术，苹果公司的业绩之所以出类拔萃，更多的是因为它能将有益的用户体验、高效简洁的设计以及新颖的商务模式结合在一起，而不仅仅因为它的技术。

创新依靠的是人才，高校尤其是世界一流名校为高成长企业培养了杰出的人才。谷歌创始人在斯坦福大学受益匪浅，不仅得到师长的保护，得以大展才华，而且也有通向硅谷高技术创业天使投资和创投资本网络的便捷渠道。除了天才创始人之外，企业还需要在技术和管理方面具备各种知识和技能的人才。亚马逊公司就需要大批具备合适技能的人员。

资金对于初创企业至关重要，很多初创企业都是因为缺乏资金而夭折。初创企业的资金获取渠道包括天使投资、创业投资、风险投资、公共资金等。一般而言，技术研发周期短、准入成本低、回报迅速的企业往往容易受到天使投资、创业投资等的青睐，网络公司大都属于此类公司，如谷歌、脸谱、推特等。而技术研发周期长，而且商业化需要复杂的生产设施和巨大投入的企业，则很难吸引到足够的资金，显示器、机器人等行业的公司大都属于此类。虽然天使投资人能够提供种子资金，但这一类创新企业却需要多年期持久的资本投入，创投资本的投资时间通常不超过 5~10 年（甚或更短）。因此这类企业如果没有公共资金的支持，则难以跨越“死亡之谷”而进入商业生产阶段。

三、政府大力促进企业创新

企业是创新的主体，是国家创新力和竞争力的关键。欧盟委员会负责工业事务的副主席安东尼奥·塔亚尼表示：“如果欧洲还想保持其全球竞争力以及促进增长，必须支持企业，特别是中小企业成为创新的关键驱动因素。”为支持企业创新，各国采取了很多举措。

1. 各国创新战略高度重视企业创新

近年来，各国纷纷出台创新战略，把提升企业创新能力作为重要任务，打造有利于企业创新的政策环境。《美国创新战略》提出，要培育刺激有效创业的竞争市场，给予企业研发上的税收优惠来加速创新，用有效的知识产权政策来保护独创性，鼓励高增长型和以创新为基础的创业。欧盟为进一步深化《创新型联盟》，提出要为高增长创新型企业创造更好环境，将政策重点放在创新型企业的成长上，包括：消除阻碍企业成长的条条框框，在设计支持科研和创新的政策工具时应充分结合培育创新型新企业的具体目标，应向创新型新企业提供更加优惠的特殊税收待遇，促进研发成果商业化的政策需要进一步落实、提高、评估和更新，培育创新和创业文化，激励创新型企业勾画发展宏图，支持向新企业和小企业提供技能培训和合格的创业指导。2013 年 6 月，日本政府推出了《日本复兴战略》，其重要举措之一就是加速推进产业新陈代谢和高科技企业的创新和创业。韩国《第三期科学技术基本计划》提出：要支持中小企业、风险企业开展技术创新，帮助中小企业解决研发人员短缺的困难，针对企业不同的发展阶段给予不同的支持等措施。英国《促进增长的创新与研究战略》提出，促进企业创新是英国推动经济复苏过程中科技政策的重要着力点，要从战略高度促进企业创新，该战略还明确了研发税收优惠、支持风险投资等支持创新型企业发展的举措。2013 年 3 月俄罗斯通过的《至 2020 年国家经济发展与创新型经济计划》之“推动创新”子计划提出，要提高现有企业的创新积极性，逐步增加创新型企业数量，鼓励国有企业和自然垄断型企业进一步开展创新活动，消除影响创新活动开展的政策障碍。同时，促进“科技型小企业发展基金会”支持成立的创新型小企业要从 2012 年的 490 家提升至 2020 年的 850 家。澳大利亚《21 世纪创新议程》指出，政府可以解决市场失灵，支持企业创新。为提高中小企业的创新业绩，要采取以下措施：在未来 10 年使参与创新的企业比例增加 25%；逐渐增加投入研发的企业数量；提高创新能力和工作能力；支持企业的创新商业化活动；与私营部门合作，增加风险资本投入。

2. 加大对企业创新的财税支持

金融危机以来，很多企业受到影响，收入、利润减少，投入研发和创新的资金也随着下降。尤其是中小企业，金融危机使得初创企业在种子和早期阶段获取资金更加困难，因为银行向创业提供的贷款更少，风险投资也转向后期风险较低的投资阶段，风险投资退出机制以及其他的私人产权投资如资产出售（并购）或 IPOs 也都显著减少。因此，企业创新融资的局面依然艰难。德国工商会对

1000 家企业所做的调查显示，仅 7% 的被调查企业表示其创新项目在 2012 年进行外部融资时较 2011 年有所改善，57% 的企业主要利用自有资本进行创新。在此背景下，各国政府通过财税措施加大对企业创新的资金支持。

各国财政预算中支持企业创新的资金有所增加。韩国《第三期科学技术基本计划》提出，未来五年韩国政府将扩大研发预算中对中小企业的投资比重，从 2011 年的 12.4% 提高至 2017 年的 18%；欧盟委员会 2013 年将从第七框架计划中提供 7700 万欧元用于支持制造业的创新计划——制造业中小企业 ICT 计划，该计划将资助欧洲的 200 家中小企业，涉及先进机器人解决方案、高性能云模拟服务、智能传感设备和创新型激光应用等四个领域，帮助企业降低发展初期应用高技术的风险；英国《面向增长的创新与研究战略》提出要重启小企业研究和技术奖励计划（SMART），未来 3 年将投入 7500 万英镑专门支持中小企业研发与创新。同时，该计划将资助 2500 万英镑支持企业进行创新，包括产品的概念验证以及大规模原型样机和市场开发活动，帮助中小企业改进产品的技术、服务和品牌。英国技术战略委员会（TSB）2013—2014 财年的总预算为 4.4 亿英镑，主要用于支持创新型企业的发展，重点领域包括健康、高附加值制造、能源、食品、交通运输、建筑环境、数字经济、太空技术等领域。奥地利政府推出了“领先企业创新倡议”，并投入 2000 万欧元设立专项资金支持领先企业创新；西班牙工业技术发展中心（CDTI）承诺 2013 年为研发创新企业资助 10 亿欧元。

各国还加大了研发税收优惠的力度和范围，并简化了相关程序。相对直接的财政资助而言，研发税收激励机制可让企业自行决定投资哪个研发项目，这种灵活的机制正在被越来越多的国家所采用。同时，各国的研发税收优惠力度日益增加，法国 2004—2005 年研发税收抵免率仅为 5%，2011—2012 年提高至 30%，2013 年将提高至 40%；英国 2004—2005 年大企业研发税前加计扣除比例为 125%，2011—2012 年增至 130%，英国中小企业研发税收扣除由原来 175% 提高到 2012 年的 225%；葡萄牙研发税收抵免率由 2004—2005 年的 20% 增至 2011—2012 年的 32.5%；丹麦研发税前加计扣除比例由 2004—2005 年的 150% 增至 2011—2012 年的 200%。此外，各国研发税收优惠的程序更加简单便捷，如英国简化了研发税收优惠申报手续，使更多的企业从这一政策中受惠；法国自 2013 年起，实行科研创新税收信贷资金预提供，即符合要求的企业可在申请当年即获得一定比例的预供资金，无须像以往那样等到申请第二年审核完成之后才可获得资金。

3. 完善各种投资机制，改善中小企业融资环境

政府财政税收支持政策尽管有助于解决中小企业的加强创新，但对于中小企业成长所需的资金来说却远远不够。而由于规模小、实力差，中小企业在面向市场进行融资过程中面临着巨大困难。为此，各国政府采取了一系列举措，以改善

中小企业融资环境。

政府出资设立创新基金。各国成立基金支持中小企业创新的案例有很多，如芬兰国家研发基金（SITRA）、新加坡技术开发基金、法国种子基金、澳大利亚创新投资基金（IIF）、新西兰创新投资基金（VIF）、瑞典 ALMI 基金等。近年来，一些国家又设立了创新基金，如美国政府 2012 年拿出 10 亿美元建立“早期创新基金”，激励那些高增长的技术型小企业进行创新。该基金采取 1:1 的比例与早期种子资金募集的私人资本共同支持小企业的成果转化，推动小企业跨越成果转化中的“死亡之谷”。英国 2009 年出资 1.5 亿英镑作为种子基金，成立英国创新投资基金（UKIIF），重点扶植正在起步的小型技术企业。当前，英国创新投资基金的重要资助对象为生命科学、信息技术、先进制造业和清洁技术等领域。爱尔兰于 2013—2018 年间，将启动 1.75 亿欧元投资的种子项目和风险投资计划，用于资助高增长企业的发展，平均每家获批的高增长企业可获得约 200 万欧元的风险投资支持。该计划主要资助信息通信技术、生命科学、高技术制造业和绿色经济等领域的创新型、高增长企业。

鼓励投资者对企业创新投资。一些国家利用具有吸引力的税收优惠政策鼓励投资者对中小企业投资，如英国 2012 年启动了“种子企业投资计划”（SEIS），其规定，对于 10 万英镑以下的投资，预先减免 50% 的税收；只要参与该计划，则投资中所获任何收益全部免税；同时，由于 SEIS 尚处早期阶段，作为助其顺利推行的一项特别优惠政策，目前在其他投资中所获收益，只要将其再投资至该计划中，则前次投资的收益也可享受税收减免。该计划由于超级优厚的税收优惠①受到了投资者的青睐，过去一年，该计划已经成功为初创企业提供了 8200 万英镑资金。此外，英国正在筹建“国民创新基金”。“国民创新基金”针对创新型和研究密集型中小企业，把资金提供给有效益的创新产品或项目。每个英国公民每年都可向“国民创新基金”投入最多 1.5 万英镑的投资，并且这笔投资的个人收入所得税可免除 40% 。为改变欧盟风险资金缺乏的局面，欧盟 2013 年提出了简化程序的新规定，即基金经理人将需要在其所在的成员国的主管机构登记，之后就可以在整个欧盟范围内推销其风险资本和社会创业基金，而不需要在每个成员国获得销售许可或注册。该举旨在通过跨国营运资金的筹集，来补充欧盟风险投资的不足。

通过设立信贷基金和担保等方式，推动金融机构向小企业贷款。2012 年美国联邦政府向 332 家金融机构注资 40 亿美元，使这些金融机构在原有 360 亿美

---

① 按照该计划，如果投资 10 万英镑，且充分利用了收入所得税减免政策和资本利得税的到期再投资税收减免：按照目前的税率，投资者实际只拿出了 2.2 万英镑。这意味着，即使投资的企业蒸发 3/4 以上的价值，投资者也没有亏损。乐观一点看，假如该企业价值翻倍，那么投资者的免税投资回报率就相当于 800% 多一点。而按照普通税收条款计算，投资回报率将只有 72% 。

元贷款规模的基础上向小企业增加贷款48亿美元；美国小企业管理局还通过向小企业投资公司（SBIC）投入18.3亿美元，拉动这些投资公司向小企业投资28.3亿美元。近年来欧洲投资银行不断加大对企业创新活动的支持力度。2013年用于支持欧盟中小企业和中型企业的贷款达到120亿欧元。英国2013年启动了“新创企业贷款计划”，该计划将给24~30岁的下一代创业者提供贷款，支持他们创建新企业。2013年，英国政府将为该计划提供3000万英镑。未来3年英国政府将为此提供共计1.1亿英镑的资助，受资助的新创企业将达到数万家。此外，英国政府还通过“企业融资担保计划”为2100家小企业提供担保，帮助他们获得银行贷款；巴西科学研究与发展项目资助署（FINEP）将为创新型企业提供80亿雷亚尔（约合40亿美元）信贷资金，与创新型企业共担风险。

此外，国际上近年来兴起了一些新的融资模式，其中比较重要的是众筹。众筹是指通常在互联网的帮助下，众多个人将他们的资金汇集起来，共同支持他人或其他机构发起的项目或业务。通过众筹，创新者、创业者和企业家能够通过社会网络募集资金。过去10年，由于网络和移动网络应用软件及服务的进步，众筹业迅速兴起。2012年全球通过众筹平台募集的资金预计达22亿欧元，比2011年增长80%。目前，众筹产业仍处于发展初期。众筹模式是获得种子前资金、种子资金、贷款、收入和捐款的独特来源。它可以作为政府扶持资金、天使投资和银行贷款的补充，使创业者扩大业务，进而吸引早期风险投资资金。众筹引起了德国研究和创新专家委员会、英国国家科技艺术基金会、美国科学促进会等重要智库和团体的关注。2012年，美国已将股权型众筹写入《促进初创企业融资法》。欧洲众筹框架专家组2013年发表报告，建议欧洲构建众筹框架，开展众筹立法，监督和鼓励众筹业发展。韩国《第三期科学技术基本计划》提出要发展众筹基金，推进技术和创意融资，完善中小企业的融资环境。

4. 加大对创业的支持

创业是科技与经济结合的直接和有效途径之一，是科技价值向产业转移的“携带者”。有人认为，硅谷模式之所以成功，关键在于高新技术的发明者主要不是向企业转让其技术成果，而是自己创办企业，直接从事技术成果商业化工作。台湾联华电子、台积电均为工研院科技人员所创办，微软公司为哈佛大学的比尔·盖茨所创，谷歌的创办者是斯坦福大学的拉里·佩奇（Larry Page）和谢尔盖·布林（Sergey Brin）。近年来，面对金融危机所带来的失业和经济萎靡等问题，很多国家都考虑把支持处于发展早期阶段的研发密集型企业和创新型企业作为政府的重点工作。

美国2011年启动了“创业美国”计划，提出要把创业精神树立为美国核心价值观和企业竞争优势的标杆，要增加对全国高增长初创企业的资本供应，扩大创业教育和指导计划，加强联邦资助的研发成果的商业化，消除阻碍高增长新企业发展的障碍，扩大大公司和初创企业之间的合作。欧盟 2013 年启动了“2020 创业行动计划”，希望以此造就新一代创业者，振兴欧洲经济。创业行动计划拟采取的举措包括：通过创建欧洲小额贷款市场、简化税收系统、推动私人投资等手段，帮助中小企业融资；利用现有欧盟企业基金资助企业转让；帮助诚信的破产企业二次创业；在培训、研发、创新产品商品化等方面支持创业者，并降低新企业的社会负担；资助中小企业采用数字信息技术；简化政府管理程序。英国 2011 年出台了“创业英国”计划，50 家知名企业承诺投入数百万英镑支持新创企业。奥地利提出了到 2020 年知识研究密集型初创企业的数量每年增长 3% 的目标。俄罗斯把促进企业创新和加速初创企业的创立和发展作为重点政策之一，其 Start 计划在俄罗斯创新型企业中知名度很高。韩国《第三期科学技术基本计划》提出要加大对创业的支持，包括对于一人创业给予技术项目和人力资源信息等方面的支持；通过改善创业制度、激励创业等措施激发公共研究机构创业；加强企业家精神教育，并培育大学创业基地。

资金短缺是创业过程中面临的最大难题，为此，很多国家政府出资设立了创业基金，如加拿大 2013 年启动的“创业投资行动计划”投入 4 亿加元用于定向支持初创企业，爱尔兰政府将启动总额为 1000 万欧元的“创业基金”重点投向互联网、游戏、云计算、医学科技以及金融服务等领域。德国 2011 年启动了总额为 2.91 亿欧元的第二期高技术创业基金，向初创的高技术企业直接投入加速其成长。巴西科技与创新部 2013 年启动了“初创企业计划”（Start-UP Brasil），计划孵化 150 个软件和 IT 服务初创公司，其中 25% 是国际公司。每个入选的初创企业将得到 20 万雷亚尔（约合 10 万美元）的资助。除了向创业者和初创企业提供支持外，各国政府还通过财政、税收等措施加大对企业成长的支持。

此外，美国、英国、加拿大、新加坡、澳大利亚等国还通过大力吸纳创业移民，来激发移民的创业潜能，提升本国的创业活力。2012 年，英国启动了 Tier 1 毕业生创业签证，以留住高技术毕业人才在英国创业。毕业生创业签证只需要拥有创新性的创业计划，而不需要创业资金投入。2013 年 1 月 29 日，奥巴马发表讲话提出要设立“创业签证”，对于创业成功，为美国创造就业岗位并有利于经济增长的创业者可以永久居留。从 2013 年 4 月开始，加拿大联邦政府计划推出“创业签证计划”，要求移民申请者在加拿大设立有创意、能带来就业岗位的新公司，产品具有全球竞争力。未来 5 年，加拿大每年最多批准 2750 名此类移民。韩国在“2013 外国人政策实施计划”中，新设创业签证制度和外国人专用技术创业项目，支持有实力的外国人在韩国创业。创业签证将发放给希望在韩国创业的拥有先进技术的外国人，外国人专用技术创业项目将引导外国人单独或联合创业，给予不超过创业经费 70%（5000 万韩元以内）的支持。

5. 整合各方力量，促进协同创新

各国政府还通过完善法律法规、建立合作平台等手段，整合多方的力量，促进企业的协同创新。

制定恰当的竞争法，为多个企业公平竞争创造良好的环境。一直以来，大公司出于收回生产线投资以及尽可能让投资产生更多的利润等多种因素考虑，普遍愿意延长原有技术的寿命，不愿意采用新的技术。以显示器技术为例，当前，大公司普遍采用的是液晶技术，每座工厂的投资大约为40亿美元。尽管OLED技术有很大的潜力降低生产成本，但由于它对液晶技术生产商形成了威胁，因此，大公司普遍不愿意采用OLED技术，控制着全球液晶显示屏80%市场份额的十大供应商结成了卡特尔组织。为推广应用新技术，美国、欧盟和韩国的司法当局通过巨额罚金将这一组织摧垮，从而为OLED时代的到来播下了种子。

建立集群培养创新型企业。集群是指在地理上集中，有交互关联性的企业、专业化供应商、服务供应商、金融机构、相关产业的厂商及其他相关机构等组成的群体。它有利于降低企业的成本，提高规模经济效益和范围经济效益，提高产业和企业的市场竞争力。美国一些成功的高成长企业得益于集群效应，例如诞生谷歌、苹果和脸谱的硅谷，以及微软和亚马逊所在的西雅图。近年来，世界很多国家政府都设立了集群计划，如法国设立了竞争力集群计划，德国制定了产业集群创新升级计划、瑞典制定了机器人谷计划等，以加强所有相关企业之间的生态系统，同时融合大学、科学园区、孵化器以及地方金融机构的知识、技能、基础设施和创新专长，让产学研形成合力。截至2013年，法国竞争力集群的总数达到71个，其中世界级竞争力集群5个，接近世界水准的7个。俄罗斯“硅谷”斯科尔科沃已经在2010年花费500亿卢布（约16亿美元）并建立起雏形，在未来7年里，政府将投入另外40亿美元的资金。此外，俄罗斯2012年推出了“创新性地域集群”计划，以促进企业、研究机构和高校之间的产学研合作。丹麦2013年4月30日公布了集群政策，具体举措包括建立丹麦集群论坛以监测、协调和开发集群；把集群分为本地小型专业化的集群组织、成熟强大集群组织、国际杰出的集群组织，在地区、国家和国际三个层面提供有针对性的竞争力开发；加强丹麦集群的国际化活动。

此外，一些国家还通过鼓励新技术公司的联合来加快培育新兴产业。为加强日本在OLED技术的优势地位，日本经济产业省（METI）说服索尼、日立和东芝公司将它们中小型显示屏业务合并起来成立了日本显示器公司，以抗衡韩国和我国台湾地区的平板显示器产业。日本显示器公司将为研发和生产投资27亿美元，计划2013年开始OLED显示屏的批量生产。

科技人才开发备受关注

当今世界，人类正面临着全球环境和社会可持续发展的巨大挑战。能源危机、水资源短缺、气候变化、粮食安全、生物多样性等重大问题的解决，以及创造新知识和新技术，用科技支撑经济，以创新驱动发展，需要大量拥有特殊的技能、专业化的知识以及对知识和技术具有集成使用能力的人。总之，对于处在全球化进程中的各国而言，人才已经成为不折不扣的增强竞争力和创新力的强效引擎。因此，各国均将科技人力资源视为发展的第一资源加以高度关注。

回顾 2013 年，尽管全球经济处于低增长状态，但各国致力于科技人力资源建设的目标依旧坚定，并制定了积极应对国家未来人才需求的策略，采取了一些参与国际人才竞争的措施。总体来看，全球科技人力资源建设工作，呈现出了以下一些趋势和特点。

一、推进科技人力资源规划，确保未来人才供应

高质量和足够数量的科技人才是各国参与国际竞争，确保国家未来繁荣，经济和科技稳步发展的关键。为了开发出未来社会所需的各类人才，许多国家都在加强人才战略的顶层设计，统筹规划未来人才的培养和开发，以保证为国家创新驱动发展提供高质量的人才。

1. 美国——推出联邦 5 年 STEM 教育战略，培养后备科技力量

STEM（科学、技术、工程和数学）集成教育是美国近 30 年来历届政府秉承的培养创新人才的重要手段。根据美国商务部的调查数据，2000—2010 年间，美国 STEM 相关职位需求数量的增长是非 STEM 职位的 3 倍，而且商务部估计，未来几年内 STEM 职位数量的增长将是非 STEM 职位的 1.7 倍。乔治敦大学教育和劳动力研究中心也指出，美国在 2008—2018 年间，将会创造 77.9 万个 STEM

相关领域的就业机会，但基于美国的教育状况，在此期间却可能只有55万名美国人能获得STEM专业的学位。因此，奥巴马一直强调发展和改进STEM教育，并将之作为其两个任期的施政重点。

在对美国未来职业需求状况以及当前美国STEM教育状况进行调查和预测的基础上，2013年5月，美国国家科技委员会和STEM教育委员会正式发布了联邦5年STEM教育战略计划，为美国未来科技人才的培养制定了发展路线图。该战略计划整合、缩减、调整了原有的STEM人才培养项目和计划，以及奥巴马上任以来发起的系列创新运动，确立了新的协调机制，希望使创新人才培养工作更加连贯，投资效率更加显著，项目开展更加顺畅。其目标是，让美国学生不论是在中小学阶段、大学阶段，还是在非正式教育阶段都能获得良好的STEM专业学习机会，使未来美国能拥有更多高素质的和多样化的STEM人才，促进美国在STEM相关创新领域保持领先。该战略计划设定的国家目标是：提升STEM教育，到2020年时培养10万名优秀中小学STEM教师，以补充现有的STEM教师力量；鼓励青少年和公众参与STEM项目，使在每年高中毕业前都有机会进行实际STEM体验的学生人数增加50%；提高本科生学习STEM专业的比例，未来10年增加100万STEM领域的本科毕业生；为弱势群体在STEM领域提供更好的服务，在接下来的10年，增加少数族裔中STEM学生和毕业生的数量，提高妇女参与STEM活动的积极性；为未来的STEM人才设计好研究生教育课程，包括为STEM专业研究生提供基础和应用研究所需的专业知识，进入机构所需要的专业技能，以及任何职业都需要的辅助技能。联邦政府STEM教育预算表明，政府将在2014年为STEM教育项目投入31亿美元，支持上述STEM教育战略的发展，这一投入较之2012年增长6.7%。

2. 俄罗斯——公布科学及科教人才联邦专项计划，统筹科技人才开发

俄罗斯在科技领域实施的2009—2013年科学及科教人才联邦专项计划于2013年底结束，该计划通过建立专门的机制，支持科学及科教人才结构的优化，形成了科研团队研究和个人研究模式。同时，还通过制定相关措施，保证了参与者的广泛性，确定了对俄罗斯最有利的发展方向，形成了政府对科学和科教人才的支持。通过该计划的实施，2012年，俄罗斯30~39周岁的研究人员占全部研究人员的比例已达到20.5%，占高等教育部门研究人员的比例已达到22.5%；同时，39周岁以下的拥有博士和副博士学历的青年研究人员占全部研究人员的比例已达到14.3%。这些数据显示，该计划实施效果良好。

基于此，2013年俄罗斯联邦政府又发布了2014—2020年创新俄罗斯科学及科教人才联邦专项计划，致力于解决《至2020年俄罗斯联邦创新发展战略》中确定的在科学、教育、技术和创新人才发展领域的任务，并保证创新型和研究型

机构的稳定和均衡发展。新的专项计划的目标包括：建立培养科教人才的机制，增加俄罗斯科教人才的数量；提高科学和科教领域人才的研究成果产出，建立提高科教人才从事创新研究积极性的机制；加强科学和科教领域人才在国内外的流动性；建立国家研究型大学，并为其他教育机构提供支持，构建教育机构网络。该计划将分两个阶段实施：2014—2017 年的主要任务是，推动科学研究工作，提高青年科研人员的科研水平。青年科研学者可通过在国家重点实验室、国家科学院、国家科研中心以及由博士及副博士指导下的富有成效的科研团队中进行学习和交流，逐步提高青年学者的科研水平。2018—2020 年的主要任务是，通过进一步支持青年科研人员的研究工作，提升青年科学家的研究水平，使其具备国际竞争力，并形成符合创新经济发展需要的科研成果。同时，政府还将致力于建立富有成效的、有利于促进俄罗斯国内与国外交流的科研机构。

二、加强青年人才培养，应对知识经济发展需求

大力培养本国人才，是各国在日益激烈的全球竞争中，实现国家经济从大规模生产模式转型到知识经济模式，应对国际人才竞争的首要手段。为了在知识经济迅猛发展的今天，培养出满足国家科研事业以及工业发展需求的各种类型的高层次人才，各国都在积极调整教育、科研政策，加大对人力资本的投入。

1. 英国与挪威——加强产学合作，促进高增长领域博士人才培训

知识革命所带来的社会、经济和文化的变革，导致传统高等教育机构的角色和功能饱受质疑。但毕业生需要在知识密集型劳动力市场中展开竞争，知识经济时代对每个人的专业技能的需求的确又是越来越高。因此，在当前经济危机和高失业率的大形势下，许多西方国家也将其政策重点放在了促进教育和实际劳动力市场紧密合作等方面。

英国作为科技大国，其人才培养和培训工作一直走在世界的最前列，培养出了许多卓越的人才。特别是在博士人才培养方面，英国的做法始终能够紧跟时代脉搏，培养出满足经济社会需求的高层次人才。2013 年，英国政府宣布投资 3.5 亿英镑用于在英国 24 所大学建设 70 多个新的博士培训中心（CDTs），通过大学和产业界之间的合作，在一些促进创新和增长的关键领域，培训 3500 名工程和物质科学领域的博士。英国政府预计这笔资金将进一步撬动大约 2.5 亿英镑的民间资金，并召集到 1000 名合作伙伴参与到博士培训中心项目。博士培训中心为博士生提供四年的资助，培训内容包括专业技能、可转移技能以及一些与研究相关的事务。各博士培训中心将汇集来自不同领域的专家，共同为未来的工程师和科学家提供相关专业技能和知识培训，培养他们解决目前发展中所遇到的问题的

能力和迎接未来挑战的信心。博士培训中心还为学生提供了良好的环境，创建了新的工作文化，在大学团队间建立了关系，并且与工业企业建立了持久的联系。

北欧国家挪威近年来也在通过大力发展产业界与高校合作关系，培养高增长领域的青年人才。2012 年 12 月，挪威研究理事会为 10 个国家级研究人员培训学院拨款 2. 18 亿挪威克朗，以期在从 2013 年起的未来 8 年内，提高挪威博士人员的培训质量。新的 10 个培训中心分布于 10 个不同领域，每个中心由 4~10 所大学或独立研究机构合作组成，这些合作伙伴间会共同安排课程、会议等相关内容提供给青年研究者学习，其中的研究人员还可以互相通用各机构的图书馆、实验室等相关设施。当然，这些合作中至少有一个责任机构有学位的授予权，能确保学生的学位授予问题；而其他的独立研究机构的加入是为了给研究人员提供更丰富的研究环境，使年轻的研究人员掌握更多、更符合社会需求的技能。

2. 瑞士——强化对青年研究人员的资助，提升青年人的科研业绩

重视智力投资是瑞士能够走在世界科技创新活动前列的重要因素之一。为强化下一代高层次人才开发，近年来瑞士政府十分重视对青年研究人员的支持和援助。特别是瑞士国家科学基金会 2013—2016 年行动计划（Action Plan）提出，通过采取两项重要措施显著提升青年研究人员的业绩。依据该行动计划的方针，瑞士国家科学基金会于 2013 年 6 月针对青年研究人员的研究资助经费问题实施了“研究资助 120%”政策。所谓研究资助 120% 政策，即向青年研究人员多拨付 20% 的研究资助经费，使其能够利用多出的 20% 的经费雇佣其研究活动中所需要的研究支撑人员，从而减少自己的上班时间去照顾家庭；此外还可以利用这 20% 的研究资助支付子女保育费，为自己赢得更多地开展研究活动的时间；当然也可以以这两种方式组合使用这笔研究经费。瑞士国家科学基金会希望通过这一新的资助政策来为青年人解决实际问题，使青年人在其研究生涯中，少受家庭问题羁绊，职业发展更加顺畅。另外，从 2014 年起，国家科学基金会还将提高博士研究生的生活补助，使补助金在现有的基础上提高 7%，并在博士生撰写博士论文期间为其提供专注完成论文的“保护期”，保障其最低工资能够达到全时研究人员的 60%。这些做法对于保障青年研究人员集中精力开展研究，提升学术业绩大有裨益。

3. 俄罗斯与新西兰——奖励青年科学家，吸引更多的人投身科学职业

近年来，俄罗斯政府一直在努力通过建立和完善青年研究人员资助体系、提高青年研究人员的工资收入、解决青年人的住房问题等措施，提高青年科研人员的研究业绩，吸引青年人才投身科技，以保持俄罗斯科技人才队伍的稳定发展。2013 年 2 月，俄罗斯科学院宣布设立青年科学家优秀学术成果奖，激励那些优秀

的青年人才在科研领域大展宏图。该奖项分为两项内容，一是颁发给33岁以下、有才华的青年科研人员，以促进他们在专业领域迅速成长，奖金额度为50000卢布（约合1700美元）；二是颁发给那些开展创造性科研活动的优秀的在校大学生，鼓励他们未来从事科学职业，奖金额度为25000卢布。

在新西兰，2013年度，有十名最优秀的中青年研究人员获得了卢瑟福发现奖助金（Rutherford Discovery Fellowships）。该奖项设立于2010年，旨在资助获得博士学位3年以上8年以下的优秀研究人员开展独立研究，为新西兰培养未来科学领军人才。获奖者五年中可获得80万新元（约合400万人民币）的经费支持。新西兰政府希望通过提供充足的科研经费吸引并留住那些最优秀的中青年科研人员，鼓励他们为新西兰的科技发展做出贡献。

三、促进人才有序流动，推动全球知识网络中的智力循环

到海外学习能为青年人提供体验不同文化、理解不同的工作方式、发展关键语言技能、拥有全球视野的机会，对于提升人才国际竞争力具有重要意义。当欠发达的经济体在千方百计阻止本国人才向外流失时，那些发达的经济体却已经意识到需要为本国人才灌输更多的“全球知识技能”，以促进创新的发展，创造更多的职位，使就业情况得到复苏。基于此，一些发达经济体开始通过派遣学生赴海外学习、建立国际合作项目等一些措施，积极推动人才的跨国培训与交流，构筑全球知识网络中的智力循环系统。

1. 欧盟——推动青年人才跨国流动，确保人才的良性循环

随着欧盟第7研发框架计划于2013年底结束，在提高欧盟教学质量和推动欧洲各国学生交流与合作，解决青年人失业等问题上发挥了重要作用的“伊拉斯谟”计划也告一段落。关于第7研发框架计划结束后，“伊拉斯谟”计划如何开展的问题，早在2011年11月，欧盟委员会就正式向欧洲议会、理事会及相关机构提交支持青年专业人才的跨境培养行动计划。经过近两年的谈判，欧委会最终确定，从2014年1月1日起，欧盟将开启全新的“伊拉斯谟+”计划。

新计划整合了第7框架计划下的终身学习计划、国际高等教育合作计划，以及青年行动三大块项目，增加了“跨国硕士学位贷款担保”计划等。新计划将持续实施到2020年，总预算为147亿欧元，较第7框架下的“伊拉斯谟”计划预算增加了40%。在此计划下，未来7年中，预计有200万欧盟国家高校学生赴其他国家留学；65万学生赴海外参加职业教育培训；20万研究生将享受到新的学位贷款担保计划，攻读学位；50万人参加青年志愿者交换计划；80万教育领

域的青年员工前往海外接受培训。

新计划能够使更多的青年人在学习交流中，掌握劳动市场所需的知识、技能和经验，增进对不同文化的理解，增加跨文化合作的机会，进而促进就业，确保人才和知识在欧洲的良性循环。

2. 法国——多种途径，促进青年人走出国门

法国每年大约有 18 万富裕家庭的青年人受到法国政府或欧盟项目的资助，出国参加教育培训、研修活动、文化交流、合作研究和志愿者活动。2013 年 7 月，法国教研部宣布，将利用多种手段，增加青年人才的海外派遣数量，拓展受益人群范围，促进青年人才的职业发展。主要有三种途径：一是，要促进更多的法国青年人受益于欧盟“伊拉斯谟 +”计划。相关统计数据显示，在过去 25 年中，已经有 45 万法国青年受到“伊拉斯谟”计划的支持。在新计划下，法国政府将更多地为普通家庭学生、技术与职业类学员、非正式教育活动参与者提供机会。二是，要加强现有交流促进机制，促进更多的青年流动起来。如《爱丽舍条约》以来为法国和德国青年之间交流发挥重要作用的法国 - 德国青年办公室（OFAJ）增加了投入；法国 - 魁北克青年办公室（OFQJ）扩展了活动范围；从 2013 年秋季起，国际合作志愿者将逐渐扩展到学生层，青年志愿者的人数在未来 3 年内将增加 25%；另外，法日政府间还签署法国 - 日本高等教育协议，促进两国间学生和研究人员的交流，加强科技合作。三是，构建区域性的人才交流平台。法国政府将在 3 年内投入 200 万欧元支持“青年试验基金”（FEJ），通过加强参与流动平台的各方（项目提供部门、地方政府、联合会、流动的人才）之间的合作，使流动变得更加顺畅，让更多的青年人掌握多样化的知识和技能，应对全球竞争。

3. 美国与英国——鼓励青年学生获得国际研究经验，提升全社会的竞争力

美国国家科学基金会于 2013 年 5 月推出了“研究生全球研究机遇”（Graduate Research Opportunities Worldwide，GROW）计划，促进美国的研究生获得海外的经历。该计划是在美国国家科学基金会与挪威、芬兰、丹麦、瑞典之间的人员交流项目基础上形成的，目前与全球 12 个国家的相关机构建立了合作关系，入选 GROW 的研究生将可以在国外度过 3~12 个月的研究生活。新计划将使更多年轻的学生，在其科学生涯的早期获得资助，在海外机构积累经验。

在英国，政府已经注意到，本国学生出国留学的人数并不多。英国高等教育基金会的统计数据显示，当前走出去在海外留学的英国学生数量和来英国留学的学生数量的比例是 1:15；而且英国在获得欧洲委员会“伊拉斯谟奖学金”出国留学或接受培训获得工作经验方面也落后于西班牙、法国、德国、意大利和波

兰。基于此，英国政府在 2013 年 7 月，推出了一项促进英国学生向海外流动的计划，鼓励其高等教育机构的学生出国留学，拓宽视野，参与全球就业和技能竞争。为新计划的顺利实施，大学、高等教育机构和英国理事会以及其他部门和伙伴将为高等教育基金委员会提供支撑，共同增加英国学生向海外流动的机会。除了经费上的援助以外，该计划还将提供其他一些服务，如开发在线资源为学生和机构提供海外学习信息以及可获得的资助信息等。英国政府希望通过这样一个具有战略性的计划，使更多的学生和职员在其他国家生活和学习，从而改变他们看问题和解决问题的视角和方式，同时也希望通过使学生在国际环境中获得有益的知识和经验，提高机构、雇主和全社会的竞争力。

4. 瑞典——资助国际博士后赴海外学习，构建国际知识网络

一直以来，瑞典研究理事会都通过博士后奖学金为青年学者提供资助，但是考虑到国际流动对于青年研究人员职业生涯发展的重要性，从 2012 年 7 月起，瑞典研究理事会改变了这种常规的支持方式，开始通过国际博士后奖助金，支持那些刚刚在瑞典高校取得博士学位的青年研究人员，赴海外顶尖大学或研究机构开展博士后研究，获取国际经验。这种新的资助模式与过去的奖学金形式的不同点在于，获资助者在整个博士后资助期间须受雇于瑞典的一所高校，资助期为 18~36 个月，资助期内须至少有 2/3 的时间在海外工作。博士后在国外工作期间享受父母津贴、疾病补贴、养老金等完善的社会保障。每位博士后每年可获得 105 万克朗（约 16 万美元）的资助，其中 90 万克朗为生活津贴，15 万克朗则用于开展科研活动。2013 年，有 82 名研究人员获得了总计 2. 44 亿克朗的资助，赴海外开展科研工作。这样一种资助方式将能够在国内大学和海外机构间建立联系，同时也有可能发展为进一步的合作关系，促进知识网络的形成。

四、争夺全球优秀人才，助力本国科技和经济发展

在促进本国青年人向外流动，参加跨国学习和培训的同时，各国也非常关注对优秀人才的争夺，纷纷制定出台各种吸引和留住别国优秀人才的政策和措施，以期为本国的科技和经济发展做出贡献。

1. 俄罗斯——着力吸引高层次科研人才

2013 年出台的 2014—2020 年创新俄罗斯科学及科教人才联邦专项计划提出，俄罗斯将在 7 年中新设 1300 多个科研岗位，并给予每个岗位每年最高 300 万卢布（约 10 万美元）的经费支持，从全球吸引具有博士或副博士学位的青年学者到俄罗斯高校和研究机构，从事为期 3 年的博士后研究工作。俄罗斯此举既可以

吸引海外优秀人才，促进俄罗斯科技发展的国际化，同时也可以为俄罗斯的年轻学者提供更多的培训机会，促进他们尽快成长。

此外，俄罗斯仍在持续实施引进知名学者到俄高校从事科研活动专项资助计划。2013 年，从全球招聘引进了第 3 批 42 名专家，他们中除 19 位专家有俄罗斯国籍外，其余人选来自美国、日本、法国、西班牙、意大利、白俄罗斯、荷兰、加拿大、爱尔兰、以色列和澳大利亚。这些外籍专家将在 2014—2016 年的 3 年间，每人获得 9000 万卢布（约 300 万美元）的资金，在俄罗斯 23 所高校和 13 个科研机构从事科技和教育工作，贡献于俄罗斯的科技发展和下一代高层次人才培养。

2. 新加坡——呼唤海外高层次人才回归祖国

吸引和集聚外来人才，为我所用，是新加坡能够在全球经济中，完成从低端产品输出到高端思想输出的巨大蜕变，创造一系列奇迹的秘诀。为了吸引和留住国外人才，多年来新加坡政府实施了许多专门为国外人才制订的政策。特别是在新加坡的科研领域，近 10 多年来，利用稳定的科研投入、一流的科研设施、良好的待遇和社会文化环境，吸引了大量的顶尖科学家在新加坡工作。但最近，早期吸引来的那些高层次人才也在陆陆续续离开新加坡，这使新加坡政府认识到，吸引人才不仅要看到外国的顶尖人才，还要关注到那些流动出去的新加坡人才。毕竟相对于发达国家近年来科研经费增长的停滞、教授的过剩，新加坡在过去 20 年中，科研经费却翻了一番，研发活动活跃并且形成了很多的就业机会。基于此，2013 年 10 月，李显龙总理宣布了一项新的人才计划——新加坡科学家回归计划。新加坡政府希望通过为那些在海外著名大学、实验室等工作的顶尖的新加坡科学家和工程师提供 5 年的高额资助，将他们唤回到新加坡工作，从而使新加坡成为全球研发中心。回归的科学家在获得正式的职位前，可以从一个访问研究员做起，也可以由接收研究人员的新加坡大学或研究机构通过提供竞争性的资助，给予其一个全时职位。不论是哪种情况，他们都将同时获得来自国家研究基金会的为期 5 年的研究资助。这一人才回归政策可以视为新加坡人才政策的一个转向。通过吸引本国优秀人才回归，一方面可以加强新加坡的高层次人才队伍建设，减少本国高层次人才的流失；另一方面无疑也可以构建本国的科研系统，降低对外来人才的依赖程度。

3. 韩国——提供优惠条件吸引创业移民

近年来，一些国家开始尝试实施一些新的移民项目，吸引那些受过高等教育的新群体来本国创办公司，吸引资本并促进本国的就业。智利、英国和加拿大已经启动了针对企业家和投资者的移民项目。

为吸引海外人才来韩国创业，2013 年 6 月，韩国政府也提出要通过发放“创业签证”，吸引创业移民。随后，韩国政府将原有的企业投资签证更改为“企业投资及创业签证”，发放给希望在韩国创业的拥有理工类高学历和知识产权的外国人。韩国政府还设立了外国人专用技术创业项目，引导外国人在韩国单独或联合创业，创业者还可享受政府给予的不超过创业经费 70%（5000 万韩元以内）的支持。韩国政府还决定改善教育、居住、文化等环境，为外国人营造更舒适的居住环境；放宽对海外人才的电子签证签发门槛，将准永久居留资格签证 F-2 的滞留期限从 3 年延长至 5 年。

总体而言，2013 年，各国立足解决本国实际问题，围绕加强人才培养、促进人才流动、参与人才争夺等问题，出台了各具特色的政策和措施。毋庸置疑，这些政策措施对于各国加强本国人才的竞争力大有裨益，但同时各种政策的频繁推出也必将进一步加剧全球的人才竞争。

科技投入回复性增长显著

2013年，在国际金融危机后续效应的影响下，全球经济艰难复苏。为了摆脱经济困境，各国政府和企业都将科技创新作为实现经济复苏和可持续增长的根本途径，在预算紧缩等种种压力下，极力确保或增加研发和创新投资，全球科技投入呈现出强劲反弹的势头。

一、全球科技投入此消彼长，多极化格局基本形成

科技投入与经济增长互为因果，目前全球科技投入的此消彼长和多极化格局基本形成，而且与经济发展态势基本同步。据美国《科学与工程指标2014》，按当前购买力平价计算，2011年全球研发总支出约为1.44万亿美元。其中，北美占32.2%，东亚和东南亚占31.8%，欧洲占24.0%，基本形成了美、欧、亚三足鼎立之势。相对而言，其他地区在全球研发支出中所占比例很小：包括俄罗斯在内的中亚为2.5%，包括印度在内的南亚为2.5%，包括澳大利亚在内的大洋洲为1.6%，包括南非在内的非洲为0.8%，包括巴西在内的南美洲为2.5%，中东地区为2.1%，中美洲和加勒比地区则不到0.1%。

就单个国家而言，研发支出最多的前3个国家分别是美国（4290亿美元，占全球研发支出的30%）、中国（2080亿美元，占15%）和日本（1470亿美元，占10%），三国合计占了全球研发支出的一半多（55%）。其后是德国（930亿美元，7%）、韩国（600亿美元，4%）、法国（520亿美元，4%）和英国（400亿美元，3%）。上述这7个国家属于第一梯队，合计占了全球研发总支出的72%。另有8个国家和地区处于研发支出的第二梯队，分别是俄罗斯、中国台湾、巴西、意大利、加拿大、印度、澳大利亚和西班牙，这些国家和地区的研发支出大抵在200亿~350亿美元之间。两个梯队合起来占了全球研发支出的84%。

从发展趋势来看，过去 10 年，全球研发支出的地区占比此消彼长。其中，美国和欧盟在全球研发支出中的占比一直在下降。美国的占比从 2001 年的 37% 下降到 2011 年的 30%，欧盟则由 26% 下降到 22%。而同期东亚、东南亚和南亚各经济体——包括中国、印度、日本、马来西亚、新加坡、韩国、中国台湾占全球研发支出的比例则从 25% 上升到 34%。数据显示，中国研发投入的迅速增长是导致东亚和东南亚所占比例迅速提高的主要因素。

就研发强度而言，数据表明，高收入国家更倾向于生产高技术产品和服务，因而也是更重视研发投资的国家。以色列、芬兰、韩国、瑞典、丹麦、中国台湾、瑞士等体量较小的发达经济体研发强度较高，为 3%~5%；其次是美国、德国、法国、英国、日本等几个主要发达国家，其研发强度分别为 2.8%、2.9%、2.2%、1.8% 和 3.4%。在各个国家中，中国和韩国的研发强度上升最快。韩国研发强度从 2001 年的 1.8% 上升到 2011 年的 4%，同期中国研发强度从不到 1.0% 跃升到 1.8%。

二、中国研发支出创历史新高，研发强度首超欧盟

近年来，中国的研发投入持续快速增长。据美国国家科学基金会的统计，中国是全球研发投入增长速度最快的国家。按照购买力平价计算，2011 年，中国研发总支出为 2080 亿美元，是世界第二大研发执行国。从 2001 年到 2011 年的 10 年间，中国研发支出年均增长 20.7%，在剔除通货膨胀因素后年均增长率仍高达 18%（美国为 4.3%，德国、法国和英国介于 3%~6%），占全球研发支出的比重由 2000 年的 2% 迅速上升到 2011 年的 15%。在各个国家中，中国也是研发强度上升最快的国家，从 2001 年的不到 1.0% 跃升到 2011 年的 1.8%，几乎翻了一番。根据经合组织 2014 年 1 月公布的最新数据显示，2012 年中国研发强度更是达到 1.98%，首次历史性地超过了欧盟 28 个成员国 1.96% 的总体水平。中国研发强度的提高主要是受到企业研发支出增长的推动，这在一定程度上反映了中国科技创新程度的提高。

据美国巴特勒研究所和《研发》杂志的最新报告预测，2014 年中国研发投入将达到 2840 亿美元，为美国的 61%，研发强度为 1.95%。中国将于 2015 年实现研发强度达到 2.2% 的"十二五"规划目标，到 2018 年将超过欧洲 34 个国家的研发总和，到 2022 年前后将达到 6000 亿美元，超过美国（绝对值）。报告称，中国经济多年持续快速增长，速度是美国的 3 倍多，为大力投资研发、扩大基础设施提供了足够资源，中国正努力从制造业大国向创新型国家转变。中国的经济增长计划颇具雄心，通过利用国际市场，已经成为亚洲地区的就业输出国和外国直接投资者，到 2017 年可能成为亚洲的净海外投资者。中国还充分利用国际合

作提升科研能力，中国先进研发项目有1/3是与美国研究机构合作实施的，近1/4是与欧洲研究机构合作实施的。

尽管中国已经成为世界第二大研发投入国，但中国的研发投入总量仍不及美国的一半。而且无论是基础科研和应用科研能力，还是开发创新能力，中国都远不及美国。要实现2020年建成创新型国家的目标，中国还需要克服很多重大挑战，包括解决因资源短缺而造成的增长受限问题，如能源能力、水供应、农业生产率、环境保护等。

三、各国政府大力增加研发和创新投资，以实现经济复苏和增长

研究突破和创新是振兴国家经济、增进社会福祉和应对重大社会挑战的根本力量。研究和创新投资能够带来长远的经济和社会效益。因此，各国都将研究与创新视作摆脱经济困境、实现经济长期可持续增长的唯一途径。

1. 美国政府注重战略性研发和创新投资

2013年，面对财政悬崖、全面自动减支、政府停摆等种种挑战和压力，美国政府支持科技创新的势头未减。为避免自动减支对科技创新产生不利影响，2013年4月10日美国总统奥巴马提前向国会提交了2014财年研发预算，预算总额为1428亿美元，比2012财年实际执行预算增加了19亿美元。该预算特别强调，要对经济增长具有重要意义的战略性研发和创新进行投资。

美国政府2014财年科技预算首先继续加大对国家科学基金会、能源部科学局和国家标准技术研究院三大科学机构的支持，强调这对于保持美国未来竞争力至关重要。三大机构2014财年的投资总额为135亿美元，比2012财年增长了8%。其次，致力于将美国打造成制造业“磁石”，增加就业岗位。投入29亿美元用于先进制造研发，包括支持创新制造工艺、先进工业材料和机器人技术以及国家制造业创新网络建设。再次，发展先进清洁能源，重点支持清洁汽车技术和新能源研发，并利用石油和天然气开发的收入建立能源安全信托基金，未来10年共投入20亿美元，支持各种具有成本效益的能源技术研究。最后，加强未来创新人才的培养和储备。2014财年科学、技术、工程和数学（STEM）教育的投入将提高6.7%，达31亿美元。联邦各部的相关教育计划将进行重组，交由国家科学基金会、教育部和史密森学会管理。

2. 欧盟面向未来启动两大研发资助计划

在金融危机和欧债危机的背景下，为实现可持续增长、提升竞争力和创造就

业，欧盟顶住财政紧缩的压力，大力加强研发和创新投入，前瞻部署未来新兴技术，积极培育新的经济增长点。

启动欧盟未来新兴技术（FET）旗舰项目。FET旗舰项目是欧盟最大规模的基础研究项目，旨在资助能对未来技术创新和商业开发产生革命性影响的交叉科学研究，通过科学突破为解决经济社会重大挑战做出贡献。2013年1月，经过长达三年的酝酿和遴选，欧盟委员会宣布“石墨烯”和“人脑计划”两个项目为FET旗舰项目，每个项目研究经费为10亿欧元，实施周期为10年。2013年10月，两大旗舰项目正式启动。

启动《地平线2020》计划。2013年底，欧洲议会和欧盟理事会先后批准了欧委会提交的《地平线2020》计划（2014—2020）的预算，预算总额为786亿欧元，较之欧盟第7研发框架计划的500多亿欧元显著增长。该预算着眼于当前和未来，更加强调研究与创新，主要围绕三大战略优先领域——卓越科学、工业领先和社会挑战的14个科技主题进行研发和创新资助。

3. 英国稳定科技投入水平，积极谋划和支持科技创新

2013年英国政府继续大幅度削减赤字，但却严格保证科学研究的投入水平，在维持资源性科学经费46亿英镑不受影响的前提下，通过建立研究中心，建设科研基础设施等方式提高对资本性研究经费的投入。英国政府承诺，2015—2016财年继续维持46亿英镑的资源性科学预算投入，并确保资本性科学预算从2013年的6亿英镑增至2020年的11亿英镑。支持创新是英国政府2013年财政预算的重点之一，如：投资10亿英镑成立航空航天技术研究院；对小企业在融资和获取政府合同方面提供进一步支持；简化繁文缛节并维持市场的公平性和开放性等。

2013年12月，英国财政大臣奥斯本在议会发表了英国经济和财政半年度报告，提出了有关促进英国科学和创新的诸多重要新举措，其中包括数个“五年计划”：投资2.7亿英镑支持量子技术中心网络；投资3.75亿英镑支持新型大国研究基金；出台全球空间合作计划，投入8000万英镑参与国际合作；支持无人驾驶汽车技术，投入1000万英镑设立奖励基金；投入1000多万英镑建立英国天文学技术中心；投入500万英镑支持在公共部门领域内大规模示范电动汽车。

4. 德国研发经费持续增长，着力投资未来项目

德国是欧洲科研经费投入最多的国家。2012年，德国科研经费投入创历史新高，达到795亿欧元，占GDP的2.98%，其中企业投入近540亿欧元，占GDP的2%左右。2013年，德国政府研发投入预算为144亿欧元，较之2005年增长了近60%；企业科研投入将达到560亿欧元；预计2013年德国可实现研发

经费占 GDP 3% 的目标。德国研究与创新专家委员会 2013 年度的《德国研究、创新与技术能力鉴定报告》，对德国政府以高技术战略为代表的研究和创新政策予以高度肯定，认为德国近年发展进步的重要成功因素是政府和企业对研发的投入，并要求政府继续执行长期性的研究与创新政策，到 2020 年使研发经费达到 GDP 的 3.5%。

德国政府于 2010 年发布《高技术战略 2020》，并于 2012 年 3 月推出《高技术战略行动计划》，计划从 2012—2015 年投资约 84 亿欧元，推动十大未来研究项目的开展。2013 年，为落实这些面向未来的项目，德国政府先后出台了一批研发计划，其中包括："个性化医疗"行动计划，2013—2016 年投入 3.6 亿欧元；"预防与营养研究"行动计划，2013—2016 年投入 1.25 亿欧元；"未来电网"计划，2014—2017 年投入 1.5 亿欧元；第五个航空研究计划，2014—2017 年投入 1.7 亿欧元；"工业 4.0 AUTONOMIK"计划，2013—2016 年政府投入 4000 万欧元，企业至少投入 8000 万欧元。德国政府还通过庞大的研发和示范运行资助计划支持电动交通的发展，已启动项目的资助金额在 2013 年底将达 15 亿欧元。未来三四年内，仅德国汽车工业界为研发新能源发动机就将投入 120 亿欧元。

5. 法国执行长期科研投资计划，借助税收政策激发企业创新活力

2013 年，在面临严峻的财政紧缩压力的同时，法国政府坚定不移地执行国家创新驱动战略，继续保持对科研经费的投入力度，并激励企业增强研发与创新投入。

法国高等教育和研究 2014 财年的预算总额为 271.54 亿欧元，比上一年度增加 1.21 亿欧元。根据法国新的国家科研计划，2014 年要将 50% 的科研经费投向基础研究，并在此基础上保持基础研究、应用研究和定向研究的连续性和整体平衡。国家科研计划的四大重点是：通过开展基础研究和定向研究解决当前九大社会问题；支持前沿研究发展；参与欧洲研究和国际合作；以研发催生、振兴工业并提升国家竞争力。法国政府还于 2013 年 7 月公布了"未来十年投资计划(PIA)"，确立了 2016—2025 年的政府投资重点，以实现提升竞争力和能源转变的目标。该计划总额 120 亿欧元，其中 36.5 亿欧元投向科研和大学，23 亿欧元直接投向生态与能源转换，另外六大重点投资领域为：可持续工业创新（17 亿欧元）、国防工业技术（15 亿欧元）、航空航天（13 亿欧元）、数字经济（6 亿欧元）、青年培训及国家现代化（5.5 亿欧元）、卫生健康（4 亿欧元）。

2013 年，法国政府还修订、出台了多项税收优惠政策，激励企业开展研发创新活动。一是将科研税收信贷政策（CIR）的减税标准从 30% 提高到 40%，采取抵扣或退税形式，鼓励企业研发创新，吸引研发型外资项目。二是针对中小企

业的创新项目实行创新税收信贷政策，最高限额为40万欧元，减税定额为20%，条件是抵扣税款必须用于创新样品设计和新产品开发。三是推行竞争力与就业税收信贷政策，为企业改善投资、研发创新、人员培训、开发新市场等提供财政支持。2013年该项政策使相关企业享受到130亿欧元的税收优惠。

6. 日本注重绿色科技和产学研合作创新

2013年，日本为摆脱经济增长低迷的困境，利用其工业化基础，进一步加大了科技创新的力度。日本政府2013年的科技预算为3.6万亿日元（约合2200亿元人民币），加上后来补充预算4286亿日元，全年政府科技预算为4万亿日元。科技预算重点支持灾后重建和经济复兴、绿色科技创新和生命科技创新三个领域。其中，灾后重建复兴和防灾减灾的相关预算为450亿日元；绿色科技创新的相关预算为1203亿日元；生命科技创新的相关预算为517亿日元。

为了强化基础研究，打造世界最高水平的研究基地，日本政府继续推进独创性和多样性的学术研究，提升大学研究实力。2013年，文部科学省用于这方面的预算为3194.9亿日元。此外，文部科学省还投资852.7亿日元，用于最先进的基础设施建设和共同利用平台建设，推进共性基础技术开发，营造国际水平的研究环境。

为了实现经济增长，日本政府通过加强产学合作、鼓励大学创办风险企业等措施推进科技创新体系改革。2013年文部科学省为此投资419.3亿日元，其中产学合作国际科学创新基地构建项目预算为162.2亿日元；大学新产业创建基地项目预算为20.3亿日元；东北地区产学官合作科技创新项目预算为33.1亿日元；东北地区材料技术引领项目预算为13.6亿日元。

2013年9月，日本政府决定从2014年开始设立跨部门联合实施的“战略性创新专项”，组织开展从基础研究到实用化一条龙的研究开发，并集成内阁总理府和相关部门的力量联合推动实施。该项目2014年预算为516亿日元，首批10项重大课题包括汽车燃烧技术创新、能源载体技术创新（氢社会等）、自动驾驶系统研发、基础设施维护管理技术（应用机器人等）、创新设计和生产技术（3D打印等）等。

7. 韩国科技投入增速显著，创意性基础研究和信息通信技术成为资助重点

近十年来，韩国政府研发投入一直保持稳步增长，从2003年到2012年，增长了2.5倍，年平均增长率为10.5%。2011年，韩国全国研发总投入为498亿美元，占GDP的4.0%。2013年，韩国政府研发投入为168亿美元，占政府全部预算的5%。今后五年中，政府研发投入预计达到920亿美元。

2013年，韩国朴槿惠政府上台，提出要依靠科技，特别是信息通信技术

(ICT) 打造韩国“创造经济”的理念，并出台《第三期科学技术基本计划(2013—2017)》，对未来五年韩国科技发展做出了规划，其中特别重视对以下几个方面的投入。

一是高度重视创意性基础研究。计划到2017年基础研究投入将达到政府研发投入的40%。在选定课题时，重视创意性，简化评估程序，包容失败。从中小学到大学再到加入研发队伍，政府将在全过程加大对具有创意性、融合性人才的培养与使用，改善研究人员的待遇，为基础科学发展创造更加宽松的环境。到2017年，计划将人口中理工科博士比率由2012年的0.4%提高到0.6%，研究人员总数由2012年的26.4万名提高到36万名。

二是颁布实施《ICT研发中长期战略》和《软件创新战略》等发展规划，为今后五年ICT的发展做了明确部署和全方位保障。未来五年，韩国政府将在数字资讯、平台、网络、设备终端和信息保护五个领域投入85亿美元，重点开发十大技术（全息照片、大数据、云服务、智能软件、物联网、第五代移动通信、智能网络、感知终端、智能型ICT融合模块、应对网络攻击技术）。根据韩国的推算，这将创造18万个工作机会和77亿美元的附加值。

三是重视中小企业技术创新。政府研发投入向中小企业倾斜，2012年韩国政府研发预算的12.4%都投向了中小企业，到2017年这一比例将达到18%；政府鼓励中小企业与研发机构携手创新；推动民间企业引进职务发明制度（使普及率达到70%），国立研究机构技术转移率力争达到34%（2011年为26%）。

四、全球企业研发投资呈强劲反弹之势

企业研发投资是企业竞争力和创新能力的重要指标，也是创新和经济增长的根本驱动力。过去十年，经合组织区企业研发支出占GDP的比重从2001年的1.55%稳步增长到2008年的1.63%，2011年略降至1.59%。根据《2013年欧盟产业研发投资记分牌》对全球研发投资排名前2000家企业（这些企业的研发投资占全球企业研发总投资的90%以上）所做的分析，2012年，全球企业研发投资总体呈强劲反弹之势。入榜的2000家企业在净销售额增长率（从2011年9.9%下降为4.2%）和营业利润（下降10.1%）均下降的情况下，研发投资却增长了6.2%，达到5388亿欧元，足见研发投资在企业发展中的战略地位之重要。

1. 企业研发投资集中于美、欧、日三个国家和地区

研发投资排名前2000家企业中，美国有658家，欧盟有527家，日本有462家，包括中国（93家）、中国台湾（82家）、韩国（56家）、瑞士（54家）、印

度（22 家）等在内的其他地区共 462 家。美国、欧盟和日本也是企业研发投资最多的地区，分别占全球的 35. 1%、29. 4% 和 18. 9%，其他国家和地区占 16. 6%（其中中国占 3. 0%，韩国占 3. 3%）。

针对过去 8 年（2004—2012 年）的统计表明，欧盟和美国的企业研发投资增长已经恢复到了 2008 年金融危机以前的水平。2012 年，美国企业的研发投资增长了 8. 2%，显著高于全球 6. 2% 的平均水平。欧盟企业研发投资持续了 2011 年的快速增长态势，增速为 6. 3%，略高于全球的平均水平。欧盟企业的成绩主要归功于德国企业的表现，特别是在汽车及零部件产业方面。入榜的 130 家德国企业的研发投资占了欧盟企业研发总投资的 34%，而其对欧盟企业 2012 年研发投资增长的贡献率更是高达 60%。与美欧相比，日本企业的研发投资则表现欠佳，仅增长了 0. 4%。世界其他地区企业研发投资继续表现出强劲的增长势头。其中，增幅最大的是中国企业（增长了 12. 2%），其次是印度（33. 1%）、韩国（8. 9%）和中国台湾（8. 2%）。

就单个企业而言，2012 年，德国大众的研发投资排名世界第一，韩国三星电子和美国微软分列第二和第三。在研发投资排名前 100 家企业中，汽车与零部件行业研发投资增幅最大，其中印度塔塔公司增长 77. 6%，意大利菲亚特公司增长 51. 5%，德国大众公司增长 32. 1%；信息通信技术行业研发投入增幅第二，美国 3M 公司增长 57. 7%，西屋电子增长 49. 0%，苹果公司增长 39. 2%，高通公司增长 30. 7%，中国华为公司增长 30. 3%。

中国入榜企业总数为 93 家，与 2010 年的 21 家相比有显著增长，也是除了美欧日地区外入榜企业最多的国家。其中进入 200 强的企业有 4 家，分别是华为（第 31 名）、中石油（第 66 名）、中兴通讯（第 94 名）和中国铁路建设股份有限公司（第 140 名）。

2. 制药、信息技术和汽车是企业研发投资的主要行业

全球企业研发投资的行业分布高度集中。在所涉及的 40 个行业中，研发投资最多的前 3 个行业——制药与生物技术（18. 1%）、技术硬件与设备（16. 4%）、汽车与零部件（15. 7%）的研发投资占了全球企业研发总投资的 50. 2%，前 6 个行业和前 15 个行业的研发投资分别占全球的 71. 0% 和 92. 1%。

在过去 10 年中，欧盟企业研发投资最多的行业是汽车与零部件（24. 9%）、制药与生物技术（17. 5%）、技术硬件与设备（10. 2%）；美国企业的研发投资则主要集中在高研发强度行业：技术硬件与设备（25. 2%）、制药与生物技术（22. 1%）、软件与计算机服务（18. 2%）；在美国、欧盟和日本，这 3 个高研发强度行业的研发投资占比分别为美国 65. 5%、欧盟 30%、日本 26%。

从行业优势看，欧洲企业在汽车行业研发投入势头强劲，而美国企业在信息

技术和医疗行业投资巨大。中国电信设备制造业、高铁设备制造业和传统能源行业表现突出（中石油研发投入在全球油气生产企业中位居第一）。整体而言，我国企业研发投资强度为3%，略低于3.2%的世界平均水平。

3. 新兴经济体是外国直接投资的主要目的国

根据对2003—2012年10年外国直接投资的统计结果，美国（8252项）和日本（5156项）是外国直接研发投资的最大来源国，其后依次是德国、法国、英国、瑞士、韩国、荷兰、瑞典和意大利。而获得外国直接研发投资的目的国则主要是新兴经济体，其中中国第一（4353项）、美国第二（2618项）、印度第三（2505项）、俄罗斯第四和巴西第五，其后依次为英国、新加坡、墨西哥、加拿大和泰国。欧盟既是外国直接投资的主要来源国，同时也是主要目的国。全球外国直接投资研发项目数的22%都投向了欧盟国家。外国直接投资的研发领域主要集中在技术硬件与设备、汽车与零部件、制药与生物技术3个行业，这3个行业占了所有领域外国直接投资的60%。

第二部分

国际科技热点追踪与分析

本部分对一些科技热点领域近几年尤其是2013年的国际发展状况进行较深入的综合分析与阐述，这些领域包括能源、信息通信、生命科学和生物技术、航天、先进制造和大数据等。

世界能源新格局正在形成

在美国页岩气开采热潮的影响下，世界能源格局变得更加错综复杂。天然气在世界能源构成中日益突出，以煤炭为代表的常规能源的清洁高效利用变得更加迫切，而发展中国家在能源消费格局中的地位越来越重要。以煤炭、石油、天然气为代表的传统能源，以及以太阳能、风能、生物质能为代表的清洁可再生能源都在被广泛利用，相互取代。多元化的世界能源新格局正在形成。

一、化石燃料仍是增长最快的能源来源

从全球范围来看，化石燃料在能源需求中仍占主导地位，对能源、环境和气候变化之间的影响具有重要意义。国际能源署（IEA）发布的“2013 年世界能源展望”报告认为，全球能源供需格局正在发生深刻变化，能源需求重心正向新兴经济体转移，特别是中国、印度和中东地区，能源贸易中心将从大西洋盆地转向亚太地区。其中，天然气在中国、中东等新兴市场的增长最为强劲，尤其是到 2035 年，中国天然气需求将增加 4 倍，而北美地区将继续受益于非常规天然气的大发展。报告还预测轻质致密油将在未来 10 年震动全球市场，扩大剩余可采石油储量规模，但长期影响并不显著。全球煤炭需求到 2035 年将增长 17%，经合组织经济体的煤炭消耗量将下降，非经合组织经济体（主要是印度、中国和其他东南亚国家和地区）的煤炭需求将增加 1/3。此外，IEA 发布的“从资源到储量 2013：针对未来能源市场的石油、天然气和煤炭技术”报告指出，化石燃料目前满足了全球 80% 的能源需求。即使各国应对气候变化和能源挑战的现行政策得以实施，到 2035 年全球能源需求预计将增长 40%，其中化石燃料也要占到 75%。煤炭在全球能源结构中的份额将持续增长，到 2017 年将超过石油成为全球最主要的能源来源，届时全球煤炭年消耗量将比目前多 12 亿吨。

世界经济论坛发布的“能源愿景 2013 能源转型：过去和未来”报告认为，

由于新兴市场国家经济的快速增长以及对电力需求的迅速上升，煤炭仍是增长速度最快的能源来源，几乎是可再生能源的10倍、天然气的2倍和石油的3倍。在当前世界一次能源需求中，石油、煤炭和天然气占87%，加上核能超过92%，而风能、太阳能、地热能等可再生资源只占1.6%。2030年后，新技术可能会对能源结构产生重大影响。此外，贸易、全球化、储能、传输以及碳定价政策等都是影响能源结构变化的重要因素。

二、清洁能源的战略地位日益巩固

现如今，"清洁能源发展浪潮"已是不可阻挡的历史潮流。世界主要能源消费大国均在政策层面加紧战略部署，将发展清洁能源作为拉动经济增长、带动产业、保障能源安全和减少温室气体排放的重要途径。

（一）各国能源新政主推清洁可再生能源

美国总统奥巴马2013年2月12日在其国情咨文演讲中表示，要通过发展清洁能源大幅降低对进口石油的依赖，提高美国能源安全，应对气候变化。奥巴马总统呼吁国会将可再生能源生产税减免措施永久化并形成可退还机制，为清洁能源投资提供激励和保障，到2020年将可再生能源发电量增加1倍。美国能源部3月26日宣布启动"清洁能源制造业计划"，增加对清洁能源制造业研发的投入，涉及风能、太阳能、地热能、电池和生物燃料。

日本安倍政府在2013年6月通过的"科学技术创新综合战略"中提出，要实现清洁、经济的能源系统，利用革新性技术扩大可再生能源供应，到2018年浮体式海上风力发电投入使用；2030年后太阳能发电成本控制在每度电7日元以内；到2020年实现二氧化碳分离、回收和封存技术的实际应用；在2030年前提高固定式燃料电池的效率和耐用性；到2018年实现可燃冰等海底资源勘探和相关生产技术的商业化运作；到2030年确立下一代海洋资源开发技术。

俄罗斯政府为保障国家对燃料动力资源的需求，提高能效，并减少对环境的负面影响，在2013年4月宣布投资6670亿卢布实施"2013—2020年国家'能效与能源发展'规划纲要"，提出到2020年，单位GDP能耗比2007年下降13.5%；技术创新支出在相关产品生产以及配套服务等整体支出中的比重达到2.5%；原油加工深度提高至85%或以上；温室气体排放量降至3.93亿吨二氧化碳当量。5月，俄罗斯政府又宣布未来7年投资850亿卢布，实施可再生能源激励计划，到2020年实现可再生能源装机量达到6GW，发电量占比从目前的0.8%提高到2.5%，支持对象包括风电、光伏和水电。

欧盟委员会2013年5月2日发布的"能源技术与创新"公报提出：欧盟能

源技术与创新战略需要加快前沿低碳技术与解决方案的创新步伐，填补研究与市场之间的空白，并在《地平线 2020》计划中得以体现。此外，欧盟委员会提议各成员国部署通用充电站，使总数至少达到 79.5 万个；连接现有加氢站形成具有通用标准的网络，该提议适用于目前已有氢气网络的 14 个成员国。

其他国家也在 2013 年推出了新的清洁能源计划和项目。巴西政府 4 月宣布投资 30 亿雷亚尔实施创新能源计划，促进巴西智能电网、太阳能和风力发电、混合动力汽车和节能汽车企业的发展。加拿大政府 5 月公布了 55 个关于能源方面的创新型新项目，旨在全国范围内清洁而高效地开发和利用能源，涉及领域包括能源效率、清洁电力和可再生能源、生物能源、交通电气化以及非常规油气，目标是使加拿大发展成为清洁能源领域的全球领袖。丹麦政府 8 月发布的“走向低碳社会——丹麦气候政策计划”提出，到 2035 年，丹麦的电力生产和供热全部来自可再生能源；2050 年全部能源消费来源于可再生能源。智利参议院 9 月通过了“非常规可再生能源法”，规定到 2025 年，智利能源构成的 20% 必须来自非常规可再生能源，私人企业可自愿开发非常规可再生能源，政府可采取招标方式弥补非常规可再生能源的缺口。英国政府 12 月宣布到 2020 年前投资 400 亿英镑用于可再生发电项目，到 2020 年将可再生能源发电量从 15% 增至 30%。哈萨克斯坦政府启动了 2013—2017 年清洁能源开发科技计划，在 2020 年前将启动 13 个风能、14 个小水电和 4 个太阳能电站项目，新增发电能力 1040MW，为 2050 年前哈萨克斯坦可持续能源发展战略的制定和实施注入强大动力。

（二）清洁可再生能源市场发展迅速

IEA 发布的“2013 年世界能源展望”报告认为，目前，可再生能源发电增长量在全球电力结构中占比超过 30%，未来几年将超过天然气，到 2035 年可能超过煤炭，成为电力行业的主要燃料。到 2035 年，可再生能源发电约占全球发电增长量的一半，其中间歇性发电（风能和太阳能光伏）在可再生能源发电增长量的占比将达 45%。皮尤慈善信托基金会发布的“创新、制造、竞争：清洁能源行动计划”报告指出，全球清洁能源市场正在迅速扩大。2012—2018 年全球在清洁能源领域的收益总额可达 1.9 万亿美元。风能、太阳能和其他可再生能源电力安装相关收益预计将从 2012 年的 2000 亿美元增至 2018 年的 3270 亿美元，年均增长率约 8%。

21 世纪可再生能源政策网络（REN21）发布的“全球可再生能源未来报告”认为，可再生能源、化石燃料和核能之间的成本比较以及今后政策的导向是未来能源选择的关键因素。未来 10 年甚至更长时间，可再生能源市场预计将强劲增长。到 2020 年，许多国家将加快可再生能源扩张的速度，特别是在主要发展中国家，包括阿根廷、智利、哥伦比亚、埃及、加纳、印度尼西亚、约旦、肯尼亚、墨西哥、尼日利亚、菲律宾、南非和泰国等。

（三）太阳能光伏市场处于巨变期

近几年，太阳能光伏发电的成本已大程度削减，2020 年后将更具竞争力。欧洲光伏产业协会（EPIA）发布的“全球光伏市场展望 2013—2017”报告指出，全球光伏市场正处于巨变中，欧洲进入强劲增长后的平稳发展期；而欧洲以外的其他地区如中国、美国、日本则发展迅猛，2013 年后将成为光伏市场发展的主力。EPIA 分析认为，光伏仍是一个政策驱动型市场，政治决策在相当大程度上影响未来市场发展。如果政府采取恰当的措施稳定光伏市场的波动性并促进其发展，到 2017 年全球光伏市场年增量将超过 84GW，其中 2/3 来自欧洲以外的市场，仅中国每年可新增 10GW 甚至更多。全球光伏市场累计容量将在 2014—2016 年间超过 200GW。

欧洲太阳能研究区域网络在 2013 年 3 月宣布将投入 1200 万欧元公共资金用于资助光伏和太阳能热发电研究。美国能源部 10 月宣布斥资 6000 万美元支持先进太阳能技术研究和商业化应用，重点对降低太阳能生产成本、太阳能发电无缝集成入网、产业人才培养三个领域予以投入和支持。印度尼西亚政府在 2013 年拨付 4000 亿印尼盾用于兴建 120 座太阳能发电站，总发电量为 8MW。南非科技部和能源部正在组织制定太阳能技术路线图，以指导未来 5~10 年太阳能技术发展有关的政策法规的制定、产业发展战略和相关的投资、教育与技能培训、创新与研发以及在南非和南部非洲推广太阳能技术。

值得关注的是，为促进太阳能的开发利用，印度政府一年来出台了不少新举措。印度计划委员成立了实施“尼赫鲁国家太阳能计划”的多部门联合专责小组，为提升太阳能制造能力提供政策建议，为太阳能制造商和开发商提高成本效益、进行融资等提供帮助，确保可再生能源证书机制的有效实施，推动地方政府太阳能的发展进程（目前太阳能发电对印度能源的贡献度不足 0.5%，印度政府希望 2022 年将该比例提升至 5%~7%）。印度政府还为太阳能制造商和企业制定了海关减免税优惠政策，颁发货物通关的海关减免优惠关税证书和免税证明，同时修改和简化太阳能光伏发电、热能利用、热发电项目的产品和设备进出关所需的行政程序，设立快速解决问题通道。此外，印度新能源与可再生能源部批准建立了新的太阳能研究和技术中心。印度各邦正在竞相开展太阳能电站建设。世界最大的单一地点太阳能发电站在印度拉贾斯坦邦开工，占地约 81 平方千米、发电量达 4000MW，预计 2018 年完工；古吉拉特邦宣布将建立 2000MW 的太阳能电站；中央邦将推出 151MW 的太阳能发电厂；西孟加拉邦正在维多利亚湖上开发一个浮动的太阳能电站。

（四）全球风电市场持续发展

据全球风能理事会发布的“2012 年全球风能市场报告”预测，未来 5 年（2013—2017 年）美国装机将大幅下滑，中国和印度市场复苏低于预期，欧洲市场增长放缓，2013 年新增装机略有下降，2014 年后开始逐步恢复，全球新增市场的平均增长率在 7% 左右，累计市场的平均增长率约为 13.7%，到 2017 年将实现翻番，达到 536GW。报告指出，尽管主要经合组织国家的风电政策充满不确定性，但中国、印度、巴西以及拉美、非洲和亚洲其他新兴市场将推动全球风电市场持续发展。

日本计划在 2020 年前利用浮动式风机设计，在离福岛海岸约 16 千米（10 英里）远的海域建设世界最大的海上风电场，安装 143 台海上风力发电机，总装机容量将达到 1GW，超过目前最大的英国 GreaterGabbard 海上风电场（504MW）。英国政府 8 月发布了海上风能产业战略，拟投资 6600 万英镑打造英国风能产业供应链，鼓励企业、政府与研究机构联合创新，推进成果商业化，到 2020 年创造 70 亿英镑产值和 3 万个就业机会。其目标是到 2020 年将海上风电成本降低 25%，到 2050 年降低 60%。德国的海上风能规模正在迅速扩展。2013 年上半年德国新安装完成了 21 个离岸风力设施，产电容量总计 105MW，超过了 2012 年全年 80MW 的安装量，并全部接入电网。由此德国的海上风力设施全年可提供风电 385MW。比利时继续大规模发展风电，2013 年风电装机容量为 1549MW，其中海上风电为 491MW。比利时联邦经济部计划在北海打造两个储电小岛，用来存储附近风力发电场的富余电量。韩国政府计划制定公私合作计划，在该国西海岸安装约 500 台海上风力发电机。2013 年 100MW 项目投入运行，2016 年投入 900MW，到 2021 年再建成 1.5GW。韩国各地方政府还在推进 4.5GW 海上风电项目。韩国风能产业界的目标是到 2030 年实现装机容量达到 23GW，满足 10% 的全国能源需求。

（五）生物燃料前景难测

由于“高得超乎想象”的制造成本，很多观察家都认为，与化石燃料相比，生物燃料缺乏竞争力。即使“第二代生物燃料”技术能够克服成本高昂问题并扩大规模，仍然无法解决原材料供应这一难题。不论是“粮食换燃料”，还是“植物换燃料”，都不被市场看好。尽管如此，一些国家仍在推进生物燃料的研发和商业化应用。

美国能源部 1 月 3 日宣布拨款 1000 万美元开发新技术，将生物质转化为先进的生物燃料和生物制品（如塑料和化工中间体）。农业部 11 日宣布，拨款 2500 万美元资助研发下一代可再生能源和利用各种生物质资源生产高价值生物产品。能源部7月31日宣布投资5000万美元实施首个商业规模纤维素乙醇项目。次日宣布投资2200万美元用于开发具有成本效益的藻类生物燃料和优化先进生物燃料生物质原料供应链。

印度尼西亚矿物与能源部颁布了第25号部长条例，实施生物柴油强制性政策，规定从事交通运输、工业、商业和发电站的企业必须在使用的综合柴油中添加至少10%的脂肪酸甲酯。印尼研究人员将技术路线由废物到能源改变为由作物到能源，将发展生物质能源与扩大种植绿色能源作物面积结合起来，建立具有生物原料生产、加工和销售的生物能源工业。目标是到2025年使生物燃料占比达到5%。

巴西政府2013年3月推出企业创新计划，在电力领域、甘蔗能源与甘蔗化学领域投资57亿雷亚尔。巴西乙醇能源生产商从5月1日开始不用再支付每升燃料0.12雷亚尔的相关税费。此外，巴西政府还推出了甘蔗能源和甘蔗化学创新支持计划，未来几年提供33亿雷亚尔用于资助以甘蔗为原料的生物质产品的开发、生产和销售。

三、页岩气开采引发各方争议和质疑

页岩气是一种清洁、高效的非常规天然气能源，具有分布范围广、开采寿命长和生产周期长等优点，但也存在储集层渗透率低、采收率低、开采难度大等问题。根据美国能源信息署发布的“页岩油和页岩气技术可采资源量：美国以外的41个国家137处页岩地层评估”报告，全球技术可采页岩油资源量为3450亿桶，技术可采页岩气资源量为207万立方米（7299万亿立方英尺），分别占全球技术可采原油资源量的10%和天然气资源量的32%。除美国外，确定的页岩油资源有一半以上集中在俄罗斯、中国、阿根廷和利比亚；一半以上的页岩气资源集中在中国、阿根廷、阿尔及利亚、加拿大和墨西哥。目前，页岩气开采主要采用水力压裂技术和水平钻井技术，这些技术在美国最为发达。页岩气产业的蓬勃发展使得美国成为世界上最为廉价的天然气市场。

美国大量开采页岩气在全球引起热议。支持者认为，开采页岩气有助于降低能源进口依存度和天然气价格；而反对者担心钻探和采用水力压裂法开采页岩气可能污染地下水，导致大量甲烷泄漏，造成辐射污染甚至地震。德国能源观察组的专家们认为，最迟到2017年，以水力压裂技术为代表的页岩气开发热潮就会过去，美国不会成为石油输出国；2015年美国页岩气开采量可能下降；2030年美国天然气开采量可能明显低于目前水平。欧洲地球之友采掘业活动家Antoine Simon认为，美国的页岩气热潮将是短暂性的，鉴于缺乏设备和管道基础设施、严格的环境监管、地质与地理等因素，在欧洲不太可能重复美国的页岩热潮。

当前，德国、英国、波兰、印度、阿根廷等国家在不同程度上支持页岩气的开采。德国政府2013年2月26日公布了一项法律草案，在一定条件下允许利用水力压裂开采页岩气，但禁止在保护区和饮用水井附近进行水力压裂。这项禁令将适用于德国14%的领土，除此之外的任何开采都必须进行环境影响研究。英国能源与气候变化部于12月17日发布了下一代页岩油气开发路线图，表示将加大对英国境内页岩气资源的开采力度，希望效仿美国实现繁荣转变。英国首相卡梅伦是页岩气开发的坚定支持者，他认为页岩气资源安全、便宜、能够替代煤炭等化石燃料，有助于减少温室气体排放。有研究报告认为，到2020年大规模页岩气开采可提高英国的能源安全，促进经济增长，创造数千个就业机会，为当地社会带来10亿英镑的价值。印度政府也对页岩气开发寄予厚望，希望借此降低印度的能源对外依存度。2013年底印度政府出台了页岩气勘探政策框架，允许国有企业、国内私人资本和外国公司投资页岩气勘探开发，有3~5年页岩气勘探开发经验的石油公司在招投标中将被优先考虑。印度政府将简化页岩气项目的审批流程，审批时间从3年缩至1年半；同时修改投资方收益方式，从普通油气利润分成改为收入分成，以进一步提高投资者的积极性。相形之下，法国、捷克、保加利亚、罗马尼亚、荷兰等国家都禁止采用水力压裂技术开采页岩气。

四、核电建设步伐放缓

日本福岛核电站泄漏事故以来，核电在世界范围内受到质疑。国际能源署发布的“2013年世界能源展望”报告认为，受安全监管审查的影响，当前核电建设步伐放缓，但在中国、韩国、印度和俄罗斯的带动下，核能发电量到2035年将增长2/3。据国际原子能机构统计，截至2013年11月22日，全球共有30个国家的435台核电机组在运行，总装机容量371GW；另有14个国家的71台机组在建，总装机容量69GW，其中中国在建机组30台。2013年全球有2台新机组并网运行，有7台机组新开工建设。国际原子能机构认为，全球特别是在亚洲核电机组在未来十几年仍会稳步增长，增长趋势并未逆转，只是增长幅度有所放缓。核电在能源结构中仍将起到重要作用。

英国政府2013年3月出台了核能产业战略，旨在确保英国成为民用核能领先国家，并向产业界、投资方和公众传递英国政府坚持发展核能的决心。该战略提出：建立一个核产业理事会，负责实施和发展核能产业战略；成立核能创新与研究咨询委员会和核能创新与研究办公室，后者依托国家核试验室协调研发和创新活动；投资1500万英镑新建一个世界级的国家核用户设施，用于大学和企业开展核技术研究。此外，英国政府在3月19日正式批准1995年以来的首个新建核电站，总容量达3260MW，总投资达120亿~140亿英镑。英国核能产业界计划到2030年前新建16GW核电站。

日本安倍政府2012年底上台后，决定重新全面审查零核电政策，重新制定包括核能在内的新的中长期能源政策，以确保稳定能源供应和降低能源成本。韩国政府由于近年来核电设备故障频出，国民对核电安全的忧虑增大，对核电的接纳度降低，其第二期“国家能源基本计划（2013—2015）”草案建议，全面修改李明博政府时期以扩大核电供应为重点的能源政策，到2035年将核电比例从此前提出的41%下调至22%~29%。法国国内“弃核”声音越来越强，使得其核电发展举步维艰。法国总统奥朗德表示，其任期内不再批准新的核电站建设，到2025年将核电比例从目前的76%降至50%。

在新兴核电国家中，除巴西等少数国家因福岛事故仍持观望态度外，大多数国家，如印度、孟加拉国、约旦、尼日利亚、土耳其和越南，依然决定继续实施核电发展计划。2013年，印度计划委员会的原子能研究预算为373.9亿卢比，占其科技总预算的21.3%。印度现有装机容量4780MW，在建机组4800MW。印度政府计划到2020年将核电比例提升至10%。为此，印度政府宣布从2010年到2020年，投资770亿美元新建核电站。迄今，印度已与美国、法国、加拿大、韩国等国家签署了核能合作协议。2013年7月13日，印度最大的核电站库丹库拉姆核电站启用并实现并网发电。

信息通信技术成经济转型发展推动力

当前，信息通信技术（ICT）的作用与前景受到各界的高度关注，它不仅是通信媒介，而且是促进发展的推动器，是实现国际公认的发展目标的工具。ICT具有普及性、改进性和“创新孵化器”的作用，能提高生产力，促进经济增长，创造就业机会，提高就业能力，并改善全民生活质量。2013 年4 月，世界经济论坛（WEF）与欧洲工商管理学院（INSEAD）共同发布了《2013 年全球信息技术报告》（GITR），高度关注 ICT 与各国经济增长和就业问题的联系，指出世界各国都在制定战略计划来促进 ICT 利用，数字化的提升正在极大地拓展 ICT 促成的社会和经济效益。

一、大数据浪潮席卷世界

半个世纪以来，随着计算机技术全面融入社会生活，信息爆炸已经积累到了一个开始引发变革的程度。它不仅使世界充斥着比以往更多的信息，而且信息的增长速度也在加快，数据结构也日益复杂。大数据具备大量化、多样化、快速化和价值密度低的特征，因此，如何在成本可承受的条件下，通过快速地采集、发现和分析过程，从高速的数据流转、多样的数据类型、海量的数据规模中迅速发现有价值的数据并为决策提供帮助成了重中之重。大数据是一次颠覆性的技术变革，对国家治理模式、企业经营决策、组织业务交流、个人生活方式都将产生巨大的影响，是信息时代知识和价值创造的利器。

（一）大数据成为重要战略资源

互联网时代，数据正在演变成不可或缺的战略资源。互联网、物联网每天都在产生大量的数据，这些庞大的数据资源，为人们根据数据了解世界、了解市场、了解人们的生活提供了可能。大数据已经被视为一种资产、一种财富、一种可以被衡量和计算的价值。

国际数据公司（IDC）发布的《2012—2016 年全球大数据技术与服务预测》报告预测，大数据市场正在快速崛起，并日益整合现有新兴市场。大数据市场将在 2012—2016 年期间表现出强烈的增长势头。全球大数据技术与服务市场将以 31.7% 的复合年均增长率增长（大约是整体信息通信技术市场增速的 7 倍），到 2016 年有望达到 238 亿美元。IDC 估计，全球 2012 年产生数据总量约 2.8 泽（1 泽 $=2^{70}$）字节。IDC 预测，未来几年，全球数据量每隔两年翻一番，2020 年达到 40 泽字节。大数据不单单是“数据的工业革命”，而是一场更深刻的科技和产业大变革的组成部分，是对未来大趋势、时代新特征的一种描述。大数据是推动这场大变革的重要动力，将成为促进经济社会转型新的关键资源。搜集、分析和运用指数级增长的庞大数据，将催生创新，为各行各业提供新的发展机遇，给人们日常生活带来改变。

（二）决胜大数据时代，各国未雨绸缪

大数据时代下，世界各国将大数据战略提升到国家战略层面并为之一掷千金。2012 年 3 月，美国奥巴马政府宣布投资 2 亿美元启动“大数据的研究和发展计划”，并认为大数据技术事关国家安全、科学及研究的发展，此计划被认为堪比 20 世纪 90 年代的“信息高速公路”计划，意义重大。计划提出将通过收集庞大而复杂的数字资料，从中获得知识和洞见，以提升能力。并协助加速在科学、工程上发现的步伐，强化美国国土安全，转变教育和学习模式。根据这一计划，美国希望利用大数据技术实现在多个领域的突破，包括科研教学、环境保护、工程技术、国土安全、生物医药等。该计划涉及了美国国家科学基金会、国家卫生研究院、国防部、能源部、国防部高级研究局、地质勘探局等 6 个联邦部门和机构。

2013 年 2 月，日本总务省也针对涉及网络和大数据技术的信息通信技术研发课题进行公开招标。此课题共包括四项主要技术：网络虚拟化技术，强大的大数据利用技术，海量数据的有效传输技术，节能网络控制技术。总投入逾 40 亿日元。其中对网络虚拟化技术研发的投入最多为 36.4 亿日元，研发重点包括：以网络管理控制平台技术、网络共享控制技术、适用虚拟网络的节点技术为中心的基础技术研究，以综合网络管理控制平台技术、虚拟网络运用管理技术、使用虚拟网络的节点技术为中心的综合技术。

2012 年底，英国财政大臣披露了 6 亿英镑的科学资金明细表，其中大数据和节能计算将获得大部分资金，大约为 1.89 亿英镑。法国政府宣布在 2013 年投入 1150 万欧元，用于 7 个大数据市场研发项目。目的在于“通过发展创新性解决方案，并将其用于实践，来促进法国在大数据领域的发展”。

此外，加拿大、新西兰、德国和印度等国也在大数据领域进行了研究部署，还纷纷推出本国的公共数据开放网站，以使更多的人可以使用大数据资源，并从中获得利益。目前，全球已经拥有大大小小的数据开放网站50余个。

（三）业界巨头加快大数据市场布局

大数据对于所有行业而言都是一个关键的竞争优势之源。很好地理解并且擅长利用大数据的组织，将有可能实现持续性的创新、保持敏捷性并且盈利状况会得到持久改善。据研究公司Wikibon调查，目前，传统的独立硬件、软件及服务提供商如IBM、英特尔（Intel）、谷歌（Google）、甲骨文（Oracle）等与大数据业务相关的收入均在总体收入中占比超过50%。各大业界巨头正在积极地进行大数据时代的市场部署，激烈的新一轮角逐正在展开。

各大业界巨头都推出了针对大数据需求开发的新产品，为在大数据市场抢占一席之地提供了有力支撑。2011年5月，IBM正式推出InfoSphere大数据分析平台，集成了数据仓库、数据库、数据集成、业务流程管理等组件。甲骨文公司也在2012年发布了Oracle大数据机，提供了一种处理海量非结构化数据的方法，对于那些正在寻求以更高效的方法来采集、组织和分析海量非结构化数据的企业而言，该产品具有很大的吸引力。BigQuery是谷歌推出的一项Web服务，用来在云端处理大数据。谷歌表示BigQuery引擎可以快速扫描高达70TB未经压缩处理的数据，并且可马上得到分析结果。2011年初，微软发布SQL Server R2并行数据仓库（PDW），使用了大规模并行处理来支持高扩展性，可以帮助客户扩展部署数百TB级别数据的分析解决方案。

当前，IBM和英特尔在收入规模上引领大数据市场，这主要得益于他们所提供的产品或者解决方案覆盖的范围比较广，而且已经通过许多企业的数据中心占据先机。对于英特尔而言，其商用x/86服务器在大数据项目中备受青睐；至于IBM，其对业务分析的重视以及其强大的服务组合驱动了其大数据业务收入。另外，由于市场还不成熟，规模尚小的大数据专营公司才刚刚发力。然而，就大数据市场而言，最具有冲击力的创新会来自于众多的专营公司如Vertica、Splunk以及Cloudera等，虽然他们目前所占的份额并不大。

为了在最大限度满足客户的需求，加强对产业链的控制，IBM、甲骨文等业界巨头自2012年起持续开展并购，增强自身实力。2012年，IBM先后收购了Varicent Software、Vivisimo、Tealeaf Technology、StoredIQ等软件企业，这些收购增强了IBM在商业智能分析、数据呈现、社交媒体分析、信息生命周期管理等方面的竞争力，近几年，IBM已经在相关领域收购了30多家公司，凸显了IBM在大数据时代的雄心。甲骨文则在2012年1月收购了云计算客户服务提供商Right-Now；2月，收购了人才管理云服务商Taleo；7月，又收购了社交媒体平台开发商 Involver。这一系列收购旨在进一步加强甲骨文在商业智能领域的竞争力。2012 年其他 IT 巨头也纷纷根据自己的大数据战略开展了相关并购，譬如微软收购 Yammer、SAP 收购 Successfactors。随着这些巨头布局的进一步完善，可以预见未来大数据市场的竞争将是残酷的，大数据将给 IT 业界带来新一轮的洗牌。

（四）大数据应用促进信息技术与各行业深度融合

依据大数据进行决策，从数据中获取价值，让数据主导决策，是一种前所未有的决策方式，并正在推动着人类信息管理准则的重新定位。随着大数据分析和预测性分析对管理决策影响力的逐渐加大，依靠直觉做决定的状况将会被彻底改变。专家指出，大数据及其分析，将会在未来 10 年改变几乎每一个行业的业务功能。

在医疗与健康行业，根据美国麦肯锡公司预测，如果具备 IT 设施、数据库投资和分析能力等相关条件，大数据将在未来 10 年，使美国医疗市场获得每年 3000 亿美元的新价值，并削减 2/3 的全国医疗开支。2009 年甲型 H1N1 流感病毒爆发，Google 公司就是通过观察人们在网上搜索的大量记录，在流感爆发的几周前就判断出流感的传播源，从而使公共卫生机构的官员获得了极有价值的数据信息，并做出有针对性的行动决策，而这比疾控中心的判断，提前了一两周。在制造业领域，制造企业为管理产品生命周期将采用 IT 系统，包括电脑辅助设计、产品开发管理工具和数字制造等，制造商可以建立一个产品生命周期管理平台 PLM（Product Lifecycle Management），从而将多种系统的数据集整合在一起，共同创造出新的产品。此外，在交通、能源、材料、商业和服务等行业领域，甚至在新闻传媒领域，也都在以大数据为发展契机，加速这些行业与信息技术的深度融合。

与国外大数据的热火朝天相比，国内企业在数据库、数据仓库、商业智能等领域基础薄弱，尤其是软件企业在布局大数据方面，已经远远落后于国外先进企业。对于哪些企业将来有可能成功进入大数据领域，挑起大数据利用国产化的重担，不少人表示看好百度、阿里巴巴、腾讯等国内互联网巨头，因为它们不仅具有资金、技术等方面的实力，而且一直在与数据打交道方面具有先发优势，其本身业务的发展趋势与大数据发展趋势相符。

二、智能终端与移动互联风起云涌

近两年来，全球的移动通信市场集中聚焦在两大热点：一是智能终端。智能终端爆发式增长成为移动互联产业主旋律，市场需求势头突飞猛进，各大厂商相继推出新产品，终端操作系统市场也同步发生了极大变革。二是移动互联网。作为移动设备与互联网的融合产物，移动互联网已经成为技术发展最快、市场潜力最大、前景最为广阔的新兴产业。

（一）智能终端风靡移动市场

随着与消费者密切相关的智能手机的兴起，智能终端得到了极大关注。世界移动通信大会（MWC）官方市场调查机构 SA 介绍了 2013 智能终端的几大趋势：第一，智能手机与平板电脑的界限消失，出现了平板手机。2013 智能终端的主流产品大都具有 5 英寸以上的大屏幕，用途也变得多样化，除通话功能以外还具备视频、游戏、网络搜索等功能，堪比平板电脑。第二，中国企业飞速崛起。华为在 2013 年推出了 6.1 英寸的大屏幕智能手机 Ascend Mate 和 5 英寸的 Ascend P2、Ascend D2 等，中兴也将推出 5.7 英寸智能手机 Grand Memo。第三，移动操作系统的多样化。预计在全球智能手机操作系统市场占据 70% 份额的谷歌 Android操作系统将面临巨大挑战。微软的“Windows Phone 8”、三星电子和 Intel 等共同开发的“Tizen”等系统将展开激烈竞争。

据 IDC 预计，2015 年的 19 亿台智能设备中，智能手机与平板电脑的占比将达到 84%。而 2012 年，此比重为 71%（图 2－1）。全球智能设备增长迅速，小屏化、移动化成为趋势。智能机与平板电脑以其“小而便携”的特点培养了用户对多个智能终端屏幕的使用习惯，即同时拥有台式机、笔记本、平板及多部手机的用户不断增多。2013 年，全球平板电脑规模将首次超过台式机规模，2014 年将超越笔记本规模。未来 10 年，伴随着可穿戴设备智能化、家居智能化、交通工具智能化以及各种媒体设备的智能化，基于云计算、大数据技术的个人化应用将会大规模爆发。

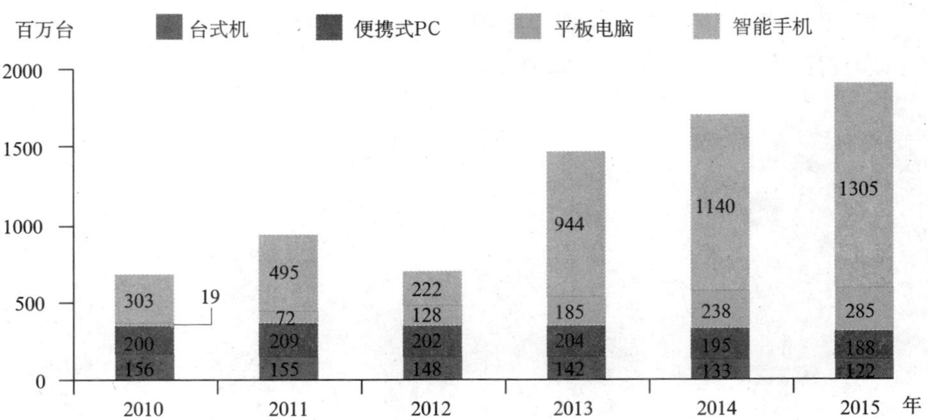

图 2－1　全球智能设备出货量走势

数据来源：IDC，SINO－MR。

值得一提的是，中国的智能终端市场在全球占据重要地位，12 月 4 日，IDC 发布的最新数据显示，2013 年中国智能终端（PC、平板设备、智能手机三大类）

市场的出货量接近3.9亿台，市场增长率达33.1%，其中智能手机的销量已经达到全球智能手机市场的38%。IDC预测，到2016年，中国智能终端市场的出货量将达到5.6亿台，届时，在中国消费市场中，将有超过2.5亿的中国人拥有两个智能终端产品。

（二）移动互联技术日新月异

不到10年的时间里，移动互联风生水起，从第二代移动通信网络（2G）的GSM、TDMA制式接连跨越到第三代移动通信网络（3G）的EVDO、WCDMA、TD－SCDMA制式，现在又正在完成向第四代移动通信网络（4G）LTE制式的转变，移动互联数据大量涌现，传统意义上的移动通信网络受到了越来越多的挑战。移动互联技术的领军者爱立信在2013的MWC上展示了其在4G制式开发的最新进展，还推出了独树一帜的运营商软件定义网络（SDN）概念以及其两项应用：网络虚拟化和服务链。诺基亚西门子也展示了其“创新移动世界”的理念，旨在帮助运营商从网络资源中获取更多利益、根据需要合理分配容量、简化运营并提供最佳客户体验。2013年，全球的移动网络市场迅速完成制式转变，并预计4G网络市场将在2014年大幅提升，据IDC公司预测，4G网络将迅速占据移动网络市场的大份额（图2－2）。

目前，日、韩等国家的4G制式已经处于成熟的运营阶段，欧美等国家的4G制式互联已经实现了全面商业化。而中国作为亚洲最大的移动互联网络市场之一起步较晚，但发展十分迅速。截至2013年7月份，中国3G用户已突破3.4亿户，年底将达到4.3亿户，3G普及率提升至33%。中国工业与信息化部2013年向三大运营商发放4G移动网络牌照，预计LTE终端将更加丰富。

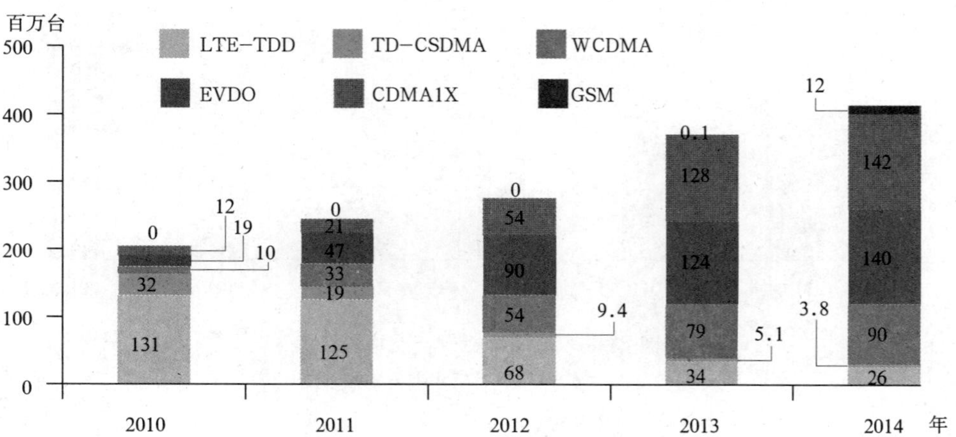

图2－2 全球移动市场分制式统计走势

数据来源：IDC，SINO－MR。

就目前来说，4G 技术在全世界尚未全面普及，但各国已经开始了对 5G 移动网络技术的研究，一些主流的设备厂商已经拉开阵势群雄逐鹿，以抢占 5G 产业先机。日本运营商 NTT DoCoMo 在 2013 年 10 月份展示了 5G 通信技术，将 5G 技术作为一项新的概念，称其拥有“超高速度，低延迟”的特性。韩国三星电子于 2013 年 5 月宣布，公司采用一种毫米波技术，大大提高了在长距离内每秒钟传输的数据量，在研发 5G 方面已取得突破性进展。爱立信认为，在 5G 时代各类传感器的通信非常重要，目前爱立信在研究 5G 的团队中已加入传感器工作组。华为透露，华为正在着手开发 5G 网络，并将于 2020 年投入市场。三星电子也宣布已经率先开发出了首个基于 5G 核心技术的移动传输网络，并表示将在 2020 年之前进行 5G 网络的商业推广。

2012 年 11 月，欧盟宣布启动了 5G 研究项目——“构建 2020 年信息社会的无线移动通信关键技术”（METIS），旨在推动新一代 5G 移动通信技术标准的统一化。2013 年，中国科技部也投入 1. 6 亿元启动了国家 863 计划“第五代移动通信系统研究开发一期”重大项目，2020 年前将实现支持业务总速率 10Gbps，较目前 4G 系统的效率提升 10 倍。移动互联发展浪潮汹涌，更刺激了移动互联的深度应用，移动互联用户高速增长的势头必将延续。世界将全面步入真正的移动互联时代。

三、半导体市场走出低谷

自 2008 年国际金融危机以来，全球半导体市场发展始终笼罩在阴影中。2010 年全球半导体市场强劲反弹，但只是昙花一现。2010—2012 年全球半导体市场的营收增长呈现持续下降趋势，即从 2010 年的 31. 8% 下降到 2011 年的 0. 4% 和 2012 年的 –2. 7% 。2013 年随着世界经济的回暖，全球半导体产业进入回升周期，据国际数据公司（IDC）、环球透视（HIS）等的市场统计，2013 年全球半导体市场营收增长将达 5% 。同时，IC 工艺技术的不断提高，使得芯片集成度越来越大、体积越来越小、成本越来越高，无论 IC 工艺技术、成本控制或投资规模都遇到了瓶颈。目前，美、日、韩、欧等国家政府、高校、IC 行业巨头和产业协会等都在不断增加研发投入，以期通过新产品维持半导体市场发展的势头。

（一）政府投资部署研发

当前处于全球半导体产业链上游的主要是欧美国家。为突破半导体未来发展的技术难题，欧美国家格外注重对半导体产业的支持。

2013 年 1 月，美国国防部高级研究计划局（DARPA）和美国半导体研究协会（SRC）宣布将在未来 5 年内投入 1.94 亿美元开展“半导体技术先进研究网络”（STARnet）项目，重点支持新兴电路架构、实现可扩展内存、新型半导体材料等的研发。此外，DARPA 及空军研究实验室还资助加州理工学院的工程师团队研发成功具有自我修复功能的集成芯片。密歇根大学也获得 DARPA 资助 570 万美元进行新型芯片的研究，此类新型芯片处理图像和视频的速度将千倍于现有系统。

韩国政府宣布至 2015 年将投资 1.7 兆韩元与民间企业合作，培育系统芯片和半导体设备，并计划将系统芯片和半导体设备国产化比例分别提升至 50% 与 35% 。韩国知识经济部计划至 2015 年将培育 30 个具世界级水平的 IC 设计公司及设备中坚企业，政府和相关企业也将参与并组成 1500 亿韩元规模的半导体基金会，集中支持中小型企业。

2013 年 5 月，欧盟委员会（EC）发布《欧盟微电子、纳米电子器件与系统战略》，提出在未来 7 年间，将在微电子、纳米电子研发方面的公私投资超过 100 亿欧元，其中欧盟、各国和地区每年资助超过 15 亿欧元。

（二）产业旗舰积极探索创新

IC 工艺技术正在逐渐接近摩尔定律的极限，技术竞争造成的芯片超高集成度使得制造成本不断上升，半导体市场爆炸式增长的时代正在过去，产业巨头正在积极投入新技术的研发，力求维持自身在 IC 设计和制造领域的优势。

2013 年，半导体产业的三巨头——台积电、英特尔、三星——展开了激烈的竞争，台积电的资本支出为 90 亿美元，英特尔为 130 亿美元，三星为 130 亿美元左右。三巨头力争抢占先进制程技术的高地，展现出欲在 20nm 以下制程与 18 寸晶圆技术超越对手的企图。台积电的研发支出将主要用在 28nm 产能的扩增，以及 20nm 与 16nm 先进制程技术的布建。韩国三星电子主要投资研发 DRAM 的 28nm 制程以及 NAND Flash 的 21nm、16nm 制程，三星已成功试产 14nm 晶圆，目前还成功开发了 20nm 工艺制作的 8GB LPDDR4 移动 DRAM 芯片。2013 年，英特尔将研发重点放在 18 寸晶圆的布局上，旗下 14nm 厂房建置也将完成，也将开始布局 10nm 制程的建置，巩固在全球半导体的技术领先地位。英特尔从 2005 年起关注适用于智能终端和移动互联的芯片研发，2012 年就以“Medfiled”系列为主的凌动芯片杀入智能手机和平板电脑市场。今年英特尔又成功研制了 22nm 制造工艺的凌动处理芯片。

除三大巨头如火如荼地研发新技术之外，美国 IBM 公司也宣布投资 10 亿美元改善闪存技术，并将推出 Flash System 全闪存存储设备产品线，其闪存存储量将增加约 150TB。日本厂商东芝则宣布将投入 20 亿美元用于 NAND Flash 1y 制程的研发。日本厂商瑞萨也将投入400亿日元用于开发专属的微控制器单元处理平台。

四、新一代ICT技术崭露头角

研究表明，半导体集成电路的特征线宽进入纳米尺度时，微电子技术将受到来自物理、技术和经济上的多重限制，最终将难以满足人类不断增长的对更大信息量的需求。科研工作者正在积极探索基于全新原理的技术，如量子信息技术、光信息技术等。

（一）量子信息技术

量子信息技术能够克服现代微电子技术的技术开发瓶颈及运营成本问题，极有可能成为下一代ICT技术的主要力量。美国是开展量子信息技术研究最早的国家之一，并且投入巨大。2014年1月，美国国安局前外聘员工斯诺登提供的文件称：美国国安局正在研发一种“用于密码技术的量子计算机”，该计划隶属一项名为“渗透硬目标”的研发计划，项目资金为7970万美元。美国国家安全局斥巨资研发量子技术，极有可能推动全球的量子研究热潮。

由于量子信息技术的优越性，多家IT企业巨头已经开展了相关研发，积极准备占领未来的ICT技术市场。2013年5月，美国Google公司已经与美国国家航空航天局（NASA）共建了一个量子人工智能实验室，量子计算机将有望提高Google的搜索结果以及语音图像识别的准确度，而NASA则将利用量子计算机进行模拟、研究及处理大数据等。2012年，IBM研究院的研究员正式攻破量子计算技术的最后一道障碍——毫秒相干时间，下一步IBM计划设计出可行的量子计算机元器件，包括固有误差探测和修正邻近设备。此外，黑莓投资人迈克和道格表示将再次联手投资1亿美元，以培育足以引领下一波计算领域浪潮的量子科学技术，并将其商用化。目前，量子信息技术在加拿大D-Wave系统公司已经几近成熟。2013年1月，D-Wave宣布将制造量子计算微处理器的工艺技术所有权转移至美国Cypress半导体公司并于6月进行生产。Cypress公司已经于6月26日生产出首块量子芯片。

量子芯片具备运算速度快、体积微小的特点。在工程系统中尝试表现和模仿人类智能。其应用范围十分广阔，将包括信息传播领域、先进军事高科技武器和新医疗技术等高精端科研领域。

（二）光信息技术

光信息技术利用光作为信息的传输介质，突破了传统微电子的信息传输模式，光介质也广泛地应用于光传感、光处理、光计算、光互连、光存储等应用研究领域。目前，许多光信息技术的关键技术都已经获得了极大的突破，部分经济体已经开始出台发展光信息技术的政策。

光信息技术被列为欧洲关键使能技术之一，欧洲《地平线2020》计划启动了光子学公私合作伙伴计划（PPP），欧洲光子学技术平台 Photonics21 制定了面向2020年的光子学研发战略路线图。光子学研发战略路线图认为，信息通信技术的基础是光纤宽带通信技术，而光子学系统和技术是其中的核心。俄联邦政府则于2013年8月批准了在光电子领域国家政策方面拟采取的措施计划，该计划的实施将使俄罗斯民用光电子产品销售总额在2018年前达到每年500亿卢布，并增加光通信领域上述产品的专利数量（每年达到500项），同时在光通信研发和应用领域，创造6万个高技术工作岗位。

美国及日本政府近几年就光信息技术进行的战略部署并不明显，光信息技术的进步主要依赖高校及企业研发。2013年3月，美国光纤通信展览会及研讨会（OFC/NFOEC）召开，会议的技术亮点来自于IBM、AT&T和AFL这些处于业界领先地位的公司。2012年底，IBM公司的研究人员发布了一项突破性的光互连技术，利用光信号取代电信号进行信息传输，解决传统集成电路互连技术的带宽瓶颈和高成本难题，为光互连技术的商业应用铺平了道路。2013年，IBM又在美国国防部高级研究计划局（DARPA）的资助下开发出每秒传输速度为25Gbit的低能耗光通信链路，使超高速超级计算机离现实又近了一步。AT&T的研究人员首次在100GHz间隔光网络上实现400Gb/s数据的超长距离传输，实现了破纪录的12000千米信号传输距离。美国藤仓公司（AFL）的研究人员则开发了一种多芯光纤的自动化对准和拼接技术，可将信号失真度降至最低，推动了多芯光纤的商业化生产。此外，日本滨松光子（Hamamatsu Photonics）也于2013年7月宣布与加拿大 Zecotek 光子公司联合研制新型高性能光电探测器等。

在当前的光信息技术领域，相关产品已经得到了广泛的应用和开发，光信息技术的重要元件不断地获得重大突破和进展，同时也攻克了许多技术难题，光信息技术产业化将会对光通信、数据中心、光互联等领域带来一场技术革命。

（三）生物计算技术

生物计算是以生物界处理问题的方式为模型的计算方式，又称仿生计算。与传统的电子计算机不同，在经典生物计算技术范畴中，传递信号的是不同的分子——DNA、RNA和蛋白质分子等。凭借生物计算构建的生物计算机具有并行处理的功能，其运算速度要比当今最新一代的计算机快十万倍，能量消耗仅相当于普通计算机的十亿分之一。

自1983年美国公布了研制生物计算机的设想之后，立即激起了发达国家的研制热潮。当前，美国、日本、德国和俄罗斯的科学家正在积极开展生物芯片的开发研究。从1984年开始，日本每年用于研制生物计算机的科研投资为86亿日元。美国、欧洲、日本等许多国家和地区都将“生物芯片”技术列入生物技术中的重点发展领域。在欧美，目前大的生物技术和生命科学投资公司超过了52家，每年投资于生物芯片的资金达到了数十亿美金。美国是生物芯片技术最为领先的国家，在过去的10年，美国政府和产业界投入巨资用于生物芯片研究开发与产业化。欧洲、日本等许多国家亦将“生物芯片”技术列入生物技术中的重点发展领域，投入强度越来越大。目前美国在全球生物芯片研发中居于主导地位，加州昂飞公司（Affymetrix）的基因芯片技术被视作国际标准，Affymetrix在1996年就成功制作出了首批实用的DNA芯片，并制造出了“基因芯片”系统。2013年Affymetrix宣布将继续精进其优势的原位光刻技术、PM－MM探针设计、严密质控技术等。

生物计算涉及计算机科学、脑科学、神经生物学、分子生物学、生物物理、生物工程、电子工程、物理学和化学等有关学科。生物计算机一旦研制成功，可能会在计算机领域内引起一场划时代的革命。

生命科学和生物技术稳步发展

科技进步和人口变化将在未来几十年内促进生命科学和生物技术的爆炸式发展。当下，整个行业仍处于深刻变革的蜕变期和发展期。2013 年是稳步发展的一年，各国政府和业界紧锣密鼓地从战略规划、前沿技术、行业规范等多方面入手，加速推进生命科学的新发现、生物技术的新突破和生物技术产业的新发展。

一、“脑科学计划”抢占高点

2013 年，欧盟与美国相继发布脑科学计划，抢占脑科学研究的战略制高点。人脑研究是 21 世纪最重大的科学挑战之一。从根本上了解人脑的本质，不但有助于开发脑部疾病的新疗法，同时还能发展具有革命意义的新型信息通信技术。

最近 10 年，许多划时代的科学发现为解开人脑之谜创造了机遇。信息技术、基因技术、光学技术和纳米科学、物理科学等跨学科的科学合作，能够极大地加速人脑研究进程，推动跨学科的科学发现，从而改善全球数十亿人的健康生活，以及可能带来产业、经济和社会变革。

1. 欧盟人脑项目雄心勃勃

欧盟委员会于 2013 年 1 月底将人脑项目选定为“未来新兴技术旗舰项目”之一。“未来新兴技术旗舰项目”是欧盟着眼未来需求启动的大规模基础研究计划，旨在资助能够对未来的科技创新和商业开发产生广泛和深远影响的科学研究，通过科学研究的突破为解决经济社会重大挑战做出贡献。人脑项目是首批启动的两大旗舰项目之一。

欧盟人脑项目计划 10 年耗资 10 亿欧元，力图对神经科学、医学和计算机技术的发展产生重大意义。

项目组在预研报告中提出，基于信息通信技术的脑科学研究必须成为欧洲的一个战略研究领域，该项目将为这种新型脑研究模式奠定技术基础，推动不同学科间数据和知识的融合，促进各群体为实现对脑部的新认识、开发脑部疾病新疗法并发展模拟人脑的新型计算技术而共同努力。欧盟人脑项目提出了四大目标，即产生和解释那些经过战略选择、从其他来源不太可能获得的数据；开展脑组织不同层次的理论研究，发现人脑获取、再现和存储信息的方式；创建一个信息通信技术平台集成系统；实现在综合性认知原则、诊断与治疗脑部疾病和未来计算技术等三个方面的应用。

2. 美国人脑计划志存高远

奥巴马在2013年2月的国情咨文中强调，希望通过“绘制人脑活动图”的行动，让美国的研发水平达到自太空竞赛高潮以来未曾见过的水平。4月2日美国宣布启动“人脑计划”，通过推进创新的神经技术开展脑研究。项目将持续10年，耗资数十亿美元。

“人脑计划”旨在彻底改变人们对人脑的认识，最终目的是帮助研究人员找到治疗、治愈甚至防止老年痴呆症、癫痫病、创伤性脑损伤等脑部疾病的新方法。“人脑计划”还强调对经济社会的影响，促进就业，改善全球数十亿人的生活。

为更好地实施人脑计划，美国采取的主要措施包括：提供关键启动资金，在2014财年即将资助约1亿美元；组建高级别的学术工作组，制定详细的科学目标和科学计划；积极推动公私合作，联邦科研机构将与正在投资有关神经科学研究的公司、基金会和私营科研机构开展合作；维护最高的道德标准，探讨这项研究计划可能引发的新的伦理挑战，以及对法律和社会的影响。

3. 日本脑科学研究关注社会挑战

与欧洲和美国相比，日本的脑科学计划更注重研究成果的应用。日本于1996年推出为期20年的“脑科学时代”计划纲要，并于2008年起重点推进脑科学研究开发5年计划，主要用于满足残障人士的需求和应对日本老龄化社会带来的相关问题。该计划的研究开发内容主要包括：在人头部安装电极捕捉大脑信号；开发人造感觉器官弥补视觉和听力缺陷；开发对老年痴呆症和其他精神疾病的防治方法等。

二、天体生物学出现重大突破

天体生物学研究宇宙生命的起源、进化、分布和未来，以纯粹的科学研究与发现为主，过去几年里取得了重大发现。好奇号火星车现已探测到远古时期火星表面可能存在生命的证据；开普勒探测器在太阳系之外探测到10颗地球体积大小的位于恒星宜居地带的行星；哈勃望远镜和斯皮策望远镜已能够直接拍摄到系外行星大气层等。

1. 美国宣布掌握探测外星生命的成熟技术

2013 年迎来了天体生物学的里程碑时代。美国资深行星科学家宣称，美国已掌握探测外星生命的成熟技术。12 月 4 日，天体生物学家要求美国国会考虑投资新一轮搜寻地外生物计划，最乐观估计未来 10 年詹姆斯－韦伯望远镜将发现神秘外星生物。12 月 11 日，NASA 宣布在木卫二表面发现黏土质矿物，或可育成新生命。

2. 俄罗斯为“地球生命可能来自陨石携带的孢子”观点提供新证据

一直以来科学界都有地球生命可能来自太空的各种猜想。19 世纪末的瑞典化学家阿列纽斯就认为，宇宙生命以孢子的形式，在光的压力推动下从一个星球飞向另一个星球。但有人通过实验证明，孢子无法躲避宇宙高能射线的杀伤。2013 年，俄罗斯科学家在“比昂－M”1 号航天器飞行科学实验中发现，当航天器返回地球时，致密层与大气的摩擦产生了数千摄氏度的高温，但一种孢子形成的嗜热菌得以存活。这个发现成为“地球生命可能来自陨石携带的孢子”的证据之一。

3. NASA 更新新 10 年天体生物路线图

NASA 天体生物学路线图大概每 10 年更新 1 次。2013 年天体生物学路线图主要包括 5 个领域：面向太阳系的系统探索、前生物的演化、高等生命的演化、早期生命的演化与生物圈以及行星生命的条件。

三、“合成生物学”广受瞩目

自 2010 年首个合成生物（合成的细菌：丝状支原体）诞生以来，合成生物学开始进入大众的视野。作为将生物领域基础研究转化为实际社会生产力的关键学科，合成生物学尽管仍处于“幼年期”，但社会各界对其寄予厚望，包括带来新一轮产业发展浪潮，应对新世纪所面临的粮食生产、疾病传播等挑战。据市场研究公司 BBC Research 估计，2016 年合成生物学（包括支撑技术、生物元件及其组合产品）全球市场价值将达到 108 亿美元。

1. 美国领跑合成生物学

美国是全球合成生物学研究的领军力量，研发活动规模最大，产出质量最高，合作对象广泛。2005 年时美国政府向合成生物学研究投入仅为 500 万美元，

2008 年则猛增至每年约 1.4 亿美元，将其他国家远远抛在后面；论文产出上，美国的表现也极为突出。据统计，1990—2010 年间汤森路透公司的《科学引文索引》数据库中，美国研究人员在该领域的论文占到 49.7%；美国还取得了合成生物领域的重大理论和实践突破。最新进展是 2010 年 5 月 20 日，文特研究所创造了世界上第 1 个纯人工合成的细菌物种，证明了人工创造物种的可能性。

美国国防部力图将合成生物学提升为一种制造平台，美国能源部也围绕合成生物学启动了一些行动。不过，美国联邦政府还没有制订合成生物学投资或管理的整体规划。本届政府的《国家生物经济蓝图》虽然提到了合成生物学，但没有提出具体的行动计划。2010 年，美国总统奥巴马指示总统生物伦理问题研究委员会对合成生物学进行评估，并制定伦理指南，意在使风险最小化的同时实现公共利益最大化。

2. 英国寄厚望于合成生物学

合成生物学是英国重点发展的领域之一。英国政府把合成生物学视为非常有商业前景的革命性平台，热切期望在合成生物学领域占据世界领先地位。英国政府决定成立合成生物学指导委员会，促进各领域的讨论与公私合作，由部长和资深业界人士担任联合主席。英国计划开展合成生物学投资如下：公共投资 5000 万英镑，其中多达 650 万英镑用于鼓励产业投资；英国工程与自然科学研究理事会投资 600 万英镑，鼓励大学探索新产品商业化；将合成生物学研发和相关的伦理、法律及社会影响研究的资助整合起来；生物技术与生物科学研究理事会支持 16 个机构从事 5 个跨国研究项目；拨款 1 亿英镑，用于未来 3~5 年对 10 万名患者进行全基因组测序。

合成生物学虽然还只是一个新兴领域，但是已经为英国公司带来可观的商业效益，例如英国 TMO 可再生能源公司的一个技术可以将碳水化合物有效转化成乙醇，在 2010 年，该公司为美国 15 家工厂提供技术将生活垃圾转化成乙醇燃料。

3. 其他国家开始重视合成生物学

2005 年欧盟对合成生物学的研发投入领先于美国，但后来资金投入未出现大的增长，2008 年仅为 4000 万美元，2009 年和 2010 年的资助水平分别为 7000 万美元和 2000 万美元。欧盟在第 6 研究框架计划中发布了《合成生物学》报告，介绍了合成生物学的定义，展望了合成生物学未来 10~15 年的研究和应用前景。2007 年欧盟启动了共 18 项合成生物学引导项目。2009 年 7 月 27 日，欧洲分子生物学组织在自然杂志上发布了《发展合成生物学——欧洲合成生物学发展战略》的报告，介绍了欧洲发展合成生物学的路线图，涵盖监管、资助、知识转移等领域。

俄罗斯政府在2013年《生物技术和基因工程发展路线图》中强调，未来要用生物合成替代化学合成，建设能够取代现有产品结构的新型工业研发生产基地。

亚洲也逐渐意识到合成生物的重要性。日本、韩国、新加坡等国家都在投入大量研究经费，发表的相关文章数量也在直线上升。

四、“干细胞”和“再生医学”方兴未艾

近年来，以干细胞为核心的再生医学表现出良好的发展趋势和应用前景，已成为现代临床医学的一种崭新的治疗模式。巨大的商业潜力使得其成为当今国际竞相追逐的焦点，是世界各国政府重点发展和研究的高新科技领域之一。

1. 日本把再生医学作为获取经济竞争优势的重点

日本政府对再生医学的期望极高，特别是在京都大学再生医科研究所干细胞生物系教授山中伸弥获得2012年诺贝尔医学奖后，更是不遗余力加大支持强度。在2013年的经济再生和经济复兴计划中，均向再生医学领域投注巨资。

1月15日，日本政府发布了10.3万亿日元的经济刺激计划，干细胞研究在此次经济刺激计划资助的科研领域中获益最大，仅文部科学省便专项投入214亿日元，主要集中在诱导多能干细胞iPS领域。日本政府还将在2014年度预算中启动一项为期10年、投资900亿日元的iPS项目。随后，在日本政府耗资3000亿日元的科技转化项目中，iPS的转化研究与开发再次成为最大受益领域。

2. 英国启动再生医学领域“工业革命”

英国在再生医学领域保持了独特的竞争优势。2012年，英国技术委员会和英国生物技术与生物科学研究理事会（BBSRC）、英国工程与自然科学研究理事会（EPSRC）以及英国医学研究理事会（MRC）联合推出了再生医学研究的新蓝图“英国再生医学战略”，分析了未来5年必须解决的知识不足以及转化方面的问题，提出了研究路线图，以实现再生医学的研究基础、临床应用和商业化发展的紧密结合。

2013年9月9日，三个理事会宣布将共同投资2500万英镑用于科学研究与基础设施建设，支持再生医学在多种疾病治疗中的应用。此次建设的再生医学平台为多功能干细胞中心，目标是实现细胞治疗的工业化规模。为保证产品具有商业价值，研究人员从一开始就与商业公司紧密配合。英国医学研究董事会将投入2000万英镑，资助12个研究项目，其中许多项目与现有的再生医学平台中心相联系。

五、医药界实施临床实验数据共享行动

近些年来，国际社会对医药产业共享临床试验数据的呼声愈加强烈。随着知名制药公司不断被曝光隐瞒其新药有关副作用、安全性和有效性的关键数据，在确保患者隐私权的大前提下共享这些数据，已经不再是“是否”问题，而是“如何”问题。通过适当甄别获得临床试验数据的访问权限，将有利于救治病人、促进研究、提高药物开发效率。

2013 年，在欧洲和北美地区范围内，从制药公司、制药公司协会，到国际组织，到药品监督管理机构，再到国家政府层面，临床实验数据负责任共享行动正在发起和进行中。

1. 欧美两大制药商协会提出临床试验数据负责任共享

2013 年 7 月 24 日，欧洲制药工业联盟和美国药品研究与制造商协会共同宣布，支持“临床实验数据负责任共享原则”，共享范围包括在美国和欧盟获批药物的病人临床实验数据、研究临床试验数据和全部临床研究报告。

协会下属生物制药公司则承诺，不论临床结果如何，都将发布三个临床阶段和具有重大医学价值的临床试验结果。有一定资质的科研人员在提出申请并遵守为保护病人隐私和机密商业信息的限制性条款后，可以获得所需要信息。

2. 欧洲药品管理局将公开部分制药公司临床试验数据

早在 2010 年，欧洲监察员规定，临床试验详细数据不属于商业机密，这在一定程度上推动了欧洲临床数据公开的政策进程。2013 年，欧洲药品管理局计划公开部分制药企业提交的临床试验数据，正在与产业界、学术研究人员和投资者共同商讨具体的执行方案。从 2014 年 3 月开始，欧洲药品管理局将要求制药公司披露一些原始数据、个案报告表和其他数据。

3. 全球联盟组织成立，推进临床数据负责任共享

2013 年 6 月 5 日，全球联盟正式成立，现有来自 41 个国家的 73 个研究机构、医疗单位、疾病宣传组织、生命科学和信息技术企业等参加。全球联盟的使命是加速生物医药快速发展，主要工作职责是鼓励数据和方法负责任、自愿共享，共同创建和维护用于临床数据管理与共享的技术标准。全球联盟还计划建立标准的、开放的、安全的技术平台，可实现多层次权限存储、控制和共享。

4. 加拿大启动临床试验数据库

加拿大政府为进一步增加临床试验的透明度，于 2013 年 5 月 29 日宣布推出

新的患者药物临床试验公共数据库，填补现有的信息缺口。患者、卫生保健专业人员和公众将可以在加拿大卫生部的网站上找到关于患者药物临床试验的信息，并可以核实药物试验是否受到加拿大的监管授权。加拿大卫生部将会对数据库进行维护和更新，以便囊括临床试验第一、第二和第三阶段的所有数据。

5. 美国公开政府资助的涉及人类受试者的研究项目数据

2013 年 3 月 15 日，美国首次公布了涉及人类受试者有关项目的数据，覆盖了从 2006 年至 2010 年由联邦政府支持的所有相关项目。公开的数据集包含了研究项目的名称、研究站点的位置和数量、受试者数量以及资助资金信息，远远超越了其他公共登记机构所能提供的信息范围，为以后的学术分析提供了一个重要的机遇。

六、生物技术产业持续复苏

生物技术产业自 2009 年实现盈利，已开始了连续几年的增长和良好发展。人口老龄化的严峻挑战、慢性疾病发病率不断上升、新兴市场快速增长等趋势，都将长期推动生物技术产业的增长。2012 年，全球主要生物技术公司的收入高达 898 亿美元，比 2011 年增长 8% 。尤其是由于研发费用的削减，使得该行业的净收入创出新高，达到 52 亿美元，比 2011 年增加 14 亿美元。

与此同时，研究和开发资金的增长速度却不容乐观。2012 年全球生物技术产业上市公司的研发费用增长了 5% ，低于 2011 年 9% 的增长速度，大型企业和新兴企业两极分化的情况持续严重。以美国为例，生物科技行业 82. 6% 的资金流向 20% 的大公司，而位于底部 20% 的新兴公司仅获得 0. 4% 的资金。同时，生物技术产业的融资规模也在下降，2012 年全球生物技术产业共融资 356 亿美元，与 2011 年相比降低 28% 。

各国政府加大生物技术产业布局，以加速占领市场。日本政府在 2013 年 6 月推出的《日本复兴战略》中，确定了“延续国民的健康寿命”为四大战略主题之一。据预计，到 2020 年，日本国内相关市场规模将达 26 万亿日元，海外市场规模将达 311 万亿日元；国内就业规模将从现在的 73 万人增至 160 万人。日本政府将参照美国国立卫生研究院，新设日本国立卫生研究院，以统筹医疗领域研发，激活医疗相关产业，推进革新性产品实用化。同时加快完善认证和审查制度，从根本上提高医疗产业的国际竞争力。2012 年底，德国“医疗技术创新”国家战略进程专家委员会提交最终研究报告，从加强国际竞争力、改善医疗服务、加快创新进程、使研发面向需求、改善制度环境等方面为德国加强医疗技术创新，继续保持国际领先地位提供了政策建议。

世界航天领域发展势头活跃

2013年世界航天领域发展十分活跃，美国、俄罗斯和中国等主要航天大国在航天领域的竞争依然激烈。虽然受到经济不利的因素影响，一些国家的航天预算并不理想，但许多国家仍希望通过推动战略、政策与计划，不断加快其航天技术的发展步伐。2013年，空间探测领域又迎来了新一轮的热潮。美国"火星大气与挥发物演化（MAVEN）"探测器、印度的"曼加里安（MANGALYAAN）"火星探测器引起了世界的瞩目，美国月球大气与尘埃环境（LADEE）探测器及中国的"嫦娥三号"也再次开启了月球探测的步伐。俄罗斯的"联盟号"载人飞船及"进步号"货运飞船依然是国际空间站运输任务的主力，美国"龙"和"天鹅座"商用国际空间站货运飞船任务的成功标志着美国航天运输商业化战略取得了重要进展，而欧洲ETV-4和日本HTV-4货运飞船也分执行了一次成功的国际空间站货运任务。卫星依然是竞争最为激烈的领域，商用通信卫星发展迅速，以美国和俄罗斯为代表的军用卫星部署不断加快，科学卫星的发展日益受到重视。在导航卫星领域，美国的GPS导航卫星系统增添了新的力量，俄罗斯的"格洛纳斯"导航卫星系统则遭受了重大损失，印度也开启了建设导航卫星的步伐。此外，一些研究报告显示，航天产业在低迷经济发展中的表现依然良好，也为未来航天领域的持续发展打下了坚实的基础。

一、各国航天政策与投入动向

2013年，虽然受经济发展的影响，一些国家航天预算有所下降，但世界主要国家仍对航天领域的发展均给予了高度重视，将航天领域作为未来驱动经济发展的重要力量。为此，许多国家政府积极完善航天领域政策和机构改革，继续强化航天科技领域部署，努力推动航天科技及产业的发展。

（一）国际太空探索协调工作组发布新版《全球探索路线图》

2013 年 8 月，自《全球探索路线图》（GER）于 2011 年 9 月首次发布后，包括美国、俄罗斯、欧盟、日本等在内的 12 个国家和地区的航天机构组成的国际太空探索协调工作组（ISECG）发布了新版《全球探索路线图》。新版《全球探索路线图》继续推动远期的国际探索战略，明确了立足国际空间站，以地月系统为起点推动人类和机器人探索火星的可持续性方案。此外该路线图还说明了已规划的和概念性的近期任务，包括目前各参与国航天部门的行星际机器人探索、先进技术发展，以及国际空间站利用准备等方面的规划等。

（二）美国公布《战略太空技术投资规划》

2013 年 2 月 11 日，美国航空航天局在其网站上公布了于 2012 年 12 月 5 日签署的《战略太空技术投资规划》。该战略规划是继美国航空航天局一系列《太空技术路线图》（草案）之后提出的，为未来 4 年的太空技术投资提供了指导，内容范围则覆盖了 20 年。新发布的这份规划基于四个支柱系统的目标：确保 NASA 投资使得关键的参与者、其他美国政府机构、私营企业和国家经济实现利益最大化。该规划将大约每两年进行一次适当调整，以满足美国航空航天局和国家的战略需求。

2013 年 2 月 21 日，美国航空航天局宣布组织航天技术任务署，该署将着力开发现行和未来任务所需的交叉、先进和先驱性新技术，以保持美国航天领先地位并带动美国经济发展。美国航空航天局表示，将现有的“航天技术计划”的领导责任交给该署，以改善全局技术投资活动的沟通、管理和问责工作。

另外，美国国会 2013 年 1 月 1 日通过了一份法案，推迟全面的开支削减，并延长现行税率，美国航空航天局将削减 8.2% 的预算，相当于比 2013 财年预算请求的 177 亿美元少了 15 亿美元，包括国际空间站、载人航天和卫星领域相关任务的预算均将削减。

（三）俄罗斯积极推动航天领域的改革与发展

2013 年，俄罗斯航天局获得约 55 亿美元的预算，比 2012 年增长 16.4%，在联邦开支中所占份额为 1.25%，比 2012 年增加了 0.11%，这是俄罗斯航天计划费用首次达到欧洲航天局的水平。

2013 年 1 月 12 日，俄罗斯航天总署公布基于 2012 年 12 年俄罗斯政府发布的《2013—2020 年俄罗斯航天活动国家规划》制订的《至 2020 年俄罗斯火箭及航天工业发展计划》。计划宣布，2020 年前俄将扩大火箭及航天工业产量至 2011 年的两倍，俄航天技术占全球市场份额亦预期从目前的 10.7% 提升至 16%，政府将为此斥资 2.1 万亿卢布（约合 700 亿美元）。为此，俄罗斯将在今后的 8 年内进行火箭和航天工业的现代化改造和技术更新。这项计划还包括至 2020 年的航天工业发展目标、各项指标及实施办法，并对规划期内俄发展航天活动的联邦预算给出了预测。

2013 年 9 月 3 日，俄政府副总理罗戈津在召开的航天改革会议上公布了新的航天改革方案。10 月 9 日，俄总统普京批准了此项航天改革方案。根据该方案，俄联邦航天局将继续保留，并通过组建新的“联合火箭—航天集团”（ORKK）整合原航天局下属工业企业。航天局仍履行国家订货方和制定航天政策的职能，而联合火箭—航天集团将承担总承包商的职能。建立联合火箭航天公司的计划表明，俄罗斯酝酿多年的航天业大规模改革开始启动。

（四）欧洲加大航天领域投资

虽然受到经济紧缩的影响，但欧洲各成员国仍坚持投资航天业，以期提高科技竞争力，助推经济增长并带来高层次的就业机会。2013 年，欧洲航天局的投资预算总额为 42.81 亿欧元，比去年提高了 6%。欧洲航天局成员国提供 60% 的资金。法德两国仍是最大出资方，分别出资 7.48 亿欧元和 7.72 亿欧元。其中，地球探索计划成为欧洲航天局今年最大的支出，有 9.8 亿欧元投入包括全球卫星定位系统在内的地球观测项目。根据 2012 年底欧洲航天局成员国部长级会议制定的发展计划，未来 3 年内将有 100 亿欧元投资用于科研，但这一数字仍比欧洲航天局预期的少 20 亿欧元。

（五）日本公布新《宇宙基本计划》

2013 年 1 月 25 日，日本政府宇宙开发战略总部公布了自 2013 年度起 5 年政策的新《宇宙基本计划》。该计划要求严格缩减国际空间站等载人航天活动的经费，同时将重点放在安保领域和产业应用上。新《宇宙基本计划》将加强美国卫星定位系统（GPS）作用的准天顶卫星视为社会基础设施，力争在 2015 年起的 5 年内建立由 4 颗准天顶卫星组成的定位系统。此外，计划还包括提升情报收集卫星的功能，以及推进太空垃圾摧毁技术开发，并加强太阳活动的观测，开展太空天气预报等任务。

（六）澳大利亚公布《澳大利亚卫星利用政策》

2013 年 4 月 9 日，澳大利亚公布《澳大利亚卫星利用政策》，提出加强澳大利亚对太空的利用，实现国家太空目标，以及政府在太空活动中的责任和为民用航天活动调整工作框架等。其中，在实现澳大利亚国家太空目标中提出了包括关注具有国家意义的太空应用，确保进入太空的能力，加强并增加国际合作，为稳定太空环境做出贡献，改善国内的协调工作，支持创新、科学与技能发展，以及保护并增强国家安全与经济福利等7项原则。

二、空间科学探测再掀热潮

2013年，随着多个空间科学探测器的相继升空，空间科学探测领域再次引起世人的关注。其中，美国发射成功了火星和月球探测器，印度和中国也分别将各自的火星和月球探测器送入太空，再次推动了人类空间探索事业发展的步伐。另外，美国的新型太阳观测器、日本和欧洲的太空望远镜也为空间科学研究提供了新的有力的工具。

（一）美国“界面区域成像光谱仪”太阳观测器发射升空

2013年6月27日，美国航空航天局成功发射一颗“界面区域成像光谱仪”（IRIS）新型太阳低层大气观测卫星。携带紫外线望远镜的IRIS将在640千米左右高度的近极地太阳同步轨道上运行，可每5秒钟拍摄一次太阳的高精度图片，每隔1~2秒获取光谱，能够识别240千米内的物体。它将观测太阳低层大气的物质运动、能量积聚和加热过程，以进一步理解日冕与太阳风等太阳活动。

（二）美国“月球大气与尘埃环境”探测器开始探月

2013年9月6日，美国航空航天局“月球大气与尘埃环境”（LADEE）探测器成功发射。重约383千克的LADEE在月球的一项重要工作是测试由麻省理工学院林肯实验室设计的激光通信有效载荷的活动，该项先进技术可用于未来进入太阳系任务的宽带数据链接。长达1个月的激光演示将使LADEE与位于新墨西哥、加利福尼亚和加那利群岛的地面终端进行链接。LADEE将尝试传送和接收通过激光束传递数据包来连接范围在约40.2万（25万英里）的航天器和地面终端。

（三）美国“火星大气与挥发演化”探测器踏上旅程

2013年11月18日，美国“火星大气与挥发演化”（MAVEN）探测器被成功送入太阳，踏上为期10个月的火星之旅，并将于2014年9月22日到达火星。MAVEN计划耗资6710万美元，其主要任务是对火星的大气进行取样，探测和绘制火星大气的结构组成，并研究太阳辐射和太阳风对火星大气的影响，以帮助科学家揭开火星大气层变得稀薄之谜。此外，MAVEN还将进行5次“深入探测”变轨，每次探测持续5天，这期间它的轨道低点将会进一步下降到约125千米高度，以便研究火星表面某些特定地区的大气情况，在这个高度采集的火星大气样品浓度将是正常取样的30倍。这一任务为期总共1年。此后，如果探测器状态正常，它将可以继续工作10年，继续开展探测科研观测任务，同时也可以作为目前仍在火星表面工作的火星探测车的备份通信中继平台。

（四）日本“识别大气相互作用的光谱行星观测台”成功入轨

2013年9月14日，日本新型火箭“艾普斯龙”将所搭载的“识别大气相互作用的光谱行星观测台”（SPRINT－A）太空望远镜成功进入了预定轨道。SPRINT－A太空望远镜长宽各约1米，高约4米，重约350千克，可在1000千米左右的高轨道观测太阳系行星，通过观测几种因被大气吸收而无法到达地面的紫外线，调查火星及金星的大气，以及木星的强大磁气圈等。

（五）印度“火星轨道器任务”火星探测器顺利发射

2013年11月6日，印度航天取得重大进展，该国自主研发的“火星轨道器任务”（MOM）火星探测器顺利发射，预定2014年9月进入火星轨道，成功的话将成为继美国、原苏联及欧洲后成为第4个探测火星的国家或地区，并将成为首个探索火星的亚洲国家。按计划MOM会先环绕地球飞行25日，其间多次变轨，逐步摆脱地球引力，于12月1日正式启程前往火星，旅途需时约300日。若一切顺利，2014年9月21日MOM进入预定火星轨道，展开科研工作。MOM耗资45亿卢比（约合7200万美元），搭载了甲烷传感器、热成像光谱仪和彩色摄影机等5种探测设备，将会收集火星的大气、水分和地表资料，并寻找生物踪迹。

（六）中国“嫦娥三号”成功登月

2013年12月2日，携带“玉兔号”月球车的中国“嫦娥三号”探测器成功发射升空。该探测器是中国国家航天局嫦娥工程第二阶段的登月探测器，旨在开展首次月球软着陆和自动巡视勘察任务，以获取月球内部的物质成分并进行分析。12月14日，“嫦娥三号”成功实现了月球软着陆，12月15日，“玉兔号”月球车成功与“嫦娥三号”分离开展了巡视勘察任务。“玉兔号”月球车将在月球表面巡游90天，范围可达到5平方千米，并抓取月壤在车内进行分析，得到的数据将直接传回地球。

（七）欧洲“盖亚”太空望远镜发射升空

2013年12月19日，引人瞩目的欧洲“盖亚”（GAIA）天文望远镜发射升空。这台耗资高达10.2亿美元的太空望远镜将拥有高出欧洲1989年发射的“依巴谷”（HIPPARCOS）太空望远镜数百万倍的观测效率，将以前所未有的精度对银河系内数以十亿计恒星的位置、距离和运动进行观测，从而绘制出最全面、最详细的银河系三维星图，其成果将会广泛地应用于宇宙学和天文学的各个领域。

三、国际空间站运行平稳

2013 年，进入后航天飞机时代的第二年，俄罗斯“联盟号”载人飞船和“进步号”货运飞船依然是国际空间站运输任务的主力，美国的两种商用货运飞船开始发挥作用，而日本和欧洲的货运飞船也分别执行了一次成功的运输任务。另外，中国的“神舟十号”载人飞船也成功地向“天宫一号”目标飞行器执行了一次载人航天任务。

（一）俄罗斯继续承担国际空间站主要运输任务

2013 年，俄罗斯的“联盟号”载人飞船和“进步号”货运飞船依然承担着国际空间站主要的航天任务。其中“联盟号”载人飞船共执行了 4 次载人航天任务，分别将 4 批远征小组送入国际空间站。“进步号”货运飞船也执行了 4 次任务，为国际空间站的日常运营提供了有效的支持。值得注意的是，俄罗斯在执行部分航天飞行任务时采用了新的“快速对接模式”，飞船仅用 6 小时即可到达空间站，而以往飞船抵达国际空间站需要花费近 2 天的时间。另外，俄罗斯航天员于 2013 年 11 月 9 日携带索契冬奥会火炬出舱进行了太空行走，奥运火炬首次进入太空引起了世界的广泛关注。

（二）美国商用货运飞船开始发挥作用

美国航天飞机退役后，美国政府通过“商业空间运输”计划，将国际空间站飞行任务交给了美国太空探索技术公司（SPACEX）和美国轨道科学公司（OSC）两家私营公司的商用飞船。2013 年，两家公司的商用货运飞船均成功地执行了国际空间站的运输任务，有力地发展了美国私营企业向国际空间站及地球低轨道运输货物的能力。据美国航空航天局表示，下一步美国将实施商业载人项目，计划在今后 4 年内从美国本土采用美国制造的航天器把宇航员送上太空。

2013 年 3 月 1 日，美国太空探索技术公司再次向国际空间站发射“龙”商业货运飞船。此次飞船任务历时 25 天，为空间站送去 544 千克的补给物资，并带回 1043 千克的实验样本和设备等。这是“龙”货运飞船第二次执行美国航空航天局商用轨道运输服务合同任务。根据与美国航天局的合同，美国太空探索技术公司一共将向空间站发射 12 次货运飞船。

2013 年 4 月 21 日，美国轨道科学公司研发的“天鹅座”（CYGNUS）货运飞船进行了一次试验飞行，对运送飞船的火箭进行了测试。2013 年 9 月 18 日，

“天鹅座”货运飞船正式发射升空，为国际空间站运送食品等补给。这是继“龙”飞船之后，美国第二家承担起太空货运任务的私营企业，是美国推进“商业空间运输”计划的重要里程碑。按照与美国国家航空航天局签署的合同，从2013 年年底到 2016 年，该公司将分 8 次为空间站运送总重量约 20 吨的补给物资。

（三）欧洲和日本分别执行新的货运任务

2013 年 6 月 15 日，欧洲第 4 艘自动货运飞船 ATV –4，为国际空间站提供物资补给，保障空间科学实验，协助国际空间站提升轨道。ATV –4 重 20 190 千克，被认为是目前服务于国际空间站最大、最先进、能力最强的飞行器，也是阿里安航天公司发射的最重型的航天器。ATV –4 携带了 2480 千克干货，该重量创下了纪录。除此之外，ATV –4 还携带了 2580 千克的推进剂、860 多千克的“星辰”舱段推进剂、570 千克的饮用水、100 千克的气体（2 箱氧气、1 箱空气）。

2013 年 8 月 4 日，日本第 4 艘无人货运飞船 HTV –4 发射升空。此次发射的 HTV –4 货运飞船全长大约 10 米，直径约 4.4 米，总计搭载了 5.4 吨物资。其中，除了为航天员补给的食物、饮用水和衣物外，飞船上还搭载了 3 颗超小型卫星，以及包括能够用日语对话的小型机器人，供航天员拍摄彗星用的 4K 高清晰相机，用于美国国家航空航天局“机器人在轨燃料加注任务”（RRM）第二阶段任务的硬件，和日本“希望”号实验舱的实验用冰柜等设备。

（四）中国“神舟十号”载人飞船进入太空

2013 年 6 月 11 日，搭载了 3 名航天员的中国“神舟十号”载人飞船成功发射，与在轨运行的“天宫一号”目标飞行器进行载人交会对接。在轨飞行的 15 天期间，航天员进行了首次太空授课活动，并开展多项空间科学实验和技术试验活动，为后续空间站工程建设积累经验，引起世人瞩目。6 月 26 日，神舟十号载人飞船返回舱返回地面，圆满地完成了飞行任务。

四、卫星领域竞争激烈

2014 年，世界卫星领域依然保持着十分激烈的竞争态势。其中，商用通信卫星因其巨大的商业应用价值而保持着快速的增长。美国和俄罗斯等国家仍在不断加强军用卫星的部署。美国 GPS 和俄罗斯的“格洛纳斯”导航系统得到了新的力量，印度也成功发射了其首颗导航卫星。科学探测卫星发展十分迅速，全球气候和环境的空间监测与研究等领域仍是各国关注的重点。

（一）商用通信卫星增长迅速

2013 年，世界商用通信卫星增长依然十分迅速，美国和欧洲在商用通信卫星领域仍处于领先地位。其中美国 2013 年发射的商用通信卫星主要包括：可为美国与欧洲的媒体、网络和政府用户提供通信服务的 INTELSAT－27；用于提供移动卫星通信服务的 6 颗低轨道卫星系统 GLOBALSTAR－2 通信卫星；美国 SES 公司为美洲地区提供数字广播服务的 SES－6 和 SES－8 通信卫星；将在 15 年内为北美地区提供卫星广播服务的 SIRIUS－FM6 商业通信卫星；美国 INMARSAT 公司构建下一代全球移动宽带通信的首颗 INMARSAT－5F1 卫星等。

其他国家 2013 年发射升空的商用通信卫星包括：可提供通信服务的欧洲 AMAZONAS－3和 AZERSPACE－1 卫星；墨西哥新一代通信卫星 SATMEX－8；加拿大多波段 ANIK－G1 通信卫星，可提供入户电视直播等通信服务；中国“中星十一号”，主要用于为亚太地区等区域用户提供商业通信服务；欧洲新一代 EUTELSAT－3D 通信卫星，可为欧洲和非洲的客户提供通信服务；跨国企业 O3B 网络公司的 4 颗通信卫星，是该公司 12 颗卫星通信网络计划的首批卫星，完成组网后将为亚洲、非洲、南美洲、澳大利亚和中东的数十亿用户提供高速、低成本的网络和通信服务；欧洲 ALPHASAT 通信卫星，可为欧洲、亚洲、非洲和中东的用户提供通信服务；欧洲 EUTELSAT－25B 通信卫星，可为欧洲通信卫星公司和卡塔尔卫星公司在中东、北非和中亚的客户提供电视和通信服务；印度 GSAT－7 卫星，可为印度提供多波段通信服务；以色列 AMOS－4 通信卫星，可为俄罗斯、中东、东南亚和中亚等国家和地区提供直播电视、卫星小数据站和宽带互联网等服务；俄罗斯 3 颗“信使－M”（GONETS－M）低轨道个人卫星通信系统卫星；欧洲 ASTRA－2E 通信卫星，可为欧洲、非洲和中东地区提供卫星广播、卫星小数据站和宽带通信等服务。

（二）军用卫星持续增加

2013 年，美国和俄罗斯在军用卫星领域依然保持着领先的地位，两国军用卫星的数量继续增长，而日本的情报卫星的升空也将显著提高其情报收集能力。

3 月 19 日，美国第 2 个导弹预警卫星“天基红外系统”（SBIRS）“地球同步轨道”航天器（GEO－2）发射升空。GEO－2 是目前技术最先进的红外监视卫星，它将增强美国的导弹预警能力，同时对导弹防御，技术情报和战场空间感知等任务领域有所促进。5 月 24 日和 8 月 7 日，美国第 5 颗和第 6 颗宽带全球卫星通信 WGS－5 和 WGS－6 相继发射升空，作为美国新一代静止轨道军用通信卫星，它们将用于替代国防卫星通信系统（DSCS）卫星为美军提供宽带卫星通信业务。7 月 19 日，美国海军第 2 颗“移动用户目标系统”（MUOS）卫星成功发射，根据计划，MUOS 星座将在 2015 年完成部署，全面替换传统特高频（UHF）派生系统，并为移动用户提供先进、安全的语音和数据通信。8 月 28 日和 12 月 5 日，美国 2 颗可执行绝密任务的高级间谍卫星 NROL－65 和 NROL－39 相继被送入地球轨道。9 月 18 日，美国第 3 颗“先进极高频”（AEHF）军事通信卫星成功发射，将为战略司令部和地面、海上以及空中平台的战术作战人员提供覆盖全球的高生存能力和高安全性的受保护通信，并将为加拿大、荷兰和英国等国际合作伙伴提供通信服务。11 月 19 日，美国以当时创纪录的“一箭 29 星”的方式，将美国空军 ORS 办公室与太空试验项目的 29 个有效载荷全部被送入轨道。

1 月 15 日，俄罗斯 3 颗“宇宙”（KOSMOS－2482、KOSMOS－2483 和 KOSMOS－2484）军用卫星发射升空。这是俄罗斯 2013 年完成的第一次卫星发射任务。6 月 7 日，在俄罗斯第 2 颗“角色”（PERSONA，即宇宙－2486）光学成像侦察卫星发射升空。卫星质量 6500 千克，装有一台直径为 1.5 米、焦距 20 米的反射式望远镜，设计寿命 7 年。6 月 27 日，俄罗斯“秃鹰”－E1（KONDOR－E1）卫星发射升空，是成为俄罗斯军队的首颗雷达卫星。11 月 12 日，俄罗斯“彩虹”－1M（RADUGA－1M）军事通信卫星成功送入太空，它是俄罗斯“彩虹”系列卫星的第 3 颗，主要面向俄罗斯政府高层官员用来进行战略通信。

2013 年 1 月 27 日，日本将“雷达四号”和“光学五号试验星”情报收集卫星（IGS）发射升空，从而完成现有的“四位一体”侦察卫星系统的建设，将显著增日本的情报收集能力。

（三）导航卫星又添新兵

2013 年，各国导航卫星领域发展进展不一，美国和俄罗斯分别增添了一颗新的导航卫星，但欧洲的“伽利略”系统却止步不前，印度首颗导航卫星的升空则标志着导航卫星领域又有了新的竞争者。

美国 GPS 于 5 月 15 日获得了一颗新的 GPS－IIF 卫星，该卫星是未来计划入轨的 12 颗升级卫星中的第 4 颗。升级卫星具有更高的精确度、增强的内部原子钟、更好的信号抗干扰系统和新的商业航空信号等。该卫星成本约 1.21 亿美元，将用于替换 1996 年发射升空的卫星，旧卫星将用作备份星。

2013 年，虽然 4 月 26 日俄罗斯成功将 1 颗“格洛纳斯－M”卫星送入轨道，但 7 月 2 日 3 颗“格洛纳斯”导航卫星却在发射的过程中火箭爆炸解体，使得“格洛纳斯”系统的建设再次受到重大挫折。

另外，印度首颗区域卫星导航系统（IRNSS）导航卫星也于 7 月 1 日被送入轨道，标志着印度进入一个空间应用的新时代。

（四）科学卫星受到关注

2013 年，科学卫星依然受到世界各国的广泛关系，有数十颗科学观测卫星发射升空，将在气候变化、气象、环境、地球科学等领域发挥重要作用。其中包括：美国新一代 TDRS－K 跟踪与数据中继卫星；1 月 30 日，韩国“罗老”号火箭成功发射并入轨的 STSAT－2C，是一颗 100 千克级微卫星。2 月 11 日，据称是美国有史以来最强大和最先进的陆地卫星的“陆地卫星数据持续任务”（LDCM）卫星发射升空，这枚造价 8.55 亿美元的 LDCM 航天器是陆地卫星项目的第 8 颗卫星。2 月 25 日，印度雷达高度计卫星 SARAL 发射升空，可用于观测冰、雨、浪高、沿海区域和陆地覆盖物（森林等）。4 月 19 日，俄罗斯 BION－M 生物卫星成功入轨，卫星上带有蒙古沙鼠、壁虎、鲷鱼、各种微生物、植物和人造陨石等。5 月 7 日，欧洲 E2V 高性能成像传感器随 ESA 控制的微型地球观测卫星 PROBA－V 一同被发射升空，该卫星专门设计用于绘制地球植被图。7 月 25 日，印度 INSAT－3D 气象卫星与欧洲 ALPHASAT 通信卫星一起发射升空，旨在增强印度的气象观测能力，帮助其更好地预防暴雨和自然灾害等。8 月 22 日，韩国第四颗拥有合成孔径雷达的多用途 KOMPSAT－5 卫星发射升空，将用于管理陆地和海洋，监测灾害与环境，帮助建立地理信息系统。9 月 29 日，加拿大 CASSIOPE 科学和通信卫星发射升空，将用于研究太阳与地球上层大气的相互作用。11 月 21 日，俄罗斯成功用一枚“第聂伯”（DNEPR）运载火箭将 32 颗各类科学探测卫星送入轨道，超过美国 11 月 19 日“一箭 29 星”的世界纪录。11 月 22 日，欧洲 3 颗 SWARM 研究卫星发射升空，这 3 颗卫星用作地球磁场研究，有效工作时间将达 4 年。

2013 年，中国有众多科学卫星发射升空，进一步提升了中国在遥感、气象有、国土资源调查和环境等领域的空间观测能力。4 月 26 日，中国首颗设计、考核寿命要求大于 5 年的低轨遥感卫星“高分一号”发射升空，将在国土资源调查、环境监测、精准农业等方面发挥重要作用；7 月 15 日和 10 月 25 日，中国将“实践十一号 05”和“实践十六号”卫星发射升空，将主要用于开展空间环境探测和技术试验；7 月 20 日，中国以“一箭 3 星”方式，成功将“创新三号”、“试验七号”和“实践十五号”3 颗技术科学试验卫星送入轨道，3 颗卫星主要用于开展空间碎片观测和空间机械臂操作等空间维护技术科学试验；9 月 2 日和 10 月 29 日，中国“遥感卫星十七号”和“遥感卫星十八号”相继发射升空，主要用于科学试验、国土资源普查、农作物估产及防灾减灾等领域；9 月 23 日，中国第 3 颗“风云三号”气象卫星发射升空，主要为中期数值天气预报提供气象参数，并监测大范围自然灾害和生态环境，同时为研究全球环境变化、探索全球气候变化规律以及航空、航海等提供气象信息；9 月 25 日，中国“快舟一号”卫星发射升空，主要用于各类灾害应急监测和抢险救灾信息支持；11 月 25 日，中国“试验五号”卫星发射升空，将主要用于开展空间技术试验和环境探测。遗憾的是，12 月 9 日中巴地球资源卫星 CBERS 发射失败。

五、航天产业稳步发展

2013 年公布的一些研究表明，航天产业发展依然呈现良好的态势，对仍处于低迷的世界经济发展做出了重要的贡献。从美国、俄罗斯和欧洲等国家和地区出台的政策措施可以看出，加大航天科技的投入，并将其作为推动经济发展的重要领域已成为各国的共识。

2013 年 4 月，美国航天基金会发表的《2013 年航天报告》显示，包括商业收入和政府预算在内，2012 年全球航天经济总量年增长到了 3043.1 亿美元，比 2011 年增加了 6.7%，其中包括航天产品与服务和商业基础设施在内的商业活动成了增长的主要驱动因素。报告称，从 2007 年到 2012 年，全球航天经济总量增长了 37%，其中商业航天产品与服务收入增长 6.5%，商业基础设施与保障也增长了 11%。政府开支 2012 年增长 1.3%，但各国的增长情况存在着比较大的差异，印度、俄罗斯和巴西的航天预算增长了 20% 以上，而包括几个欧洲国家在内的其他国家的航天预算则下降了 25% 甚至更多。就业方面，按美国劳动统计局的数据，美国航天队伍人数连续 5 年下降，欧洲和日本的航天就业人数则有所增加。

2013 年 6 月，美国卫星产业协会（SIA）公布了第 16 版《卫星产业状况年度报告》。报告显示，2012 年全球卫星产业收入为 1895 亿美元，占全球航天产业总收入的 62%，增长率为 7%，超过 2011 年 6% 的增长率。其中卫星服务业收入在卫星产业总收入中的份额最高，为 60%，地面制造业为 29%，卫星制造业为 8%，发射服务业为 3%。

另据市场研究公司 ASD 的调查报告显示，未来 10 年全球军用卫星市场总价值可能将超过 1681 亿美元，预计有望以 3.9% 的年增长率增长，即从 2012 年的 118 亿美元增长到 2020 年的 173 亿美元。

2014 年，世界航天领域仍将持续良好的发展态势。经历过 2013 年的热潮后，2014 年的空间探测领域将略显沉寂。国际空间站方面，俄罗斯仍将独自承担国际空间站载人航天任务，美国的商用货运飞船将发挥更加重要的作用，欧洲和日本也将继续支持货运飞行任务。另外，中国也将继续推进空间站建设的步伐，“天宫二号”空间实验舱预计将于 2014 年发射。2014 年卫星依然是竞争最为激烈的领域，商用通信卫星将持续快速的发展势头，各国军用卫星的部署也将加快，而美国、俄罗斯和欧洲的三大导航系统也将增加新的力量。科学卫星领域，美国和日本共同研发的降水观测卫星 GPM，以及美国温室气体监测卫星 OCO-2 值得关注。

全球制造业将迈入新时代

进入 21 世纪以来，随着信息技术、材料技术、生物技术和绿色技术的飞速发展，人类社会与经济正进入由技术驱动的全新阶段，全球制造业发展也将呈现出全新特征。同时，新一轮金融危机爆发后，主要发达国家纷纷重新审视制造业，摒弃原有的制造业已沦为“夕阳产业”的观念，积极制定各种政策，迎接制造业“回流”，新兴国家则大力支持制造业与各类先进技术的融合，提高本国制造业竞争力。未来一段时期，工业机器人、三维打印、物联网等关键技术可能会对全球制造业发展产生颠覆性影响，并推动其迈入创新与增长的新时代。

一、新时期制造业发展呈现出全新特征

近 3 个世纪以来，制造业一直在推动经济增长，提高生活水平，并将人类推进至现代化生活的时代。进入新千年后，信息技术、新能源技术、生物技术、空间技术和海洋技术等高新技术与各制造业部门不断融合，制造业发展呈现出全新特征。

（一）全球制造业格局将继续调整

一直以来，制造业发展带来的巨大影响仅局限于发达经济体，而新时期的最大亮点是其影响将均匀地遍及全球。2010 年，全球制造业中非传统意义上的富裕国家比重达到 41%，而 2000 年仅为 27%。当前，制造业活动正在向发展中国家转移，中国、印度、巴西、韩国等新兴国家与发达国家的生产率已经开始逐步接近。值得注意的是，2008 年蔓延至全球的金融危机使不少发达国家重新审视制造业在推动国家经济发展方面的作用，纷纷开始调整国家发展战略，从资金和政策环境方面向制造业倾斜，努力实现制造业向本国“回流”。

因此，未来一段时间全球制造业格局将继续重新塑造，产品制造地将更加分

散，越来越多的制造商会将其制造业链条混合分布在发达国家和发展中国家。出现这一格局的原因主要有两大方面：一是发达国家拥有诸多技术、创新、社会和经济方面的优势，它们有能力同其他国家一起参与分散在世界各地的制造业务，并在高端制造领域创造更多的附加值；二是随着生产率持续均衡增长，发展中国家和地区的工资标准和生活水平将会逐渐提高，随着人口红利的消失，2000—2010 年发达国家制造业部门大规模向发展中国家转移的现象可能将不再继续。

（二）个性化和定制化趋势明显

当前，全球商品需求正在转变并日益分散化，无论是发达国家还是发展中国家的消费者都希望能够拥有更加丰富的产品和更快的产品周期。同时，随着增材制造、新材料、数控机床、生物技术等技术的飞速进步和发展，越来越多的消费者希望能够“按需定制”其个人需求，即直接提出设计意见使企业生产出定制化产品。这意味着未来制造业的发展方向将是以个性化和定制化为突出特点的差异化生产。

随着制造业个性化和定制化的深入发展，“纯设计”制造商未来将会成为一个十分重要且具活力的群体，能为全球制造业提供更广泛的平台。这类公司将集中于高成本地区，会在产品开发方面投入大量资源和人力，并将产品生产转移至世界工资水平较低的国家。这种“纯设计”制造商能够在最大程度上获得产品的附加值。

（三）制造业与服务业的差别日渐模糊，价值链不断延伸

进入 21 世纪，人们越来越意识到生产环节仅是制造业“价值链”的一部分，而研发、营销与销售、客户支持等服务类活动逐渐融入制造业价值链中，为制造业带来更多新收入，制造业与服务业之间的差别已经模糊。根据麦肯锡关于制造业的有关报告发达经济体制造业岗位中 30%~55% 具有服务性职能，且服务类投入占到制造业产出的 20%~25% 。具体来说，新型制造业价值链上游将包括研发、产品与服务开发、供应商管理，中游为生产活动和市场销售，下游将包括售后服务、消费、处理、再利用、再制造和回收利用等。

（四）绿色可持续制造成为发展必然

由于对地球变暖和资源枯竭的关注，全世界已经意识到人类活动对环境造成的破坏，而制造业被看作是导致全球环境问题的首要因素，因此各国十分关注将制造业改造成对环境破坏较小的产业，并创造出消耗资源和能源较少的新产品。从进一步发展趋势看，可持续制造业理念变得更加重要。未来制造商将更具环保意识，将以可持续非破坏性的方式制造产品。材料的循环利用将越来越普遍，一

种新的“从摇篮到摇篮”的制造理念将会应运而生，其基本构想是指定新产品应使用的材料，在创造循环利用机会的同时尽量降低能耗和减少使用有毒物质。

（五）高技能人才需求将大大增加

未来制造业的发展趋势将是智能化、绿色化、精密化和复合化，这无不与技术密切相关。因此，要在高价值制造活动中取得成功，抓住技术机遇，拥有能够掌握并熟练应用各类技术的高素质劳动力至关重要，这既包括能够开发出新技术的研发人才，也包括能够从事高技术生产和高、低技术服务的人力资源。同时，未来制造业的管理结构可能会更加扁平化，具有有效管理运营和了解客户软技能的劳动力需求将会大大增加，具有前瞻思维的企业领袖则更有可能在未来全球化和技术进步的大背景下带领企业走向成功。

二、主要国家制造业部署的最新动向

（一）美国大力支持制造业“回流”

新一轮金融危机爆发后，美国为使制造业“回流”，先后出台“美国制造业促进法案”、“先进制造业伙伴关系”、“国家先进制造战略计划”、“国家制造业创新网络计划”等文件，致力于将美国打造成制造业“磁石”，增加就业岗位。2013 年，美国制造业领域的各项工作稳步推进。

首先，继续落实 2012 提出的“国家制造业创新网络计划”。2013 年 1 月，美国国家科技委员会发表了《国家制造业创新网络：初步设计》，提出国家制造业创新网络旨在通过政产学研共同投资，促进新技术、生产工艺、产品和教育项目的开发，推动美国先进制造业的复兴。它将克服先进制造工艺快速高效商业化的障碍，在先进制造领域强化现有创新生态系统，或建立新的创新生态系统。根据初步设计，全美制造业创新网络由两个基本部分组成：一是各制造业创新研究所，二是协调性网络。每个制造业创新研究所预期将共计获得 7000 万～1.2 亿美元联邦资金，根据其技术资本密集度以及重点领域的范围，资助年限为 5～7 年。截至 2013 年底，美国共开建了 4 个制造业创新研究所，其中 1 个为 2012 年开建的国家堆积制造创新研究所，3 个为 2013 年开建的轻型和现代金属制造创新研究所、数字制造和设计创新研究所和下一代电力电子制造研究所。

其次，营造有利于先进制造业发展的商业环境。根据《美国复苏与再投资法案》，美国对先进能源制造企业实行税收减免，2009 年以来已面向全美 183 个项目减税 23 亿美元。2013 年，美国再度提出大胆的税收改革思路，以加大税收激励，鼓励企业在国内投资，创造更多就业岗位。税收改革的内容包括继续延长、简化研发税收减免政策，并致力于使之永久化；降低制造企业税率；提高针对先进制造业的税收减免；支持新能源制造投资；对将生产能力回迁美国国内带来新就业岗位的企业实行税收优惠等。

第三，联邦政府及各州和地方政府大力支持制造业回迁美国。随着美国国内页岩气产量迅速增加，美国生产成本降低，丰富而廉价的能源对许多其他产业的发展也起到了推动作用。很多跨国公司开始重视在国外生产的隐性成本，企业在美国国内生产成为更加有利的选择。通用电气等大型制造商和投资商开始重新考虑其国际化战略。美国制造业产能向中国及其他新兴市场的转移趋势已经发生扭转。美国作为生产和投资地区，重新显示出其吸引力。

（二）英国高度重视高价值制造

英国过去 3 个世纪的经济繁荣都建立在雄厚的制造业基础上，但在近 30 年来英国认为制造业已处于全球价值链的末端，冷落制造业。在全球金融危机的冲击下，英国政府重新认识到制造业将会继续引领英国未来经济的腾飞，是未来经济增长的核心要素。因此，英国积极创造各种条件，促进制造业，特别是高端制造业的发展。

2008 年，英国商业、企业和管理改革部发布题为“新挑战、新机遇”的制造业发展战略，提出加大制造业投入、推动科技创新、加强制造业从业人员技能教育、提升现代基础设施水平、建设良好的市场环境等 7 项基本原则。同时，该战略还提出了重振英国制造业的五大攻略：即占据全球产业价值链高端、加快技术创新成果转化步伐、加大对无形资产的投资、帮助企业增加对人才的投资、抢占低碳经济发展先机。

2011 年，英国商业、创新和技能部发布《先进制造业增长评价框架》，提出英国政府今后 10 年在制造方面的目标是：壮大英国制造业，使英国成为高价值产品及相关服务的欧洲先进出口国，增加制造业合格劳动者的比例。政府今后需要采取的措施包括：提供企业进行规划和投资所需要的稳定性；消除增长障碍，使市场更加活跃；为私营部门增长和投资创造条件；保证强劲的增长得到公平共享和长期可持续性。

2012 年，英国高技术委员会颁布《高价值制造战略》，确定了五大战略主题和 22 项关键能力，并大幅增加对高价值制造业的公共投入，投资设立高价值制造业技术与创新中心，旨在利用一流的科学和技术基础，抓住高价值制造的商业机遇。其中，五大战略主题包括：在资源效率方面，确保英国制造技术免受能源和资源稀缺的威胁；在制造工艺方面，创造更加高效的制造系统，提高英国制造技术的全球竞争力；在材料集成方面，将新型材料、涂料和电子产品与新的制造技术相结合，创造创新产品；在制造系统方面，开发成本效益更高的新型敏捷制造工艺；在企业模式方面，构建新型企业模式，实现优越的价值体系。

2013年，英国政府科技办公室委托政府智囊，组织300多名专家对2050年制造业进行了战略性的前瞻研究，揭示了未来制造业的四大特点，并呼吁英国应顺势而为，确保制造业在经济中继续扮演有力角色，避免在激烈的国际竞争中落伍。报告提出未来政府应关注的三个系统性领域：一是更加综合地审视制造业的价值创造方式；二是采取更加有针对性的方式促进价值创造；三是提高政府开展长远评估和政策协调的能力。

（三）德国力求向“工业4.0”时代迈进

德国制造业是世界上最具竞争力的制造业之一，在全球制造装备领域拥有领头羊的地位。在金融危机的国际大背景下，为进一步恢复和加强德国制造的竞争力，德国政府于2010年7月提出《高技术战略2020》，并将“工业4.0”项目确定为十大未来项目之一，并已上升为国家战略，旨在支持工业领域新一代革命性技术的研发和创新。该战略旨在通过充分利用信息通信技术和网络空间虚拟系统——信息物理系统相结合的手段，将制造业向智能化转型，使德国成为新一代工业生产技术的创造者和供应者，并使德国在继续保持国内制造业发展的前提下再次提升其全球竞争力。“工业4.0”项目主要分为两大主题：一是“智能工厂”，重点研究智能化生产系统及过程，以及网络化分布式生产设施的实现；二是“智能生产”，主要涉及整个企业的生产物流管理、人机互动以及三维打印在工业生产过程中的应用等。德国联邦政府投入将达2亿欧元。

2013年1月，德国经济技术部宣布“工业4.0 AUTONOMIK”计划，为期3年，联邦经济技术部投入4000万欧元，企业投入至少8000万欧元。该计划是在AUTONOMIK计划（2009—2013年，总经费8000万欧元，其中政府资助3500万欧元）和忒修斯计划（德国新一代互联网计划，2007—2012年，政府资助1亿欧元，企业配套1亿欧元）的基础上，为落实高技术战略面向未来的“工业4.0”项目而实施的，旨在开发出能使机器、伺服机器人和其他系统自主执行复杂任务的技术。

（四）印度大幅提升本国制造业实力

为振兴本国制造业，印度计划委员会于2013年4月发布《国家制造业政策2013》，提出未来10年，印度将提高国内制造业实力，力争实现制造业占GDP的比重从目前的14%提升到25%。7月，印度总理辛格召开了“制造业高级别委员会”会议，就一系列刺激国内制造业的策略进行讨论，包括制造国产中型民用飞机，提高钢产量和纺织品出口，将电动车和混合动力汽车在德里市场进行试卖，确定生产先进合金和复合材料的相关开发计划，利用现有厂房和土地争取在钢铁生产方式上实现突破。

2013 年 8 月，印度电子与信息技术部表示，目前印度 90% 以上的电子设备均依靠进口，为扭转这一局面，将与风险投资企业协商，共同投资 10 亿卢比（约 1667 万美元）发展电子制造业。9 月，印度总理经济顾问委员会发布《经济展望 2013—2014》，将“加强制造业”作为改善经济发展现状的重要抓手，尤其是改善国内供应链，解决电子行业的税收问题，提高劳动力水平以提高生产力，简化行政手续以提高商业效率。

2013 年 9 月，印度宣布投资建设“阿姆利则—德里—加尔各答工业走廊”，打造制造业集群。该项目一期投资总额达 575 亿卢比（约 9.6 亿美元），将延长已建立的“德里—孟买工业走廊”，在未来 15 年将对 7 个邦的 20 个城市投资建设制造业集群。建立工业走廊，旨在吸引投资，发展新兴城市、建立工业区和基础设施，实现区域协调发展。

（五）俄罗斯致力重振各制造业部门

苏联时期，俄罗斯拥有强大的重工业，不少制造业部门在国际上占据重要位置。但苏联解体带来了俄罗斯工业界的强震，各制造业部门百废待兴。恢复各制造业部门的竞争力是普京执政后俄罗斯历届政府实现创新发展和经济现代化的关键任务之一。2013 年 8 月，俄联邦政府对原《国家工业发展及其竞争力提高计划 2013—2020》进行了修改并颁布实施。该计划共包含 17 个子计划，涵盖汽车制造、重型机械、电力机械、国防工业体系（公开部分）、稀有金属冶炼、煤矿安全、轻工业、交通运输工具、农机制造、机床制造、冶金、林业、化学工业等俄罗斯各重要工业领域以及技术规范和标准体系建设。计划期间俄联邦政府将总计投入 2346 亿卢布（约 70 亿美元），其实施目标为建立有竞争力、可持续发展、结构平衡的俄罗斯工业体系，使之在融合世界工业发展环境和先进工业技术成果的基础上可持续发展并形成新的创新产品市场，有效解决与保障国家和国防安全相关的问题。

三、未来影响制造业发展的关键技术

技术是驱动变革和创新的关键。当前，新技术正在凸显信息、资源效率和生产规模变化在制造业中的重要性。根据麦肯锡全球研究院于 2013 年发布的《颠覆性技术：将改变生活、商业和全球经济的技术进步》报告，未来对制造业会产生变革性影响的关键技术将包括工业机器人、三维打印和物联网。同时，不少国家已对上述领域进行了相应部署。

（一）工业机器人

1954 年，美国人首先提出了“工业机器人”的概念，并于 1962 年生产出世界上第一台实用机器人。随后，工业机器人在日本飞速发展，其利用从汽车业逐步扩大到其他制造业领域。由于工业机器人具备能够降低投资和运营成本、提升产品质量和一致性、扩大产能、减少原料浪费、增强生产柔性等优势，因此在全球各地劳动力成本不断攀升的背景下，采用工业机器人替代人工劳作成为不少国家制造业部门的重要选择。根据麦肯锡的报告，预计到2025年，工业机器人每年将产生6000亿美元到1.2万亿美元的经济影响。未来全球工业机器人的安装数量将大幅增加，增长1500万~2500万个。

2011年6月，美国总统奥巴马发起“美国国家机器人计划”倡议，满足先进制造领域对机器人的需求是其重要目标之一。2012年，美国国家科学基金会牵头，国立卫生研究院、国家航空航天局和农业部共同参与，联合设立了“国家机器人技术研究计划”，4家机构投入5000万美元征集第一批机器人研究项目。2013年3月，在国会机器人技术顾问委员会支持下，佐治亚理工学院、卡内基－梅隆大学等8所大学和机器人技术联盟联合推出了新版的机器人技术路线图——《机器人技术路线图：从互联网到机器人》，描绘了未来5年、10年和15年关键应用领域的机器人技术发展路线图。2013年10月，美国国家科学基金会等部门共同宣布了总额达3800万美元的国家机器人计划第二轮资助计划，旨在开发和使用能与人类协同工作的下一代协作型机器人，服务于先进制造、医疗保健与康复、驾驶安全等多个领域。

2013年4月，英国工程与物理科学研究理事会宣布将投资8500万英镑支持先进材料、电网储能和机器人技术的研发。其中，机器人技术与自动化系统研发将获得2500万英镑的资助，重点研究领域包括：机器人技术；影像与视觉计算；人机交互；传感器与仪器设备；人工智能技术；控制工程、学习与建模；自然语言处理；实时通信与联网。

（二）三维打印

三维打印是按照数字化模型将材料逐层打印成物体的制造技术，是一种增材制造技术。利用三维打印能够将设计者的抽象概念直接转变成最终的部件或产品，还能减少制造中对材料的浪费，并制造出通过传统技术很难或无法制作的目标物体。随着三维打印速度和性能的提高以及成本的下降，其满足制造复杂且高度定制产品的能力将越来越强。未来，利用三维打印为喷气式发动机、汽车等产品生产零件将成为主流，定制特定的相关产品以满足个体需求或生理需求将非常重要，包括医疗植入物、助听器、照明系统等。因此，不少专家学者预测，三维打印将引起“下一轮产业革命”。根据麦肯锡的报告，到2025年，三维打印将产生2300亿到5500亿美元的经济影响，其应用领域主要表现在消费者使用三维打印实现其个人定制需求，以及工业领域通过三维打印来制造产品成品及模具。

2012 年 6 月，美国奥巴马政府宣布投入 7000 万美元建立国家堆积制造（即三维打印）创新研究所，主要目的是集成美国政府、企业和大学的资源，推动堆积制造业领域的创新，提高制造业的竞争能力，创造更多的就业岗位。该研究所是奥巴马政府实施国家制造业创新网络计划以来的第一个制造业创新研究所。

2013 年 11 月，新加坡科研局拨款 1500 万新元（约 1175 万美元）实施“工业增材制造”计划，用于推动三维打印技术的研发，明确宇航、汽车、石油天然气、海事和精密工程制造是三维打印技术发展的关键领域。该计划由科研局下属的制造技术研究院、材料研究及工程研究院和高性能计算研究院共同合作完成，将重点发展激光辅助增材制造技术、选择性激光熔覆技术、电子束熔覆技术、聚合物喷射技术、选择性激光烧结技术和立体光固化成型技术等六大技术。

2013 年 6 月，英国商务大臣宣布，为推动企业开发新的三维打印技术制造解决方案，英国将向 18 个创新型三维打印项目投入 1470 万英镑（约 2416 万美元），项目周期为 1~3 年。这些投资将来自于政府和私营部门，其中来自英国技术战略委员会和研究委员会的资金分别为 760 万英镑和 80 万英镑，来自私营部门的资金为 630 万英镑。英国希望通过投资未来技术带动国内就业和经济增长。

（三）物联网

物联网是新一代信息技术的重要组成部分，是物物相连的互联网。在制造业，物联网技术能通过多种方式提高经营效率。可以使用传感器对机器进行跟踪，实时更新设备状况，减少停工时间。传感器还可用于加强供应链跟踪和管理，用于监测工厂或不同工作站之间的库存流动，减少半成品库存水平，缩短等候时间，提高透明度，更好地优化物料流动。在精密制造业，传感器和制动器可用于改变工件在装配线上移动时的位置，确保工件在机床上处于最优位置，避免加工中工件位置发生细小偏差。根据麦肯锡的报告，到 2025 年，物联网在制造业中应用的直接经济影响将达到每年 9000 亿至 2. 3 万亿美元，并能使制造业生产率提高 2. 5%~5% 。

欧盟是世界范围内第一个系统提出物联网发展和管理计划的机构。2009 年 6 月,欧盟执委会发布《欧洲物联网行动计划》，描绘了物联网技术的应用前景，提出欧盟政府要加强对物联网的管理，促进物联网的发展。提出要让欧洲在基于互联网的智能基础设施发展上领先全球，除了通过信息通信技术研发计划投资 4 亿欧元，启动 90 多个研发项目提高网络智能化水平外，欧盟委员会还于 2011—2013 年间每年新增 2 亿欧元进一步加强研发力度，同时拿出 3 亿欧元专款，支持物联网相关公司合作短期项目建设。该计划提出了 14 点主要内容，包括：管理、隐私及数据保护、潜在危险、关键资源、标准化、研究、公私合作、创新、管理机制、国际对话、环境问题、统计数据和进展监督等。

2009 年 10 月，韩国通过了《物联网基础设施构建基本规划》，将物联网确定为新增长动力，提出到 2012 年实现“通过构建世界最先进的物联网基础实施，打造未来广播通信融合领域超一流信息通信技术强国”的目标。为实现这一目标，规划确定了构建物联网基础设施、发展物联网服务、研发物联网技术、营造物联网扩散环境等四大领域、12 项详细课题。

2013 年 3 月，英国大学与科技大臣宣布，英国技术战略委员会将资助 8 个以企业为主导的物联网项目，刺激物联网开放应用与服务生态系统的发展。这 8 个项目针对不同的领域和应用场景，于 2013 年 4 月开始，持续至 2014 年 3 月。该项资助的目标是使这些项目能够相互关联，以论证互操作性的潜力。具体项目包括：移动物体和车辆生态系统网络、智能交通物联网数据生态系统、国际机场物联网示范项目、物联网服务互操作中心等。

先进材料的战略地位日益凸显

先进材料（或新材料）与信息技术、生命科学并称为21世纪的三大关键技术，是带动传统产业升级的革命力量，是其他战略性新兴产业发展的支撑和保障，也是当今世界发展最快和最具发展潜力的产业之一。自20世纪70年代开始，世界先进材料技术的研发与创新进入持续快速发展的轨道，目前，世界17%的技术发明直接或间接与先进材料技术相关。先进材料被麦肯锡全球研究院列为将对2025年的生活、商业和全球经济产生重大影响的12项颠覆性技术之一。

一、各国加强对先进材料产业的部署

国际金融危机以来，世界各国都把先进材料的研发与生产放在非常突出的战略地位，美国、日本、欧盟、英国和韩国等都制定了相关产业和科技发展计划来促进先进材料产业的发展，以争夺新兴产业的话语权、抢占新一轮国际竞争的制高点。

（一）美国全面部署先进材料产业

作为世界科技经济强国，美国历来都能抓住世界科技发展前沿，并进行全面部署。近年来美国制定了一系列与先进材料有关的国家级计划，如未来工业材料计划、国家纳米技术计划、先进汽车材料计划、材料基因级计划等。2013年，美国又推出了一系列新的举措。

1. "材料基因组计划"再出新举措

奥巴马政府视材料创新为赢得未来全球竞争力的关键。为推动新材料研发和支持先进制造，美国政府于2011年6月启动了"材料基因组计划"，目标是将新材料的开发周期缩短一半，打造全新“环形”开发流程。这项最初由4个联邦部门投入6300万美元设立的计划，如今已扩大为有数亿美元资金的支持，并有众多大学、企业、专业团体和科研人员广泛参与的计划。2013年6月，在“材料基因组计划”发布两周年之际，美国总统科技政策办公室联合大学、企业、联邦机构及其他材料科学相关团体等发布了20多项新的承诺，包括：（1）美国国家标准与技术研究院（NIST）在未来5年投入2500万美元建设一家新的先进材料卓越中心。（2）威斯康星大学麦迪逊分校和佐治亚理工学院联合投资约1500万美元建设新的材料创新研究所，密歇根大学承诺再投入2000万美元支持材料基因组计划。上述3所大学还将联手发起一个全国性对话平台，并一道建设一个全国材料创新加速器网络，将材料创新中心、研究所以及与材料基因组计划相关的活动连接起来。（3）劳伦斯伯克利国家实验室、麻省理工学院和Intermolecular公司合作，利用由劳伦斯伯克利国家实验室开发的开放软件工具对材料性能做出更好的预测。（4）基本材料数据的开放共享是材料基因组计划的核心理念。国家标准技术研究院（NIST）提出将与企业一起建设一个开放的数字化的材料数据库。哈佛大学和IBM正在建设一个开放数据库，介绍在太阳能电池领域有潜在应用价值的230万种新材料，是这一类材料的最大的开放获取数据库。（5）麻省理工学院正在启动聚焦于新材料创新和商业化的大规模开放网络课程（MOOC），还有一些机构围绕材料基因组计划宣布了新的教育方案，涉及课程编制、新的研究生学位、研究机会等。

2. 成立关键材料创新中心

美国能源部于2011提出关键材料战略，针对该战略提出的研发领域，2013年初，能源部宣布成立关键材料创新中心（CMI），并于未来5年投入1.2亿美元用于资助该中心开展以稀土及其他关键材料为重点的研究与开发活动。

3. 推动下一代微电子研究，建设“功能加速纳米材料工程中心”

2013年1月17日，美国半导体研究联盟机构（SRC）和国防部高级研究项目局宣布推出名为STARnet的项目，将共同出资1.94亿美元，在未来五年资助建设六家新的大学微电子研究中心。其中包括投资3500万美元建设“功能加速纳米材料工程中心”（FAME），以开发和研究多功能氧化物、金属、半导体的新型非常规原子级工程材料和结构，加速半导体及国防行业中模拟器件、逻辑器件和存储器件的创新。

4. “Launch Systems”挑战赛重点关注新材料

2013年4月24日，耐克公司、美国航空航天局（NASA）、美国国务院和美国国际发展开发署联合宣布开展2013年“Launch System”挑战赛，主题是下一代纤维生产工艺研究，寻找新纤维材料与制造工艺方面的创新方案。其中，材料领域将关注具有积极社会与环境影响的新材料，如多用途合成与生物合成材料、智能或自愈合材料、低环境影响原材料、材料数据生成与获取机制，以及开放技术平台等。

（二）欧盟先进材料研发蓬勃开展

欧盟将先进材料技术作为优先确定的六大关键使能技术之一，已制定具体的优惠政策和行动举措给予重点扶持。

1. 大力投入先进材料的研发

欧委会认为，先进材料技术不仅是欧盟工业先进制造业的重要基础，更是保持欧盟工业可持续发展的战略支柱性产业。为此，欧盟对先进材料的研发进行大力投入。2007—2013年期间，第7框架计划对先进材料前沿技术研究的投入强度连年递增，年平均投入达到1.2亿欧元（不包括国家层面的支持）。

2. 注重先进材料从创意到商业化的多层次研发

欧委会通过建立欧盟、成员国和区域之间，产学研之间，科研网络平台之间的紧密联系，以及创新集群和科研基础设施建设等手段，整合、优化和协同欧盟的研发资源，努力创造欧盟先进材料技术研发创新的优良环境，强化欧盟先进材料技术工业的坚实基础。

欧盟先进材料技术，从创意到商业化应用的纵向和从多学科交叉到多行业应用的横向研究，主要由三大部分组成：第一部分，主要由欧盟科研理事会（ERC）、欧盟未来与新兴技术计划（FET）和成员国国家科技计划资助，依托大学和科研机构进行的基础研究为主。第二部分，主要由欧盟研发框架计划（FP）、欧盟竞争力与创新框架计划（CIPs）、成员国国家框架计划和部分工业行业研发基金资助，依托产学研创新联盟进行的应用研究为主，包括基础研究成果的完善、科研成果的转化与转移、多学科跨行业交叉技术开发和工业规模化开发应用的生产技术工艺研发等。第三部分，主要由私人企业资助，以工业企业研发资源主导的行业商业化应用研究开发为主，包括将先进材料技术转化为实实在在的新产品、新工艺和新服务。

3. 启动微－纳米电子技术工业示范项目

2013年5月29日，欧委会正式对外宣布，作为欧盟微－纳米电子技术工业发展战略的首批具体行动，欧盟微－纳米电子技术工业研发创新成果商业化转化的五大重点中试示范项目正式启动，其中包括位于法国 Bernin 的欧盟 AGATE 项目，利用目前世界最先进的创新型氮化镓（Gallium Nitride）先进材料技术，实现规模化工业基材的生产制造。预计于 2015 年底投产的 AGATE 项目，由 10 家从材料及设备供应商到生产工艺设计及产品组装企业组成的工业界和科技界联合研发团队共同实施。

（三）英国将先进材料视为前瞻技术领域进行大力支持

英国 2012 年底发布的《技术与创新的未来》报告指出了对未来 20 年经济发展影响巨大的 53 项技术，其中 11 项与材料与纳米技术有关。根据该报告以及英国科学界、研究理事会和技术战略委员会的多方意见，英国政府提出要重点投资包括先进材料和纳米技术在内的 8 个前瞻技术领域（其余为大数据和高能效计算、合成生物学、再生医学、农业科技、储能、自动机器人、卫星与航天技术应用），并于 2013 年 1 月为之分配了 6 亿英镑的额外资金。2013 年 4 月，英国工程和自然科学研究理事会（EPSRC）又宣布投入 8500 万英镑，以增加先进材料、电网规模储能、机器人和自主系统三种技术领域的研究强度和生产力，其中先进材料获得 3000 万英镑。

（四）韩国将先进材料列为国家重点战略技术

韩国政府《第三期科学技术基本计划》提出将在五大领域推进 120 项国家战略技术的开发，其中包括 30 项重点技术，而先进材料技术位列 30 项重点技术的第 7 位。计划还提出，对于国家战略技术，将启用新的研发推广模式，综合考虑市场和民间力量，调整和转变政府职能，出台解决方案型政策；将与开发国家战略技术相结合，推进“创造型经济维生素项目”、“社会问题解决型项目”等跨部门合作项目。

（五）俄罗斯制定复合材料产业发展计划

2013 年 8 月，俄罗斯联邦政府修改并颁布实施《国家工业发展及其竞争力提高规划 2013—2020》，其中包括《复合材料产业发展计划》。《复合材料产业发展计划》设定了 2020 年前应实现的若干目标，包括：复合材料年产值达到 1200 亿卢布，人均需求达 1.5 千克/年，产品出口比重占到 10% 等。该计划还分别从科技研发、产品生产、人才培养、国家调控、地区发展、国际合作、行业协调机制等角度，分类制定了 24 项政策性措施规划，以加强政府对复合材料产业发展规划、布局的宏观指导和协调。

（六）爱尔兰政府加强新材料领域的创新

2012 年底，爱尔兰政府批准并发布了《科研优先发展领域指导小组报告》，将重点实施包括加工技术和新材料在内的14个优先领域的科研创新。爱尔兰政府还将建设6个科技平台和3个综合基础设施，以支撑14个领域的科研和开发，其中就包括纳米技术平台和先进材料平台。

此外，爱尔兰就业、企业与创新部2013年宣布，将投入3亿欧元建立包括纳米技术及工程材料在内的7个世界级研究中心。该项投资是爱尔兰目前规模最大的国家和企业共同资助的科研投入，旨在推动爱尔兰在重点领域取得进一步的优势，从而将该7家中心建成为国际水准的研究机构，并使这些领域的研究水平保持或跃居世界前列。

（七）挪威实施《纳米技术和先进材料计划》

2013年，挪威实施了7个大型科研计划，其中包括《纳米技术和先进材料计划NANO 2021》。该计划覆盖纳米科学、纳米技术、微技术和先进材料，目标是建立国际先进水平的国家纳米技术和材料科学知识基地，发展可持续的、应对社会挑战的创新纳米技术解决方案，该计划财政预算为12.2亿挪威克朗。

（八）其他国家

除上述国家外，其他国家也纷纷将先进材料列为优先发展的战略技术。越南政府于2013年2月批准了到2020年国家高科技发展的研发、培训与建设计划，将新材料技术与信息传媒技术、生物学技术、自动化技术列为优先发展的4个科技领域；塞尔维亚国家应用与基础研究计划项目重点支持的领域也包括新型材料与纳米技术领域，并重点支持陶瓷材料、中间金属化合物、复合材料、生物材料、碳纳米材料、新能源材料、电子材料、磁性材料、聚合物、光及光电子材料等新兴产业相关科研项目。

二、石墨烯——21世纪先进材料的明珠

石墨烯又称单层墨，由一层碳原子组成，是英国科学家于2004年发现的一种新材料。2010年，英国曼彻斯特大学的物理学家安德烈·海姆和康斯坦丁·诺沃肖洛夫因从事石墨烯的研究并揭示了其性质而获得当年的诺贝尔物理学奖。这种新材料潜力巨大，与其他材料相比，具有超强的导电性能、机械强度以及光学纯度，在半导体产业、光伏产业、锂离子电池、航天、军工、新一代显示器等传统领域和新兴领域都将带来革命性的技术进步。随着批量化生产和大尺寸难题逐步突破，石墨烯的产业化步伐正在加快。根据咨询公司BCC Research的分析，目前石墨烯的商用产品的全球市场微乎其微，但该公司预计，到2017年，石墨烯全球市场将增长到1.23亿美元，到2022年，其市场额将增加到9.87亿美元。

目前，全球各国都瞄准了石墨烯商机，纷纷加大研发支持力度，尝试推进石墨烯的商业化发展。

（一）欧盟斥巨资支持石墨烯旗舰项目，推进石墨烯商业化进程

欧盟委员会认为，从长期看，石墨烯材料将同钢铁、塑料一样重要，有可能代替硅成为信息技术的基础材料，还可能在能源、交通和医疗领域发挥重要作用。意识到石墨烯材料的重要性，欧盟委员会于2013年1月底选定石墨烯项目为欧盟首个“未来和新兴技术旗舰项目”①，设立专项研发计划，在未来10年投入10亿欧元，推动石墨烯和石墨烯材料从实验室走向社会，彻底改变诸多产业，促进经济增长，并创造就业机会。

截至2013年11月，该旗舰项目的研究团队已经包括了17个欧洲国家的75家研究机构。2013年11月25日，欧委会启动了石墨烯旗舰项目公开招标，希望通过竞争遴选出20~30个研究小组加入现有的石墨烯旗舰项目研究团队，从而为该项目的实施提供强有力的人才保障。

（二）英国欲打造世界领先的石墨烯研究中心

作为石墨烯的发现地，英国也在积极推进石墨烯的商业化研发进程。2011年英国在《促进增长的创新与研究战略》中将石墨烯确定为今后重点发展的4项新兴技术之一，并宣布将投入5000万英镑支持石墨烯的商业化应用研究（其中3800万英镑用于建立国家石墨烯研究所），力图确保英国在石墨烯领域的领先地位，并使这种材料在未来几十年里从实验室进入生产线并最终走向市场。2012年12月，英国政府又追加2150万英镑资助石墨烯的商业化探索研究，这笔投资将用于支持尖端研究项目以发现石墨烯的日常用途。

为推进“石墨烯”材料的商业化进程，将英国打造成世界领先的石墨烯全球研究和技术中心，英国政府决定在曼彻斯特大学建造一个新的国家级科研机构——国家石墨烯研究所（NGI），该研究所于2013年正式动工，计划于2015年建成，总投资为6100万英镑，除上述通过工程与自然科学研究理事会（EPSRC）投资的3800万英镑，其余2300万英镑来自欧洲区域发展基金（ERDF）。

NGI将采用“中心辐射”的模式与其他英国研究机构展开合作，集中全英的研究力量，为学术界、企业界提供合作平台，以支持石墨烯技术的应用研究。

---

① 欧盟“未来新兴技术旗舰计划”于2010年7月启动，共筛选出21项科技作为候选对象，意在加大欧盟的科技创新竞争力。2011年5月，评选委员会在这21项科技中进一步评选出6项“对未来影响最大的前沿技术”，涉及脑科学、新材料、机器人、医药应用、纳米技术、灾害预报与分析等领域。2012年11月至12月，以上述六大前沿科技为基础，由25名专家组成的评选委员会将石墨烯和人脑工程列为“未来和新兴旗舰技术项目”。

（三）韩国发力石墨烯商业化

近年来，韩国政府积极支持本国科研机构和公司开展石墨烯技术研发及商业化应用研究。2007 年至 2009 年间，韩国教育科学技术部等部门累计资助了 90 项相关研究项目，经费达到 1870 万美元。2012 年至 2018 年间，韩国原知识经济部预计将向石墨烯领域提供 2.5 亿美元的资助，其中 1.24 亿美元用于石墨烯技术研发，1.26 亿美元用于石墨烯商业化应用研究。

2013 年 5 月 21 日，韩国产业通商资源部（MOTIE）宣布，将整合韩国国内研究机构与企业力量推进石墨烯商业化发展。包括韩国科学技术院在内的 41 家研究机构将与 6 家企业形成石墨烯联盟，在聚焦领域由特定的企业或研究机构牵头完成相关项目。政府计划在未来 6 年投入 4230 万美元，协助企业实现石墨烯的应用产品与相关技术商业化。2013 年下半年投入约 360 万美元。韩国政府希望以此来打造每年约 153 亿美元的市场，创造 3.4 万个就业机会，形成 25 家全球领先企业，全面推动韩国经济的发展。

（四）美国成立石墨烯业主协会

为了促进研究人员、大学、政府机构和企业等成员之间的教育培训、技术合作、科学交流以及商业化等，推动石墨烯技术及相关产品研发和商业化发展，2013 年 4 月，美国成立了石墨烯业主协会（GSA）。该协会为非营利性组织，它将通过与国内外工业标准组织的合作来制定与石墨烯材料及产品相关的标准化的定义、度量以及健康和安全标准；通过网络化和伙伴关系来促进石墨烯的商业化；通过定期的网络会议来监测进展情况，并制定行动计划。

（五）新加坡推动石墨烯材料研发

新加坡政府也高度重视石墨烯的研发，2012 年在新加坡国立大学设立了石墨烯研究中心微纳米加工实验室，这个实验室是全亚洲第一个拥有先进设施、旨在开展石墨烯研究的实验室。此外，新加坡其他机构也在积极开展石墨烯的研究与开发，并取得了一定成果。2013 年 6 月，新加坡南洋理工大学的研究人员研制了一种新型的由石墨烯作为材料的传感器，这是业内首次使用纯石墨烯制造出一种用途广泛的高光敏度传感器，证明了通过现有技术有可能仅使用石墨烯就能制造出廉价而又柔韧的感光传感器。这一创新性的发明，不仅能够对成像企业的消费者，而且能够对卫星成像和通信企业产生巨大的影响。随着在这个领域的研发推动，将会有更多石墨烯用途被开发出来。

三、能够带来重大经济和社会影响的其他先进材料

尽管以石墨烯为代表的纳米材料具有相当可观的前景，但它们并不是在未来10年内唯一能够带来经济和社会影响的材料。麦肯锡全球研究院在2013年5月发布的研究报告《颠覆性技术：将改变生活、商业和全球经济的技术进步》中列出了其他有助于建立更美好、更洁净世界的材料类型。

（一）“绿色”材料

绿色材料是指在原料采取、产品制造、使用和再循环利用以及废物处理等环节中对人类环境负荷最小并有利于人类健康的材料。它包括绿色净化材料、绿色能源材料、绿色建筑材料、绿色循环材料等。这类材料致力于解决环境问题。例如，低二氧化碳混凝土可以减少混凝土生产过程中的二氧化碳排放（混凝土生产中排放的二氧化碳占总二氧化碳排放量的5%）。通过添加先进材料可以减少烧制和粉碎混凝土配料所需的燃料，同时减少在烧窑内脱去石灰石中二氧化碳的需求。

（二）自修复材料

自修复材料是从可以自我组织和修复的生物系统中获得的灵感。材料一旦产生微裂纹、缺陷，在无外界作用的情况下材料本身具有自我恢复的能力，这样可以减少昂贵的维护成本，延长产品的使用寿命，并提升产品的安全性。例如，自修复混凝土含有自动释放或自动膨胀的成分，当出现裂缝时，它们可以自动填补裂缝。

自修复材料是一种新型智能材料，具有广阔的应用前景，包括军用装备、电子产品、汽车、飞机、建筑材料等领域，其中以其在智能手机和平板电脑屏幕上的应用最受关注。在过去，一旦手机屏幕破损，用户不得不将之丢弃，这样势必会造成浪费，而自修复材料能有效地解决这方面的问题。

（三）压电材料

压电材料可以因机械变形产生电场，将压力转换为电力，也可以因电场作用产生机械变形，这种固有的机－电耦合效应使得压电材料在工程中得到了广泛的应用。例如，压电材料已被用来制作智能结构，此类结构除具有自承载能力外，还具有自诊断性、自适应性和自修复性等功能，在未来的飞行器设计中占有重要的地位。虽然压电材料并不是新材料，但研究者们正在继续探索其潜在新应用，如通过运动产生电能，最终，可能通过行人的运动产生电力或将压电材料整合入

衣物中来为移动互联网设备供电。

（四）记忆金属

当被加热到特定温度时，记忆金属可以恢复到先前的形状。有些记忆金属甚至可以被“编程”，使其在不同的温度下呈现不同的形状。这类形状记忆材料兼有传感和驱动的双重功能，可以实现控制系统的微型化和智能化，被认为是使轻便、廉价机器人产生运动的一个重要方法，即使用电荷来扩展或收缩材料，模仿肌肉的运动。记忆金属机器人的动作除温度外不受任何环境条件的影响，可望在反应堆、加速器、太空实验室等高技术领域大显身手。

（五）先进复合材料

先进复合材料具有质量轻，较高的比强度、比模量、较好的延展性、抗腐蚀、隔热、隔音、减震、耐高（低）温等特点，在航空航天、交通、医学、机械、建筑等行业有广泛的应用前景。这类材料可以为车辆、飞机等制造出更坚固、更轻便的部件。除下一代纳米复合材料外，由碳纤维和其他材料制成复合材料方面取得的进展，使得在更多的应用中由复合材料替代铝等其他材料成为可能。这些进展包括生产和结合碳纤维的新方法，同时降低生产成本。

数据开放共享成潮流之势

“开放数据”指的是不受著作权、专利权以及其他任何限制，开放给社会公众自由查询和使用的数据。“数据开放共享”理念和相关政策主张是伴随着“大数据”、“数据科学”和“云计算”等互联网时代的新事物而产生的。将像土地、石油和资本一样，数据已经成为经济运行中的根本性资源，而安全适当的数据开放共享是实现数据驱动创新、发挥大数据潜力的重要前提。数据开放共享，就是要使数据能够被公众或用户免费（或廉价地）获取、使用、转化和传递，以降低研究成本、促进创新、带来经济效益以及增进公共和社会效益。

一、全球开放数据运动蓬勃发展

随着大数据时代的来临，数据开放已经成为一股世界性潮流。目前，很多国家和地区，都在互联网上开放了本国的公共数据，以供全世界人民使用。2013年6月18日，八国集团首脑在北爱尔兰峰会上签署《开放数据宪章》，各国表示要进一步向公众开放可机读的政府数据，并在2013年末制定相应的行动计划。据美国政府数据网站 data. gov 统计，截至2014年1月12日，开放数据运动已覆盖全球44个国家和地区。另据英国开放知识基金会2013年10月发布的开放政府数据普查结果，在对70个国家和地区政府的数据开放情况（包括预算、支出、选举、污染共10个领域）的普查中，英国和美国分别排名第一和第二，丹麦、挪威和新西兰则紧随其后。

在数据开放浪潮中，科研成果的开放获取运动成绩斐然。2013年8月欧盟委员会发布的一项关于开放获取的研究表明，世界主要国家50%的研究成果实现了免费开放获取，研究成果的公开获取率创历史新高。在2011年发表的研究论文中，开放获取论文数量过半，已经成为主流。其中，在生物医学、生物技术、数学、统计等基础科技领域，开放获取率更高。此外，2004—2011年间发表的同行审议论文，有 40% 能够以在线阅读的方式免费获得。根据全球著名开放获取资源库 OpenDOAR 统计，全球开放知识库的数量已经从 2004 年的 128 个增至 2013 年的 2408 个。德国、英国、美国、澳大利亚、日本、加拿大、欧盟等多国及组织先后都实施了开放存储和开放出版政策，开放出版期刊迅速增长，从 2003 年的 300 多种增长到 2013 年的 9900 多种。世界出版领域的大腕美国科学公共图书馆 PLoS 是开放获取的先行者，英国《自然》出版集团 2010 年就推出了自己的开放获取期刊《自然——通讯》。2014 年 2 月 12 日，《科学》杂志的出版方美国科学促进会也宣布，将于 2015 年正式出版旗下首个开放获取在线期刊《科学进展》。不到一周之后，2 月 17 日，世界上历史最悠久的科学学会和出版者英国皇家学会也宣布，将出版自己的首个开放获取在线期刊《皇家学会开放科学》。这两份新期刊的启航将给现在迅速发展的繁荣的开放获取出版市场增添新的力量。现在几乎所有重要的出版商和学会都在积极探索和发展自己开放获取模式。

二、知名研究机构积极支持数据开放共享

2012 年 6 月，英国皇家学会出版的《科学作为一项开放的事业：开放的科学呼吁开放的数据》研究报告认为，数据开放获取能够降低研究成本，加快研究进程；能够带来相当的经济利益，特别是宏观经济效益；能够产生可观的公共和社会效益，能够使得科学研究的视野更宽，社会更容易接受，科学成果更容易推广。而信息技术的进步也为数据的开放获取提供了更大的可能性。同时，出于保护商业利益、个人隐私、国家安全等原因，数据开放获取也是有边界、有限制的。

2013 年 4 月，经合组织发布《以数据驱动的创新开发新增长源泉》研究报告，分析了利用数据和数据分析建立竞争优势、形成知识资本的潜在作用。报告指出，跨部门的数据链接与利用有利于推动创新，进而促进社会发展和经济增长，但由于缺乏适当的经济刺激措施，许多数据源没有实现数据共享。因此，需要讨论和制定新的数据共享框架以适应新环境。

继 2011 年发布《大数据：创新、竞争和生产力的下一个前沿》报告后，2013 年 10 月，美国知名智库麦肯锡全球研究院再次发布分析报告指出，开放数据如果在教育、运输等领域加以应用，每年可释放约 3 万亿美元的经济潜力；要使开放数据发挥最大效益，政府、企业、个人和非营利机构等利益相关方都要发挥作用。11 月，美国信息技术与创新基金会也发布了一份名为《支持数据驱动型创新的技术与政策》的研究报告，报告建议世界各国政府采取积极措施，鼓励公共和私营部门开展数据驱动型创新。政府应该发挥的一项重要作用是，不仅要收集和提供数据，还要制定推动数据共享的法律框架，并提高公众对数据共享的

重大意义的认识。政府要首先将自身的数据及时提供给公众，同时努力让个人能够获知其个人的数据，如鼓励公用事业公司向消费者公布其家庭能源使用情况的数据。政府还应确保制定的法律和管理框架能够促进不同产业的数据共享和利用。

三、各方对数据开放共享的具体内容达成共识

各个机构关于数据开放获取内容的研究和主张不尽相同，综合起来，主要集中在三个方面。

一是要大力促进科研数据的开放共享，提高科研效率。科研数据开放是数据开放政策的一项基本内容，这里主要指由公共资金资助产生的科研数据。早在2004年，经合组织科技政策委员会就发布了《开放获取公共资助研究数据的宣言》，提倡要建立公共资助的研究数据的开放获取机制，并于2007年发表《开放获取公共资助科学数据的原则和指南》。随后，美国、英国、欧盟等一些重要科学资助机构也提出了数据开放政策指南，要求受资助的项目提交科研数据的管理与共享计划。2013年，科研数据的开放获取政策取得了尤为显著的进展。2013年2月，美国白宫科技政策办公室要求，由联邦资金全部资助或部分资助所产生的科研数据应该存储并为公众提供免费的最大化访问。英国研究理事会则要求从2013年4月1日开始，受其资助的科研成果要发布在符合“开放原则”的期刊或其他载体上，并通过网站等方式即时免费对读者开放。欧盟也在新一轮研究与创新计划《地平线2020》中明确规定，所有公开发表的由欧盟财政资金支持的研究成果，都必须实现开放获取。澳大利亚研究理事会也要求受其资助的研究项目产出的所有出版物，都必须在出版日期后的12个月内存储到开放获取机构知识库中。

二是各国政府应该大力推动政府数据的开放共享。在这场正在迅速发展的开放数据运动中，各国政府成为重要的对象。政府拥有大量与公众生产生活息息相关的数据，是社会上最大的数据保有者。开放政府数据的意义不仅在于可以推进民主、提高政府公信力、节约政府信息服务成本、提高政府工作效率，同时也能为社会和企业所用，从而创造更多社会和经济价值，提升国家竞争力。因此，各界普遍倡导政府要以身作则，首先将自身的数据以便利的形式及时提供给公众和用户，积极促进公共部门信息的开放获取和有效利用。各国政府也都已经认识到，开放其所拥有的数据和信息具有多么巨大的潜在效益，并纷纷行动起来。美国、英国、澳大利亚、加拿大、挪威、荷兰、印度等很多国家政府都创建了“一站式”数据开放平台“data. gov”，以发布他们收集的数据；同时还不断出台要求政府各部门进一步加强数据开放的政策措施，除了收集数据，还包括如何将数

据转化为切实可用的信息产品以及开发知识。

三是数据的开放并非是无边界、无限制的，对于那些涉及国家和公共安全、个人隐私、企业利益的数据的开放必须进行合理、有效的管制。毋庸置疑，数据开放获取必须在保障国家和公共安全、社会稳定的基础上进行，对此各方的意见是一致的，各国政府也都设有明确、严格的保密规定。个人和企业数据的开放，也必须充分尊重他们的利益和意愿，保护个人和企业的隐私权和所有权。因此，如何制定隐私和保密政策，最好地对这些领域的数据进行管理，既能最大限度地实现安全、可靠、高效的数据开放共享和利用，又不逾越合理的界限，是数据开放运动中各方研究的重点和难点。麦肯锡公司的研究报告认为，数据的开放需要采取一系列配套措施，才能实现其潜在价值，如必须制定保护知识产权、隐私和机密的全面政策，树立消费者和机构开放数据的信心等。2013 年 10 月，英国商务、创新与技能部在其发布的《英国数据能力发展战略规划》中提出的举措之一，就是重视数据安全和隐私保护，完善法律和制度建设，合理进行数据共享和信息公开。

四、各国和地区纷纷采取措施推动数据开放共享

随着大数据时代的来临，开放数据运动蓬勃发展，世界发达国家和地区以及一些发展中国家纷纷加入开放数据运动的大潮，出台相关政策和措施，迎接大数据所带来的机遇和挑战。

1. 英国成为世界开放数据运动中的领头羊

英国可以说是数据开放的积极拥护者和领跑者。无论是政府、研究机构，还是企业，都已经开始行动，抢占“数据革命”先机。早在 2011 年 11 月，英国政府就发布了对公开数据进行研究的战略政策，其目标不只是要成为世界上首个完全开放政府数据的国家，还要成为一个国际榜样，探索开放数据在商业创新和刺激经济增长方面的潜力。2012 年 5 月，作为英国政府研究和利用开放数据方面的一次里程碑式发展，英国政府建立了世界上首个开放数据研究所，以联合企业、研究机构、政府和社会的力量，共同探索和发掘政府公开数据的商业和社会价值，培育创新产品和服务。2013 年 10 月，英国政府发布“英国数据能力战略”，提出了提高数据能力的三大举措：在数据相关技术方面打造一支高技能劳动力大军；提高数据基础设施、软件和协同研发能力；完善法律和制度建设，安全合理地开放、共享和使用数据。英国数据开放获取工作主要分 3 个方面：

（1）政府数据的开放。英国政府是世界开放数据的领导者。为促进公共服务数据的开放，建设开放型的政府，英国政府要求各公共部门在政府专门的数据

门户网站“data. gov”上开通开放数据的通道，向全社会开放政府管理、机构运营、各项统计数据等相关信息。2012 年 6 月英国政府发布了《开放数据白皮书》，建立了一套针对公共部门开放数据程度的评价体系，对各部门完成开放数据任务情况进行审计。目前，该网站已经收录了 10 470 个数据集，并开放了所有未公开数据的目录，民众可以申请开放目录上列出的任何数据。开放知识基金会发布的 2013 年政府开放数据普查结果显示，英国政府的数据开放程度最高，当之无愧地成为世界开放数据运动中的领头羊。

（2）社会数据的开放。为进一步鼓励全社会加入数据的开放与共享，英国数据战略委员会投资 800 万英镑作为鼓励公共部门、企业、机构和个人开放数据的奖励基金，相关单位和个人如果开放了有价值的数据就可以申请该基金。在一系列鼓励措施下，将有更多的开放数据用于推动英国社会和经济发展。

（3）科研数据的开放。英国也是数据开放获取同行审议出版物方面的领先国家。英国皇家学会 2012 年一份呼吁科研数据开放的报告《科学作为一项开放的事业》，在英国各界产生很大影响。为了促进科研成果的交流和扩散，提高科研效率和效益，英国政府随后宣布，要求未来公共经费资助的科研成果要向科学界和公众公开，这些研究成果原则上要刊登在对公众免费开放的期刊或其他学术载体上。英国研究理事会也宣布从 2013 年开始，受其资助项目产生的论文要以开放出版的方式发表，或在订购期刊上发表，并在正式出版后的 6 个月（人文社科领域为 12 个月）内存储到开放知识库中。英国政府还成立了“研究部门透明委员会”，以就开放科研数据的战略路径提供建议，并落实特别工作组关于科研论文开放获取的报告建议，初期实施资金为 1000 万欧元，2013—2015 年再向 100 多所大学投入 3700 万欧元。英国政府还支持研究人员通过文本和数据挖掘方法，对期刊论文和其他文献进行大规模非商业性的分析研究。

2. 美国以政策法令强制性推动数据开放和科研成果共享

在开放数据的历史潮流中，美国和英国一样是走在最前列的国家。特别是奥巴马政府上台以来，一直致力于推动“开放政府计划”。奥巴马总统在 2009 年 1 月入主白宫的第一天，就签署了《透明和开放的政府》法案，宣布要建设美国历史上最开放的政府，要求联邦政府各部门通过“一站式”数据开放平台“data. gov”向社会公开各类非保密的数据库。2010 年，美国国会通过更新法案，进一步提高了数据采集精度和上报频度。截至目前，data. gov 上已经收录了 9 万多个数据集，涵盖了农业、气象、地理、能源、卫生与健康、金融、人口等约 50 个门类。

开放数据政策推动了美国一些领域的飞速进展，拓展了创新创业视野，一些前所未有的新服务和新产品不断涌现，对经济增长做出了重大贡献，仅全球定位系统数据的开放就给美国创造了一个价值900亿美元的产业。为进一步推动创新创业，促进经济增长和就业岗位增加，奥巴马政府2013年5月再次发布行政令，加大力度推动政府信息开放。白宫预算办公室据此行政令制定了新的开放数据政策，强调要将信息作为资产来管理，推动信息管理的制度化。新政策的特点包括：（1）注重早期战略规划，要求联邦各部门从信息产生的最早阶段——规划阶段就开始重视信息资源的管理，而不能等到信息的收集和加工阶段才开始；（2）强调标准的运用，要求联邦各部门运用标准来促进数据的互操作性和开放性；（3）强调资源整合和经验推广，要求各部门以及由联邦首席信息官牵头的跨部门工作组审议、修订现行的政策措施，加强开放数据站点的整合和互联；（4）注重绩效管理，不仅制定统一的开放数据政策实施的跨机构优先目标，还要求联邦各部门制定本部门的阶段性目标，并定期汇报开放数据政策的实施情况。这一新的开放数据运动将推动政府信息进一步面向公众、研究人员、创新者和企业家开放。

科研数据开放是美国政府开放数据政策的重要组成部分。作为世界上最大的科研资助机构，美国国立卫生研究院是最早强制执行开放获取政策规定的机构。它制定和实施的公共获取政策在2007年12月经美国国会和政府批准而成为法律，极大地推动了开放获取运动的发展，成为世界开放存取运动史上的重要里程碑。随后，美国各界积极扩大公共资助研究成果的开放获取。2013年2月14日，美国国会提交《公平获取科学技术研究成果法案（FASTR）》。2月22日，奥巴马签署了关于“增加对受联邦资助的科学研究成果的获取”的指令，白宫科技政策办公室据此发布“白宫指令”，要求年度研发开支在1亿美元以上的联邦机构，都要制定一项联邦资助的研究成果的开放存取政策，并在6个月内提交开放获取计划草案。白宫科技政策办公室将同管理与预算办公室一道审议和指导各机构完成计划的制定。这项措施在下放开放获取政策制定权到各联邦机构以保证灵活性的前提下，更加重视通过长期保存和开放获取，促进这些出版物和数据被有效再利用，从而使联邦研究资金的影响和作用最大化。

3. 欧盟实施开放数据战略，力推成员国走开放数据之路

欧盟早在2003年就颁布了有关公共数据开放的“欧盟指令”，要求成员国公共机构持有的数据需以有利于二次利用的形式对外公开，企业可将公共数据用于商业目的。2007年，欧盟规定各成员国需共享地图等空间信息。2011年11月，欧盟明确地提出了“开放数据战略”，该战略主要涉及三大方面：设立欧盟统一的公共数据对外服务门户网站；完善欧盟范围内数据公开的公平竞争环境建设；加大数据管理的数字技术应用研发投入，规范社会化服务及监管。开放数据战略明确的实施路线图是：2012年实施开放数据门户网站；2013年实施一站式门户

网站试点，其网站包含多国语言界面和服务，支持整个欧盟数据的搜索；2013年所有成员国必须完成数据政策的制定和实施，建立公共数据门户网站，并在2015年实现与欧洲数据门户网站对接；2017年，由开放数据再利用、开展创新、提高公共部门服务效率带来的利润预计可高达1000亿欧元。

欧盟将科技成果的公开获取视为促进知识传播和提高欧盟创新的核心手段之一，积极推动研究成果的公开发表和自由获取。在新一轮欧盟研究与创新计划《地平线2020》中，欧盟规定，受资助项目的论文必须以开放出版的方式发表，或在正式出版后6个月（人文社科领域为12个月）内存储到开放知识库中，并建议其成员国也采取类似的措施。欧盟的目标是到2016年，60%受资助项目产生的论文将开放共享，欧盟还将投入4500万欧元用于数据基础设施和论文长期保存。

4. 日本致力于成为数据开放的后起之秀

在全球开放数据浪潮的推动下，日本近年来也加速推进了公共数据的开放。2012年7月，日本IT战略本部发布“电子政务开放数据战略”，为政府数据开放迈出了关键性一步。2013年6月，安倍内阁正式出台以发展开放公共数据和大数据为核心的日本新IT国家战略——“创建最尖端IT国家宣言”，提出2013—2020年要把日本建设成为一个具有“世界最高水准的广泛运用信息产业技术的社会”。该战略以推进开放政府建设和大数据应用为重点，提出要开放政府与民间所有未被有效挖掘的数据，建立可跨部门应用的通用平台，制定大数据应用规则，推进国际标准化。其中的目标之一是使电子政府发展指数（联合国）的在线服务范围与质量相关排名到2015年进入世界前5名之内。

日本民间团体和地方政府也在积极推进公共数据的开放利用。2012年7月27日，由日本三菱综合研究所牵头，51个企业、团体和6个地方政府共同组建成立了“开放数据流通推进联盟”，以通过官产学合作推进公共数据的开放和有效利用。据全球最具权威的IT研究与顾问咨询公司Gartner的调查报告显示，目前大约6成以上的日本企业正在积极考虑灵活利用大数据。预计到2016年，积极致力于大数据项目的日本大企业的数量将增加1倍，其中7成将有IT部门之外的经营及事业部门参与。

5. 印度开放存取期刊建设成绩卓著

印度是开展开放存取运动较早的发展中国家之一。该项运动得到了印度研究机构、出版机构、图书馆、信息中心和社会各公共基金组织等社会各界的支持和参与。早在2006年1月召开的第93届印度科学大会上，就发布了“国家开放存取最佳政策建议”，其中包括科技部（DST）、科学与工业研究局（DSIR）等12

个机构在内的印度政府期望来自公共基金资助的研究成果能够最大限度地提供免费获取。2006 年 11 月，印度科学协会又在“电子出版和开放存取研讨会”会议上发布了“发展中国家的国家开放存取政策”，要求全部或部分获得政府资助的研究论文，在被同行评审期刊接受出版以后，立即将论文的电子版存储在机构的数字知识库中；并鼓励研究人员在将论文存入知识库之后立即提供开放存取或者直接在现有的、适合的 OA 期刊上发表论文。印度科学院、印度科学与工业研究理事会、印度国家知识委员会等机构也都先后制定了类似的开放存取政策措施。2012 年《中国社会科学报》发表的一项研究显示，截至 2012 年 5 月 16 日，通过对权威的、反映世界各国期刊和报纸出版信息的《乌利希国际期刊指南》网络版的检索分析，印度开放获取期刊的数量（674 种）已经位居全球第 3 位。

在数据开放共享方面，印度政府于 2012 年 2 月推出了“国家数据共享与访问政策”，并随后效仿美国政府的做法，建立了一站式官方数据门户网站，使其成为政府收集的所有非涉密数据的总网站，包括全国的人口、经济和社会信息。该门户网站通过对数据收集和传输采用共同的标准，将各个单独的数据库进行整合，实现在具有标准和互操作性的广泛框架下访问众多数据。此外，印度政府还拟定了一个非共享数据清单，保证涉及国家安全、隐私和机密、商业秘密和知识产权等数据不外泄。

6. 中国积极推进数据开放共享，实现为民服务

面对全球数据开放的浪潮，中国政府同样也在做着开放数据的努力。为实现国家统计数据的公开透明、全民共享，2013 年 9 月，中国国家统计局新版数据库“国家数据”正式上线运行和开放。目前公众可以在该网站上查询 2000 年以后全国及 31 个省市的月度、季度、年度数据，预计 2014 年年底就可以查询 1949 年以来的所有历史数据。此外，财政部、商务部、教育部、能源局等中国国家部委的数据发布信息，也能在该网站中查询链接，初步实现了部门数据的共享。2013 年 10 月，中国国务院还发布了一份关于政府信息公开的意见，提出要充分发挥政府网站在信息公开中的平台作用，着力建设基于新媒体的政务信息发布和与公众互动交流新渠道。同时，认识到数据作为战略资产的价值和重要性，中国各地政府也纷纷探索“开放数据”的惠民之道，将其引入到交通医疗等领域的管理服务中。北京市经济和信息化委员会 2012 年推出北京市政务数据资源网，现已上线公布了 400 多个数据包，涵盖旅游、教育、交通、医疗等门类；浙江省交通运输厅 2013 年宣布，将大数据引入交通管理，助力道路治堵；上海市科委发布了推进大数据研究与发展行动计划，在医疗卫生、食品安全、智慧交通等领域探索交互共享、一体化的服务模式；广东则于 2012 年底率先起草了实施大数据战略的工作方案。

此外，为统一收集和完整保存国家科技投入产生的大量科技信息和数据，最大程度向社会开放共享，提高国家科技投入产出效率，中国政府在2012年7月发布的《关于深化科技体制改革加快国家创新体系建设的意见》中，明确提出要加快建立统一的科技报告制度。2013年11月1日，在科技部联合相关部门的推动下，国家科技报告服务系统征求意见版正式面向社会上线运行。科技报告体系建设的阶段性目标是，到“十二五”末，建立统一的科技报告呈交、收藏、管理、共享体系，形成科学、合理、规范、高效的科技报告管理模式和运行机制；到2020年，国家科技报告工作的政策法规环境基本形成，标准规范制度基本完善，组织管理架构基本建立，收藏共享服务基本实现，在全国范围内基本形成覆盖中央和地方财政投入统一的科技报告体系。

在开放存取方面，中国已经成为全球范围内开放获取的重要贡献者和推动者。中国政府以及相关资助机构正在积极采取有关措施，进一步促进公共资金资助科研项目成果的开放获取。中国科研资助机构一直支持科研人员用科研经费支付开放获取论文处理费，中国作者已经发表了大量开放获取论文，在著名的开放资源PLoS期刊群，中国作者的数量仅次于美国；中国很多科技期刊实行开放获取；中科院机构知识库网络已经成为全球规模最大的科研机构知识库之一，近年很多高校也都在建设机构知识库。

五、数据开放共享面临着现实障碍

尽管在技术发展以及各种力量的推动下，数据开放共享已成为不可逆转的世界潮流，但也仍然面临着一些现实的障碍。

一是开放意识的障碍。很多公共机构和企业仍然缺乏开放数据的公众意识，担心开放数据会带来如隐私、国家安全等问题和需要保护的第三方合法知识产权的损失，受商业再利用协议的限制等。对数据开放共享深刻意义认识不够，是阻碍各行各业数据开放的主要因素。

二是政策法规不完善。一方面很多国家，特别是发展中国家仍然缺乏国家层面的推动数据开放共享政策和法律，已有的相关条例、法规、意见等既分散又缺乏效力；另一方面关于数据保护和隐私保护的制度不完善抑制开放的积极性。如何在推动数据开放的同时有效地保护公民隐私，既鼓励数据共享又防止数据被滥用，是数据开放的一个重大挑战。

三是技术和数据标准方面的挑战。组织和整合不同机构、不同学科、不同来源的信息资源，需要解决数据关联和互操作性问题。数据开放利用的重点在于数据定义的一致性和数据的质量，不同系统之间的数据要进行整合，必须有统一的元数据定义，这是全世界当前都在面临的挑战。能够解决这些问题的技术的开发以及制定好各个领域和行业的数据标准是实现数据高效、安全共享和利用的关键。

四是管理理念和运作方式不能适配数据化决策。数据开放共享的根本目的是以数据分析为基础，帮助人们做出更明智的决策，优化企业和社会运转。哈佛商业评论说，大数据本质上是"一场管理革命"。大数据时代的决策不能仅凭经验，而真正要"拿数据说话"。因此，数据开放共享要真正发挥作用，还需要改善管理模式，需要管理方式和架构与大数据技术工具相适配。这或许是一道最难迈过的坎。

五是缺少数据开放共享的专职队伍、相应的数据专家和管理人才，以及对专职数据共享服务人员的合理评价机制和标准等。美国咨询机构 Gartner 预测，大数据将为全球带来 440 万个 IT 新岗位和上千万个非 IT 岗位。麦肯锡公司预计，美国到 2018 年深度数据分析人才缺口将达 14 万 ~ 19 万人，能够分析数据帮助公司获得经济效益的技术及管理人才有 150 万人的缺口。可以说，这类掌握相关知识和技能的数据人才全球短缺。

尽管存在这些障碍，调查结果依然显示，在欧洲研究区、美国、德国、英国、日本、巴西、印度、中国等很多国家和地区，数据开放共享已经获得稳步发展，不少发达国家更是抢立潮头。潮流已然成形，不久必将成浩荡之势。

颠覆性技术：中国创新驱动发展的机遇与挑战

所谓颠覆性技术是指在未来具有巨大经济潜力的技术，并且将对商业模式、工作和生活方式以及国家治理产生重大影响。颠覆性技术对我国既是发展机遇，也是严重挑战。下面对麦肯锡公司所提出的移动互联网、知识工作自动化等 12 项颠覆性技术进行概括介绍，并对我国这些技术的发展情况进行初步分析。

一、12 项颠覆性技术

麦肯锡对上百项所谓的重要技术进行了筛选，分析了正在迅猛发展、具有广泛影响且未来经济影响显著的 12 项颠覆性技术，并量化了应用这 12 项技术所能创造的巨大价值。据估算，到 2025 年这些技术对全球经济的直接影响将达到 14 万亿 ~33 万亿美元①。

（1）移动互联网。移动互联网由移动计算设备、高速无线网络连接和各种软件应用组成。移动计算设备将更小、更强、更直观、可穿戴，并装有许多传感器。到 2025 年，移动互联网的潜在经济影响将为 3.7 万亿 ~10.8 万亿美元，这主要在于消费者获得的收益，医疗、教育等服务提供的改善，以及员工生产率的提升。

（2）知识工作自动化。到 2025 年，其潜在经济影响将达到 5.2 万亿 ~6.7 万亿美元，相当于增加 1.1 亿 ~1.4 亿个全职劳动力，其主要应用领域包括：销售、客服、行政支持等普通业务工作；教育、医疗保健等社会服务业；科学、工程、信息技术等技术性行业；法律、金融等专业服务业。

（3）物联网。到 2025 年，其潜在经济影响将达到 2.7 万亿 ~6.2 万亿美元。

---

① 麦肯锡报告中所指的经济影响并不代表 GDP 或市场规模，因为有的经济影响以消费者盈余的形式体现，使消费者受益；有的转换成企业营收，并对 GDP 增长形成贡献；还有一些则会使企业和行业之间形成利润转移。

医疗保健业和制造业是其经济影响最大的应用领域，其他应用领域包括智能电网、城市基础设施、公共安全、资源开采、农业和汽车等。

（4）云技术。云技术通过网络提供计算机软硬件资源服务。它使数字世界更简单、更快速、更强大、更高效，不仅为消费者和企业创造巨大价值，还使企业能更有效、更灵活地管理其信息技术。到 2025 年，其潜在经济影响将达 1.7 万亿 ~6.2 万亿美元。

（5）先进机器人。到 2025 年，其潜在经济影响将达到 1.7 万亿 ~4.5 万亿美元，主要应用包括工业机器人、手术机器人、外骨骼机器人、假肢机器人、服务机器人和家用机器人。

（6）自动驾驶汽车。自动驾驶汽车可增加安全性，减少拥堵，节省时间，并降低燃料消耗和污染排放。到 2025 年，自动驾驶轿车和卡车产生的经济影响每年将达 0.2 万亿 ~1.9 万亿美元，可挽回 3 万 ~15 万人的生命。

（7）下一代基因组学。下一代基因组学将推动生物学领域的快速进步。到 2025 年，其潜在经济影响可达 0.7 万亿 ~1.6 万亿美元，主要应用于疾病诊断和治疗、农业以及生物燃料生产等。

（8）储能技术。到 2025 年，其潜在经济影响将达到 900 亿 ~6350 亿美元，主要应用于电动和混合动力汽车、分布式能源、公用事业级储能。

（9）3D 打印。3D 打印是按照数字化模型将材料逐层打印成物体的制造技术，近年来日益受到关注。到 2025 年，其潜在经济影响将达到 2300 亿 ~5500 亿美元，主要应用包括消费者使用、直接产品制造、工具和模具制造、组织器官的生物打印。

（10）先进材料。先进纳米材料在医疗健康、电子、复合材料、太阳能电池、海水淡化、催化剂等领域具有广泛应用，但生产成本极高。纳米医用材料有很大潜力，可为癌症患者提供癌症靶向药物，到 2025 年其直接经济影响可达 1500 亿 ~5000 亿美元。

（11）先进油气勘探开采。根据对北美、中国、阿根廷、澳大利亚和欧洲的估计，到 2025 年，页岩气和轻质致密油勘探开采的直接经济影响可达 950 亿 ~4600 亿美元，并且主要产生于北美。

（12）可再生能源。到 2025 年，风能和太阳能光伏占全球电力产量的比例可能由目前的 2% 增至 16%，其潜在经济影响可达 1650 亿 ~2750 亿美元，每年可减少碳排放 10 亿 ~12 亿吨。

二、关于 12 项颠覆性技术的若干观察与判断

1. 信息技术无处不在

上述 12 项技术中，多数是由信息技术直接支撑或增强的。例如，人工智能

和机器学习技术的持续进步对于先进机器人、自动驾驶汽车、知识工作自动化极其必要，下一代基因测序和非常规油气勘探高度依赖计算能力和大数据分析技术的进步，3D 打印需要使用计算机模型，并受益于在线设计共享，而移动互联网、物联网和云技术本身就是信息通信技术。

2. 不同技术的综合运用可使影响倍增

例如，下一代基因组技术与纳米技术相结合可制造出新形式的癌症靶向药物。电力存储能力可以更好地将可再生能源并入电网，而储能技术的发展又可得益于纳米材料技术的进步。同样，如果没有云计算的巨大进步，促进移动设备的各种应用，移动互联网就不可能发挥其巨大的潜力。

3. 消费者在长期内会获益良多

即使上述颠覆性技术会给生产者带来足够的利润，消费者也能够获得许多技术带来的大部分价值。例如，下一代基因组学、先进机器人等技术给健康带来重大好处。移动互联网、云计算、物联网等技术将在激烈的市场竞争中取得发展，使消费者获益。随着技术得到广泛使用，竞争往往使价值转移至消费者这一方。

4. 工作性质将发生改变，数百万人需掌握新技能

新技术将使某些劳动失去存在意义或成本优势，并产生对新技能的需求。自动化的知识工具几乎肯定会拓展劳动者的能力，但也会使一些工作完全自动化。先进机器人会使更多的手工作业自动化，甚至在服务业也是如此。因此，工商界和政界领导人既要实现技术效益，也要创新工作方式，为劳动者提供新技能。

5. 创新者和创业者将拥有光明的前景

技术成本的不断下降和技术的迅速普及即将带来史无前例的创新和创业浪潮。比如，3D 打印技术将使产品和服务的设计、生产和分销平民化。云服务和移动互联可促进公平竞争，使小企业也能获得信息技术能力和其他资源。由这轮创业浪潮所释放的机遇和创新可提供新的就业机会。

6. 对发达和发展中经济体的影响不尽相同

以储能技术为例，对于发达经济体和增长迅猛的发展中经济体，其主要价值是让电动汽车胜过纯燃油汽车，而对于最贫穷的发展中经济体，先进电池将使数百万人获得电力，从而联入数字世界，融入全球经济。此外，由于基础设施不完善，对旧技术投资少，发展中经济体有可能实现跨越，而直接采用更有效的技术。

7. 科学发现和创新会带来惊喜

新技术的出现和发展实际上是很难预测的。科学进步很可能在某个环节使上述技术发生巨大变革。像先进材料或储能这样的技术一旦获得突破，就能影响一系列的领域和应用，既有一些重大的直接影响，也有众多的间接和后续影响。

8. 颠覆性技术也会带来风险

上述技术有改善无数人生活的巨大潜力，但也会带来副作用。例如，移动互联网和云计算会带来安全和隐私受到侵犯的问题。通过网络控制的机器和物体可能会受到黑客攻击，给工厂、供应链和运输网络带来新风险。廉价的桌面级基因测序仪可能会落入恐怖分子手中。使用廉价的基因测序和合成设备进行的善意实验可能制造并释放出危险生物。纳米材料前景光明，但仍需进行更多实验才能弄清其对人体健康的影响。因此，要充分考虑这些风险，找到既能充分实现技术价值、又能避免危险的万全之策。

三、我国技术发展现状分析

1. 移动互联网

在产业高速旋转和融合深化的背景下，我国移动互联网产业具备四大基础：庞大的内需市场、强大适应能力的企业、广泛的开发者、中国特色的管理模式。目前，中国移动互联网相关产业规模已经超过9000亿元，3G移动用户达到2.3亿元。

从整个产业来看，移动互联网发展的大幕才刚刚拉开，未来发展机遇巨大，但前方道路还很崎岖，基础设施建设落后、创新能力有待进一步提高、安全性问题尚待解决、缺乏成熟商业模式是我国移动互联网发展的关键制约因素。例如，我国平均网速远低于世界平均水平，仅为韩国的1/9。

创新是移动互联网产业得以不断发展的根本动力。目前移动互联网行业的技术创新主要是由全球互联网巨头引领、中国企业跟随的模式。由于智能手机专利涵盖了信息产业最重要的四大技术领域：移动通信、操作系统、移动终端、互联网，移动智能终端巨头的专利几乎集整个信息产业核心技术专利之大成。目前，谷歌、苹果和微软从IBM、摩托罗拉、北电、爱立信和施乐等公司手里买走了大量专利，在移动互联产业竞争道路上取得了先机。在国际移动智能终端格局中，三星、苹果以两强对峙的姿态共同盘踞着产业利润制高点。虽然借助开源开放操作系统（Android系统）的发展，以华为、中兴为代表的中国终端厂商迅速扩大智能机规模，提高市场占有率，提升全球影响力，同时也有不少优秀的中国应用研发团队发布了有世界影响力的作品，但中国创新能力整体上远落后于发达国家。基础创新能力不足，导致中国企业在全球舞台上屡次遭到国外企业的专利阻击。

具体而言，我国本土企业在移动智能终端硬件领域取得了实质性突破，特别是核心芯片在跟随中谋发展，与国外的差距已拉近，但是各方面问题仍较显著。一是在屏幕、存储、传感器等关键元器件领域国内企业实力普遍偏弱，技术含量偏低，致使终端制造产业对国外供货商依赖度较高，产业受到明显制约；二是TD芯片整体技术发展水平仍然落后国际主流水平一代左右；三是部分核心技术仍需继续攻坚，包括工艺制程的换代升级、多功能集成芯片技术等；四是构建我国移动智能终端操作系统及应用生态体系的挑战仍然突出。我国移动操作系统研发对Android系统存在严重路径依赖，但其核心技术和路线受到谷歌公司的严格控制，自主操作系统发展难度加大。目前谷歌、苹果占据了明显优势，形成了庞大的生态系统，呈两家独大格局，后进入者在应用与硬件生态方面将遇到巨大阻碍。

在移动互联网服务应用十分广泛，卫生保健领域被认为是全球最有前景的应用领域之一，我国在这方面的研发创新力度明显不及欧美。欧盟第7研发框架计划在2007—2012年共资助99项eHealth研发创新项目，资助金额达4.43亿欧元，共有千余家组织机构参与研发创新。欧盟《地平线2020》计划还将继续加大研发投入，尽力释放和扩大这方面的经济社会效益。

高速移动通信网络是发挥移动互联网巨大潜力的关键基础设施。在高速移动通信方面，从TD-SCDMA到TD-LTE，由我国自主标准推动的TD产业已走过了15年不平凡的历程。TD-SCDMA标准为中国在3G通信时代奏出了“自主”强音，一改过去我国在标准方面受制于人的被动局面。由我国研究提出的后续演进技术TD-LTE成为4G国际标准，为中国移动通信产业发展带来了新的重要机遇。

作为促进信息消费的重要手段，我国当前正在加紧开展4G移动通信网络建设。与此同时，5G移动通信研究正在成为全球移动通信领域新一轮技术竞争的焦点。韩国未来创造科学部2013年发布“5G移动通信先导战略”，计划在今后7年内向研发、标准化、基础构建等领域集中投资5000亿韩元（约合4.6亿美元），从2020年开始提供5G商用服务。欧盟也宣布将于2014—2020年与私营部门各投入7亿欧元共同用于5G通信技术研发。目前，5G移动通信技术还处在初级研究阶段，实验室技术研究和商用都有许多难点，频谱效率提升、能耗及成本大幅降低等，都需要一些突破性技术。面对5G新的发展机遇，我国完全有实力在全球无线通信产业的发展中发挥核心作用。

由于全球移动互联网的发展方向、产业规则尚未最终形成，国际格局仍在不断变幻，中国仍存在创新突破的巨大空间和时间窗口。我国移动互联网应用服务发展的序幕才刚刚拉开，几乎所有领域，包括搜索、移动电子商务、导航、游戏等都在洗牌当中。

2. 知识工作自动化

知识工作自动化是使用计算机完成需要进行复杂分析、精细判断和创造性解决问题的任务。软件的发展，特别是深度学习、神经网络等机器学习技术，在推动知识工作自动化中起到了关键作用。语音识别、体感交互等智能化的用户界面技术会使计算机能直接对人的命令和要求做出反应。在知识工作自动化方面，我国与技术发达国家存在很大差距，从目前技术发达国家取得的重要进展和突破性应用中便可见一斑。

开发机器学习技术是跨国信息巨头的研发重点之一。例如，在卫生保健方面，在医疗保健业，美国史隆凯特林癌症中心正在使用美国 IBM 沃森超级计算机，通过获取肿瘤学领域的60 万份医学证据报告、200 万页期刊文本和150 万份患者病历及临床试验上的知识，提供慢性疾病医护和癌症诊断方面的建议。

深度学习技术被视为人工智能领域一项革命性新技术。利用深度学习技术从海量数据中发现新关系、确定哪些关系是最重要的能力，为从软件设计到新药发明的许多技术提供了一个巨大的捷径。它已经广泛运用到语音、图像等数据的智能识别和理解等领域，并取得了世界瞩目的成绩。除斯坦福大学、纽约大学、加拿大蒙特利尔大学这些研究深度学习的重镇外，谷歌、微软、IBM、Facebook 等其他互联网公司都在积极研究深度学习技术。2011 年以来，微软研究院和谷歌公司先后采用深度神经网络的机器学习技术把语音识别错误率降低 20%~30%，是语音识别领域十多年来最大的突破性进展。谷歌公司的 GoogleBrain 项目用16 000个处理器的服务器集群构建了一套超过10 亿个节点的具备自主学习能力的神经网络，能自动从输入的大量数据中归纳出概念体系，图片搜索、自动驾驶汽车和 Google Glass 都将会从中受益。美国默克制药公司的科研小组证明，深度学习计算机能考查不熟悉的化学结构数据集，自己制定规则，从数千个各不相同的分子中筛选出有最大潜力发生作用的那些分子。从我国企业角度来看，百度是中国第一个把深度学习提到核心技术创新地位的中国互联网企业，于 2013 年成立了深度学习研究院。这是百度历史上正式成立的首个前瞻性研究机构，致力于成为百度的“人工智能”。

键盘、鼠标、触控技术、多媒体技术、虚拟现实技术是人机交互技术发展的重要里程碑。人机交互技术已对计算机发展产生了巨大影响，而且还将继续影响人类的工作生活，并且将更加智能化。目前，谷歌、微软、三星等一些国际巨头已经或正在智能人机交互方面申请了大量的专利和相关的知识产权，以形成他们在国际上的技术壁垒。语音人机交互是多媒体智能人机交互的主要方式之一。尤其是苹果语音助手 Siri 的出现，让智能语音人机交互技术实现了新的跨越，得到了社会各界的广泛关注，这也拉动了中国智能语音产业发展。2012 年 8 月初，由科大讯飞、华为、联想、中国移动、中国联通、中国电信等 19 家企业联合发起的中国语音产业联盟在北京成立。目前，国内和国外的人机交互技术发展差距还比较大，比如国内的研究队伍、研发水平和规模相对落后。

3. 云计算

云计算是互联网时代信息基础设施与应用服务模式的重要形态，是新一代信息技术集约化发展的必然趋势，也是新一代互联网、物联网、移动互联网的神经中枢。主要发达国家高度重视云计算发展带来的机遇，纷纷围绕云计算产业发展制定了长期发展战略，加强云计算基础设施部署，为电子政务、医疗卫生、文化教育、社会保障、金融等领域的信息化发展提供技术保障。

云计算还处于创新发育期，全球还没有形成一统天下的技术与标准，我国还有很好的发展机遇。目前美国政府和企业的云计算刚进入中盘阶段，中国的云计算还处于布局阶段，但后发是中国的优势，可以吸取美国的经验，并且没有美国大量传统应用向云应用搬迁的负担。开源软件技术的开放性，更给我国继续缩小差距乃至后来者居上创造了机会。

目前，我国云计算服务市场处于起步阶段，云计算技术与设备已经具备一定的发展基础。据高德纳咨询公司估计，2011 年我国在全球约 900 亿美元的云计算服务市场中所占份额不到 3% 。近年来，我国政府高度重视云计算的发展，把云计算列为重点发展的战略性新兴产业，已在部分城市先行开展云计算服务创新发展试点示范工作。中国云计算企业发展也较为强劲。中国云计算技术与产业联盟最近公布的名单显示，中国有 15 家企业提供云平台，174 家企业提供云应用，64 家企业提供云托管和存储。

但是，一个不容忽视的基本现实是，中国企业目前在云计算应用、云计算服务上谈了很多，而在基础架构方面，尤其是关键、共性技术上一直声音寥寥，核心电子器件、高端通用芯片及大型系统软件等过多依靠“拿来主义”，核心技术自主化一直以来都是国内企业难以逾越的鸿沟。

2012 年，商业软件联盟发布“BSA 全球云计算计分卡”报告，分别从数据隐私、信息安全、网络犯罪、知识产权、技术互操作性、法律环境和自由贸易以及 IT 基础设施 7 个方面，评估占全球经济总量的 80% 的 24 个国家的云计算实力，探究受调查国家与全球化市场的接轨程度。报告结果显示，日本、澳大利亚、德国、美国和法国分列前五；金砖四国全部垫底，我国也位列其中。

中国云计算产业当前面临着诸多挑战，阻碍了云计算发展前景，降低了长期竞争力。第一，缺乏大规模数据中心，未能充分利用大规模数据中心的集约化优势，且数据中心设计、建设和运维水平低，平均能耗高。我国大规模数据中心比例偏低，仅占数据中心总量的万分之一，为美国这一比例的1/7，未能充分利用大规模数据中心的集约化优势。我国数据中心设计、建设和运维水平较低，导致平均能耗较高，能利用效率普遍在2.2~3之间，而发达国家多为1.5~2，谷歌数据中心甚至能够达到1.1或更低。第二，云计算的服务能力和水平仍亟待提高。对云计算发展缺乏了解、云计算中心匆忙上马现象普遍存在。在中国国民经济最重要的领域，云计算还没有成功应用案例。第三，有许多因素阻碍着云计算技术在社会管理和公共服务领域的应用，必须解决的系统因素包括政府机构间缺乏合作，政府信息与资源共享不足，政府服务外包机制不健全。第四，我国企业在大规模云计算系统管理、运行监控与安全保障、支持虚拟化的核心芯片等一些制约发展的关键产品和技术方面仍亟须创新、突破。第五，云计算的技术标准体系仍不健全，与云计算安全相关的数据及隐私保护、安全管理等方面的技术和法规尚不完善。国际上有10家以上组织正在推动云标准化的进程，但其中中国企业和组织所占比例非常低。

4. 物联网

目前，物联网在全球范围内正处于起步发展阶段，物联网技术发展和产业应用具有广阔的前景和难得的机遇，已成为各国构建经济社会发展新模式和重塑国家长期竞争力的先导领域。发达国家一方面加大力度发展传感器节点核心芯片、嵌入式操作系统、智能计算等核心技术，另一方面加快标准制定和产业化进程。美、欧、日、韩等国家信息技术能力和信息化程度较高，在物联网应用深度、广度及智能化水平等方面处于领先地位。

经过多年发展，我国在物联网技术研发、标准研制、产业培育和行业应用等方面已初步具备一定基础，已形成从材料、技术、器件、系统到网络的基本齐全的物联网产业体系，物联网应用总体上处于发展初期，在许多领域积极开展了物联网的应用探索与试点，部分领域已形成一定市场规模。不过，我国还存在关键核心技术有待突破、产业基础薄弱、网络信息安全存在潜在隐患、一些地方出现盲目建设现象等问题。

与发达国家相比，我国物联网发展起步时间差距不大，但技术产业差距不容乐观。虽已初步形成涵盖主要门类的产业体系，但规模化产业能力不足，核心技术不强，大部分领域落后于国际先进水平，处在产业链低端，尤以传感和智能处理产业差距显著。核心根源在于信息产业长期的基础性瓶颈和大系统综合集成能力的缺乏。核心芯片、基础性系统、基础性架构依赖国外的情况在物联网相关领域更趋突出，如中高端传感器基本依赖进口，智能电网核心芯片几乎全是国外产品，智能处理和云计算的基础架构均由发达国家主导。一直以来，我国缺乏能实现从硬件、软件、网络、平台、应用和业务流程端到端大系统综合集成的企业，这一矛盾在重要行业和智能城市的高端物联网应用中将更为尖锐。此外，我国物联网相关企业整体上能力偏弱，如95%传感器企业和90%仪表企业为中小企业。

5. 先进机器人

全球工业机器人产业已发展了50多年，目前应用最多的为日本、美国、德国等发达国家。从保有量上来看，日本遥遥领先，2011年约30.7万台，其次为美国和德国，均超过15万台。近些年来，我国机器人市场发展迅速，2005—2012年，工业机器人销售量以年均25%的速度高速增长，成为全球增长最快的市场。另外，2012年我国工业机器人新增2万多台，仅次于日本，位居世界第二。在未来我国面临人力成本上升、产业结构升级的大背景下，随着工业机器人的智能化水平不断提升，其发展方向将变得更加宽广，应用范围也将更加广泛，标准化、模块化、网络化、智能化程度将不断加深。

经过30多年的发展，我国工业机器人从无到有、从小到大，目前已经掌握了各种工业机器人设计与制造的基本技术，并形成了沈阳新松、广州数控、安徽埃夫特、上海沃迪等具有一定规模的制造企业。但是，我国工业机器人的发展主要还停留在小规模式阶段，并没有形成产业化的运营模式。具体说来，目前我国工业机器人发展主要存在以下问题：一是我国工业机器人数量增长迅速，但整体保有量和密度仍远低于工业发达国家。衡量一个国家自动化水平的基准之一是制造业的机器人密度，即每1万名产业工人中拥有的多功能机器人数量。据国际机器人联合会的数据显示，2011年，中国每一万名产业工人中拥有机器人的数量是21台，而国际平均水平是55台，其中美国是135台，德国是251台，日本是339台，韩国是347台。二是进口依赖度高，国产品牌有待发展。目前，仅瑞典ABB、德国库卡、日本发那科和安川四大机器人巨头所占的份额就高达53%。国内企业市场份额很低，仅为4%，且主要集中在中低档水平，高端领域普遍依赖进口。三是研发能力薄弱，核心技术和零部件相对落后。目前我国的工业机器人技术仅相当于国外发达国家20世纪80年代初的水平，特别是在制造工业与装备方面，尚不能生产高精密、高速与高效的关键零部件。工业机器人成本主要由本体、伺服电机、减速器、控制器四大部分组成。除本体外的三大关键部件基本被国外公司垄断，国内企业议价能力弱，以致整机制造成本与进口整机倒挂。对于国内制造商而言，生产工业机器人大多是亏损的；对客户来说，则不敢采用国产机器人。

服务机器人是当今前沿高技术研究最活跃的领域之一。相对于工业机器人产业而言，服务机器人还是一个新兴行业，公司数量巨大，但除少数领域外，还没有占主导地位的企业。目前国际上服务机器人主要由美国、日本、中国、德国、韩国五国主导着全球技术的研发。“十一五”期间，通过全面实施国家863计划、973计划、科技支撑计划，安排部署了一批服务机器人科技项目，促进服务机器人在公安安全、助老助残、医疗康复领域的应用发展，提高了我国服务机器人研究与应用水平。但是，目前我国服务机器人存在的主要问题是：大多属于跟踪研究，缺乏创意理念和原创性成果、关键零部件与可靠性方面与国外相差5~10年；在设计制造技术国外存在较大差距，产学研结合不够紧密，集规划、人才、研发、标准等于一体的创新体系建设尚处于起步阶段。大量公司仍处于前期研发阶段，这也在时间上客观给予中国公司缩小差距的机会。

6. 自动驾驶汽车

自动驾驶技术正在飞速发展，预示着汽车新时代的来临。2004年，美国国防部高级研究计划局（DARPA）赞助100万美元奖励能跑完莫哈韦沙漠“DARPA大挑战”路段的自动驾驶汽车，没有一个团队完成行程。1年后，5辆汽车顺利通过终点线。今天，谷歌的自动驾驶汽车在美国加利福尼亚州和内华达州的城市街道和高速公路上已行驶了约48万千米（30万英里），仅发生一次人为事故。

近年来，英国、法国、韩国、日本等国政府也高度重视自动驾驶汽车技术研发。英国最近宣布2014年将投入1000万英镑用于该技术研发。目前，美国、德国两国自动驾驶汽车技术最为先进。美国是研究这项技术最早、目前水平最高的国家，这项技术不仅在美国军方进入了装备阶段，在民用方面也进入了产品阶段。

虽然全自动或准自动驾驶汽车的监管政策框架还未到位，但是主要汽车制造商已经在推进研发。通用汽车、丰田、梅赛德斯奔驰、奥迪、宝马和沃尔沃公司都在测试自己的自动驾驶系统。2014年，梅赛德斯奔驰S级将很快面世，将带有一系列虽不完善但却先进的自动驾驶能力，包括防止越线、保持车速、保持与其他汽车的距离，其车载视觉系统能够防止汽车越线，在高达约200千米的时速下与其他汽车保持安全距离。谷歌公司也曾宣布，预计在3~5年内提供市场出售的技术版本。今天测试的自动驾驶技术会使汽车价格上涨数千美元，但是预计系统成本会下降，如牛津大学研究员计划研发出成本低至150美元的自动驾驶系统。

我国无人驾驶汽车技术研究起步较晚，虽然差距较大，但是也在积极追赶。2008年国家自然科学基金委员会启动了“视听觉信息的认知计算”重大研究计划，并从2009年开始每年举办“中国智能车未来挑战赛”，以带动和促进相关技术发展。2011年7月，中国自主研发的红旗HQ3无人车首次完成286千米的高速全程自动驾驶实验，在试验期间自主超车67次，成功超越其他行车道上车辆116辆，被其他车辆超越148次，实测全程自动驾驶平均时速87千米。在2013

年“中国智能车未来挑战赛”上，由军事交通学院、总参61所等单位研制的“猛狮”号无人车首次用上了北斗导航系统。通过利用上海北斗卫星导航平台有限公司建成的地基增强网，该车获取最低米级、最高厘米级的高精度位置信息，比赛全程都没有轧到车道标线。根据研究人员实际测试结果，北斗的精度跟国外导航完全不相上下。

我国自动驾驶技术研究进步很快，突破了一些关键技术，但与世界先进水平相比还有一定差距。国外无人驾驶汽车的研发依靠大规模的产业投入，路面测试充分，而中国的研发与市场结合不紧，路面实验不充分。由于我国的道路交通情况更加复杂，所以在解决科学问题时要考虑的因素更多。国内无人车关键部件的国产化率相对较低，在无人车传感器等一些核心部件上，我国目前尚须进口。例如，“猛狮”号无人车上用于计算分析的软件是自主研发的，但像3D雷达等一些部件还依赖国外。

目前，自动驾驶汽车的智能水平还有待提高，且成本较高，离规模化应用还有距离。我国自动驾驶汽车的未来发展方向主要是三个方面：第一，提高可靠性和安全性；第二，加速、加强研制单位与汽车制造行业合作；第三，加大技术研究支持力度，加大经费投入。中国工程院院士李德毅预测了中国智能汽车应用的时间表：2020年实现结构化道路的智能行驶，2030年实现城市道路等半结构化道路的智能驾驶，2050年实现战场、沙漠、沼泽等非结构化道路的智能驾驶。

7. 下一代基因组学

下一代基因组学将推动生物学领域的快速进步，驱动疾病诊治、农业以及生物燃料生产等方面的进程。下一代基因组学是下一代测序技术、大数据分析和有机体改性技术的统称，包括重组技术和DNA合成（合成生物学）。

自1998年起，国家在上海和北京相继成立了上海人类基因组研究中心（即人类基因组南方研究中心）、国家人类基因组北方研究中心和华大基因组中心。自1999年中国加入人类基因组计划到现在，中国基因组学得到了快速发展，建立了先进的基因组学技术平台，并出色完成了许多重大基因组科学研究项目，奠定了中国基因组学研究在国际上的领先地位，对我国生命科学各个领域的发展产生了重要影响。华大基因于2010年斥资6000万美元购买了128套尖端的基因组测序仪，使中国一跃成为世界上具备最大下一代测序能力的国家，测序能力优于整个美国，大约为全球总能力的1/3。

中国基因组学研究一直处于世界前列，源于我国最早参与人类基因组测序工程，但是我国使用的设备一直都依靠从国外进口。国内市场目前有基因测序仪约400套，均从美国进口。据估计，仅2013年我国在仪器和试剂上的投入就将超过20亿元。目前，罗氏等美国3家公司在国际上占据领先位置，其中2家公司生产第二代测序仪。随着测序技术的发展日趋成熟和成本急剧降低，该技术被越来越多的科研和实践领域所应用，带来了庞大的产业机会。

从基因组学在农业领域的应用来看，我国已经初步建成了世界上为数不多的，包括功能基因克隆、遗传转化、品种选育、安全评价、产品开发、应用推广等各环节在内的转基因育种科技创新和产业发展体系，转基因作物研究开发的整体水平已领先于发展中国家。虽然研究开发的整体实力与发达国家还有较大差距，但已拥有抗病虫、抗除草剂、抗旱、营养改良等重要基因的自主知识产权和核心技术，棉花、水稻、玉米等转基因作物的基础研究和应用研究已形成了自己的优势与特色。

21 世纪将实现从生物学的“分析时代”到“合成时代”的跨越。目前，全球合成生物学仍处于开发的极早期，但也可能成为增长源。合成生物学已经引起全球科技界与社会各层面的高度关注，欧美发达国家正在向该领域投入大量研究经费。我国合成生物学工作起步与国际相差大约 5~10 年。近年来，我国科学家积极参与国际合作与竞争，获得了一系列重要成果，为天然化学品与有机化工原料摆脱天然资源的依赖奠定了科学基础。

8. 储能技术

储能技术是智能电网、可再生能源接入、电动汽车、分布式发电和微网发展必不可少的支撑技术。储能技术种类很多，电池储能技术最广为人知，其中锂离子电池广泛应用于消费电子产品和电动汽车，在公用电网中的应用也将会具有成本竞争优势；熔融盐、液流电池、飞轮储能、超级电容也是重要的先进储能技术；液态金属电池、锂空气电池、锂硫电池、钠离子电池、基于纳米技术的超级电容以及能源缓存技术前景看好，但是在 2025 年之前难以实现商业化。

作为智能电网、电动汽车和可再生能源发展的关键环节，储能技术在我国发展潜力十分巨大。在储能领域，世界各国都处于产业应用的初级阶段，我国与国际先进水平差别不大，加大储能技术的研发力度有助于我国在未来国际竞争中占有有利地位。

我国与日本、韩国同是世界三大锂离子电池生产国，2010 年锂电池产量约占全球的 32% 。我国实现锂离子电池产业化有三大基础：一是我国锂资源储量丰富，二是锂离子电池生产制造厂家众多，三是市场潜力巨大。但是，我国锂离子电池产业面临挑战，包括新能源汽车推广速度与预期目标差距很大，低水平重复建设导致产能严重过剩，核心材料却依赖大量进口，存在知识产权瓶颈和技术风险。

目前，我国锂离子电池产业比较分散，整个产业的生产厂家达到上千家，但企业技术水平整体上较低，技术力量还比较弱，后续技术跟不上。日本公司虽然企业不多，规模也不大，但他们仍然维持了几百人的研发队伍在研发后续技术，并确保企业生产技术具有一定的水平。中国公司最好的企业研发人员也只有100人左右，处于世界中游水平。相关研究单位不少，包括大学、研究所都想做锂离子电池研究，但创新的不多。

国内申请人申请的锂离子电池及相关材料的专利虽然量很大，但大多为改良性专利，具有核心技术的原创型专利极少，综合影响力很小，90%以上无法形成产业化或对行业没有影响。高校和科研院所为知识产权申报主体，但与产业脱节，多为理论和过程成果，不考虑产业化条件，这与日本正好形成了鲜明的对比。

锂离子电池行业具有较高的材料专利壁垒，隔膜、正极材料等关键材料的核心技术掌握在技术领先的日、韩企业手中，面临的材料专利纠纷成为悬在中国锂电池行业头顶的利剑。由于目前我国锂电池核心材料仍处于研发阶段，离大规模成熟应用于电动汽车仍有一定距离，国内企业仍需要持续研发，改进工艺。同时，新技术的出现又可能给已有产业带来颠覆性影响。例如，出于安全性原因，如果固态电解液技术取得突破，替代液态电解液，也就不再需要隔膜，现有电解液厂和隔膜厂可能就不存在。

在缺乏储能电池关键性材料技术的情况下，储能电池的成本居高不下，国内锂离子电池的核心材料依赖大量进口。有资料显示，中国电池隔膜进口依赖度达到80%以上，电解质的核心材料六氟磷酸锂的进口依赖程度更是高达80%~90%。在四大核心材料中，仅有电池正负极国产化比例较高。

不过，在其他先进储能技术领域，我国也取得了一些较好的技术突破。例如，在液流电池方面，2013通过验收的全球最大规模的5MW/10MWh全钒液流电池储能示范项目成功运行，标志着我国全钒液流电池技术达到了国际领先水平。这对于推动我国的可再生能源的普及及应用具有重要意义。又如，在超级电容方面，近年来中国企业在超级电容的结构设计、材料制备、器件加工、系统集成等领域取得了系列发明和创新，并拥有自主知识产权，打破了国外技术封锁，使中国成为世界上少数具有大功率超级电容研发能力的国家。

9. 3D打印

3D打印需要依托信息技术、精密机械、材料科学等多个学科领域的尖端技术，目前已经广泛应用在航空航天、工业设计制造、文化创意、生物医疗等领域。美国和欧洲在3D打印技术的研发及推广应用方面处于领先地位。美国是全球3D打印技术和应用的领导者。除欧美外，其他国家也在不断加强3D打印技术的研发及应用。澳大利亚制定了金属3D打印技术路线，南非正在扶持基于激光的大型3D打印机器的开发，日本计划用5年时间集中力量开发下一代高性能铸模3D打印机。

我国3D打印技术及设备开发已取得较大进展，已有部分技术处于世界先进水平。其中，激光直接加工金属技术发展较快，已基本满足特种零部件的机械性能要求，率先应用于航天、航空装备制造；生物细胞3D打印技术进展显著，已可以制造立体的模拟生物组织，为我国生物、医学领域尖端科学研究提供了关键的技术支撑。

2012年，全球3D打印总产值达21亿美元，而我国只有6亿元人民币。我国3D打印产业整体竞争力不强、企业创新能力较弱、工程应用和成果推广不佳等薄弱之处显现无疑。而占据3D打印产业主导地位的美国3D systems、Stratasys等公司，每年都投入1000多万美元研发新技术，研发投入占销售收入的10%左右。我国3D打印技术与产业存在的问题包括：尚未形成材料、工艺、装备、应用的科研和产业链；材料的基础研究、制备工艺及产业化方面与国外相比，存在相当大的差距；3D打印制造工艺装备智能化程度低，核心元器件主要依靠进口。此外，数据建模、创意造型等软件环节并没有得到我国足够的重视，这也将严重制约我国面向大众市场3D打印产业的发展。

10. 先进材料

在过去50年中，材料领域的新革命已在研究实验室中形成。主要发达国家或地区在纳米科技上投入不断增加，国际竞争日趋激烈，超过50个国家发布了国家级纳米科技发展规划。先进纳米材料在医疗健康、电子、复合材料、太阳能电池、海水淡化、催化剂等领域具有广泛应用，但生产成本极高。纳米医用材料有很大潜力，可为癌症患者提供癌症靶向药物。未来10年，人们将开始感受到先进纳米材料的全部潜能。

我国纳米科技在前沿基础研究、应用与成果转化、基础设施建设等方面取得重要进展，已成为世界纳米科技研发大国，部分基础研究跃居国际领先水平。至“十一五”末期，发表的SCI收录论文总数世界第一，被引频次位居世界第二；纳米科学技术专利授权数量已位居世界第二。我国制定了一系列与纳米相关的国家和国际标准。我国在北京建立了国家纳米科学中心，在天津建立了国家纳米技术与工程研究院，在上海建立了纳米技术及应用国家工程研究中心，在苏州建立了国家纳米技术国际创新园，逐步形成了纳米科学技术研发平台体系。根据联合国教科文组织的评价，我国在纳米基础研究方面已名列前茅，在纳米科技的基础研究、应用研究等方面都具备了较强的竞争力。

尽管我国在纳米科技领域取得了长足的进步，但与先进国家相比，尚存在一定的差距，我国纳米科技发展还有一些瓶颈：创新系统互动关系的内在动力不足，对基础问题的系统分析、总结不充分；缺乏对产业需求的深入分析，企业早期介入不够，我国科学家做出的有很好产业化前景和应用潜力的研究成果不能很好地通过国内企业转产；材料合成多，但后续的性能研究不够，特别是纳米科技在能源、信息、资源、环境、医学等领域的应用研究不够，产学研结合不够，转化效率不高；大部分的研究力量集中在纳米材料的制备上，而与未来技术密切相关的纳米加工、纳米电子、纳米器件、纳米医药等相对薄弱，材料、器件和纳米医药等领域之间的交叉研究不够；支撑纳米科学技术发展的检测与加工等仪器严重依赖欧美、日本。

产生上述问题的主要原因在于：一是投入明显不足。在纳米科技投入方面，我国政府投入仅占美国政府的2%~3%，与其他发达国家相比也相差10倍。另外，多渠道的支持、多元化的研究格局也使科研投入的效率不高，并造成科学家为争取各方支持耗费大量精力的局面。从纳米技术的企业投资和风险资本投资来看，2010年美国的纳米技术企业投资接近34亿美元，远高于中国的3亿美元。二是重点领域不够突出。在有限支持的情况下，如何选择适合我国国情的重点领域，正确引导我国的科技队伍，提高科技投入效率等问题尚未完全解决。三是缺乏专业化的有明确应有导向的研究平台。我国已建立的国家级综合性纳米平台其设施和支撑条件薄弱，与发达国家相比存在很大差距。另外，我国建立的纳米研究中心都是综合性的研究中心，缺乏专业地引领发展国内纳米研发的能力。

11. 先进油气勘探开采

除页岩气和轻质致密油外，非常规的化石燃料资源还包括煤层气、致密砂岩和甲烷水合物。从全球来看，到2025年，页岩气和轻质致密油最有可能被成功开发。然而，新技术可能会使甲烷水合物或煤层气开发进展加快，并引发下一场能源革命。目前，美国和加拿大的非常规油气开采技术最为先进。在北美以外的大部分地区，水平钻井和水力压裂技术尚未得到充分发展。

当前，水力压裂和水平钻井技术是开采页岩气和轻质致密油的核心技术。非常规油气资源开采需要一系列配套的条件和能力，包括需要大量的水，也需要打通道路以把工人和设备运至钻探地，还需要相应的管道设施。另外，水力压裂带来的环境风险也常常阻碍了非常规能源开发。非常规油气开采技术的发展日新月异，可能会大幅降低成本，提高产量。例如，使用预测裂缝模型数据中的微震数据和钻井日志数据，水力压裂的生产效率可以提高1倍。水的再利用和处理技术可以减少一半的淡水需求，节约100万美元的钻井费用。从长远来看，使用非水液体如蒸汽、冷冻气体或石油可以使每个钻井的生产效率提高20%，并且使缺水地区的开采变得较为容易。

美国能源信息署的数据表明，中国页岩气技术可采储量居世界第一。与北美的页岩气勘探开发成就相比，中国的页岩气勘探开发起步较晚，而与全球其他地区相比，中国的页岩气勘探开发则处于领先地位，为全球除北美以外地区率先进入页岩气勘探评价突破和工业化开发先导性试验的国家，但仍为起步阶段。我国页岩沉积时代较早、埋深大多在3000米以上，气藏结构相对复杂，勘探开发的难度较大；而开发页岩气较为成功的美国，主要气田的深度较浅，其中美国规模最大的马塞勒斯页岩气田，其埋藏深度大约是700~3000米。我国非常规油气地质条件的复杂性和特殊性，决定了我国不能完全复制美国的成功故事。

大力推动页岩气勘探开发对于缓解我国天然气供需矛盾、调整能源结构具有重大意义，但是我国页岩气开采还存在许多问题：一是资源总量和分布尚未完全掌握。二是关键技术有待突破。页岩气勘探开发需要水平井分段压裂等专门技术，目前我国尚未完全掌握相关核心技术，突破关键技术尚需要做大量工作。三是资源管理机制有待完善。需研究制定资源勘探开发准入资质和门槛，以加快其发展。四是地面建设条件较差。我国页岩气藏普遍埋藏较深，页岩气富集区地表地形复杂，人口密集，工程作业困难，经济性较差。五是基础设施需要加强。六是缺乏鼓励政策。页岩气开发具有初期投入高、产出周期长，投资回收慢的特点，需要制定页岩气开发的鼓励政策，加快页岩气产业化。

目前，中国为鼓励页岩气产业发展制定的相关优惠政策，特别是每生产利用1立方米页岩气国家财政补贴0.4元的政策，提高了企业勘探开发页岩气的积极性。另外，我国已在页岩气勘探开发技术装备等方面有了初步突破，包括可钻式桥塞、3000型压裂车等。今后还需要继续摸清页岩气资源，做好页岩气科技攻关、技术集成及工厂化作业，尽快突破关键技术。由于页岩气勘探开发的环境问题非常敏感，因此必须高度重视环保工作，把相关的环境防范等监管体系需要提上议事日程，这对相关技术及标准也提出了更高要求。

12. 可再生能源

（1）太阳能电池

光伏产业是全球能源科技和产业的重要发展方向，是具有巨大发展潜力的朝阳产业，也是我国具有国际竞争优势的战略性新兴产业。我国政府长期以来对太阳能开发利用给予高度重视，近年来太阳能技术、产业和应用取得了全面进步。特别是，我国光伏产业快速发展，光伏电池制造产业规模迅速扩大，市场占有率位居世界前列，光伏电池制造达到世界先进水平，多晶硅冶炼技术日趋成熟，形成了包括硅材料及硅片、光伏电池及组件、逆变器及控制设备的完整制造产业体系。光伏发电国内应用市场逐步扩大，发电成本显著降低，市场竞争力明显提高。

我国光伏产业发展既有大好机遇，同时也面临着严峻形势。当前，在全球光伏市场需求增速减缓、产品出口阻力增大、国内应用市场开发不足、市场竞争无序、光伏产业发展不协调等多重因素作用下，我国光伏企业普遍经营困难。另一方面，我国技术创新能力依然不强，还面临如下不利因素：

第一，我国具有自主知识产权的规模化多晶硅生产工艺研发及装备制造仍处于起步阶段，与国际先进水平仍存在明显差距，一些关键配套材料，如银浆、银铝浆材料、EVA 封装材料等还大量依赖进口。

第二，在晶体硅高效电池方面，国际发达国家商业化效率已达 20% 以上，我国仍处于空白状态；薄膜电池方面，国际上已经产业化的碲化镉薄膜和铜铟镓硒薄膜电池，在我国还没有商业化生产线；新型电池仍然没有掌握国际上已经产业化的薄膜硅/晶体硅异质结电池、高倍聚光电池、柔性电池的中试和生产技术，染料敏化电池也需要向实用产品发展。在全光谱电池、黑硅电池等前沿技术研究方面，也与国际水平存在一定差距。

第三，在生产装备方面，晶体硅电池部分关键生产设备性能与国际先进水平存在相当差距，成套生产线自动化程度低；薄膜电池的关键设备和生产线主要依靠进口。缺乏国产化整线集成解决方案。

第四，在光伏系统方面，在大型并网光伏电站、光伏微网、区域建筑光伏系统及光伏直流并网系统等光伏大规模利用的设计集成、关键设备、功率预测和并网技术方面与国外先进技术水平有一定差距，综合利用方面还缺少经验。

第五，在标准电池计量、电池、组件测试等方面需要进一步完善，系统模拟和测试技术能力刚刚起步，大型逆变器的研究测试和室外实证性的研究测试示范基地仍然处于空白。

（2）风电技术

通过国家多年持续支持，我国在风电科技领域取得了长足进步，“十一五”期间，我国风电产业发展引人瞩目，已成为新能源的领跑者，并具有一定国际影响力。在国家的大力支持下，经过科研机构、风电企业等各方的共同努力，我国在风能资源评估、风电机组整机及零部件设计制造、检测认证、风电场开发及运营、风电场并网等方面都具备了一定的基础，初步形成了完整的风电产业链。在海上风电开发领域，初步解决了海上运输、安装和施工等关键技术，开始积累海上风电场运营经验。

在“十一五”科技计划的引领下，国内科研机构、企业通过消化吸收引进技术、委托设计、与国外联合设计和自主研发等方式，掌握了 1.5MW~3.0MW 风电机组的产业化技术，3.6MW、5.0MW 风电机组已有样机；6.0MW 等更大容量的风电机组正在研制。在大型风电机组整机及关键零部件设计、叶片翼型设计等风电关键科学技术领域，我国获得了一批拥有自主知识产权的成果，打破了国外对风电科学技术的垄断。在海上风电开发领域，我国自主研究开发了一系列海上风电场设计、施工技术，研制了一批专用的海上风电施工机械装备。风电产业的飞速发展也促进了公共服务体系建设，为我国风电发展提供了技术支撑和保障。

但与国际先进水平相比，我国还存在较大差距，还有待从风电大国向风电强国转变。首先，先进风电装备自主设计和创新能力有待加强。早期，我国风电机组主要依赖引进国外设计技术或与国外机构联合设计，根据我国风资源等环境条件进行自主设计、研发新型风电机组的能力不足，且缺少自主知识产权的风电机组设计工具软件系统。在风电零部件方面，我国自主创新能力较弱，制造过程中的智能化加工和质量控制技术比较落后。如齿轮箱、发电机的可靠性有待提高；叶片处于自主设计的初级阶段；为兆瓦级以上风电机组配套的轴承、变流器刚开始小批量生产，控制系统尚处于示范应用阶段。此外，风资源等基础数据不完善，风电场设计、并网及运行等关键技术需要提升，在风电基础理论研究方面积累也不够。

四、韩国技术水平评估结果分析

2013 年 8 月，韩国未来创造科学部和科学技术评价院发布《2012 年度韩国技术水平评估》报告。该报告以韩国《第三期科学技术基本计划》中列出的 120 项国家战略技术为对象，比较了韩国与美国、欧盟、日本和中国的技术水平和技术差距（表 2 -1），这也能从另一个方面反映出我国目前在上述 12 项颠覆性技术上的技术水平。

（1）在电子信息与通信领域，有 18 项技术与麦肯锡提出的颠覆性技术相关，包括下一代有线无线通信网络技术（5G 等）、大数据应用技术、新概念计算机技术、分布式数据处理系统技术、放送通信融合服务技术、超高集成半导体工艺及设备技术、人性化显示器技术、超精密显示器工艺及设备技术、知识信息安全技术、虚拟现实与现实增强技术、智能交互技术、感官工程学设计技术、感官认识及处理技术、新概念用户体验技术、融合服务平台技术、超高速半导体器件技术、超低能耗半导体电路技术、实感型感官内容技术。整体上来看，我国与最高技术所有国美国、日本相比均有较大差距，并落后于韩国。例如，韩国评估结果认为，我国在下一代有线无线通信网络技术（5G 等）方面落后韩国 1.9 年，落后美国 4.3 年。

（2）在医疗领域，有 10 项技术与麦肯锡提出的颠覆性技术相关，包括基因治疗技术、最佳给药途径技术、大脑与神经系统功能分析技术、服务机器人技术（诊断、治疗领域等）、网络远程诊疗技术、健康管理服务技术、定制型新药开发技术、生物标记物开发技术、生活及行动辅助设备技术、诊断疾病的生物芯片技术。整体来看，我国与最高技术所有国美国相比也有较大差距，并且落后于韩国。

（3）在生物领域，有5项技术与麦肯锡提出的颠覆性技术相关，包括利用基因信息探明疾病原因的技术、功能基因资源利用技术。整体来看，我国相关技术水平既落后于最高技术所有国美国，也落后于韩国。

（4）在机械、制造与加工领域，有3项技术与麦肯锡提出的颠覆性技术相关，包括服务机器人技术、智能汽车技术、环保汽车技术。整体上来看，我国与最高技术所有国有较大差距，并且落后于韩国。

（5）在能源与资源领域，有7项技术与麦肯锡提出的颠覆性技术相关，包括智能电网、高效能电池、太阳能技术、风力发电技术、资源勘探技术。从韩国评估结果来看，我国整体上与最高技术所有国有较大差距，其中资源勘探技术落后美国6年。除资源勘探技术外，我国其他技术均落后于韩国。

（6）在纳米与材料领域，有4项技术与麦肯锡提出的先进材料相关，包括有机功能材料技术、环境友好型生物材料技术、尖端材料技术（无机材料、碳材料）、生物相容性材料开发技术。从韩国评估结果来看，我国技术水平均落后于韩国。

（7）在交通领域，有2项技术与麦肯锡提出的自动驾驶汽车技术有关联，包括基于IT技术的环境友好型道路技术、智能交通系统技术，我国技术水平均比较落后。

表2－1　2012年度韩国120项国家战略技术水平评估结果汇总表

十大技术领域	韩国国家战略技术名称	最高技术所有国	韩国技术水平				韩国技术差距（年）	
			基础研究水平	应用开发研究水平	级别	技术水平	对最高国	对中国
电子·信息·通信	1. 下一代有线无线通信网络技术（5G等）	美国	81.7	86.3	领先	84	2.4	－1.9
	2. 大数据应用技术	美国	74.4	79	追赶	76.7	4	－2.2
	3. 新概念计算机技术（量子，神经等）	美国	71.4	73.8	追赶	72.6	4.3	－1.3
	4. 分布式数据处理系统技术	美国	77.9	80.7	追赶	79.3	3	－1.2
	5. 放送通信融合服务技术	美国	83.8	87.5	领先	85.7	2.4	－3
	6. 超高集成半导体工艺及设备技术	美国	87	96.4	领先	91.7	2	－3.7
	7. 人性化显示器技术	美国	86.7	96.8	领先	91.8	1.6	－3.3
	8. 超精密显示器工艺及设备技术	日本	86.3	97.5	领先	92.5	1.1	－3.8
	9. 知识信息安全技术	美国	79.2	81.4	领先	80.3	3.4	－1.7

续表

十大技术领域	韩国国家战略技术名称	最高技术所有国	韩国技术水平				韩国技术差距（年）	
			基础研究水平	应用开发研究水平	级别	技术水平	对最高国	对中国
电子·信息·通信	10. 虚拟·现实增强技术	美国	76.7	82	追赶	79.4	2.3	-1.9
	11. 智能交互技术	美国	75	78.4	追赶	76.7	4.3	-2.7
	12. 感官工程学设计技术	美国	78.2	76.4	追赶	77.3	5	-3
	13. 感官认识及处理技术	美国	76.1	81.3	追赶	78.7	3.8	-2.6
	14. 新概念用户体验技术	美国	80.8	84.7	领先	82.8	2.7	-2.8
	15. 融合服务平台技术	美国	76	80	追赶	78	2.8	-1.7
	16. 超高速半导体器件技术	美国	93.8	90.1	领先	87	2.6	-3
	17. 亲环境超低能耗半导体电路技术	美国	79.6	83	领先	81.3	3	-2
	18. 实感型感官内容技术	美国	82.5	83	领先	82.8	1.8	-1.7
医疗	19. 基因治疗技术	美国	82.5	80	领先	81.3	3.8	-1.4
	20. 最佳给药途径技术	美国	80	80	追赶	80	4.9	-2.1
	21. 大脑·神经系统功能分析技术	美国	70.5	67.9	追赶	69.2	5.4	-1
	22. 传染病应对技术	美国	70	74.2	追赶	72.1	4.6	-2.4
	23. 中医药疗效及机理的探明技术	中国	82.5	86.8	领先	84.7	3.1	3.1
	24. 人体影像设备技术	美国	73	77.8	追赶	75.4	5	-2.9
	25. 服务机器人技术（诊断·治疗领域等）	美国	71.9	74.5	追赶	73.2	4.9	-2
	26. 网络远程诊疗技术	美国	89.5	87.7	领先	88.6	2.1	-2.7
	27. 干细胞治疗技术	美国	85.1	89.3	领先	87.2	2.8	-2.6
	28. 健康管理服务技术	美国	79.2	79.2	追赶	79.2	3.9	-2
	29. 定制型新药开发技术	美国	70.8	70.8	追赶	70.8	6.5	-1.2
	30. 生物标记物开发技术	美国	73	73.4	追赶	73.2	5.8	-0.7
	31. 生活及行动辅助设备技术	美国	70	80	追赶	75	4.5	-3.4
	32. 诊断疾病的生物芯片技术	美国	75.1	76.2	追赶	75.7	4.7	-1.1
	33. 恢复身体机能设备技术	美国	70.8	76.2	追赶	73.8	3.8	-4.5
	34. 再生治疗技术	美国	62.7	72.7	追赶	67.7	4.2	-2.4
	35. 不孕难孕克服技术	美国	81.4	87.9	领先	84.7	1.5	-2.5

续表

十大技术领域	韩国国家战略技术名称	最高技术所有国	韩国技术水平				韩国技术差距（年）	
			基础研究水平	应用开发研究水平	级别	技术水平	对最高国	对中国
生物	36. 干细胞分化 · 培养技术	美国	85.7	85.8	领先	85.8	2.8	-1.9
	37. 利用基因信息探明疾病原因的技术	*美国*	*71.3*	*71.3*	*追赶*	*71.3*	*5.4*	*-1*
	38. 生物人工器官开发技术	美国	80	78.8	追赶	79.4	5	-2.1
	39. 功能基因资源利用技术	*美国*	*72.9*	*73*	*追赶*	*73*	*5.6*	*-2.1*
	40. 环境友好型饲养技术及饲料开发技术	欧盟（英国）	73.4	79.1	追赶	77	3.2	-1.9
	41. 农畜水产资源疾病预防 · 应对 · 治疗技术	*美国*	*71.3*	*73.6*	*追赶*	*72.5*	*6*	*-5.3*
	42. 粮食资源保存及食品价值创造技术	美国	79	81	追赶	80	5.2	-3.7
	43. 食品安全性评估 · 提高技术	美国	75.4	76.9	追赶	76.2	5.4	-4.5
	44. 生命系统分析技术	美国	73.2	64.8	追赶	69	6.8	0.2
	45. 转基因影响分析 · 应对技术	*美国*	*83.1*	*81.4*	*领先*	*82.8*	*4.7*	*-3.3*
	46. 抗灾害 · 抗病虫害品种保护技术	*美国*	*81.7*	*80.3*	*领先*	*81*	*5.6*	*-1.7*
	47. 定制型新栽培技术	日本	73.3	77.9	追赶	75.6	5	-3.8
机械 · 制造 · 加工	*48. 服务机器人技术*	*美国*	*78.2*	*77.5*	*追赶*	*77.9*	*4.6*	*-2.8*
	49. 尖端武器开发技术	美国	72.4	72	追赶	82.2	7.9	1.5
	50. 军队战略 · 信息技术	美国	80.5	81.5	领先	81	3.6	-0.2
	51. 智能汽车技术	*美国*	*77.2*	*79.4*	*追赶*	*78.3*	*4.7*	*-2*
	52. 环保汽车技术	*日本*	*82.2*	*84*	*领先*	*83.1*	*3.4*	*-2.7*
	53. 提高生产系统生存率技术	日本	81.2	82.9	领先	82.1	3.6	-2.9
	54. 高附加值船舶技术	欧盟（德国）	88.8	85	领先	86.9	3.1	-6.8

续表

十大技术领域	韩国国家战略技术名称	最高技术所有国	韩国技术水平				韩国技术差距（年）	
			基础研究水平	应用开发研究水平	级别	技术水平	对最高国	对中国
能源·资源·极限技术	55. 智能电网技术	美国	91.2	92.6	领先	91.9	1.2	-3.4
	56. 环境友好型高性能输电技术	美国	84	90.6	领先	87.3	2.6	-1.1
	57. 高效能电池技术	日本	77.5	86.8	领先	82.2	3.3	-2.1
	58. 能源网络技术	欧盟（德国）	83.7	84.4	领先	84.5	2.3	-2.3
	59. 废弃物能源化技术	欧盟（德国）	76.2	79.3	追赶	77.8	4.3	-3.3
	60. 高效煤炭气化·液化发电技术	美国	71.6	72.1	追赶	71.9	6.2	0.5
	61. 生物能源技术	美国	71.3	70	追赶	70.7	5.3	-0.3
	62. 地热技术	美国	64.1	64.3	追赶	64.2	6.2	0.1
	63. 太阳能技术	美国	80.7	80.9	领先	80.8	2.8	-1.2
	64. 风力发电技术	欧盟（英国）	69.5	73.8	追赶	71.7	5.7	-0.1
	65. 氢能源技术	美国 日本	76	76	追赶	76	5.3	-2.3
	66. 实用海洋装备技术	美国	78.1	74	追赶	76.1	4.7	-1.6
	67. 海洋能源技术	欧盟（英国）	77.7	80.2	追赶	79	5.2	-2.4
	68. 资源勘探技术	美国	61.6	62.3	追赶	62	8	2
	69. 资源开发处理技术	美国	66.9	68.2	追赶	67.6	6.5	1.5
	70. 核聚变技术	美国	70.8	73.5	追赶	72.2	8.7	0
	71. 核电安全保障技术	美国	75.8	78.9	追赶	77.4	7.8	-4
	72. 下一代加速器技术	美国 欧盟（德法）	66.2	67.4	追赶	66.8	6.6	0.5
	73. 核电技术	美国	80	85	领先	82.5	6	-3.1
	74. 机械能源储存技术	美国	74.8	74.6	追赶	74.7	5.6	-2
	75. 无线输电·无线充电技术	美国	79.4	94.4	领先	86.9	2	-2.4

续表

十大技术领域	韩国国家战略技术名称	最高技术所有国	韩国技术水平				韩国技术差距（年）	
			基础研究水平	应用开发研究水平	级别	技术水平	对最高国	对中国
航空·宇宙	76. 宇宙飞行器开发及运管技术	美国	67.3	70.8	追赶	69.1	10	4.5
	77. 宇宙发射体开发技术	美国	62.6	64	追赶	63.3	11.6	7.2
	78. 宇宙监视系统技术	美国	51.7	52.5	后发	52.1	15	6.1
	79. 未来有人飞机技术	美国	69	73	追赶	71	10	3.8
	80. 智能无人飞行器技术	美国	77.3	80	追赶	78.7	5.5	0.8
环境·地区·海洋	81. 环境综合检测及管理技术	美国	73	73.4	追赶	73.2	6.2	-2.9
	82. 污染物质清除及处理技术（水质，大气等）	美国	77.5	70.3	追赶	73.9	6.6	-3.9
	83. 环境·人体危害性评估技术	美国	71.6	71.5	追赶	71.6	7.2	-3.4
	84. 水资源综合管理系统技术	美国	73.8	76	追赶	74.9	5.5	-3.8
	85. 废弃物减少及处理技术	日本	80.6	80.9	领先	80.8	3.8	-3.2
	86. 有用废弃资源再利用技术	日本	83	85.1	领先	84.1	4.2	-1.7
	87. 自然生态保护及恢复技术	美国	65.1	66.8	追赶	66	8.8	-2.9
	88. 气候变化监视·预测·适应技术	美国	73.7	76.1	追赶	74.9	6.9	-1.3
	89. 二氧化碳捕捉·储存·利用技术	美国	78.2	77.7	追赶	78	5.1	-1.3
	90. 非二氧化碳温室气体减排技术	日本	76.6	75.9	追赶	77.1	4.5	-4
	91. 温室气体减排综合管理技术	欧盟（德国）	75.8	75.4	追赶	75.6	8	-3.6
纳米·材料	92. 多尺度金属材料分析技术	美国	73.9	74.1	追赶	74	5.2	0.5
	93. 有机功能材料技术	*美国*	*74.8*	*75.7*	*追赶*	*75.3*	*4.3*	*-1.5*
	94. 环境友好型生物材料技术	*美国*	*77.6*	*77*	*追赶*	*77.3*	*4.5*	*-1.4*

续表

十大技术领域	韩国国家战略技术名称	最高技术所有国	韩国技术水平				韩国技术差距（年）	
			基础研究水平	应用开发研究水平	级别	技术水平	对最高国	对中国
纳米·材料	*95. 尖端材料技术（无机，碳）*	*美国*	*79.3*	*80.8*	*领先*	*80.1*	*3.8*	*-1.5*
	96. 生物相容性材料开发技术	*美国*	*76.7*	*76.7*	*追赶*	*76.7*	*4.5*	*-1.3*
建设·交通	97. 海洋空间开发技术	日本	73.2	71.9	追赶	72.6	6.6	-1.4
	98. 超高层建筑建设技术	美国	73.9	76	追赶	75	7.9	-4
	99. 智能建筑拆除技术	美国	76.7	83	追赶	79.9	4.6	-4.4
	100. 高效能源建筑技术	欧盟（德国）	81.1	81.1	领先	81.1	4.5	-1.1
	101. 超级建筑材料及材料技术	日本	81.2	84.7	领先	83	5.1	-3.1
	102. 服务机器人技术（建设）	日本	72	76.2	追赶	74.3	6.2	-2.9
	103. 未来尖端都市建设技术	美国	77.1	80.5	追赶	78.8	4.6	-3.6
	104. 复合地下大空间利用技术	日本	78.4	76.6	追赶	77.5	4.4	-1.6
	105. 国土信息建设及应用技术	美国	80.7	89.1	领先	84.9	4.1	-4.4
	106. 尖端轨道技术	欧盟（德国）	76.3	77.2	追赶	76.8	4.9	-2.1
	107. 智能物流系统技术	*美国*	*90*	*68.5*	*追赶*	*79.3*	*3.9*	*-3.4*
	108. 最尖端基础结构物建设技术	美国	79.8	81.9	领先	80.9	4.7	-2.1
	109. 基于IT技术的环境友好型道路技术	*日本*	*73.6*	*76.1*	*追赶*	*75.4*	*4.1*	*-4.7*
	110. 智能交通系统技术	*美国*	*76.3*	*76.1*	*追赶*	*76.2*	*5.2*	*-3.1*
	111. 极寒空间开发技术	美国	62.5	62.9	追赶	62.7	9.1	-0.7
	112. 先进装备源泉技术	美国	75.9	76.6	追赶	76.5	4.5	-1.2

续表

十大技术领域	韩国国家战略技术名称	最高技术所有国	韩国技术水平				韩国技术差距（年）	
			基础研究水平	应用开发研究水平	级别	技术水平	对最高国	对中国
灾难·灾害·安全	113. 自然灾害监测·预测·应对技术	美国	72.1	73.6	追赶	72.9	7.8	-1.3
	114. 气象气候干预技术	美国	75	74	追赶	74.5	6	-1.3
	115. 灾难救援机器人技术	*美国*	*70.6*	*72.6*	*追赶*	*71.6*	*5.5*	*-2.8*
	116. 灾难信息通信系统技术	美国	77	77.5	追赶	77.3	4.2	-2
	117 社会复合型灾难预测·应对技术	美国	63.7	69.6	追赶	66.7	5.5	-2.3
	118. 基础设施功能维护及修复技术	美国	68	73.5	追赶	70.8	7.9	-2.8
	119. 灾难现场消防·救援装备开发技术	美国	71.3	66.5	追赶	68.9	6.4	-0.8
	120. 应对犯罪·恐怖袭击系统技术	美国	73.4	72.7	追赶	73.1	7	-1.7

注：(1) 此次评估以产学研各界推荐的2000余名专家，通过德尔菲法分阶段（基础研究、应用开发）、分主体（产、学、研）进行技术水平评估，同时还采取文献分析和专利分析方法评估了论文和专利占有率及影响力指数。

(2)“技术水平”是指视最高技术水平为100%时各国达到的水平；“技术差距”是指最高技术拥有国和特定国家达到最高技术水平所需的时间之差。

(3) 与12项颠覆性技术的相关部分用斜体表示。

麦肯锡确定的这12项颠覆性技术未来可能会对产业、经济、人们的生活和工作方式带来巨大影响。这些技术正在快速发展或者实现突破，潜在影响范围十分广泛，可能影响到巨大的经济价值，并可能产生颠覆性的经济影响。从工业革命开始，在将颠覆性技术融入经济、社会和生活方面，政府扮演着越来越重要的角色。为此，我们需要加强研究，了解这些技术所能实现的作用以及利用技术实现战略目标的方式，提前布局，努力将这些颠覆性技术培育成新的产业增长点。

第三部分

主要国家和地区科技发展概况

本部分介绍了美国、加拿大、古巴、巴西、智利、欧盟、英国、法国、爱尔兰、比利时、瑞典、丹麦、意大利、西班牙、罗马尼亚、德国、瑞士、波兰、奥地利、俄罗斯、日本、韩国、印度、新加坡、以色列、澳大利亚、新西兰、南非和埃及等国家和地区2013年的科技发展概况，包括最新出台的科技政策、计划、举措，科技投入，重点发展领域与产业动向，以及国际科技合作政策等。

美　国

2013 年，美国经济已初步走出危机的泥潭，一度恢复到经济危机前的最好水平。但美国政府两党势力相互掣肘，在预算问题上分歧严重，争执不断。在这种背景下，美国科技界对政府科技投入问题多有担忧，但从美国政府出台的各项举措看，美国政府支持科技创新的势头未减，科技创新有望继续支持美国经济增长和美国在全球的科技霸主地位。

一、美国科技创新总体情况

2013 年美国经济明显复苏，制造业回流，失业率创 5 年来新低。但是美国国内仍然面临各种挑战，特别是面临减赤的压力。美国总统奥巴马注重合理减支，强调对科技创新的大力支持。奥巴马指出，要以平衡的方式发展经济，削减不必要的开支，但绝不能阻止通往繁荣之路。

（一）政府预算强调对科技创新进行战略性投资

为避免自动减支对科技创新产生不利影响，2013 年 4 月 10 日奥巴马总统提前向国会提交了 2014 财年预算，强调对科技创新进行战略性投资，提出要推动研究、激励创新和促进经济增长。2014 财年联邦研发投入预算总额将达 1428 亿美元，比 2012 财年实际执行的预算（1409 亿美元）增加了 19 亿美元，增长 1.3%。联邦基础和应用研究预算总额将达到 681 亿美元，非国防研发将增长 9.2%，达到 696 亿美元，开发预算将比 2012 财年降低 5%。国家科学基金会、能源部科学局以及国家标准技术研究院的预算比 2012 财年增加 8.0%。美国继续致力于将自身打造成制造业“磁石”，投入 29 亿美元用于先进制造研发，发展先进清洁能源，投入 28 亿美元支持能源部能效与可再生能源办公室，重点支持清洁汽车技术，并加强对科学、技术、工程和数学（STEM）教育的投入。

（二）科技创新实力依然强劲

伴随美国经济走出低谷的是美国主要科技产出指标的恢复和走高。美国的知识产权申请量曾因经济危机而有所波动，但始终保持世界领先地位，而且目前已经恢复到经济危机前的水平。

美国的科技论文产出数量和质量都是世界一流的。根据目前可得的最新数据，美国2012年被SCI数据库收录的论文数量为43.6万篇，占SCI数据库2012年世界科技论文总数（159.67万篇）的27.3%，居世界第1位；远远高于位次紧随其后的中国、德国、日本和英国等国家。美国的科技论文数量相当于中国的2.3倍。美国科技论文的影响力在全世界首屈一指。2012年美国在高影响力期刊上发表的论文数量居世界之首。美国在176个学科领域的150种高影响力期刊上发表的论文数量为17 773篇，占世界高影响力期刊论文总数（47 651篇）的37.3%。国际公认的3个享有最高学术声誉的科技期刊——Cell、Nature和Science 2012年共刊登论文5983篇，其中美国的论文数为2654篇，占了近一半。从2003—2013年10年间的被引用次数处于世界前1%的高被引论文数量看，美国为59 970篇，占世界高被引论文总数的54.1%。论文在发表之后2年间就得到大量引用的论文占世界此类热点论文总数的54.9%。

据世界知识产权组织的统计数据，2011年美国人专利申请总量为440 629件，其中美国人在美国专利局申请专利247 750件，向外国专利局申请专利192 879件。从各个技术领域的专利产出看，美国在清洁能源、信息通信技术、生物技术、纳米和材料技术以及环保技术等领域出现了大量技术突破。从专利产出看，美国科技的国际化水平非常高。美国PCT专利申请量10多年来一直位于全球第一。2012年美国PCT专利申请量为51 643件，再度荣登榜首。美国的国际合作专利水平远高于世界平均水平。2011年全世界PCT国际专利申请当中有26%是国际合作专利，而美国的国际合作专利占比为42.4%。专利给美国经济带来了巨额红利。美国的专利盈余是没有任何一个国家可以比拟的，专利收支盈余额相当于排在第2位的日本的7倍之多。2012年美国从海外获得的专利许可收入高达1241.82亿美元，专利支出只有398.89亿美元，实现专利收支盈余842.93亿美元。

（三）企业和大学创新非常活跃

美国企业创新能力强，并有世界一流的大学支持，产学合作紧密，创新和创业活动相当活跃。美国企业注重研发和技术创新，企业研发占美国研发投入总额的70%。高技术制造和知识密集型服务行业的创新卓有成效。2011年美国的高技术出口收入高达1452.7亿美元，高技术出口占制造业出口的18.1%。根据汤森路透 2013 年 10 月发布的全球创新百强名单，全球排名前 100 位的创新型组织（包括企业和研究机构）中，美国占了近一半（45 席）；欧洲占了 22 席；亚洲的日本占了 28 席，韩国 3 席，中国台湾 1 席。中国大陆尚无一家机构入选。

美国大学的创新创业活动也在迅速发展。大学作为知识创造中心为创新和创业提供了肥沃的土壤。根据对 130 多位大学领导者的调查，全美至少有 50 多项正在开展的大学计划鼓励师生创业，加速研究成果从实验室向市场的转化，鼓励大学、企业和地区经济结合。由研究生团队自发创建的大学创新网站成为大学生分享创新创业知识、激发创新创业活动的重要平台。

二、美国科技创新政策动向

（一）重视加强创新生态系统建设

奥巴马政府强调国家创新生态系统建设，不断创新研发组织模式。近年创建了许多新机制，着力加快技术创新，加强官产学研结合，促进研究成果的商业化应用。最具特色的创新组织形式之一是从 2012 开始致力于打造一个遍布全美的制造业创新网络，其目标是投入 10 亿美元建立 15 个制造业创新中心。该网络强调官产学研合作，强调资源和设施共享，由联邦政府和非联邦资助来源共同提供资金支持。每个制造业创新研究所预期将共计获得 7000 万到 1.2 亿美元联邦资金，根据其技术资本密集度以及重点领域的范围，资助年限可以是 5~7 年。截至 2013 年，共建成 4 家制造业创新研究所。另外，能源部积极推动能源创新中心建设，汇聚各学科专家形成高水平团队，对清洁能源难点问题进行重点攻关，以期实现能源技术的重大突破。截至 2013 年已建成 5 家能源创新中心。

（二）积极推动数据开放和科研成果共享

美国政府一向重视开放数据，鼓励科研成果共享。开放数据政策推动了一些领域的飞速进展，促进了创新创业，并对经济增长做出了重大贡献。人类基因组计划的研究成果——基因组数据的迅速开放共享推动了生物医学研究革命，促进了生物技术产业的飞速发展。据估计，1 美元公共投资产生的经济回报高达 140 美元。美国联邦政府全球定位系统（GPS）卫星数据的开放引发了地理信息系统的爆炸式增长，智能手机、汽车导航系统等领域新企业、新服务迅速增加。全球定位系统数据的开放给美国创造了一个价值 900 亿美元的产业。天气数据的开放所催生的电视、网络以及 Apps 服务等每年给美国带来的经济回报在 40 亿美元以上。2013 年 5 月，奥巴马发布行政令进一步加大力度推动政府信息开放。白宫预算办公室据此行政令制定了新的开放数据政策，强调将信息作为资产来管理。新的开放数据政策是政府各部开放数据的框架性文件，旨在推动信息管理的制度化，促进信息的开放和互操作性。按照美国政府的要求，年度研发开支在1亿美元以上的每个联邦机构都要制定计划，推动联邦政府资助的研究成果更多地实现开放获取。这些研究成果包括联邦资助直接产生的研究成果经同行评议的学术出版物、数字数据等。这项政策的目标是长期保存公共资助直接产生的未分类研究成果，以便于公众检索和分析，从而使联邦研究资金的影响和作用最大化。

（三）不断优化商业环境

奥巴马政府积极致力于改革税收制度和促进贸易出口，为新兴产业、先进制造业的发展营造有利的商业环境。根据《美国复苏与再投资法案》，美国对先进能源制造企业实行税收减免，2009年以来已面向全美183个项目减税23亿美元。2013年美国再度提出大胆的税收改革思路，以加大税收激励，鼓励企业在美国国内投资，创造更多就业岗位。税收改革的内容包括继续延长、简化研发税收减免政策，并致力于使之永久化；降低制造企业税率；提高针对先进制造的税收减免；支持新能源制造投资；对将生产能力回迁美国国内带来就业增加的企业实行税收优惠等。2013年2月7日，美国能源部与财政部联合宣布一项1.5亿美元的减税计划，专门针对清洁能源生产企业。美国还大力促进出口贸易，出口倍增计划顺利实施。2012年美国的出口增速相当于其他发达经济体的5倍，相当于新兴亚洲经济体的3倍。为进一步扩大出口，简化审批流程，同时兼顾国家安全和经济发展之需要，2013年3月8日美国总统奥巴马签署行政令，宣布要推进出口管制改革计划。此次改革一是对军品进出口管理机构及职能做出重大调整，由国务院统一负责军品进出口代理商的注册和审批；二是提出修订出口管制清单。

（四）大力推行专利制度改革

据2011年通过的《美国发明法案》，2013年3月16日以后的专利申请开始实行“发明人先申请制”。这项立法还确立了授权后复审程序等新机制，以利于提高专利质量，并确保发明人的权利。同时，法院为落实新法案明确了可专利性的范围及指导原则，以降低专利投机和滥用诉讼的机会。同时，针对专利投机事件爆炸性增长，给美国经济带来了巨大损失的局面，美国政府推出重大举措，强调加强专利审查、专利信息更新、政策宣传以及知识产权意识培养，以加强知识产权保护，为创新者营造公平的竞争环境。

（五）确保未来科技人才供应

美国政府认为科学、技术、工程和数学（STEM）领域的人才对于保持领先地位至关重要。奥巴马在2013年《国情咨文》中指出要继续致力于改进STEM教育，对与企业建立伙伴关系并设置相关课程的学校给予奖励。5月，美国推出了《联邦科学、技术、工程和数学教育五年战略计划》，提出要改进 STEM 教学，2020 年前培养 10 万名幼儿园到 12 年级 STEM 优秀新教师，使高中毕业前拥有正式 STEM 学习经历的青年人数每年增长 50%，未来 10 年新增 100 万 STEM 学历大学毕业生等。美国政府 2014 财年预算投入 31 亿美元用于 STEM 教育，比 2012 财年执行的预算增长 6.7%。为提高 STEM 教育计划的效果，美国拟将联邦各部种类繁多的 STEM 教育计划进行调整和重组，数量减少 50%，富余的资金全部用于支持国家科学基金会、教育部和史密森学会 3 个联邦部门的 STEM 旗舰计划。为吸引和留住外来人才，奥巴马还力推移民改革，提出合法移民程序应简单高效，重点要吸引高技术人才、工程师和创业者，以利于创造更多就业岗位和发展经济。

（六）高度重视网络安全和生物安全

关键基础设施的网络安全被提上重要日程。2013 年 2 月 12 日，奥巴马发布总统令，提出要加强网络安全，提高关键基础设施的恢复力，保持一种良好的网络环境，鼓励高效、创新和经济繁荣，同时加强安全、商业机密、隐私和公民自由的保护。为此，美国政府要求基础设施的所有者和运营者改进网络安全信息共享，合作制定和实施风险防范标准。按照该行政令的要求，商务部要指导国家标准与技术研究院（NIST）牵头制定"网络安全框架"，以降低与关键基础设施有关的网络风险。在生物安全方面，2013 年 6 月美国国家科技委员会发布了《国家生物监测科技路线图》，明确了加强生物监测所需开展的重点研发领域，旨在向决策者提供有关生物威胁的准确及时的信息。2013 年 10 月，白宫科技政策办公室又发表了《生物事件应对和恢复科技路线图》，旨在向决策者和有关人员提供应对生物事件所必需的信息和工具。

三、美国的重点科技领域

（一）清洁能源领域显成效

近年来，美国把清洁能源作为提振经济和保障能源安全的重要突破口，一直在加大支持力度。2013 年美国能源部发布了电动汽车普及计划蓝图，提出了 2022 年电动汽车发展目标，包括：电池成本要从目前的每千瓦时 500 美元降低到每千瓦时 125 美元；通过轻量化技术使汽车重量降低 30%；电驱系统的成本要从目前的每千瓦 30 美元降低到每千瓦 8 美元。美国很多州也积极推动电动车普及，提出 2025 年前电动汽车要占到新车销售量的 15%。美国能源部对高效照明技术（LED）研发给予了 10 多年的持续支持。《美国复苏与再投资法案》也投入大量资金支持 LED 照明，以利于其成本的下降。在风能领域，联邦政府对于风电实行每千瓦时 2.3 美分的税收优惠，这大大刺激了风力发电的大规模应用。

得益于美国政府的大力支持，美国在许多清洁能源技术领域取得重要进展。尤其是风能、太阳能、电动汽车和 LED 技术的研发、示范和大规模应用方面取得了显著进步。过去 4 年来，电动汽车电池成本下降了 50% 以上，推动了电动汽车销售量迅猛增长，2012 年美国电动汽车市场扩大了 2 倍，风电占到美国新增发电能力的 43%（到 2030 年风能有望满足美国电力需求量的 20%），屋顶太阳能板的成本只相当于 35 年前的 1%，今天的 LED 照明灯比传统白炽灯的效率高 80%，寿命可延长 25 倍。

（二）气候变化问题引重视

奥巴马总统第二任期对气候变化问题给予高度重视，出台了迄今为止美国政府最全面综合的气候政策。2013 年 6 月 25 日奥巴马宣布“总统气候行动计划”，重申了到 2020 年美国将实现在 2005 年基础上减排温室气体 17% 的承诺，并从减少温室气体排放、应对气候变化不利影响和领导国际应对气候变化合作 3 个方面系统阐释了本届联邦政府行政部门将采取的一系列举措和目标，释放明确信号严控发电厂二氧化碳排放。为减缓气候变化，“总统气候行动计划”提出的具体举措包括：(1) 发布《关于制定火电厂碳污染排放标准》的总统备忘录，责成美国环保局与州政府、产业界合作制定针对新建电厂和现有电厂二氧化碳排放标准，控制占全美温室气体总量 1/3 的电厂碳排放。(2) 大力推动清洁能源发展。提高 2014 财年联邦清洁能源研发与示范投入至 79 亿美元（增长 30%）；能源部提供 80 亿美元贷款担保支持先进清洁化石能项目；推动美国可再生能源发电装机能力到 2020 年再翻番；促进智能电网发展，简化清洁电力传输项目行政手续；联邦部门将率先垂范，到 2020 年联邦用电 20% 将来自可再生电力，国防部将建成 300 万千瓦可再生能源发电设施。(3) 提高能效，减少能源消耗。制定电器和建筑能效标准；制定重型车辆燃油经济标准；扩大总统“更好建筑挑战”计划，到 2020 年实现商业和公共建筑能效提高 20%；联邦部门通过提高电器和建筑能效标准实现到 2030 年累计减排二氧化碳 30 亿吨。

为落实奥巴马总统“气候行动计划”，美国能源部已宣布在全国范围内支持 18 个第二代、创新型碳捕集技术研发项目，旨在提高碳捕集效率并减小捕集成本。据统计，奥巴马政府共已投入 60 亿美元用于清洁煤技术研发，此次启动的 18 个项目将获得美国能源部 8400 万美元的支持，分别侧重燃烧后捕集和燃烧前捕集两大技术方向。

（三）生命科学研究继续深入

2013 年美国在生命科学研究方面做出具有战略意义的重大部署。4 月 2 日，奥巴马宣布投入巨资启动“脑计划”［全称是“基于先进创新性神经科技的脑研究计划（BRAIN）”，简称脑计划］。这是继人类基因组计划之后又一项针对人类自身难题的重大研究计划。美国国防部高级研究计划局、国立卫生研究院和国家科学基金会将在2014财年预算中为该计划投入共计约1亿美元的研究资金。国立卫生研究院将设立一个高级别工作组，负责制定未来几年的研究计划，包括时间表、阶段目标和成本估算等。目前国立卫生研究院已初步确立九大领域，包括统计大脑细胞类型；绘制大脑结构图；开发大规模神经网络记录技术；开发操作神经回路的工具；认识神经活动与个体行为之间的联系；把神经科学实验与理论、模型、统计学等整合；阐释人类大脑成像技术的机制；为科学研究建立收集人类数据的机制；知识传播与培训等。据研究，美国人类基因组计划耗资38亿美元，截至2010年已获得约8000亿美元回报；每投入1美元，就获得了140美元的回报。美国政府投资脑计划，不仅希望该计划可以帮助美国加强在脑研究方面的领先优势，更期待计划如同人类基因组计划一样为美国经济带来丰厚回报，带动新产业发展，创造新的经济增长点和就业机会。

转化医学研究近年在美国也颇受重视，美国还特别注重提高基础研究成果转化率。2012年NIH正式成立国家转化科学促进中心（NCATS），旨在加强与美国各类研究机构、大学、非营利组织和私营企业间的合作，不断催化可对人类疾病的诊断、治疗方法的发展、测试和实施起到推动作用的创新方法和技术的产生，帮助公立和私立机构提高疾病诊断、药物和治疗方法的研发效率，加快生物医学研究成果的转化速度。2013财年，虽然整体预算出现缩减，但NCATS的年度预算却保持了11%的增幅，居NIH所有下属机构之首，足见NIH对其重视程度。

（四）新材料创新大力推进

新材料研发对于能源、健康、交通、食品与农业以及国家安全等诸多领域均有重要意义。奥巴马政府视材料创新是赢得未来全球竞争力的关键。为推动新材料研发和支持先进制造，美国2011年启动了材料基因组计划。该计划提出的目标是将新材料开发的时间缩短一半。2013年有关联邦部门对材料创新做出了新承诺。美国商务部国家标准技术研究院（NIST）承诺未来5年将投入2500万美元建立一个先进材料卓越中心。国防部更加重视关系国家安全的基础和应用研究项目，特别是综合计算材料工程领域的研究。2013年国防部开建的2个制造业创新中心——轻型和现代金属制造创新研究所、数字制造和设计创新研究所均有助于实现材料基因组计划的目标。美国能源部宣布建立一家新的能源创新中心——关键材料研究所。该创新中心依托艾奥瓦州的艾姆斯国家实验室，未来5年将投入1.2亿美元。能源部能效与可再生能源办公室与NIST联合资助轻型金属材料研究项目。能源部和国家科学基金会还是材料研究设施的主要支持者。国家科学基金会材料研究设施网提供相关实验设施和技术专家，供有关研究机构共享。能源部支持材料研究用的 X 光、中子和电子散射等科学用户设施。特别是能源部的 5 个纳米科研中心是直接有助于推进材料基因组计划的最好的用户设施。国家标准技术研究院（NIST）提出将与企业一起建设一个开放的数字化的材料数据库。佐治亚理工学院、密歇根大学、麻省理工学院等大学加大了对材料领域的研究和人才培养。

（五）大数据计划加快实施

大数据技术是信息时代知识和价值创造的利器。2012 年奥巴马政府投入 2 亿美元启动了“大数据计划”。2013 年美国联邦和地方政府、大学、企业等共同致力于整合资源，加快推动大数据技术在科技、社会和经济领域的应用。

美国联邦部门重视大数据技术、平台、工具和标准的开发。美国国家航空航天局（NASA）过去 2 年已投入 900 万美元用于数据和信息系统研发，研发重点是大数据管理和数据挖掘算法。这项投资导致了一些新技术平台的出现。能源部科学局宣布 5 年投入 2500 万美元建立可扩展数据管理、分析和可视化研究所（SDAV）。目前该研究所在数据管理以及大型复杂数据集索引技术方面取得了重要进展。国立卫生研究院（NIH）重点支持有针对性的数据整合和处理方法、软件、数据库管理、可视化和建模等方面的研究，为生物医学研究提供方法支持。国家科学基金会致力于提高运算速度。国防部高级研究计划局强调算法。美国地质调查局资助的项目侧重地球信息系统分析与整合。

大数据技术对于推动医学研究、增进人们健康有着特别重要的意义。白宫科技政策办公室 2013 年 11 月宣布设立一项计划，旨在利用大数据开展流行病预测。美国国立卫生研究院（NIH）2012 年 12 月提出“大数据向知识转化计划”，旨在通过方法的改进充分利用现有大数据，使其转化为具有实用性的知识和技术，使数据价值最大化。该计划将从 2014 财年正式开始实施，周期长达 7 年，预计到 2017 财年累计投入超过 1 亿美元。

随着大数据计划的快速推进，美国还成立了大数据伦理和社会委员会，旨在应对大数据应用可能带来的法律、伦理和社会问题，预防大数据可能带来的负面影响。

（六）机器人技术再度升温

近年美国国会在推动机器人技术进步方面发挥了重要作用。为推动机器人技术研发，加强美国在机器人技术方面的领先地位，2013 年 3 月，在国会机器人技术顾问委员会支持下，佐治亚理工学院、卡内基－梅隆大学等 8 所大学和机器人技术联盟联合推出了新版的机器人技术路线图——《机器人技术路线图：从互联网到机器人》，描绘了未来5年、10年和15年关键应用领域的机器人技术发展路线图。这其中不仅包括民用机器人技术，也包括军用机器人技术，将美国国防部2011—2036财年无人机系统路线图也融入其中。

美国国家机器人计划征集了第2轮资助项目，希望进一步推动先进制造协同机器人（人类合作者）以及民用和环境基础设施，卫生保健，军用和国土安全，空间和海下探索，食品生产、加工和营销，生活质量改进和驾驶安全等领域的机器人研发。10月23日美国国家科学基金会、国立卫生研究院、农业部和国家航空航天局联合宣布投入3800万美元支持国家机器人计划第2轮受资助项目开展下一代机器人研发。据估计，美国工业使用的机器人已经达22.5万台。

（七）海洋、空间和极地研究放眼长远

美国重视在海洋、空间和极地研究方面的前瞻部署。2013年美国对海洋大国研究计划做出新部署，未来几年美国海洋研究的重点领域包括海洋自然和文化资源管理，提高对自然风险和环境灾难的恢复力，海洋运营与海洋环境，海洋对气候的作用，促进生态系统健康，促进人类健康等。

在极地研究方面，为应对北极环境变化，加强对北极地区的认识和未来预测，美国国家科技委员会2013年2月19日发布了北极研究五年计划（2013—2017年），确定了未来5年的北极研究路线图。该计划强调要在7个重点领域开展研究，其中包括海冰和海洋生态系统，陆冰及生态系统，表面热、能量和质量平衡研究，观测系统，区域性气候模型，可持续社区的适应手段以及人类健康等。

美国的航空航天技术世界领先，其空间技术部署也超前于其他国家。2013年包括美国在内14个国家联合组成的国际太空探索协调工作组发表的《全球探索路线图》，强调要重点开发空中火箭推进技术、太空电能和能源储存技术、机器人及人机合作与自动化系统、生命支持和太空居住系统等。

另外，为提高地球观测能力，为美国在气候与天气、自然灾害、土地和自然资源利用方面的决策提供支持，美国出台了《国家民用地球观测战略》。该战略强调联邦政府要加强对地球观测的评估，注重数据管理，使地球观测惠及用户和社会。

四、美国的国际科技合作

（一）重视能源和环境国际合作

能源与环境是美国国际科技合作的两大主题。美国通过一系列多边活动和双边活动推动清洁和高效技术，并致力于确保其在应对气候变化方面的国际领导

地位。

美国通过主要经济体能源与气候论坛等平台加强与主要排放大国间的沟通、协调与合作；在现有机制基础上，拓展与中国、印度、巴西等新兴国家的能源与气候合作；通过气候与清洁空气联盟合作治理空气污染物；通过热带雨林联盟2020等计划减少全球毁林和森林退化；通过清洁能源部长会议、碳收集领导人论坛等机制加强在清洁煤、能效、非常规天然气、核能等领域合作；停止在国外援助新建非碳捕集与封存或超高效的燃煤电厂；加强全球气候变化适应能力。美国与孟加拉国、加拿大、加纳、墨西哥和瑞典等5个国家共同发起的“气候与清洁空气联盟”成立一年已迅速得到扩大，成员增加到至少30个政府合作伙伴和约60个非政府合作伙伴。

在双边合作方面，美国与加拿大在水、环境、清洁能源等领域密切合作，并建立了一系列支持联合研究、数据共享和合作决策的机制。美加双边清洁能源对话旨在扩大清洁能源研发，开发和利用清洁能源技术，建设更加高效的电网。美国与加拿大合作管理共有的河流系统，以优化电力生产、保护环境并将洪涝风险降到最低。美国与南部邻国墨西哥签订了资源共享协议。美国与日本加强了关于气候变化的双边对话，强调要深化有关促进低碳增长的互动。2013年5月美国与韩国联合发表了《美韩关于能源合作的声明》及《美韩应对全球气候变化联合声明》。

（二）推动全球科技前沿探索

美国是世界航天大国，也是全球空间合作的积极倡导者和参与者。美国是国际太空探索合作组的主要成员之一。2013年8月，国际太空探索合作组发表了《全球探索路线图》。据此，美国国家航空航天局（NASA）与来自世界各地的13家航天机构共同发布了一项全球太空探索计划，确定了下一步向外层空间进发的一系列共同目标。第一个近期目标以位于近地轨道的国际空间站为起点制定循序渐进的战略，准备送机器人和人类去火星探索。下一步是在近太空执行更多人类探索任务，增强航天员的能力和工程技能，为将来前往火星或其他太空目的地探索奠定基础。

美国国家航空航天局（NASA）和欧洲航天局（ESA）正在联手建造一架航天器，希望将宇航员送入从未到过的遥远太空。这两个机构已达成一项协议，由ESA为NASA的载人飞船“猎户座”（Orion）提供一个船舱，执行驱动推进、发电和贮存宇航员用品等关键功能。

极地研究是新兴的国际合作重点领域。2013年美国开始与加拿大、芬兰、德国、俄罗斯和英国等共同支持北极可持续性研究。旨在增进对北极自然和生态环境的认识，以利于北极环境治理和保护。

（三）帮助发展中国家能力建设

健康、粮食安全等问题是广大发展中国家面临的普遍问题。美国在对外援助中注重帮助发展中国家提升自身能力，应对各种挑战。2013 年 5 月 21 日，美国国际开发署发表了首份《水和发展战略》，明确了利用新技术帮助发展中国家改善健康状况、促进农业可持续发展和保障粮食安全的战略目标。美国通过“美国－亚太全面能源伙伴关系”（USACEP）帮助文莱、印度尼西亚等国家改善能源供应，应对能源短缺问题。美国贸易和开发署正在开展一项美国－东盟行动计划，目的是帮助东盟国家升级并部署一流的输电设备。美国贸易和开发署还致力于帮助印尼开发其地热资源，支持渔业改善工程，帮助印尼发展可持续渔业。

美国承诺帮助湄公河流域加强自然资源保护，促进可持续发展。美国国际开发署已经在位于曼谷的地区办事处帮助建立了“湄公河下游行动计划”协调中心。美国和“湄公河下游行动计划”伙伴国家正共同努力，通过提供培训课程、技术援助、促进贸易、能力建设和人力资源发展来缩小东南亚国家联盟的发展差距。美国将实施“可持续湄公河计划”，动员私营企业和民间力量参与支持湄公河流域国家的智能基础设施建设。美国致力于帮助湄公河流域国家预防和控制新生传染性疾病，预防和控制假冒和劣质药品等。

美国重视帮助发展中国家完善制度环境，提升科技水平，进行技术普及，使更多人从技术发展中受益。例如美国帮助印尼进行“科学生态系统”建设，改善科技环境，优化科研体系，加强科学证据对决策的支持。2013 年 1 月，希拉里宣布美国政府和企业将联合投资 8650 万元支持发展中国家的一系列科技活动，其中包括支持妇女参与清洁能源创新创业、清洁炉灶等。美国国务院、国际开发署和英国国际开发署与谷歌、思科、微软、雅虎等企业及互联网基金会共同支持“平价互联网联盟”，旨在使互联网接入更加便宜，以便发展中国家更多人可以享受互联网带来的便利。

在科学研究方面，美国国际开发署通过“推进研究合作伙伴关系”（PEER）科学计划，为发展中国家科学家提供资金，支持在一系列与发展相关的领域中开展合作研究，其中包括粮食保障、气候变化、水资源、生物多样性、减灾和可再生能源等。

（执笔人：黄军英）

加 拿 大

2013 年，加拿大联邦政府通过政策调整、预算优化、机构改革等各项措施，全方位推动科技与经济结合，利用科技创新促进就业、经济增长和国家长期繁荣。

一、科技投入与竞争力

（一）全社会研发投入略有下降

加拿大作为一个创新型国家，其科技创新体系相对成熟和稳定，年度全研发支出按照年初预算执行，增减幅度变化不大。2013 年加拿大全社会研发费用支出预计比 2012 年下降了 0.9%，为 304 亿加元。

从研发费用支出的执行部门来看，2013 年企业研发费用支出持续下滑，比 2012 年下降了 2.8% 为 156 亿加元，比 2007 年金融危机前支出高峰时下降了 6.8%。企业的研发支出占所有执行部门研发支出的 51%。高等教育部门预计研发支出 119 亿加元，继续保持其在执行部门研发支出中的第二位置。高等教育部门的研发支出水平 2012 年和 2013 年没有差异。联邦政府是第三大研发费用支出部门，2013 年的支出比 2012 年高 1.4%，达到 25 亿加元。

从研发资金来源部门看，2013 年来自企业的研发投入为 144 亿加元，其次是联邦政府 60 亿加元，高等教育部门 53 亿加元。研发资金来源还包括外国部门，2013 年有 18 亿加元，同 2012 年相比没有变化。

（二）科技竞争力仍然保持优势

世界知识产权组织 2013 年 7 月发布的《2013 年全球创新指数报告》显示，在全球 142 个经济体中，加拿大的创新指数排名第 11 位，比 2012 年上升了 1 位，其中创新投入指数居第 9 位，创新产出指数居第 13 位，特别是加拿大在全球排名前10位的研究机构（排名第5位）、市场的精细化程度（排名第4位）、人力资本与研究（排名第25位），商业精细化程度（排名第16位）、知识和技术产出（排名第17位），以及创造性产出（排名第11位）等方面表现突出。从全球创新指数上看，加拿大在所有21个分项指标中的16个均处于领先地位，在细分的74个指标中的48个均处于领先地位。

从整体竞争力上看，洛桑国际管理学院发布的《2013年世界竞争力》排名显示，加拿大的世界竞争力排名第七，比2012年下降了1位。世界经济论坛发布的《2013—2014年全球竞争力报告》显示，加拿大排名第14位，与上年持平。报告认为，加拿大的经济发展主要得益于高效的市场。商品、劳动力以及金融市场在全球排名分别为第17、第7和第12位，在医疗卫生和早期教育方面，加拿大居第7位，基础设施排名第12位，高等教育则排名第16位。

二、重大科技政策和计划

加拿大的科研投资在世界经合组织国家中是较高的。在加拿大联邦层面，联邦政府每年科研投资约110亿加元，来自社会的科研投资约300亿加元。但加拿大客观上的市场狭小决定了其科研成果转化为生产力的能力不足。加拿大政府也认识到这局限，在经济发展放缓的背景下，展开了一系列重大政策调整。

（一）延续创新预算

“2013年加拿大经济行动计划”的首要任务在于就业、增长和长期繁荣，与2012年的“创新预算案”目标一致。同时，深化“创新预算案”中科技领域的各项措施，在削减政府开支的同时，加大了对企业创新的支持力度。

该行动计划宣称，政府在本届议会任期内推出一个大胆和创造性的技能培训计划和加拿大历史上最大和最长的联邦基础设施计划，并投入大量资金支持加拿大的制造业及技术创新。为了保证在全球研发和创新方面的领导地位，加拿大提出：（1）拨款2.25亿加元，支持先进研究基础设施建设和《加拿大创新基金》长期实施；（2）通过加拿大基因组计划，提供1.65亿加元支持基因组学研究；（3）5年内为《政府风险资本行动计划》提供6000万加元；（4）通过加拿大商业发展银行为从企业加速器毕业的企业提供1亿加元的投资；（5）建立新的企业家奖，通过加拿大青年商业基金2年提供1800万加元支持年轻企业家；（6）每年提供3700万加元支持与企业合作研发和实施新技术、新产品和新服务，并投入市场；（7）3年提供2000万加元，帮助中小企业获得研发和商业发展服务；（8）向加拿大可持续发展技术基金提供8年3.25亿加元，用于支持新清洁技术的发展和示范，以利于节约企业资金，创造高收入就业，并驱动创新。

另外，新的预算案中还提出，帮助加拿大企业取得成功并创造就业。政府正在通过将面向新机械设备投资的临时性加速资本折旧免税延期 2 年，向制造商和加工企业提供 14 亿加元的税务减免。此项税赋减免将使制造和加工行业的企业加速并增加机械设备投资，使企业效率进一步提高。

政府还向以下计划投入资金：一是投入 2.25 亿加元用以扩大和延长临时性小企业雇工免税计划 1 年，并以此肯定小型企业在加拿大经济中起到的就业职位创造者的重要作用；二是分 5 年时间投入 1.1 亿加元将终生资本收益免税金额（Lifetime Capital Gains Exemption）在 2014 年增加到 80 万加元，并将此新免税额与通胀率挂钩，用以增加对小企业主、农场主和渔民的支持。

另外，“2013 年加拿大经济行动计划”推出措施帮助制造业在世界经济环境中取得成功，这包括：分 5 年时间提供 9.2 亿加元对南安省联邦经济发展署进行更新，确保永久性战略航空航天与国防计划在 5 年时间里获得近 10 亿加元的稳定资金支持，从 2014—2015 年开始分 2 年投入 9200 万加元继续支持林业创新和市场开发。

（二）推动联邦科技体系改革

近年来，加拿大致力于推动科技与经济相结合，努力提升企业创新积极性，且伴随加拿大保守党政府压缩联邦预算、消减财政赤字的紧缩财政政策，联邦推动了系列科技体系改革措施。

一是裁员。联邦政府计划到 2015 年减少 19200 个岗位，占核心公务员数量的 10% 左右。目前已有多个与科技相关的岗位或人员被裁撤。

二是创新人才政策。2013 年，加拿大移民部出台“创业签证计划”，吸引高科技人才。该政策规定获得加政府认可的创业基金及天使基金支持的外国人，可向移民部申请移民。

三是推动科技与产业结合。联邦政府与各科技相关部门均将科技作为推动经济的重要驱动力，许多部门都将相关叙述明确写入部门职能。加拿大卫生研究院作为联邦科技经费拨款部门，突出强调其资助项目要与产业界相结合，要邀请医院、企业等讨论发展方向；加拿大研究理事会更开展了史无前例的改革。

加拿大研究理事会的改革措施包括：从原来的科学问题导向转变为客户导向，即最终用户的技术需求，全理事会凝练 12 个重点领域，包括航空、水产和农作物资源开发、汽车和陆上交通、建筑、能源采矿和环境、人类健康疗法、信息通信技术、测量科学与标准、医疗器械、国家科学基础设施、海洋沿海及内河工程，以及安全突破性技术；打破研究所界限，按照重点研究专业领域的 12 大计划重新配置人员、经费等资源，每个计划任命总经理负责，施行企业化管理；从过程导向的管理转变为将价值实现作为决策的基础，评价标准也更关注产出，并要求必须对外与产业界合作和建立伙伴关系，员工须拥有计划管理、项目管理、客户管理，以及合同管理等多方面技能；从主要依赖联邦政府拨款的资助模式，转变为依赖自身的竞争力和争取外部资源的新资助模式。

（三）重点科技计划

（1）协作研究与培训经历计划。2013 年 8 月，联邦政府通过加拿大自然科学和工程研究理事会设立了一个为期 6 年、资助额度超过 2400 万加元的协作研究与培训经历计划，用于资助改进加拿大自然科学和工程领域优秀青年学生和博士后的培训环境，提高优秀青年人才的专业素质和技术技能。该项目重点支持合作和综合方法创新，资助加拿大自然科学和工程研究理事会确立的重点学科领域，如环境科学和技术、自然资源和能源、制造、信息通信技术。同时，该项目强调加强产业界和科技界的合作。

（2）航空业的五大创新技术项目。加拿大研究理事会 2013 年宣布了支持航空业的五大创新技术项目。5 个项目中的 2 个旨在改进飞行的安全性和舒适性。另外 3 个项目则将市场投放和有效监管作为重点。

（3）航空和国防技术示范计划。2013 年 9 月，加拿大联邦政府宣布启动技术示范计划。该计划支持航空航天和国防保密领域多方参与、多种不同技术整合的大型技术示范项目，期望为加拿大下一代制造和服务业打下坚实基础。每个项目经费最多支持全部支出的 50%，最高不超过 5400 万加元，项目支持时间一般不超过 5 年。项目必须由原始设备制造商或为设备制造商直接供货的公司牵头，牵头企业要联合加拿大相关中小企业促进供应链的发展，必须联合相关大学和科研单位推动科技成果转化。

另外，2013 年发布的预算案还提供 3250 万加元继续支持可持续发展基金（SDTC），资助未来 8 年在绿色技术、高效能源、清洁燃料生产等新型清洁技术领域的研发和示范项目。

三、优势领域科技进展

本届加拿大联邦政府确定了科技重点发展的 4 个领域：生态环境、资源能源、生物技术、信息通信。2012 年联邦政府通过经济行动计划，实施若干支持措施，推动四大重点领域发展。另外，2013 年，加拿大在航空航天和汽车两大传统优势产业中，也取得新的成绩。

（一）生命科学领域不断涌现新成果

生命领域一直是加拿大的优势学科领域。2013 年，加拿大生命科学领域取得了累累硕果，在结核病疫苗、癌症防治等方面取得新进展。

抑制癌症的新型特效标靶药。多伦多玛嘉烈公主医院金宝家族乳癌研究所主任、癌症研究中心麦德华教授与加州大学洛杉矶分校史拉蒙博士共同取得了一项重大医学突破——能够有效抑制人类乳癌、卵巢癌等癌症的新型特效标靶药CFI-400945。

结核病疫苗。麦克马斯特大学科研人员利用一种基因改良过的感冒病毒制造出新型结核病疫苗，帮助对抗引起肺结核的结核杆菌。这种疫苗不会取代卡介苗，而是设计成在接种卡介苗后使用，提高卡介苗的功效。

心脏病研究新成果。哈尔滨医科大学杨宝峰院士团队与加拿大蒙特利尔心脏病研究所国际著名专家Stanley Nattel教授合作攻关，成功锁定一个可抑制心房颤动发生的新分子——微小核苷酸-26（miR-26）。此项成果为房颤防治提供了新理论基础，有助于促进新型抗房颤药物的研制开发。

癌细胞扩散研究新进展。麦吉尔大学和卡尔加里大学的科学家发现癌症能够通过劫持白细胞进行扩散。

干细胞研究新进展。著名的干细胞研究专家Gordon Keller领导的团队发现了一种调控早期胚胎中造血干细胞形成的关键调控因子。加拿大心脏再生首席研究员李仁科博士与多伦多大学生物材料和医学工程学院功能心血管组织工程首席科学家米莉察·拉迪希奇合作，创建了一个可从老年患者捐赠细胞生长出心脏组织的“微环境”。多伦多大学唐纳利医学中心细胞与生物分子研究分部教授伊格尔·斯塔格利亚和他的研究小组利用膜酵母双杂交（MYTH）技术，以酿酒酵母为生物模型，绘制出了所有线粒体ABC转运蛋白之间的相互作用，生成一份综合而完整的“相互作用”网络图。

睡眠机制新发现。麦吉尔大学助理教授安托万·阿岱曼提迪斯领导的研究团队，发现了下丘脑外侧神经活性与快速眼动（REM）睡眠之间的确切因果关系。此项成就是对理解哺乳动物睡眠机制以及相关神经网络基础的重大贡献。

生物钟功能紊乱的基因调控机理。麦吉尔大学古德曼癌症研究中心生物化学教授内厄姆·索南伯格对蛋白合成如何在生物时钟内受控进行了研究。研究最终在生物时钟内发现了一个阻遏蛋白，去除该蛋白后，大脑生物钟功能将会得到令人惊奇的改善。这一结果表明，生物钟功能紊乱可通过基因调控加以改善，并为治疗生物钟相关疾病开辟了一条新的途径。

（二）信息通信产业保持强劲的创新能力

100多年来，加拿大在通信科技方面一直领先，不仅率先发明了用电波传输人的声音，而且在卫星科技、光纤电缆，直至手机等方面都曾处在世界领先地位。当今无线通信技术创新层出不穷，竞争激烈。北电集团的倒闭，造就了无数创新型中小企业，其信息通信产业产生了雨后春笋般的创新活动。黑莓公司目前也呈现出欲步北电后尘的趋势。但加拿大在该领域多年的积淀仍然保持着强劲的创新能力。

虚拟大脑。滑铁卢大学的研究人员利用超级计算机技术，创造了一个具备简单认知能力的虚拟大脑，该成果有望帮助人类更好地了解大脑运作。这个名为“Spaun”的虚拟大脑主体是个基于超级计算机构建的数字模型，它通过一个类似摄像镜头的仪器来观察，并可指挥机械臂进行书写等动作，更重要的是，系统中还包括 250 万个模拟“神经元”，它们能通过变化的电压来模拟脑电波。“Spaun”可执行多项简单的认知任务，对别人提出的问题以及通过虚拟“眼睛”观察到的事物做出回应。

超微型相机。多伦多大学一名学者发明了一种新型超微小数码相机——平面傅里叶光线捕获器。该相机外观看起来只是一只涂层硅片，长宽为 0.5 毫米，高只有 0.01 毫米，且该相机制作成本低廉，只有几美分。该相机的每个点都能够捕捉到特定的入射光角度，随后通过装置中的傅里叶转换数学运算系统，生成一张约 20×20 像素的照片。该相机未来可用于医疗、空间探测等领域。

与植物人沟通的计算机系统。加拿大西安大略大学研究人员使用神经影像学通过大脑活动性来读取大脑思维意识，研制一种读脑计算机系统，使一些昏迷患者回答“是”或“不是”，有助于实现与昏迷患者建立沟通。

生物识别系统。加拿大圭尔夫大学与加拿大生命密码网络（CBLN）合作，建立了先进的 DNA 检测技术与庞大的植物和动物的数据库相结合的生物识别系统。该系统涵盖了一些世界主要国家的物种，所以利用该系统可以很快查出诸如一个汉堡、一点粉状物或者是糊状物，其 DNA 来自哪一种蛋白、来自哪一个地区。该技术和数据库能够使世界食品销售行业变得比较诚实。

三维扫描设备。加拿大 Creaform 公司推出了一款名为“Go！SCAN 3D”的三维扫描设备。该扫描设备大小与无绳电钻相当，重量仅为 1.1 千克，能用单手轻松握住。它安装有环绕着白色 LED 灯的摄像头，任何人无须经验都可以对物体表面进行扫描。该扫描仪能根据物体的几何形状进行扫描，有无定位目标点均可扫描。扫描获得的图像可以通过 Creaform 的软件进行分析，生成精度达 0.1 毫米的三维几何图像。

（三）生态环境相关领域的重要发现

全球气候变化研究新发现。滑铁卢大学的一项最新研究显示，全球气候变化的主要驱动力是氯氟烃，而不是二氧化碳。滑铁卢大学物理学、天文学、生物学及化学系教授卢庆斌表示，氟氯烃和宇宙射线才是造成极地臭氧空洞和全球变暖的共谋。卢庆斌团队对氯氟烃温室效应进行的计算显示，1950—2002 年，全球温度上升了约0.6℃，而2002年之后，地球实际上在降温，这与大气中氟氯烃的下降相匹配。随着大气中氯氟烃含量的持续下降，这种变冷趋势在未来50~70年中也将持续下去。

发现远古地下水。研究人员在加拿大2.4千米深的矿井中发现了具有26.4亿年历史的地下水，可能保存着古地球的气候变迁记录，甚至还可能握有火星生命的栖息地等线索。该地点位于加拿大前寒武纪层，也是北美地壳最古老的部分。蒂明斯地层由火山岩和沉积岩组成，相对不会因侵蚀或地震等外力发生形变，这也是古老地下水得以保存的重要原因。

（四）能源领域重视清洁能源技术

无水液压破裂法。加拿大公司GasFrac利用液化石油气（LPG）凝胶代替水注入地下以采集天然气。这种凝胶在地下蒸发掉，不会污染地下水，既解决了污染问题，又为油气增产提供了一种有效途径。无水液化石油气凝胶主要由丙烷组成，具有低表面张力、电中性不产生摩阻、能与地下油气资源相融合、环保可再生等多项优良属性，可以循环利用，回收率近100%，不损害底层，提高油井产量同时又延长油气田的生产寿命。与水相比，它不溶解盐、重金属或放射性化合物，因此避免了水压裂产生的有毒水处理问题。

燃料电池研发取得新突破。卡尔加里大学研究人员发现一种更容易、更便宜的生产电解剂方法。传统的电解剂依赖于稀有的、难以处置的金属，且有毒性。卡尔加里大学的研究人员使用了类似铁锈的普通金属作为电解剂，其成本比传统方式降低1000倍。在通电情况下，利用该电解剂将水转化为氢气和氧气的效率到达70%和90%。

（五）航空航天领域取得新进展

微型纳米卫星。由多伦多大学天空研究所太空飞行试验室设计、利用纳米技术制造的两颗卫星搭乘印度火箭升空。这两颗卫星属于低成本的微型卫星，为当前经济不景气条件下的卫星发展提供了新前景。其中一颗卫星，边长20厘米，重量不足7千克，是目前最小的卫星，造价200万美元，携带的太阳能电池板可提供其所需的10瓦电量。

放飞平流层气球。加拿大太空署与法国合作成功放飞首个平流层气球，飞行10小时后回收。该实验开启了加拿大太空研究与应用的新纪元。平流层气球是进行空中科学研究、军事和通信的新平台，具有卫星、飞机和火箭无法替代的优势，例如利用在通信领域，其成本低（只有卫星1/40）、灵活快捷、通信传输覆盖面积大、安全可靠，所以应用前景极其诱人。

发现“超级木星”。多伦多大学和其他机构的天体物理学家们，在距离地球

170 光年处新发现了一颗极为巨大的系外行星，让太阳系最大的行星木星都相形见绌，以至于科学家们几乎无法确认其在天体中的分类属性。该星目前被称为“超级木星”，一颗如此不同寻常的天体的发现，将帮助科学家整理出关于行星形成的新观点。

四、国际科技合作战略

国际科技合作已成为加联邦政府促进经济发展的重要策略和手段，积极开展国际技术转移，拓展国际科技合作对象和领域，在与传统的欧美友好国家保持科技合作的基础上，积极发展与新兴市场国家的科技合作关系。但与此同时，受到联邦预算缩减赤字政策的影响，在国际科技合作中也尽量减少“不必要”支出。

（一）调整国际合作战略，减少“非重点”领域国际科技合作支出

保守党政府为实现减少赤字、实现预算平衡的政治目标，兑现竞选时的承诺，2013 年继续大幅削减各项开支。为此，其国际合作战略也进行了相应调整。

退出防治荒漠化公约。2013 年 3 月，加联邦预算刚刚发布，即传出加拿大退出《联合国防治荒漠化公约》的消息。总理哈珀在国会众议院公开声称，加拿大向公约秘书处提供的经费使用不当，“这不是花纳税人钱的明智之举”。2013 年，加拿大向该公约秘书处承诺的经费为 31.5 万加元。

撤并加拿大国际发展署并减停部分国际援助计划。2013 年，加拿大联邦政府宣布，负责国际援助的加拿大国际发展署（CIDA）并入外交国贸部，外交国贸部改名为外交、国际贸易和发展部。同时，宣布改革国际援助措施，到 2015 年，将减少或取消对 14 个国家的援助，削减 3.77 亿加元的国际援助预算。

（二）重视与发达国家合作，兼顾新兴市场国家

加拿大以贸易立国，因此国际科技合作与国际贸易联系非常紧密。2013 年，加拿大与欧盟签订自由贸易协定，惠及加拿大高科技产业。以信息通信产品为例，现在出口欧盟市场的部分产品将被征收高达 14% 的关税，而且税率不断上升。协议生效后，取消关税，将提升这些产品的竞争力。

2013 年，亚太经合组织会议期间，加拿大总理与多个发展中国家签订有关商业贸易协议，都对相关产业的科技合作起到了重要的推动作用。例如加拿大与马来西亚签署了高达 360 亿加元的能源投资协议，签署了航空运输协定。

另外，2013 年，加拿大与哈萨克斯坦签订了核能合作协议，该协议重要内容就是推动双方企业在国际原子能机构的监督下实现核材料、设备和技术的交换。

（三）加强国际技术转移，开拓多元市场

近年来，加拿大逐渐认识到其所依靠的与美国一家独大的贸易模式无法抵御世界经济动荡，逐步加强与欧盟的合作关系，甚至转变保守党政府执政以来所固有的意识形态之上的原则，大力拓展与新兴国家开展全方位合作。在合作中，加拿大也突出了自己的优势，即国际领先的科技创新，通过科技创新合作，尤其是通过国际技术转移，拓展市场，壮大企业，促进经济贸易发展。其中，具有代表性的就是与中国的科技合作和技术转移，从总理到部长、省长、市长，各级访问中国的代表团中都少不了科技企业的代表。

（执笔人：高鲁鹏　孔欣欣）

墨　西　哥

2013年对墨西哥科技界是承上启下的一年，新上任的培尼亚总统高度重视科技创新发展，大幅提高科技创新投资，将科技创新能力作为增强国家竞争力的重要因素。培尼亚总统强调，要通过政府、学术机构和企业间的合作建立墨西哥新型科技文化，并将科技知识转化成为民谋福祉的有力工具。

一、科技投入大幅增加

2012年，墨联邦政府对科技创新领域投入总计614.4亿比索（约合47.3亿美元），占GDP总量的0.45%。新上任的培尼亚总统高度重视科技发展，提出未来10年墨西哥科技投入将扩大3倍，力争将科技投入总量从现有占GDP的0.4%提高到1.2%。因此，2013年墨众议院通过的全国科技预算为703.95亿比索（约合55亿美元），比2012年增长了18%，对墨西哥科技理事会的预算为283.12亿比索（约合22.1亿美元），比上年增长13%。其中，70亿比索用于研究生奖学金及其他进修项目，31.48亿比索用于国家科研人员体系建设；25亿比索用于创立科技发展项目；30亿比索用于高附加值应用技术创新项目。

二、制定和完善科技政策

（一）着手制定《2013—2018年墨西哥科技创新专门计划》

2013年6月，墨西哥科技理事会根据墨政府发布的《2013—2018年国家发展规划》，开始着手制定《2013—2018年墨西哥科技创新专门计划》，新计划预计2014年发布。2013年科技理事会工作主要围绕以下方面展开：与财政和公共信贷部及经济部协调，确保未来10年在科技领域投资实现增长3倍的目标；根据各地科技发展实际情况，制定推动各州和地区科技发展的公共政策；加强国家科研人员体系建设；与公共教育部和经济部合作，将国家科技创新体系建设具体化；加强产学研各部门的联合运行机制建设。

（二）拟建立国家科技发展电子地图

培尼亚总统上任不久即任命 Enrique Cabrero Mendoza 博士为墨西哥全国科技理事会新任主席。Cabrero 博士在就职仪式上表示，一个国家的经济增长和国民财富与国家科技发展水平紧密相连。墨西哥在全球知识经济发展中已经落后，但仍具备追赶其他国家的条件，如国家的科技创新体系建设、不断增长的科技人员数量、政府的财政支持以及企业界开展创新的强烈愿望。他强调，墨西哥对科技领域的投入低于其他国家水平，目前尚无能力将所有发展要素置于统一标准之下且缺乏清晰有效的公共管理政策。要推动政府、学术机构和企业间的良好合作，建成在联邦政府统一管理下的公共政策网络，通过网络，推动、实施各项科技领域改革的日程。他还表示可根据各地科技发展实际情况，绘制一张国家科技实力电子地图，明确各地发展的重要领域，根据实际情况推动各地区开展适合的科技活动。

三、扎实推进重点科技工作

（一）加快科技人才培养

2013 年，墨西哥科技理事会用于研究生奖学金总额为 70 亿比索（约合 5.5 亿美元），比 2012 年增加了 15.2%。全年大约共提供 47914 个奖学金名额。此外还新增 1500 个混合奖学金名额，资助学生丰富其科研活动。预计到 2013 年底墨西哥高质量研究生国家培养计划将拥有 1800 个国家研究生项目，该计划的目标是持续改善和提升国家科技创新实力。

墨西哥国家科研人员体系是国家科学发展的重要基础。2013 年政府将进一步推动最高水平的科研人员开展科研活动，预计 2013 年度成为该体系的院士数量将达到 19691 人，比 2012 年增加 6.1%，全年预算 31.48 亿比索（约合 2.45 亿美元）。

（二）加强部门科技创新水平建设

2013 年墨西哥加强部门科技创新水平建设工作的预算为 7.24 亿比索（约合 0.6 亿美元），比 2012 年增加 74.8%，主要用于资助基础科学和应用科学研究项目，开展前沿学科研究，提高科研质量，培养科技人员，鼓励创新，加强团队和科研团组的科研能力，促进科研基础设施建设。

（三）加强地区科技创新发展

2013 年墨西哥为加强地区科技创新发展工作投入 2 亿比索（约合 0.15 亿美元），比 2012 年增加 93.2%，主要实施 6 个地区项目以加强地区科技全面发展，推动不同部门创新体系的战略联合，找到各地区科技发展面临的共同问题，实现信息共享，实现各地区共同发展，进而促进国家整体科技水平的进步。

（四）实施高附加值产品技术创新计划

墨西哥政府高度重视高附加值产品技术创新，认为通过对企业投资进行科研、技术创新，并与学术机构合作，可以研发新产品、提高产品附加值，形成自主知识产权进而增强国家经济竞争力。2013 年共投资 30 亿比索（2.34 亿美元），比上年增长 44.9%，能资助 500 家企业开展大约 1050 个项目的运作。

（五）加强科技基础设施建设

2013 年共投资 4.24 亿比索（约合 0.33 亿美元）进行科技基础设施建设，比 2012 年增加了 104.7%，本年度大幅度增加此项投入弥补了近几年资金的不足，能够尽可能满足学术机构、科研团体等对开展科研活动基础设施的需求。

（六）支持科技创新活动

2013 年共投入 19 亿比索（约合 1.5 亿美元）用于支持科技创新活动，比 2012 年增加 6.6%，此项工作主要对与科技创新活动直接相关的项目进行资助，资金主要用于专业科技人员培养、科研团队或研究中心开展活动，鼓励高等院校、科研中心和企业的研究和技术人员加强科技创新能力。

（七）建设科技理事会研究中心

目前科技理事会下设 26 个研究中心，2013 年共投入 51 亿比索（约合 4 亿美元），较上年增加 11.9%，投入资金主要用于继续制定研究中心战略计划，在自然科学、社会科学以及技术发展和创新领域开展科研，将取得的成果用于提高生产力，促进地区经济社会发展。目前，研究中心每年培养 8500 名学生，每年毕业 1000 多名博士和硕士生，年出版论文 3500 篇，大约开展 3200 项科研和技术研发项目。

四、大力加强国际科技合作

（一）举办并参与多场双边及多边会议

墨西哥重视开展双边和多边科技合作，根据科技理事会 2013 年出版的 2012

年度科技工作报告，2012 年科技理事会同多个国家开展了双边会谈和合作，主要包括：2012 年 4 月，中国科技部与墨西哥科技理事会召开第五届中墨科技分委会，并签署合作协议；4 月在墨西哥城召开墨西哥 - 印度双边会谈；同古巴举办研讨会，双方商定在水资源、能源以及生物技术领域开展合作；5 月召开墨西哥 - 意大利双边委员会第三次会议，双方商定由科技理事会和意大利国家科研委员会负责签署合作协议的各项工作，明确了 2012—2014 年具体合作计划，并商定通过外交信使签署合作文本；6 月，科技理事会与阿根廷共同举办纳米科学研讨会；7 月墨西哥参加伊比利亚美洲科技发展计划代表大会，大会通过了该组织的各项制度以及资金来源等议题；11 月墨西哥同韩国举办墨韩第七届经济、科技合作混合委员会会议。此外还同法国、西班牙、巴西开展双边合作。

（二）与多国政府及高校签署合作协议

2012 年科技理事会签署的国际合作协议及谅解备忘录主要有以下几方面。

（1）签署合作协议的大学包括：美国德州农工大学，英国杜伦大学、苏塞克斯大学、诺丁汉大学、利兹大学以及谢菲尔德大学、伦敦学院、伯明翰大学、爱丁堡大学、玛丽王后学院，西班牙巴塞罗那自治大学，乌克兰大学以及法国图卢兹大学。

（2）签署协议的国家机构及科研单位包括：哥斯达黎加热带农业与高等教育研究中心、德意志学术交流中心、捷克共和国、德国教育和研究部、法国石油研究院。

（三）与法国开展航空航天高科技部件加工合作

2013 年 7 月，墨西哥和法国宣布成立一个由政治家、企业家和知识分子组成的，旨在促进两国文化和经济交流的战略委员会。该委员会由墨西哥前外长豪尔赫·卡斯塔涅塔·古特曼和法国大使菲利浦·弗雷共同领导，并决定建立一个 2.5 亿 ~5 亿美元之间的投资基金，主要投资目标是航空航天工业。该基金投资的主要对象是墨西哥的中小型企业，目前在墨西哥共有 300 家企业从事航空航天工业高科技部件的制造，其资本主要来源是法国，此外小部分基金将用于促进两国的留学生交流。

（执笔人：兰　月）

古　　巴

2013 年，古巴政局保持稳定，积极落实古共六大决议精神，稳步推进有关经济改革措施，“经济社会模式更新”在更多领域取得重大进展。在《党和革命经济社会政策纲要》的指导下，古巴继续坚持走可持续发展道路，注重合理开发、利用和保护本国的自然资源，关注气候变化和环境保护；强调发展生物技术、医药产品、软件工业、信息技术、基础和自然科学、可再生能源的研究和利用。

一、生物医药

生物医药依然是古巴科技发展的重点和优势领域，也是其外汇收入的主要来源之一。2012 年新成立的古巴生物医药集团集成古巴 38 家顶尖研究机构，形成产学研用一体的产业链，除了向本国人民提供药品外，还承担着推动向高科技经济模式转型的任务。2013 年初，古巴分子免疫学中心宣布在继 CIMAvaxEGF 之后成功研制出第 2 种肺癌疫苗 Vaxira，已经开始在古巴国内进行临床三期试验，取得了显著效果，古巴成为世界上唯一研发出两种肺癌疫苗的国家；遗传工程和生物技术中心研发的 Heberprot-p 在治疗糖尿病足溃疡方面疗效显著，在世界范围内获得好评，惠及的病人总数已经超过 10 万人；Labiofarm 公司生产的癌症辅助治疗药品蓝蝎肽有效缓解病人疼痛，改善生活，被证明广泛适用于晚期肺癌、乳腺癌、结肠癌等多种癌症，成为古巴生物医药的明星产品；古巴分子免疫学中心研制的治疗牛皮癣的单克隆抗体 Itolizumab 已经在古巴国内完成临床试验极端，即将进行注册；古巴芬莱研究所目前正在研发治疗霍乱病菌的疫苗也在世界范围内引起广泛关注。

二、卫生

古巴的医疗服务输出依然是古巴创汇的主要途径。委内瑞拉前总统查韦斯逝世后，古巴继续向委内瑞拉派遣大量医护人员，通过医疗换取石油。2013 年古巴与巴西签订协议，共同开展“MásMédicos”项目，由古巴向巴西输出医护人员。目前已有两批、共计 1000 多名医护人员前往巴西贫困地区为巴西民众提供医疗服务。

三、环境保护

作为加勒比岛国，古巴一直十分注意对自然环境的保护。政府鼓励增加森林覆盖面积，减少对生态系统的不利影响；注重可再生能源的发展；政府增加投资，保护古巴的生物多样性和生物安全，对群岛、山区生态环境进行研究保护。自 2008 年起，古巴实行国家汽车运输改造计划，通过用柴油代替汽油、减少非公用汽车数量等措施有效减少了油耗。2013 年 3 月，古巴出台水资源国策，包含了水利措施的高效利用、气候和水质危机处理，以及水资源的合理使用。

四、能源

古巴太阳能、风能等自然资源丰富，但由于经济、科技发展水平有限，其传统能源开采和新型能源开发利用都比较缓慢。古巴政府十分重视可再生能源的开发和利用。圣地亚哥发电园已经开始并网发电，关塔那摩、卡马圭等 6 个省也在建设太阳能光伏发电示范园，建成后总装机容量将达到 10 兆瓦。另外，古巴还利用甘蔗渣、麻风树等原材料进行生物质发电，大力发展生物质能，并高度重视风能的发展和利用，目前全国建有 4 座风力实验发电园。

五、信息通信

2013 年 3 月，中古哈瓦那数字电视示范区建设竣工仪式在哈瓦那举行，标志着中国标准的数字电视正式落户古巴，为拉丁美洲和加勒比海地区的数字电视发展起到良好的示范作用。另外，2013 年古巴在国内开设了 118 个网络中心，进行网络试点工作，并逐步开始提供无线网络，本国居民可以在网点购买上网卡后，进行网页浏览、处理邮件等。

六、国际会议

2013年古巴举办了一系列国际会议，如世界风能大会、哈瓦那环境与发展国际会议等。通过举办国际会议，古巴科学家可以更好地与世界各国科学家进行交流，也扩大了古巴在世界上的影响力，提高了古巴科技的声誉。

（执笔人：张小伟）

哥斯达黎加

2013 年，哥斯达黎加经济发展表现差强人意，较 2012 年有所回落。财政赤字居高不下，国际市场需求不振，束缚了经济复苏步伐。在此新形势下，政府视创新和竞争力为国家发展的战略基石，重视发展教育与科技事业，有效整合科技、创新与电信资源，发挥科技创新对经济社会发展的引领支撑作用，持续扩大信息通信技术对知识经济的贡献率。

一、加强国家创新体系建设

（一）实施机构重组，增强资源统合能力

历时两年多的机构重组构想得以实现，肩负科技、创新和电信发展新使命的科技电信部（MICITT）宣告成立，其优先日程是：加强电信监管，积极推动“数字社会议程”，建设“数字政府”，加强电信基础设施建设，大力发展宽带，向数字电视过渡，调整国家电信发展计划。新部发挥科技、电信协同作用，增强有效整合、利用现有经济资源能力，加快以信息通信技术为支撑的现代服务业建设，提升国家竞争力。

（二）完善规则体系，推动数字社会议程

推动数字社会议程和建设数字政府迈出实质步伐。发布数字签名“国家注册认证师认证”和“电子文件官方格式”规则，明确国家数字签名制度标准，确保电子文件信息完整真实，保障电子文件与交易安全合法。同时，避免了公共机构过度使用文书，节省大量纸张、印刷、仓储和运力等社会资源，助推环境指标改善，在采用数字签名的公民和机构中产生积极影响。

（三）倡导清洁发展，政府主导节能减排

（1）建成国内碳交易市场。颁布“成立碳管理委员会”政令，出台碳排放市场管理办法，规定任何企业和个人均可通过购买碳补偿单位（UCC）资助造林，补偿无法削减的碳排放。每单位 UCC 定价 3 美元，可补偿 1 吨二氧化碳排放量。哥斯达黎加国家林业基金会还与世行森林碳伙伴基金签署 6300 万美元合作意向书，用于扩大森林覆盖率。

（2）出台系列交通新政，引导清洁能源汽车消费，打造城市公交升级版。对于购置清洁能源汽车，下调选择性消费税至 15%，降低进口税至 35%，较普通车少交 18%，取消出行限制；出租车行会提供 100% 车价融资担保，并降保费至市价的 25%；银行推出鼓励购买生态型汽车独家优惠信贷产品，积极配合政府“公交升级计划”，寻求并获得韩国口行和日本国际合作银行各 5000 万美元信贷，用于采购韩、日清洁能源客、轿车，改造现有公共汽车和出租车系统。

（3）大力开发地热资源。与日本政府达成总额 5.6 亿美元 40 年期低息（利率 0.6%）贷款协议，用于瓜省火山地热资源开发项目，贷款法案已提交立法大会审议。

（四）培育创新文化，丰富国家创新体系内涵

开通国家创新门户网站 www.innovacion.cr。该网站旨在向创新、创业者提供内容和信息服务，传播创新文化，弘扬创业精神。内容服务包括创新相关法律、法规、文件、指南、日程及创新相关国家机构名录。此外还涉及国内外创新创业经验做法，创新培训、案例、新闻。也通过网络回应公众创新教育需求，帮助用户识别创新管理过程，解答常见问题，提供创业建议支持，指导企业创新融资。

启动“创新从家庭做起”计划，让创新思想走进千家万户。开展科学教养方法培训，使家长掌握创新教育知识，正确行使教育权利；通过让儿童参与团队活动，以游戏和实践方式，激发儿童创新灵感和创造活力，促进家长创新思维，进而带动儿童全面发展。

树立创新榜样，宣传创新事迹。汇聚 20 个创新个人和企业成功案例的“创新冠军”新书出版发行，并举行隆重的新书发行仪式，让创新思想在全社会颂扬。

（五）用好激励资金，发挥政策倍增效应

哥斯达黎加政府设有两项科技基金，一是总额 100 万美元的“中小企业促进基金”，资助中小企业技术开发和创新活动，促进其管理能力和竞争力提升；二是总额 100 万美元的“激励基金”，资助高级人才培养和研发项目，促进国家科

技能力提高。基金使用采取网上申报，遵循公开、规范、透明原则，接受社会监督。

二、科技创新初显成效

（一）坚持创新驱动，提升国家创新竞争力

坚持竞争力和创新驱动发展战略。总统亲自领导国家竞争力与创新委员会，统筹推动改善竞争力行动，协调创新决策，使哥斯达黎加竞争力超越墨西哥、巴西、秘鲁和哥伦比亚，在地区排名靠前。根据世界经济论坛《2013—2014 年全球竞争力报告》，哥斯达黎加劳动力素质、科技创新、教育质量优势明显。在 148 个参评国家中位列第 54 位，较上年排名上升 3 位，在拉美名列第四。

据欧洲工商管理学院、康奈尔大学和世界知识产权组织发布的《2013 年全球创新指数》，哥斯达黎加在 142 个国家排名位次从第 60 位升至第 39 位，成为拉美最具创新能力的国家，首次进入创新经济国家行列。

（二）加快宽带建设，提升教育信息化水平

推动电信基金投向公共教育部门，加强信息教育基础设施建设，实施宽带进学校工程，将教育信息化投资从 200 万美元增至 2400 万美元。利用现有光纤网，首期实现 2000 所学校无线互联，校带宽达 10 兆；补充、更新、升级现有设备，教育信息化计划计算机保有量达 52 500 台；宽带连接覆盖率自 26% 提升至 95%；受益学生从 2010 年的 47 万人增至 2013 年的 56 万人。

（三）电信业加速成长，领跑拉美现代服务业

电信业实现跨越式增长。宽带互联网用户数量从 2008 年的 10.7 万户增至 2012 年的 48.1 万户，增长 3.48 倍；在线移动电话使用数量由 189.4 万次增至 615.1 万次，增长 2.25 倍；市场电信服务供应商由 12 家增至 116 家，增长 8.67 倍；电信业产值从 9.1 亿美元增至 13.2 亿美元，占 GDP 的 3.3%。

现代服务业领跑拉美。据哥斯达黎加投资促进局数据，智利、哥斯达黎加、哥伦比亚、阿根廷、巴西和秘鲁服务业人均出口额分别为 719 美元、1191 美元、107 美元、350 美元、197 美元和 145 美元；服务业出口占总出口额比例分别为：13%、33%、8%、14%、13% 和 9%；信息技术及企业服务出口占 GDP 比重分别为：0.9%、5.8%、0.2%、1.2%、0.8% 和 0.2%。哥央行数据显示，1999 年到 2012 年，哥服务业出口由 16.82 亿美元增至 55.6 亿美元，高附加值服务占比从 12% 增至 47%，现代服务业成为哥斯达黎加经济的重要增长极。

（四）关注弱势群体，缩小社会数字鸿沟

推进“人力工程”振兴计划，在社区建智能中心，帮助居民特别是儿童、老人、移民、少数族裔、低收入等弱势群体，为其优先提供互联网应用、电邮、英语、视频会议等基本训练和数字扫盲，助其获得知识、信息、创意和能力；资助贫困人口获得技术和金融教育，参与社区发展项目，提高个人、家庭和社区发展机会与生存能力；提供适应中小企业需求的服务，促进当地经济社会发展。覆盖全国大部分城乡的234个智能社区中心，使近10万人从信息通信技术、金融教育等训练中受益。

（五）把握健康主动权，移动通信服务民生工程

与国际电信联盟和世卫组织签署“慢性非传染性疾病移动健康服务”谅解备忘录，启动“移动健康”行动，成为首个接纳WHO“移动健康”倡议的国家，利用现代通信技术手段，对18~35岁年轻烟民推出手机戒烟计划，发送短信帮助烟民接受健康生活方式，降低涉烟慢性非传染性疾病患病率。

三、打造创新与人才高地

哥斯达黎加历届政府高度重视人才培养，高教普及率超过25%，教育水平居拉美前列，科技人才培养独具特色。近年来，政府尤其重视加大财政资金对教育部门的投入，2013年教育部门预算34.79亿美元，2014年预算将增长11%，占GDP的7.2%。科技部门预算则相对有限，研发创新投入长期在GDP的0.5%左右徘徊。2013年为2357.4万美元，但2014年将减少28%。

（一）构建长效机制，造就创新管理英才

“创新与人力资本竞争力计划”法案已交立法大会审议，该法案旨在推动批准政府与美洲开发银行的3500万美元贷款协议，有效增加国家科技资源投入，加快高级人才培养，鼓励战略产业创新，持续促进国家生产力提升，实现国家知识经济发展蓝图。融资拟用于500名国家急需高级人才培养，资助200家企业研发创新项目。

凝聚全国共识的“加强教育基本法”法案交付审议。推动《教育基本法》修改，将科技、通信、人权、环境可持续、性别平等、健康生活方式等要素纳入国民教育体系，加强科技、环境、包容性和素质教育，关注生活质量改善和创新技能培养。议案提出，教育不仅应考虑知识和价值，也应鼓励创新思维、生产技能、创业精神、团队合作、领导及职场能力，需加强学生求职指导、亲和力和认

知力开发。

将创新管理纳入国家创新日程，启动“市场为导向的创新实践训练”计划，培养创新领军人才。与德国莱比锡大学合作推进“中小企业促进与训练计划”，回应生产与服务行业管理创新需求，开设创新理论与实践培训课程，突出市场导向特色，2013 年共有 6 期 200 名学员获得创新管理人证书。

（二）播撒科学火种，培养科技青年才俊

科技夏令营播撒科学火种。青年人才俱乐部连续 3 年与美国麻省理工学院牵手，组织青年科技夏令营活动，与名校师生互动交流，学习科技知识、分享团队经验，体验趣味项目、培养科学志向。营地活动注重机械、软硬件、生命科学、机电、电子等工程学科，为学生们定制极具挑战的竞赛项目，如医学装置、热气球、足球机器人等，得到波士顿科学、惠普等跨国公司支持，科技营成为未来科学家的摇篮。

工程展览放飞工程师梦想。与英特尔国际科学工程博览会呼应，哥斯达黎加创办“国家工程展”传播工程知识，激发青少年技术爱好。2013 年国家工程展涉及 8 个工程学科，吸引 105 名学生 60 个创新创意项目参展，15 名优胜者获进军亚利桑那英特尔博览会资格。1998 年至今，哥斯达黎加有 121 名学生入选英特尔博览会，工程展成就青年工程师梦想。

举办数、理、化、生等各类奥林匹克赛事，培养青年学子科学志向，造就未来科技栋梁。尤以机器人国奥赛引人入胜，激发学生灵感智慧。2013 年，7 位国奥赛获胜选手代表哥国参加了印尼机器人世青赛。

（三）明日之星齐聚会，世界使命共担当

与国际电信联盟共办首届“全球青年信息通信技术”峰会，来自 68 国的 600 多名青年齐聚圣何塞，开启跨文化技术对话，以虚拟方式与 30 国 4000 多名青年在线互动，就创新创业、健康安全、环境与儿童在线保护、全球治理等自由辩论、提出倡议。峰会形成 2015 年后可持续发展日程和联合国优先事项建议，发布的《哥斯达黎加 2013 宣言》已正式提交联合国大会。

四、积极开展国际科技合作

2013 年，哥斯达黎加对外科技交往活跃，借区域、次区域组织提高影响力，积极谋求加入经合组织，在国际组织中发挥更大作用；加强与区域国家互动合作，探讨合作机制；重视传统盟友关系，并发展与亚太国家关系，在地区和国际事务中的地位和作用日益提升。

（一）积极利用合作机制，彰显融入国际社会雄心

加入“拉美－加勒比－欧盟（LAC-EU）”合作框架，在可再生能源、生物多样性、信息通信技术和生物经济4个战略领域开展合作。在哥斯达黎加召开首届“热带美洲生物经济研讨会”，围绕减轻环境影响，满足粮食需求，永续利用自然资源，寻找替代品等生物经济议题，寻求切实可行的生物经济方向，实现经济增长和自然资源更好利用。此外，哥、欧科技合作典范——国家生物技术创新中心正式移交哥斯达黎加运营。

与经合组织签署互联网经济未来宣言，加强互联网治理和商业行为国家承诺，促进数字网络、设备、应用程序与服务对接，支持信息通信技术投资、创新与竞争力，增强安全与信任，推动互联网经济可持续发展，为哥斯达黎加2015年加入经合组织铺路。

中美洲电信服务一体化议程。召开一体化议程官方会议，阐明拉美北部地区国家发展立场，致力于实现区域物流互连与竞争力，促进中美洲社会发展和地区国家与世界的竞争和连接。优先讨论了加强区域国家协调、共投基础设施、内容生成和缩小数字鸿沟议题，得到美洲开发银行支持。墨西哥、哥斯达黎加和哥伦比亚等10个区域国家与会。

区域创新体系政策研讨。哥斯达黎加、巴西科技部门与拉美经委会举办“创新体系与政策”研讨会。此外，科技电信部还与中美洲科技大学和泛美农业研究所就最大程度利用机构基础设施、知识、研究、技术转让等达成谅解。

（二）借重传统盟友科技资源，提升本国竞争力

携手国际专家加强网络安全。协调美洲国家组织、美国安全局、拉美与加勒比因特网管理注册中心，加强国家网络安全能力建设，组织IPv6、DNSSEC、黑客道德、打击网络犯罪专门技术研讨，就DNS系统安全基本概念，防范网络攻击与威胁，安全评估、监听与测试等网络安全技术进行培训。

（三）积极发展与亚洲国家科技合作

哥斯达黎加、日本高新技术产业合作取得积极进展。2013年，两国就数字电视及其技术标准在中美洲地区推广应用，扩大信息技术及设备使用后续深化合作达成一致。日系清洁能源汽车在哥相继面世后，日本国际合作银行与哥银行达成5000万美元信贷额度，助推日系新能源车参与哥公交升级；日本援助哥斯达黎加1MW太阳能示范电厂投产后，两国光伏能源合作持续深化；日资800万美元兴建的“铂金线圈和神经血管支架”现代化生产厂在哥斯达黎加投产。

加强与韩国科技交流合作。科技电信部长克鲁茨访韩，出席首届拉美和加勒

比宽带发展部长论坛暨网络空间大会青年论坛，达成“首尔宣言”。

与印度开展软件人才培养合作。与印度卡尼尔集团就加强科技人才培养达成框架协议，印方为哥方提供100个奖学金名额，在Infosys公司印度总部开展两个半月的“云计算和网工技术”培训，为哥斯达黎加培养数字技术领域专才。

（执笔人：翟　跃）

巴　　西

2013 年，巴西政府为加快经济发展，对经济结构进行了调整与改革，采取了减税降息、鼓励投资、加快基建、保护本国市场等措施。在公共和私人投资的强力驱动下，巴西经济缓慢复苏。巴西雷亚尔兑换美元汇率贬值，推动了出口的增长，经合组织预计 2013 年巴西经济增长 2. 2% 。巴西政府在 2013 年继续实施创新国家战略，不断加大科技投入，加快科技人才培养。

一、科技发展概况

近年来，巴西研发投入总体呈微升态势，在拉美地区位列前茅，但与发达国家和其他新兴经济大国相比还有一定的差距。巴西公共研发投入比例高于企业，企业研发和创新积极性仍需进一步提高。据 R&D Funding Forecast 统计，2013 年巴西研发投入将达到 319 亿美元，比 2012 年增加了 8. 1% 。目前，巴西研发投入占全球研发投入总量的 2. 1% ，占整个拉美地区研发投入的 75% 。巴西研发投入占国内生产总值比例为 1. 21% 。2013 年，巴西科技部预算为 127 亿雷亚尔（1 美元约合 2. 3 雷亚尔），比 2012 年增加了 44. 3% ；巴西科技发展基金和创新融资署分别投入 45 亿雷亚尔和 60 亿雷亚尔，扶持本国生物技术、纳米技术、近海盐下油气开采技术、健康、航空技术和二代乙醇技术。巴西联邦政府对企业和科研机构的研发和技术创新项目共减免 72. 19 亿雷亚尔税收，比 2012 年增加了 22. 1% 。

巴西国家知识产权局的研究报告表明，巴西注册知识产权数量过去 10 年间增长了 60% ，从 2002 年的 2 万件（本国企业和外资企业申请总量）增至 2012 年的 3. 3 万件。目前，巴西知识产权授予量占世界知识产权授予总量的 1. 6% 。2012 年，巴西在美国专利及商标局申请专利 679 项，较 2011 年增长了 93 项；被授予专利 196 项，较 2011 年减少了 19 项。2012 年，巴西在科技期刊上公开发表论文 53 803 篇，比 2011 年增长了 3. 8% ，占拉美地区论文发表总量的 54. 6% ，占世界论文发表总量的2.29%，全球排名第15位。

二、重要科技政策与活动

（一）促进创新

巴西政府于2013年3月14日发布了史无前例的“企业创新计划”，投入总额达到329亿雷亚尔，主要资助农业、能源、油气、医疗、航空与国防、信息通信和社会环境可持续发展等7个领域。巴西政府采取一系列措施进一步优化国内创新环境并扩大公共与私人研发投入，主要手段包括：税收刺激；创新项目直接资助；企业科研人员补贴；创投融资项目；完善公共科研机构的法律框架。

（二）设立工业创新研究院

2013年9月3日，巴西工业创新研究院宣布成立，受联邦政府管理。该研究院将联合巴西的公共和私营部门，属于非官方机构。政府、企业和科研机构各自承担研究院1/3的运营经费。巴西工业创新研究院计划于2011年启动，旨在建立全国技术创新网络，在政府、企业和科研机构间架起桥梁，促进产学研合作和技术成果转化。

（三）实施科学无国界项目

2013年，巴西继续加快“科学无国界”项目建设，派遣大批本国留学生赴海外学习深造。截至2013年底，巴西政府累计提供了39 191个奖学金名额，并计划到2015年将这一数字提高到10万。美国、德国、中国、法国、加拿大、日本、韩国等20多个国家与巴西签订了合作协议。“科学无国界”项目2011年启动，主要针对科学、技术和工程领域，培养专业技术人才。目前，巴西每千人拥有科研人员1.2人，远低于其他拉美国家。而且，巴西缺少2万名工程人员。巴西政府希望通过该计划为国家可持续发展积累人才资本，吸引海外高科技人才来巴西从事科研工作，从而提高国家创新能力、竞争力和战略部门的领导能力。

（四）科学团体抗议撤销科技、信息与通信委员会

2013年9月10日，巴西科学进步协会联合巴西科学院、全国高等教育领导协会、全国企业创新实体促进协会、州立研究资助机构全国委员会、国家技术转移与创新协会等众多机构联名上书巴西联邦议会，抗议关于撤销科技、信息与通信委员会的议案。此项议案建议将国家议会常委会由11个减少为9个，撤销科学、技术、信息与通信委员会，将科学、技术和信息主题并入教育、文化和体育委员会，通信主题并入基础设施委员会，从而加快立法建议处理程序。

2007 年以前，巴西科技主题被归入教育委员会。抗议认为，历史经验证明 2007 年 2 月将科学和教育分开是明智的选择。因为科学、技术和创新的重要性日益增加，并且越来越融入人民生活、企业生产和竞争中，而不再仅仅是与教育机构相联系。正因为如此，巴西科技部更名为科技与创新部，此后国家科学技术委员会作为咨询机构的作用也越来越重要。生产生活的各领域对应着不同的科学分支研究，技术对社会在诸多方面产生正面影响，科学技术和创新几乎涉及巴西所有部委的工作并直接与人民生活水平相联系，所以这类的讨论和资金应该被保存在一个专门的委员会，对相关问题进行审议、辩论和表决。

三、重点领域发展及国际合作情况

（一）航天领域

巴西政府 2013 年公布了新太空计划，到 2021 年实现在本国发射中心使用自行研制的运载火箭，发射一颗由巴西开发的卫星，从而实现发射场所、运载火箭和卫星制造的全面国产化。巴西拥有世界上条件比较优越的阿尔坎塔拉发射中心，并且能够自己研制通信遥感卫星。

2013 年 5 月，巴西科技部、国防部和发展、工业与外贸部签署谅解备忘录，启动“航宇防务创新”计划。该计划通过贷款、补贴贷款、补助金以及批准研究机构和企业间的合作计划等措施为企业提供资金支持。巴西创新融资署将在 2013—2017 年投资 14.3 亿美元用于航宇防务领域的技术开发，具体投资领域包括：航天推进剂、航天平台、探测火箭、卫星运载火箭以及国防领域用于装甲车、护卫舰和飞机的远程雷达或光感系统，指挥控制技术。此外，巴西国家空间研究院 5 月宣布与亚马逊合作条约组织签署协议，将与该组织成员国分享由其开发的卫星监测技术，减少亚马逊雨林滥伐现象，保护热带雨林资源。

（二）能源领域

巴西盐下层石油可采储量已达到 350 亿桶。巴西国有能源公司（Petrobras）表示，未来 5 年计划投资 2367 亿美元，用于油田开发开采项目。2013—2017 年，巴西国有能源公司勘探和开采领域的投资将达到 1475 亿美元，占到总投资的 2/3。2013—2015 年该公司将新建 11 个产油平台，预计到 2017 年实现原油产量 275 万桶/天，到 2020 年原油产量将达到 420 万桶/天。联合国能源署发布的报告称，到 2035 年，巴西石油产量有望比目前增长 3 倍，达到日产 600 万桶原油，成为全球第六大石油生产国。

在核能方面，巴西虽未完全放弃发展核电，但出于安全和战略考虑，已不再将其作为优先选项。巴西目前在里约有 2 座投产的核电站，在建的安格拉核电站采用德国西门子技术，预计 2018 年建成投产。

（三）纳米领域

2013 年 8 月 19 日，巴西科技部正式对外发布“国家纳米技术行动”计划。根据计划，巴西政府将创建国家纳米实验室系统，主要用于提升巴西纳米科研的硬件水平，培养高素质专业人才。该计划将促进产学研合作，加强科研机构与私营部门之间的关系，通过创造、整合并加强政府与相关机构在纳米技术和纳米科学领域的合作，促进纳米技术的创新发展。作为巴西《国家科技创新战略规划》的一部分，巴西政府计划 2013—2014 年投入 4. 5 亿雷亚尔支持该计划。

（四）生物能源

2013 年 4 月，巴西政府宣布了一揽子乙醇生产鼓励措施，旨在促进乙醇行业改善投资环境，扩大生产。例如免除乙醇行业“社会一体化计划税”和“社会保险资金税”，两项税金共 0. 12 雷亚尔/升。2013 年巴西总共免除相关税金 9. 7 亿雷亚尔。同时，巴西联邦政府还为蔗农提供了 40 亿雷亚尔低利率贷款，用以扩大种植面积和改良品种。从 2013 年 5 月 1 日起，巴西汽油里乙醇含量从 20% 增加到 25%，该措施可能会降低现行汽油价格。

（五）信息技术

巴西科技部 2013 年 9 月 19 日宣布投入 1400 万雷亚尔用于国家壮大信息产业的研发项目。巴西科技部与德国 SAP 软件公司在南大河州建立了研发中心，2012—2015 年期间投入 1500 万雷亚尔用于研发中心建设。此外，微软公司将投资 2 亿雷亚尔在里约开设巴西首座高科技中心，并向 15 家新创企业提供免费云端科技。

（六）高速铁路

2013 年 11 月，巴西政府宣布 2014 年将投入 2. 67 亿雷亚尔用于圣保罗至里约高铁项目招标。该条高铁全长 511 千米，总投资 350 亿雷亚尔，计划 2020 年投入运营，建成后将成为拉美地区第一条高铁线路。但目前由于西班牙和德国公司的延期申请以及巴西国内的抗议，巴西政府推迟了项目的招标。巴西政府预计 2014 年下半年重新开标。

（七）医药卫生

2013 年 10 月 22 日，巴西政府正式批准了“更多医生”计划，以解决偏远贫困地区的医生短缺问题。根据计划，巴西将在未来 2 年内，高薪招聘 1 万名外国医生，改变当地医生不愿到艰苦地区工作现状。目前，巴西公共医疗系统大约缺少5.4万名内科医生，巴西人口与医生的平均比例为1000∶1.8，在北部和东北部地区甚至超过1000∶1。目前已有3000名古巴医生受聘到巴西边远和贫穷地区提供理疗服务。预计到2014年将有1.3万古巴医生到巴西工作。根据“更多医生计划”，巴西政府还将提供300万美元资金用于更新旧诊所和新建新诊所，改革医学院课程设置。自2015年起，巴西医学院学生在毕业前必须先到公立医院实习2年。巴西政府计划今后4年扩招11 500名医学院学生。

（八）科技园建设

巴西科技部2013年10月15日发布的“高复杂性项目研究——科技园区指标”研究报告显示：在被研究的80个科技园区中，84%位于南部和东南部地区，东北部地区有4个投入运行，2个正在建设，中西部和北部共有7个计划项目，但是没有正在运行的科技园区；所调查的939家科技园区企业中，39.7%位于南部地区，32.3%位于东北部地区，24.5%位于东南部地区，中西部地区和北部地区仅占3.5%；截至2013年6月，科技园区企业共提供32 237个就业岗位，其中13.5%是硕士和博士，从业人员学历高于一般同类型企业；园区企业多分布在信息通信技术、能源、生物技术、卫生、石油和天然气、电信、航空航天、农业和环境等领域；国家、州市和私营部门共同为科技园区提供财政支持，其中联邦政府在科技园区的项目初期投入最多，占总资金的54%；在项目施工阶段，州市投入最多，占92%；在运营阶段，私营企业投资最多，占55%；联邦政府共投入12亿雷亚尔，带动州市投资24亿雷亚尔，企业投资21亿雷亚尔，表明巴西政府在引导创新发展方面发挥了积极作用。

（执笔人：蒋德华　高　川）

智　　利

据智利中央银行预测，2013 年智利 GDP 增长 4.2%，人均 GDP 将超过 1.9 万美元，成为率先迈入高收入行列的南美国家之一。21 世纪以来，智利政府更加重视科技创新，制定了国家创新发展战略，将科技创新作为促进经济发展、提高人民生活水平的重要措施。

一、科技发展概况

智利国家科学技术研究委员会（CONICYT）是政府科学技术主管部门，其战略目标是促进人力资源的培养，加强国家基础科学技术研究；技术创新的主管部门是经济部，通过下属的生产力促进委员会（CORFO）管理和支持国家技术创新项目；科研主力军是公立和私立大学，智利全国共有 79 所大学，其中国立（包括联办）大学 25 所；智利政府部门下属 16 个研究机构，专门从事部门的科研活动与科研管理，是智利重要的科研力量。2012 年，智利全国研发人员总量 4559 人，每万人口有研发人员 2.8 人，国际科技论文发表数 4559 篇，吸引外资 31.5 亿美元用于智利天文观测基础设施建设。世界经济论坛《2012—2013 年全球竞争力报告》显示，智利国家竞争力排名为第 33 位，居拉美第一。

二、科技与创新投入逐年增加

2010 年，智利正式加入经济与合作发展组织（OECD）。据该组织统计，当年智利科技与创新投入总量占其 GDP 的 0.7%，远远低于该组织成员国 2.3% 的平均水平。智利研发经费投入偏低的主要原因是企业在研发方面投入不足，企业研发投入仅占 GDP 的 0.31%。近年来，智利各届政府重视国家科技与创新，不断增加研发经费预算。2007—2013 年，国家科技创新投入逐年增加，已由 2007

年的4.73亿美元，增加到2013年的10.37亿美元，增长了119%。其中，2013年智利国家科学技术委员会管理的研发经费预算为5.46亿美元，约占国家研发总经费的52%，同比增长7.6%。2005—2013年智利国家科学技术委员会经费预算增长了364%。

2013年，智利国家科学技术研究委员会管理的12个专项科研基金投入都有不同幅度的增加，其中，国家科技发展基金是国家支持基础科学研究的最主要基金，2013年预算为874亿比索（约合1.79亿美元），同比增长18.1%；科技发展促进基金侧重支持应用研究项目，以提高竞争力和促进科技成果转化，2013年预算为169亿比索（约合3470万美元），同比增长4.1%；科研设备基金主要用于支持科研设备更新，2013年预算为59亿比索（约合1211万美元），同比增长12.3%；其他基金项目2013年预算为1554亿比索（约合3.2亿美元），同比增长2.6%。

三、加大技术创新力度，促进科技进步

（一）设立“创新年”，加大科技创新力度

为促进智利经济“跨越式”发展，使智利成为拉美地区“创业和创新增长点”之一，智利政府2013年1月14日召开了主题为“智利形象”的大会，智利总统皮涅拉出席大会并宣布将2013年定为“创新年”。政府采取多项举措推动智利科技创新：一是国家科技与创新总预算将超过10亿美元，比2012年提高8.9%；二是国家20个部委将在全国开展100多项面向公共和私人企业的科技创新活动；三是智利生产促进局（CORFO）将新批准7家创新研发中心；四是将享受“英语助学金”的科技和管理人员由6000人提高到10 000人；五是推进“创业智利”千人创业活动；六是制定面向2030年的创新长远规划。

在科研基础设施建设方面，智利2013年投入4600万美元，用于在市区建成智利国家科学技术研究委员会大楼，翻新圣地亚哥天文台，启用ALMA天文观测台等42个建设项目。

（二）吸引著名跨国公司在智利建立研发中心

2009年，智利经济部生产力促进局设立了“国际著名研发中心引进计划（CEI）”，该计划主要目的是吸引著名跨国公司、国际非营利研发机构到智利建立研发中心，从事专门领域的研发、技术推广和商业化开发，促进本国科技创新与经济发展。智利政府对入选的国际研发中心和跨国公司研发中心分别给予最高1280万美元/8年和最高800万美元/4年的配套资金支持。国际著名研发中心引进计划通过网络公开招标。2013年9月，智利经济部和生产力促进局宣布，辉瑞

公司（Pfizer）、埃莫森（Emorson）、法国燃气苏伊士集团（GDF Suez-Laborelec）和西班牙 TELEFONICA 将于 2014 年在智利建立各自的研发中心。4 个研发中心将分别在肺癌防治、矿产研究、可再生能源和信息通信等领域开展研发，总投资将超过 7760 万美元，智利生产力促进局将配套 33% 的投资。这是“国际著名研发中心引进计划”的重要成果。

四、重点领域发展动态

（一）以立法促进新能源、新技术的应用

2013 年 9 月，智利参议院通过了“非常规可再生能源法”。该法案规定到 2025 年，智利能源构成的 20% 须来自非常规可再生能源。为实现该目标，2015 年前非常规可再生能源占比每年需在上年基础上提高 0. 5%，到 2020 年占比达到 12%，到 2024 年前占比每年需提高 1. 5%，到 2025 年较上年提高 2%，最终达到既定目标。该目标较原定的法定目标翻了一番（原定到 2024 年非常规可再生能源占比达到 10%）。法案规定私人企业可自愿开发非常规可再生能源，如当年目标未能实现，政府可采取招标方式弥补非常规可再生能源的缺口。可再生能源法的实施将促进相关企业的研发与创新。

2013 年 10 月，经过 5 年讨论，智利议会正式通过“数字电视法”。新法规定，5 年内所有公共电视信号必须数字化，全国 15 个大区可免费接收，并对新电视频道公开招标做出详细规定。新法的推出使首都以外大区有机会享受科技成果，今后全国人民均可免费收看高清数字电视。

（二）制定并实施数字智利形象计划 2013—2020

数字智利形象计划 2013—2020 是国家数字化发展战略规划，主要目的是利用信息和通信技术促进国家进步和经济发展。到 2020 年，信息和通信技术产值将达到 GDP 的 10%。该计划由 5 个战略重点组成：1）数字化连接与融合，向全体智利人提供获取知识的网络与服务；2）数字化发展环境，为民众和企业提供必要数字化的环境条件；3）数字化教育与培训，利用信息和通信技术，通过学校和工作实际的培训，传授开发知识社会的技能；4）创业与创新发展，创造一个适合信息和通信技术发展的良好环境，利用信息和通信技术促进创新发展；5）数字化服务与应用，通过数字化服务提高生产力和生活质量。每个战略重点还包括具体的行动计划和指标。

（三）建成拉美首家干细胞库

2013 年 6 月，智利 BiosCell 公司在圣地亚哥建成拉美首家干细胞库并投入运

营。该干细胞库建设初期可以储存25 000份成人、儿童和新生儿的干细胞样品，其储存能力还可以根据需求不断增加。该库储存的干细胞样本提取来源主要有3个：脂肪组织、骨髓和儿童的乳牙。干细胞提取费用大约4000美元，每年储存费用约200美元。这一全新的“生命银行”将为更多人的健康提供有力保障。

五、国际科技交流与合作

2013年，智利在继续保持与美国、德国、法国、西班牙等传统科技合作伙伴关系的同时，加强同新兴国家的科技合作，特别是面向中、日、韩的亚洲科技合作发展迅速。年内，智利国家科学技术研究委员会主任率团对上述三国进行了正式访问，并分别签署了双边科技合作协议，就深化双边科技合作达成重要共识。

（一）智利－中国科技合作十分活跃，天文合作亮点突出

2013年，智中科技合作取得进展，人员往来频繁，合作领域拓宽，在天文领域合作成效显著，亮点突出。9月，在智利海滨城市比尼亚德尔马成功举办了“第三届中智天文学研讨会”，中智两国天文学者60多人参加了会议，充分展示了中智两国天文领域的研究成果，深入探讨了两国在天文观测、天文理论、仪器研制等方面合作机制和合作前景。10月，智利国家科学技术研究委员会主任与中国科学院院长白春礼签署了中智天文合作谅解备忘录。同时，“中科院南美天文研究中心”和“中智天文联合研究中心”揭牌仪式在圣地亚哥正式举行。从2014年起，将有约20名中方天文学家、研究生、博士后到此中心与智利同行共同开展天文观测研究。

（二）智利－日本扩大合作领域

2013年8月，智利国家科学技术研究委员会主任率团访问日本，与日本教育、文化、科技副大臣进行了会谈，讨论并确定了两国科技合作优先领域：天文、空间、海洋学、自然灾害等，还与东京大学签订了合作谅解备忘录，双方同意将于2013年11月在圣地亚哥举行东大寺论坛，研讨主题将包括天文学、生物科学、化学信息工程、材料科学、可再生能源、地震学等。7月，智利南极研究所（INACH）和日本国家极地研究所（NIPR）在东京签署了合作备忘录，以扩大双方在南极科学领域的合作。这是日本与拉美国家签署的第一个类似协议，展现了两国在该领域合作积极愿望。

（三）智利－韩国加强合作

2013年8月，智利国家科学技术研究委员会主任率团访问韩国并与韩国国家

研究基金会主任签署了科技合作谅解备忘录，旨在促进两国的科技合作，共同进行研发项目招标，联合举办科技研讨会，加强信息和研究人员的交流。11 月，作为智韩两国科技合作的第一个举措，双方在圣地亚哥举办了“智韩科技合作机遇研讨会”。本次活动主要集中讨论生物技术、可再生能源、天文学和极地科学（南极）等领域的合作。

（执笔人：贾善刚）

欧　　盟

2013 年欧盟持续推进财政稳固措施和结构改革，尽管复苏势头仍然脆弱，但连续 6 个季度的 GDP 下滑终于结束，经济增长拐点已经显现。为实现可持续增长、提升竞争力和创造就业，欧盟大力加强研发和创新投入，前瞻部署未来新兴技术，探索多种机制促进公私部门合作和新兴产业发展，积极培育新的经济增长点，推动欧洲向绿色、低碳和知识密集型经济转型，实现智能、包容和可持续增长。

一、稳步增加研发投入，确保科学卓越和竞争力

欧盟是全球重要的研发活动中心之一，人口只占全球 7%，但其研发支出和科研人员（全时当量）均占世界的 23%，高被引论文占全球的比重接近 3 成，国际专利申请量占全球的 29%（图 3 – 1）。在金融危机和欧债危机的背景下，欧盟及其成员国顶住财政紧缩的压力，持续稳定增加研发投入，加快科技创新步伐，效果已逐步显现。

（一）研发投入

欧洲统计局发布的《2013 年度欧洲科技与创新统计报告》数据显示，近年来欧盟 28 国研发投入持续增加，自 2007 年开始，欧盟研发投入强度（研发经费支出占 GDP 的比例）摆脱了多年在 1.85% 的水平徘徊的局面，稳步增长至 2012 年的 2.06%。欧盟研发投入强度的增长趋势虽然不及韩国和日本，但与美国的下降趋势相比已属难能可贵。

根据欧洲统计局 2013 年 12 月 14 日的最新数据，2012 年欧盟 28 国研发投入经费总额达 2671 亿欧元，研发投入强度为 2.06%。从研发投入结构看，企业占了欧盟研发投入的 63%（比 2011 年的 57% 有较大增长），政府投入占 12%，高等学校投入占 24%，私营非营利机构占 1%。

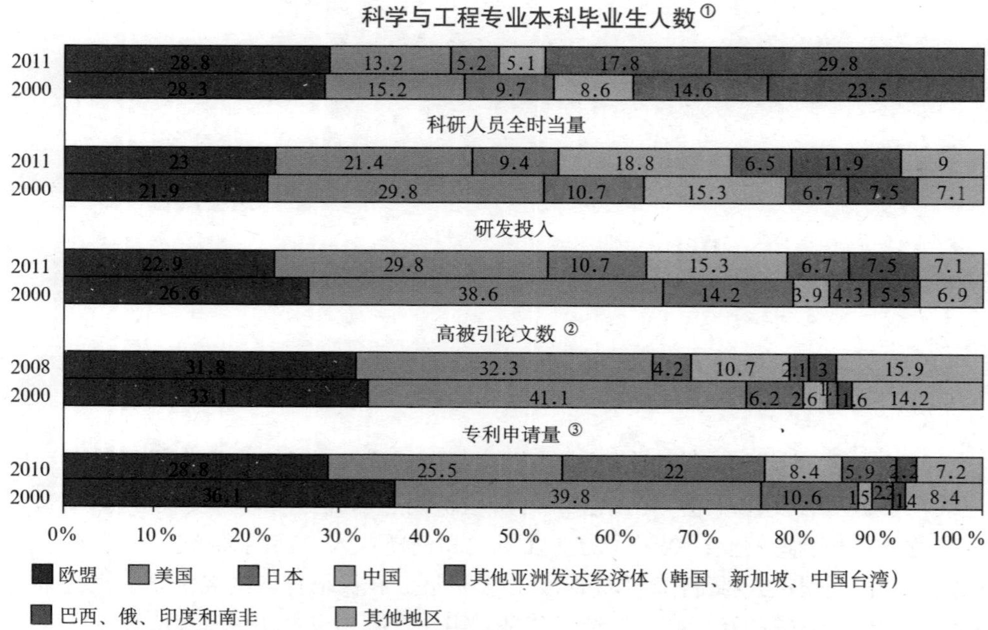

注：① 本指标缺中国数据；本指标的"其他亚洲发达经济体"数据不含新加坡和中国台湾；

②指发表于2008年且在2008—2011年间累计被引用次数进入全球前10%的论文数量；

③指按照《专利合作协定》（PCT）要求递交至欧洲专利办公室（EOP）的专利申请数；

④各指标中的"其他地区"涵盖范围有所不同。

数据来源：Directorate-General for Research and Innovation of the European Commission. Innovation Union Competitiveness（IUC）report 2013，Brussels：October 2013。

图3－1 主要国家和地区部分科技指标占比情况

欧盟成员国中，只有芬兰（3.55%）和瑞典（3.41%）的研发投入强度超过了3%（欧盟2020年的目标）。另外，丹麦（2.99%）、德国（2.92%）、奥地利（2.84%）、斯洛文尼亚（2.8%）、法国（2.26%）、比利时（2.24%）、爱沙尼亚（2.18%）和荷兰（2.16%）等8个国家的研发投入强度超过了欧盟平均水平。

欧委会2013年10月发布的《2013年度创新型联盟竞争力报告》显示，2011年欧盟研发经费占全球研发支出的比重为22.8%，尽管其研发投入总额保持上升势头，但比重与2000年的26.7%相比下降了约4个百分点，其主要原因是中国比重的快速增长。

（二）科技人力资源

欧盟科研人员数量位居世界前列，但其中企业研发人员比例偏低。《2013年度欧洲科技与创新统计报告》数据显示，2011年欧盟27国研发人员全时当量达

260 万人，其中 51.9%（135 万人）分布在企业，这一比例低于美国（约 80% 以上）和中国（约 60%）；此外，政府研发人员占 13.7%（35.7 万人），高校研发人员占 33.2%（86.3 万人），私营非营利机构研发人员占 1.1%（2.8 万人）。

（三）科技产出

在科技论文产出方面，《2013 年度创新型联盟竞争力报告》的数据显示，在欧盟第 7 研发框架计划所涵盖的十大主题领域，从 2000 年到 2010 年，欧洲研究区（ERA）[①] 国家共发表论文 1090 万篇论文，位居全球第一。如果按单个国家计算，则美国位居第一，中国第二，英国、日本和德国紧随其后。

整体上，欧盟稳定产出了全球约 1/3 的论文，高被引论文数的全球比重也基本保持稳定。以发表于 2008 年的论文在 2008—2011 年间累计被引用次数为排序标准，欧盟进入全球排名前 10% 的高被引论文占全球比重为 31.8%，比 2000 年的 33% 略有下滑；同期美国高被引论文比重则从 41.1% 下降到 32.3，中国则从 2.6% 激增至 10.7%。欧盟在能源、交通和环境领域的高被引论文数量优势明显。

在国际专利申请方面，在欧盟第 7 研发框架计划所涵盖的十大主题领域，从 2000 年到 2010 年的国际专利（PCT 专利）申请量超过了 100 万件，其中 ERA 国家的申请量占 28%，比例与美国大致相当。然而，从每 10 亿 GDP 产出的 PCT 专利数看，ERA 国家在所有领域均落后于美国。从专利申请来分析技术创新能力，欧洲在能源、汽车、新生产技术、材料等领域具有较强的优势。

（四）创新能力

根据欧洲工商管理学院和世界知识产权组织发布的《2013 年度全球创新指数》（GII 2013），欧盟 6 个成员国进入全球最具创新力国家的 10 强，分别是：第 2 名瑞典、第 3 名英国、第 4 名荷兰、第 6 名芬兰、第 9 名丹麦和第 10 名爱尔兰。此外，高居排名首位的瑞士虽然不是欧盟成员国，但属于欧洲研究区（ERA）国家。欧洲国家在全球 10 强中占据 7 席，体现了不容忽视的整体创新能力。在该排行榜中，美国位居第 5 位，德国和法国列第 15 和第 20 位。中国列第 35位。

企业研发投入是企业竞争力和创新能力的重要指标。11 月发布的《欧盟 2013 年度企业研发投入记分牌》对全球 2000 家企业（占全球企业研发投入的 90%）的最新研发投资数据进行了分析比较和排名。入榜的 2000 家企业 2012 年研发总投入为 5388 亿欧元，其中美国、欧盟和日本分别占 35%、30% 和 19%；

---

① ERA 国家：指通过与欧盟签署协议加入欧盟研发框架计划，在参加欧盟研发框架计划方面享受欧盟成员国同等待遇的国家，主要包括欧盟成员国和一些尚未加入欧盟的欧洲国家及欧盟周边国家，如瑞士、冰岛、以色列等。

其他比重较大的国家分别为瑞士（4.2%）、韩国（3.3%）和中国（3.0%）。中国入榜企业总数为93家，和2010年的21家相比有显著增长，也是除了美欧日地区外入榜企业最多的国家。从行业优势看，欧洲企业在汽车行业研发投入势头强劲，而美国企业在信息技术和医疗行业投资巨大。我国电信设备制造业、高铁设备制造业和传统能源行业表现突出（中石油研发投入在全球油气生产企业中位居第一）。整体而言，我国企业研发投入强度为3%，略低于3.2%的世界平均水平。

二、实施大型旗舰研究项目，前瞻部署未来新兴技术

FET旗舰项目是欧盟有史以来最大规模的基础研究项目，旨在资助能够对未来的技术创新和商业开发产生革命性影响的交叉科学研究，通过科学突破为解决经济社会重大挑战做出贡献。FET旗舰项目的特点是：支持大规模、长期性、基础性和变革性的交叉学科研究，具有促进技术创新和商业开发的良好前景，聚焦于欧洲的优势科学领域，能够促进学术界和企业的合作等。

2010年7月欧委会公开征集FET旗舰行动项目，2011年5月欧委会从收到的21个项目申请中挑选出6个项目作为试点，试点项目均为信息科学与脑科学、新材料、机器人、医学、纳米技术、灾害防治等领域的交叉科学项目，每个项目均获得150万欧元的资助，用于开展为期1年的可行性研究。在对6个试点项目实施进展和未来前景进行全面评估的基础上，欧盟委员会从中选出“人脑计划”和“石墨烯”项目予以重点资助，每个项目的研究经费均高达10亿欧元（欧委会提供5亿欧元资助，其余由成员国政府、大学和企业配套），实施周期长达10年。2013年10月，“人脑计划”和“石墨烯”两大旗舰项目正式启动。

（一）“人脑计划”旗舰项目

10月14日，“人脑计划”（HBP）旗舰项目正式启动。该项目由瑞士洛桑联邦理工学院（EFPL）教授亨利·马克拉姆（Henry Markram）总协调，来自欧盟以及世界各地的130家脑神经科学、生命科学、临床医学、大型计算机和机器人技术等领域的科研机构参加。项目总预算10亿欧元，预期研究期限10年。

该项目将分两阶段实施：2013年10月到2016年3月为成长阶段，由欧盟第7研发框架计划（FP7，2007—2013年）提供5400万欧元资助，并使用其中的830万欧元开展竞争性招标扩大和充实研发团队；2016年4月到2023年10月为稳定研发阶段，由欧盟《地平线2020》计划（2014—2020年）每年提供5000万欧元资助。

该旗舰项目旨在深入探索和理解人脑运行过程，研发能模拟大脑的超级计算机，重点研究人脑的低能耗、高效率运行模式及其学习功能、联想功能、创新功能等，通过信息处理、建模和超级计算等技术开展人脑模拟研究，在此基础上开展人脑诊断和治疗、人脑接口和人脑控制机器人研究以及开发类似人脑的高效节能超级计算机等。项目研发团队已多次举办战略研讨会，制订研发计划、路线图和时间进度表。“人脑计划”研究将主要涵盖3个领域，建立6个平台，部署13个子课题。

与美国的“脑计划”比较而言，美国的“脑计划”非常重视人脑活动本身的过程和机理研究，而欧盟的“人脑计划”更侧重于对数据和人工智能的研究。根据计划，研究人员需将人类大脑切成8000片，然后利用高性能扫描仪进行数字化处理、绘制人脑详图；同时利用超级计算机处理和模拟大脑所需的海量数据，最后将成千上万的神经元模型组装为一个可正常运转的、完整的人类大脑模型。该项目将凝聚欧洲神经科学、医学和计算机等领域的顶尖专家，集成多方力量，为基于信息通信技术的新型脑研究模式奠定技术基础，并极大地加速脑科学研究成果转化，进而切实提高欧洲的卫生服务，改善欧洲公民的健康状况，提升欧洲的产业竞争地位。

（二）“石墨烯”旗舰项目

石墨烯是单层碳原子面材料，是已知材料中最薄的一种，兼具极强的硬度和韧性以及优异的导电性能，具有不可估量的应用前景。“石墨烯”旗舰项目旨在探索石墨烯的特性及其在信息与通信技术中的应用潜力，研究范围将覆盖电子学、自旋电子学、光子学、等离子体光子学和力学等领域。

该项目由瑞典查默斯理工学院教授亚里·基纳雷特（Jari Kinaret）牵头，将有超过100个研究团队、包括4名诺贝尔奖获得者在内的136个项目负责人共同参加。石墨烯旗舰项目将分两阶段实施：2013年10月到2016年3月的两年半为成长阶段，由欧盟第7研发框架计划提供5400万欧元，资助通过竞争性招标充实和优化研发队伍；2016年4月到2023年10月的7年半为稳定研发阶段，由欧盟《地平线2020》计划（2014—2020年）每年提供5000万欧元资助。

该项目分为16个工作包（Work Package）：材料、健康与环境、石墨烯基础科学和类石墨烯二维结构、高频电子学、光电子学、自旋电子学、传感器、柔性电子学、能源、纳米组件、制造、创新、技术扩散、管理、科研管理、协调。其中后5个工作包为项目管理工作包，其余11个为科技主题工作包。

目前，该旗舰项目的研究团队已经包括了17个欧洲国家的75家研究机构。2013年11月25日，欧委会启动了石墨烯旗舰项目公开招标，希望通过竞争遴选出20~30个研究小组加入现有的石墨烯旗舰项目研究团队，从而为该项目的实施提供强有力的人才保障。

三、启动《地平线2020》计划，加大研发与创新支持力度

2013年11月21日和12月3日，经过长达两年的反复协商，欧洲议会和欧盟理事会先后批准了欧委会提交《地平线2020》计划（2014—2020年）相关立法提案。2013年12月11日，《地平线2020》计划第一次招标启动，标志着《地平线2020》计划正式进入实施阶段。

最终批准的《地平线2020》计划预算总额为770.28亿欧元，若加上同时批准的欧洲原子能共同体（EURATOM）核能科研与培训专项计划（2014—2018年）的16.03亿欧元，则总预算达786.31亿欧元。

《地平线2020》计划将囊括欧盟资助的所有研发与创新活动，将其统筹为三大战略优先领域的14个科技主题。三大优先领域分别是卓越科学、工业领先和社会挑战。

（一）卓越科学

重点支持优秀的科研项目，保持和强化欧盟科学研究的世界领先水平；培养、吸引和留住优秀科技人才；建设世界一流的科研基础设施，使欧洲成为最具吸引力的研发地区。预算投入244.41亿欧元。

（二）工业领先

在关键产业技术领域（信息通信、纳米、材料等）进行重大投资，为欧洲企业的研发创新活动提供支持，使欧洲在这些领域保持领先地位；支持创新型中小企业成长为世界领先的企业；通过公共资金投入带动企业对研发和创新的投资。预算投入170.16亿欧元。

（三）社会挑战

应对欧洲乃至全球共同面临的重大挑战，为欧盟实现气候变化、能源、环境、交通和老龄化等领域的政策目标提供支撑；通过多学科、跨领域（包括人文社科领域）合作提出应对经济社会重大问题的解决方案；为有前景的新技术的示范和大规模推广提供支持。

除了以上三大领域的竞争性经费外，欧盟为直属的欧洲创新与技术研究院（EIT）和联合研究中心（JRC）在以上三大领域的研发和创新行动提供稳定的经费支持。

	主要行动	预算金额（亿欧元）
欧委会直属研发机构	欧洲创新与技术研究院（EIT）：支持知识和创新群体	27.11
	联合研究中心（JRC）：为欧盟的政策提供强有力的科学支撑	19.03
其他	科学与社会	4.62
	传播卓越，扩大参与	8.16

欧洲原子能共同体（EURATOM）的核能科研与培训专项计划（2014—2018年）仍然保持独立预算和5年运行周期（《地平线2020》计划为7年），预算资金共17.899亿欧元。

EURATOM 核能专项	预算金额（亿欧元）
核聚变研发计划	7.28
核裂变研发计划	3.16
联合研究中心（JRC）核能研究定向拨款（非竞争性）	5.6
合计	16.03

四、稳步实施重大科技计划，提升欧洲科研与创新能力

（一）加强欧盟第7研发框架计划的收尾评估

今年欧委会顺利完成了欧盟第7研发框架（FP7）总额为80.95亿欧元的科研项目招标工作，同时，欧委会对其系列资助机制开展了评估。例如6月完成的欧盟绿色创新行动计划（EcoAP）评估受到专家的高度肯定。EcoAP于2011年初正式启动，FP7主要负责资助绿色创新（Eco-Innovation）技术的科研与创新研发项目。专家评估认为，计划实施两年来，欧盟层面投入公共财政资金近7000万欧元，带动社会投资5亿欧元，投入产出的投资回报率为1∶20。投入五大领域的240项研发项目，基本体现了欧盟绿色创新的世界领先水平。这些项目带来的效益包括：节约水资源1.3亿立方米，减少温室气体排放1160万吨，降低固体废弃物61万吨，相当于降低每年环境污染造成的直接经济损失1.6亿欧元。此外，每一项目还平均创造8个就业岗位。

（二）伽利略计划实施取得重要进展

一是伽利略计划建设进程将提速。欧委会预测，伽利略卫星导航计划将在未来20年创造经济增加值900亿欧元。为此，从2014—2020年，每年投资20欧

元，支持伽利略计划的实施，加速伽利略计划的进程。

二是伽利略导航系统新落成两座地面站并开始搜救测试。两座地面测控站分别是位于欧洲最南端西班牙的马斯帕洛马斯（Maspalomas）和北极圈内挪威的斯瓦尔巴群岛（Svalbard）。2013 年 10 月，两座地面站建成并进行联合救援信号测试。提供搜救信号是伽利略系统除定位导航、授时等项服务之外的另一项重要服务。

三是与美国 GPS 系统加强合作。欧洲伽利略卫星导航系统与美国全球定位系统（GPS）于 6 月签署合作协议，将整合卫星导航资源，为航空导航系统建立共同标准，以改善航空飞行安全。两系统将最终整合 50 颗卫星的信号资源，提高飞行器在起飞和降落以及飞行过程中的安全性。通过整合卫星资源，Galileo 和 GPS 将共同建立一个先进的空中导航系统，对飞行过程中各种潜在威胁，在数秒内对飞行员发出预警。

（三）国际热核聚变实验堆（ITER）计划稳步推进

一是 ITER 场址主建筑进入施工阶段。10 月 29 日，欧洲 ITER 和聚变能开发联合执行体（F4E）与法德两国公司组成的企业联合体签订了迄今为止 ITER 建设最大的一笔合同。该合同金额达 5.3 亿欧元，为期 6 年。签约公司将负责建设容纳 ITER 托卡马克系统的主楼及其周边建筑。

二是首次成功绕制环向场（TF）线圈的全尺寸双饼。TF 线圈是托卡马克装置的关键部件，F4E 负责采购 10 个 TF 线圈，这种 D 形的线圈需要在 68000 安的电流下运行，以便产生足够的磁场约束等离子体。TF 线圈由意大利 ASG 公司、西班牙 Iberdrola 公司和 Elytt 公司组成的企业联合体负责生产。该联合体 8 月份首次成功绕制环向场（TF）线圈的全尺寸双饼，成为 TF 线圈生产过程中的重要里程碑。

（四）加强科研基础设施建设，促进科技资源共享

欧盟致力于克服欧洲科技资源碎片化和共享不足的现状，大力加强泛欧科研基础设施建设，推动科技资源共享。2013 年 3 月 22 日，欧委会在互联网上首次对外公布欧洲 800 座可对欧洲科技人员开放的科研基础设施分布图，以促进欧洲研发创新资源的最大化利用。首批公布的对外科研基础设施，均得到过欧盟及成员国公共财政的资助，其中欧盟资助的科研基础设施 80 座，成员国国家科技计划资助 720 座。迄今为止，FP7 已投入 5.5 亿欧元资助了 70 余座欧盟层面的科研基础设施建设及运营管理，具体管理工作主要由欧盟研究区（ERA）科技理事会负责。经过近 10 年科研基础设施的管理实践，欧盟研究区（ERA）已建立和优化了系列的管理规范标准，可作为开放科研基础设施运营的参照指南。

（执笔人：陈敬全）

英　　国

英国拥有良好的研究基础，在世界科技舞台上扮演着重要角色。最新发布的《英国研究表现国际比较2013》报告指出，英国以占世界0.9%的人口，3.2%的研发投入以及4.1%的研究人员，创造了世界引文的11.6%和世界高影响力论文的15.9%。根据2013年发布的全球创新指数报告，英国创新指数由世界第五上升为世界第三。

金融危机以来，联合政府将研究和创新作为经济增长的源头和根本动力加以支持。2013年在继续推动研究与创新战略的基础上强调技术商业化、支持中小企业研发。特别是，30多年以来英国政府首次制定和发布了11个领域的产业战略，并将研究和创新置于产业和经济发展的核心位置。

一、英国科技创新总体情况

（一）研发投入

根据英国国家统计局2013年3月18日公布的数据，2011年英国国内研发总投入为274亿英镑，占GDP的1.79%，比2010年有所上升。从绝对投入数量来说，2011年的总投入比2010年增长5%，但如果考虑通货膨胀等因素，2011年的实际投入仅比2010年增长2%。其中投入民用领域为253亿英镑，投入国防领域为20亿英镑。

从经费来源看，企业投入为125.6亿英镑，占46%；政府（指政府各部门）为31.2亿英镑，占11%；研究理事会为29.4亿英镑，占11%；高等教育基金管理委员会为22.6亿英镑，占8%；高等院校为3.17亿英镑，占1%；非营利机构为13.1亿英镑，占5%；海外资金为48.6亿英镑，占18%。

从经费使用看，企业使用174.1亿英镑，占总投入经费的63%；高等院校使用71.3亿英镑，占总经费的26%；政府部门使用13.1亿英镑，占总经费的

5%；研究理事会使用10.4亿英镑，占总经费的4%；私营非营利机构使用4.96亿英镑，占总经费2%。

2011年，英国企业研发绝对投入为174.08亿英镑，投入较多的前5个领域是：第1位是制药，投入48.50亿英镑；第2位为计算机编程和信息服务领域，投入18.19亿英镑；第3位是汽车和零部件领域，研发投入为15.23亿英镑；第4位是航空航天领域，投入14.17亿英镑；第5位是通信领域，投入10.51亿英镑。从研发投入总体强度来看，从2009年到2011年期间英国制造业平均研发投入强度为3.3%~3.7%。

（二）科技产出

研究质量高。《英国研究绩效国际比较2013》报告指出，2008年以来，英国论文发表量每年增长2.35%，论文引用率却每年增长7.2%——高于世界平均增长水平（6.3%），占全球引用的比重也从2008年的10.5%增长到2012年的11.63%；在1%的高引用论文中，英国已上升到13.8%，仅次于美国。

英国研究领域较为全面，优势领域主要集中在临床医学、健康与医学、生物学、社会科学、商业和人文学科；在工程、物理和数学领域，活性指数稍低于世界平均水平。

专利申请低。2011年英国研究人员申请专利50749件，占世界专利申请的2.4%。但英国专利授权数以及有效专利数增长较快，2008—2012年年均增长分别为5.4%和1.7%，分别达到18314件和83261件。

二、科技创新政策新动向

2013年，尽管英国政府继续大幅度削减赤字，但科学领域的投资得到了高度重视，在维持资源性科学经费在46亿英镑而不受影响的前提下，通过建立研究中心，建设科研基础设施等方式提高对资本性研究经费的投入。英国政府承诺，2015—2016财年继续维持46亿英镑的资源性科学预算投入，并在2014—2020期间确保英国的资本性科学预算从2013年的6亿英镑增长至11亿英镑。2013年，英国的科技创新政策主要关注以下几个方面。

（一）促进科研成果的商业化

为更好发挥英国优秀的研究对经济发展的影响，发挥研究和创新为经济复苏与经济持续增长的重要作用，研究理事会、高等教育基金管理委员会、技术战略委员会等经费主管机构纷纷提出新的举措。研究理事会在项目遴选标准中增加了经济和社会影响的条目；高等教育基金管理委员会改革了大学评价机制，不仅增加了经济和社会影响在大学评价系统的权重，还加大了对高教创新基金的投入；商业、创新与技能部（BIS）3 月 13 日发表的声明提出，英国政府在促进科研成果商业化过程中发挥的主导作用，包括面向创新型中小企业的推出“企业资本基金”和“英国创新投资基金”，落实研发抵税政策，成立商业银行等。

为促进科技成果商业化，英国政府加大了对英国技术战略委员会（TSB）的支持力度。TSD 目标是通过刺激和支持企业主导的创新促进经济增长，主要负责重点领域国家层面技术战略的制定和实施。2013—2014 财年，TSB 总计将投入 4.4 亿英镑支持创新。2015—2016 财年，技术战略委员会（TSB）的预算将增加 1.85 亿英镑。新增预算主要将用来支持生物医学催化基金、技术与创新中心①（Catapult）以及能源、生物技术等方面的创新项目。此外，技术战略委员会不断推出新的政策工具支持中小企业创新活动，并加强了对全国创新工作的统筹协调，整合和调动各方资源，促进技术商业化。

此外，英国选择了一些新兴技术，加大研发和商业化。如研究理事会（RCUK）和技术战略委员会（TSB）将共同资助 530 万英镑促进合成生物学领域的发展；生物技术与生物科学研究理事会（BBSRC）、工程与自然科学研究理事会（EPSRC）、医学研究理事会（MRC）共同投资 2500 万英镑用于再生医学研究和设备，以支持再生医学疗法的发展，开启再生医学“工业革命”；技术战略委员会（TSB）联合工程与物质科学研究理事会、经济和社会研究理事会以及艺术和人文研究理事会投入 840 万英镑支持 3D 打印技术研发；投入 1000 万英镑支持促进虚拟模拟技术开发；投资 2.7 亿英镑用于量子技术研究，研究领域包括量子计算、安全通信、传感器、测量和模拟；投资 327 万英镑用于二氧化碳捕捉与封存项目，主要支持在北海废气油田或盐碱含水层开展二氧化碳储存的地址可行性与安全性研究；投资 1000 万英镑，用于“未来英国汽车供应链建设”研发项目，支持低碳汽车技术商业化。

（二）建设国际一流的研究和创新中心

英国正在谋划建设一批国际一流的研究中心，包括健康科学学术中心（整合剑桥大学、帝国理工大学、国王学院、曼彻斯特大学、牛津大学和伦敦大学学院的健康科学中心在内的 6 个中心建设而成），国家家禽研究中心（设在爱丁堡大学），在工程与自然科学研究理事会（EPSRC）下设立的电子、生产过程中的激光应用、医疗器械和食品生产四大新创新制造研究中心，国家石墨烯研究院（位于曼彻斯特大学内），新的地球与海洋科技中心——查尔斯·赖尔爵士中心（Sir Charles Lyell Centre），第一个致力于移动技术研究的 5G 创新中心，国家功率电

---

① 也可译成弹射中心。

子学卓越中心（诺丁汉大学负责总协调），英国天文学技术中心，英国航空航天业技术研究院（该项目计划在未来 7 年内投资 20 亿英镑，英国政府和产业界将各出资 10 亿英镑。支持产业界和学术界联合开发下一代安静、轻型、快捷和高效能的飞机技术），网络安全研究机构（英国政府通信总部牵头设立）。

建成并开放 7 个技术与创新中心（Catapults）。英国技术战略委员会至今共建设了 7 个 Catapults，并于 2013 年全部面向社会开放。包括先进制造中心、卫星应用中心、细胞治疗中心、近海可再生能源中心、未来城市中心、交通系统中心和联通数字经济中心等。英国还将在 2015—2016 年投资新建设两个新 Catapults，分别关注能源系统领域和分层医学诊断领域。截至 2013 年 6 月，7 个 Catapults 的公私投资总共达到了 14 亿英镑，未来还将继续增加。未来 3 年时间 TSB 将继续投入 2.5 亿英镑支持 Catapults。

（三）继续支持重点技术领域研究创新项目和计划

清洁能源领域。1）低碳技术创新项目。能源与气候变化部（DECC）投入 2100 万英镑实施系列项目，支持低碳产品走向市场；2）未来汽车项目。英国政府投资 7500 万英镑打造未来汽车，支持产业界使用和测试低碳技术。3）节能建筑项目。英国技术战略委员会将投资 6000 万英镑支持英国建筑业，设计和开发更加节能的建筑物。4）未来英国汽车供应链建设研发项目。该项目投资 1000 万英镑，主要通过新成立的英国先进动力中心资助低碳汽车相关理念、技术和产品的商业化。5）核能产业供应链项目。英国投入 3100 万英镑助力核能产业发展，该笔投入围绕核电站建设、运营和退役等方面。

医疗健康领域。1）卫生保健研究项目。英国工程与自然科学研究理事会（EPSRC）宣布投资 1220 万英镑资助 15 个研究项目，以促进卫生保健事业的发展。2）应对重大健康挑战项目。英国国家健康研究所（NIHR）将投入 1.24 亿英镑研究资金，主要研究内容包括降低痴呆症发病率以及改善那些确诊的痴呆症患者的营养和提高其健康状况的策略。3）医疗产业创新项目。技术战略委员会（TSB）投资数千万英镑实施创新项目，支持医疗产业发展。4）癌症研究和患者治疗计划。政府向国家抗癌药基金投入一揽子价值高达 4 亿英镑的癌症研究和患者治疗资金，以提升癌症研究水平。

信息技术领域。1）大数据网络建设规划方案。英国经济和社会研究理事会将投资 6400 万英镑用于大数据建设。其中第一阶段的内容是管理数据研究网络（ADRN），这包括一个管理数据服务中心和四大管理数据研究中心。大数据网络建设第二阶段主要聚焦商业数据和地方政府数据；第二阶段围绕第三产业领域和社会媒体数据展开。后两个阶段的建设将于 2014 年启动。2）“光子学超级公路”。该项目投资 720 万英镑，主要目标是通过开展因特网研究使宽带更为快速

（速度将比今天的光纤速度快100倍）和有效。

其他。1）航空领域高新技术发展项目。该笔投入共计9000万英镑，其中5000万英镑用于鼓励航空技术创新，包括200万英镑用于英国近期新成立的航空技术研究院（ATI），至少2500万英镑将直接用于资助航空领域的中小企业；4000万英镑用于促进相关产业供应链发展，包括2300万英镑用于第二轮的政府先进制造业供应链计划（AMSCI），1700万英镑直接投入产业。2）促进制造业发展项目。该项目总计投入1300万英镑，包括制造业的“云”，药品和精细化学品制造创新管理，食品及包装制造业创新，制造业企业模式创新，产品的通用设计系统，供应链环节智能化管理。3）未来城市示范项目。重点解决能源和医疗等重大问题，如开发能够解决能源危机问题的系统，为解决低寿命预期等长远健康医疗问题提供解决方案；同时，该项目还将示范如何利用新技术更好地提供公共服务、如何减低犯罪率、如何减少反社会行为以及如何提高交通基础设施等等。

（四）继续为创新活动提供金融支持

大力支持绿色投资银行投资。2013年，商业、创新与技能部（BIS）宣布，2015—2016年度政府将向绿色投资银行（GIB）追加8亿英镑投资。这将意味着截至2016年前，绿色投资银行能向五大重点领域（海上风电、垃圾回收和能量、非家庭用能效、绿色方案以及其他领域）共计资助38亿英镑。

提高对研究伙伴投资基金投入力度。2012年英国政府提出投资3亿英镑设立研究伙伴投资基金，计划推出20个投资项目，带动8.55亿英镑私人投资，共同支持产业界和学术界联合进行创新。2013年该基金实施了5个项目，涉及物质科学、生命科学、先进材料、制药业和先进制造业。

新增6900万英镑创业资金。2013年，英国政府通过创业贷款和新企业补贴两大方案新增6900万英镑创业资金，以助推英国企业家创业。政府提出要加大“初创贷款”计划执行力度，未来3年里资助将增加至1.1亿英镑。

追加投资基金支持创新型小企业。2013年英国启动了第14个创业投资基金项目，启动资本为3750万英镑，投资对象为20~30人规模的早期技术类公司，单笔投资额在25万~200万英镑。

此外，作为商业银行计划的一部分，2013年联合政府向“天使基金”追加5000万英镑，以扶持前景看好的企业并助推商业天使文化。

（五）加强创新人才培养和技能培训

继续推动“人才保留方案”计划实施。2011年推出的“人才保留方案”（TRS）实现了工作职位和人才的便捷对接。2013年，英国继续推动该计划的实施，目前英国3500多名工程师、学生和学徒已经参与注册。

加大对博士培训资助计划投入。英国工程与自然科学研究理事会（EPSRC）2013年对博士培训资助（DTGs）计划投入8420万英镑。英国39所大学将获得博士培训资助，资助额从28.7万英镑到将近900万英镑不等。

启动新工程学徒计划，目标是在2018年以前再培训10万名工程技术人员。该计划由英国机械工程师协会、英国土木工程师协会和英国工程技术协会共同发起，盖茨比基金会给予了支持。2013年，英国对学徒计划投资15亿英镑，创历史新高。

大力实施技能培训计划。该计划始于2013年8月，持续时间为6个月，主要为16~23岁的年轻人提供工作技能，积累工作经验，并提升他们的工作信心，以在劳动力市场上形成竞争性优势。

（六）继续推动知识产权改革

推出专利申请"超快速"服务。英国的专利申请程序需要几年的时间，而这有可能会影响到一部分申请人的项目开发，英国知识产权办公室在推出申请周期为一年的快速通道服务之后，又推出了"超快速"服务，使专利申请者可以在申请提交90天内授予专利。

实施专利盒子制度。该制度于2013年4月1日正式生效。根据该制度，对于公司实施专利进行商业活动所获取的利润，公司只需交10%的税率。对比前英国的总体企业税率（23%）很具有吸引力。

成立打击知识产权犯罪警察部队。作为世界上首支打击知识产权犯罪的警察部队之一，新成立的警察部队将致力于应对在线盗版和其他形式的知识产权犯罪活动，如假冒商品等。

（七）促进数据开放

英国政府十分重视数据的开放，2012年12月数据战略委员会成立开放数据协会，目的就是推动开放数据的进程。

政府数据的开放。英国政府要求各公共部门在互联网（http://data.gov.uk）上开通开放数据的通道，向全社会开放政府管理、机构运营以及各项统计数据等相关信息。2012年6月英国政府发布了《开放数据白皮书》，还建立了一套对公共部门开放数据程度的评价体系，对各公共部门完成开放数据任务情况进行审计，以促进英国公共服务数据的开放性。

社会数据的开放。为了进一步鼓励全社会加入数据的开放与共享，数据战略委员会投资800万英镑作为鼓励公共部门、企业、机构和个人开放数据的奖励基金，相关单位和个人如果开放了有价值的数据就可以申请该基金。

科研数据的开放。英国政府还强调科学家和企业之间应共享数据，在《作为开放事业的科学》报告中就开放数据提出以下建议：科学家需要对其他科学家、公众、媒体进一步开放自己的研究成果和数据；要充分认识数据收集、分析和沟通的重要价值；应建立信息共享的通用标准，使其广泛可用；应强制公开能够支持研究成果的数据；需要更多的专家研究、管理和使用数据；需要开发新的软件工具，分析日益增加的数据量。

三、制定和实施产业战略

英国政府一改过去对产业发展的“不干预”政策，出台了《运用产业战略助推英国经济和商业竞争与增长》的政策报告，采取五大行动实施其产业战略，包括发展同工业领域的长期战略伙伴关系，支持技术投资，提升商业融资，发展商业技能，确保政府采购的最佳效果。2013 年英国陆续出台了 10 个产业领域的战略，加上 2011 年底出台的生命科学产业战略，共出台产业战略 11 个。英国政府承诺为产业战略实施提供 40 亿英镑的支持，以撬动社会投资。

（一）信息产业战略

《信息经济战略》的核心思路是通过发展先进信息行业和信息服务为繁荣整个经济体系提供支撑与活力。其核心内容包括，在未来 300 天内，将英国最常见的 50 项公共服务其中的 25 项完成数字化；在未来 5 年，设立新项目帮助 160 万家中小企业扩大网上业务，帮助他们实现电子支付系统、跨国销售、利用云计算技术等；出台电子政务方面的政策；建立世界首个 5G 移动技术测试基地。作为同产业界和学术界协调的桥梁，英国政府新成立信息经济委员会，负责信息经济战略的后续政策和具体落实。

（二）建筑业产业战略

该战略涵盖由 10 个联合承诺构成的行动计划，旨在实现英国建筑业在 2025 年前实现其保持全球竞争力的宏伟目标。战略重点包括消除建筑企业特别是中小企业和专营商的发展障碍，以及进一步促进贸易信贷和公平支付等。值得注意的是，该战略规划了建筑业温室气体减排 50% 的目标。

（三）汽车产业战略

战略主要关注 4 个方面：创新、供应链、技术和商业环境，并针对这 4 个方面提出英国在未来采取的战略措施，包括投资建设汽车产业先进推进中心、培养专业人才、建设上下游产业链等。其中政府和产业界将在未来 10 年内各投资 5

亿英镑，建设汽车产业先进推进中心（APC），负责汽车相关技术研发及未来新技术的商业化，并预计在未来3年为上下游产业链新增15 000个就业机会。

（四）现代服务业产业战略

该战略提出确保未来产业发展两个关键领域，一是促进以客户为中心的服务业企业高水平的技能需求得到有效满足；二是利用英国现代服务业的领先优势，将英国打造成全球领先的现代服务业中心，促进对新兴市场的出口。

（五）石油与天然气产业战略

该战略的目标是使英国从其海上石油和天然气资源中挖掘出最大经济利益。战略指出了未来若干年中政府和企业的长期合作机制及战略重点。该战略提出要维持并促进英国相关产业上下游整体供应链的繁荣，并考虑国内国际两个市场；有的放矢地促进企业间合作及企业与政府的合作。

（六）英国核能产业战略

该战略内容涉及了核电厂建设、核废料的管理和退役、燃料循环服务，核电厂的运营和管理等。该战略提出了以下承诺，包括政府投入1500万英镑支持建立一个新的世界一流的国家核能用户设施，为大学和企业开展核能技术研究提供平台。政府通过技术战略委员会（TSB）投入1800万英镑的竞争性项目，支持36个核能研发项目。

（七）航空产业战略

该战略分析认为英国在激烈的世界市场竞争中仍保持着在4个关键领域的优势，即机翼设计与制造、发动机、飞机结构和先进系统；将航空产业战略的技术领域重点确定为航空动力学、推进系统、飞机结构和先进系统等4个方面。

（八）海洋风电产业战略

该战略指出，在海洋风电产业创新方面，英国政府将主要采取以下措施：一是2013年底发布低碳创新战略，面向2020年提出低碳创新的目标、原则、方法以及技术重点，为包含海洋风电在内的低碳技术创新提供持续稳定支持。二是建设和支持海洋可再生能源技术与创新中心（ORE Catapult），利用平台和基础设施为中小企业开展创新和技术示范提供相应支持，制定风电产业相关的标准。三是大力支持海洋风电技术测试、示范和推广，包括继续支持已有两个中心以及一个海洋风电技术加速器的基础上，继续支持海洋风电示范和测试中心建设。

（九）国际教育产业战略

该战略主要包括以下内容：一是大力欢迎国际学生来英国学习，不设置国际学生的数量限制，并为来英国际学生提供帮助；二是支持英国学校设立海外分校，发展端对端的英语教学，加强质量认证；三是发展世界一流的教育科技，积极鼓励海量开放在线课程（MOCCs），设立促进教育科技商业化的项目；四是与新兴大国建立新的关系；五是打造英国的教育品牌并抓住市场机遇；实施“教育在英国”计划，帮助英国高校联合起来占领海外教育产业高端。

（十）农业技术产业战略

战略提出了可持续、健康、成本可负担是关键词，主要内容包括：提高研究成果转化水平，投资 7000 万英镑于农业技术创新中心；投资 9000 万英镑，加强对各农业创新中心开发、利用和推广新技术、新工艺的扶持力度；从农业角度协助开发英国在数据与信息计量学方面的潜力，使英国成为世界农业的信息计量与可持续性计量中心；通过领导委员会对相关领域加强领导，使产业界同政府和科研界一起拥有更强大更有凝聚力的声音；打造更强有力的技能培训基地，吸引并留住善于将实验室技术开发并应用于田间地头的专家队伍；增加对相关领域研发投资情况的了解，明确需要增加行业投资和公共投资的细分领域；通过有针对性的行业支持措施，提高英国农业出口及吸引外来投资的表现。

（执笔人：李振兴）

法　　国

2013 年法国经济复苏乏力，失业率继续恶化。为此，法国政府继续执行财政紧缩计划，进一步增收节源。在此形势下，法国政府仍坚定不移地执行国家创新驱动战略，继续保持对科研经费的投入力度，深化高教与研究体制改革，激励企业增强创新与研发投入，完善技术成果转化平台和基地的建设，大力扶持优先发展领域，积极推进国际科技合作，着力提升科技水平。

一、保证高教和科研经费

根据法国教研部的最新数据显示，2011 年法国国内 R&D 投入为 450 亿欧元，居世界第 5 位、欧洲第 2 位，其中政府投入 162 亿欧元，占 36%；企业投入 288 亿欧元，占 64%；R&D 投入占 GDP 的比例为 2.25%。

2014 年法国财政预算依然坚持开源与节流并用的原则，为缩减公共财政赤字，实现 2013 年制定的下一预算年度减少 200 亿欧元的计划，法国政府压缩公共支出预算约 140 亿欧元，增税约 60 亿欧元。在全国预算紧缩的情况下，法国政府仍然保证了高等教育和研究的预算，2014 年科研与高等教育财政预算（不含人员费用）总额为 271.54 亿欧元，比上一年度增加 1.21 亿欧元，同比增长 0.5%。

二、推出研发与创新政策新举措

2013 年为摆脱经济增长乏力，复兴工业，法国在宏观科技政策方面推出了一系列新举措。

（一）部署科技发展战略

1. 面向未来，制定长期研发、技术转化和创新战略

为进一步推动法国在研发、技术转化和创新等方面的发展，2013 年 5 月，法国教研部推出《法国欧洲 2020 年科技战略》，该战略主要有两大目标：一是提升法国青年的素质并协助其进入就业市场，将高等教育普及率由目前的 40% 提高至 50%；二是通过保持基础研究和各学科领域间的平衡，促进科研以及技术成果转化，为法国的研发活动注入新动力，以应对法国未来几十年所面临的科技、经济和社会等方面的重大挑战，并与《欧盟 2020 年研究创新展望计划》（Horizon 2020）同步。

2. 实施第二期国家科研与创新战略（SNRI）

为了提高法国持续创新能力，消除原管理机制的惰性，优化公共资源配置，更好地实现国家目标，从 2009 年起法国开始制定为期四年的国家研究与创新战略（SNRI）。2013 年起，法国政府开始实施第二期国家科研与创新战略，瞄准欧洲和美国等发达国家的科技前沿，部署未来 4 年科研尤其是优先研究领域的发展任务，强化科研协同与国家合作职能，保障国家科技与创新整体水平提升。该战略明确法国科研与创新五项指导原则：一是各部门、各行业，特别是大型科研设备单位要把基础研究摆在优先发展位置。二是加快科研向社会和经济领域开放与倾斜，确保获得新的知识并扩大就业；大力加强公共科研机构与企业中长期实质性合作关系，不断增强创新能力和竞争力；提高全社会公民接受创新并参与创新意识。三是发挥风险有效防控与安全对社会的重要作用，保护法国社会、文化和技术等所有优势领域的安全。四是统筹发展人文和社会科学，吸收参加所有关键领域的跨学科建设。五是加强多学科建设，及时解决社会发展面临的新问题。

第二期国家科研与创新战略把卫生、民生、食品和生物技术，重大环境问题和生态技术，计算机、通信和纳米技术作为法国未来 4 年优先发展领域。

3. 制订国家创新计划

法国政府不断完善现行创新政策组合，突出创新在促进经济增长以及对国家竞争力提升方面的作用。其创新计划主要围绕三个方面：一是培育发展创业者创新精神，加强在高等教育中创新文化的建设；二是整合产学研的资源，建立研发机构和企业间的长期对话和合作机制、平台；三是选择和建立优先创新领域。

2013 年 11 月，法国教研部、生产振兴部和中小企业的部际代表根据 2012 年《振兴法国工业竞争力报告》联合提出了《国家创新政策》，旨在进一步融合各

创新要素，打破各创新主体间的障碍，理顺创新机制，加快推动创新型战略的实施。

4. 积极推动科技成果转化工作

2012 年 11 月，法国教研部、生产振兴部和中小企业部际代表通过法国部际委员会出台《促进研发技术转移政策》，旨在活跃技术成果转化和公共研发活动。新政策包括 15 项措施，涵盖了 6 个主要方面：一是在技术成果转化方面为各个环节提供贴身服务；二是在公共研发方面，着力完善技术转化体系和建设创新文化；三是建立一个新公共研发的专利管理框架；四是增强中小企业和创新型企业的技术成果转化力度；五是积极扶持通过技术成果转化建立新企业；六是通过公共政策支持，调动和强化经济创新研发。

（二）深化高教与研究体制改革

为提高本国的科技、经济水平，进入 21 世纪以来，法国采取了一系列改革措施和行动，不断推动法国科研管理、评估体系的改革。2006 年颁布《研究法》，对法国国家研究与创新体系进行了全面改革；2007 年颁布《大学自治法》，扩大大学的自主权，加强大学科研工作，逐步确立大学在国家研究与创新体系中的地位等。

1. 出台《高教与研究指导法案》

2013 年 7 月法国正式实施《高教与研究指导法案》（以下简称《法案》），首次以立法的形式，把高等教育和研究合二为一。该《法案》主要的研究改革措施有：一是改革和重组国家研究与高等教育评估署。即撤销评估署，组建一个新的独立行政机构——国家科研与高教评估高等委员会；二是强调把研究摆在国家发展战略位置。创建国家科研战略委员会，由总理直接领导。该委员会按照教研部部长的指令，把优先发展和热点竞争的科研摆在国家战略位置，代表政府督促、落实政府与各高校签订的多年度目标合同；三是明确科技成果转化作为高校重点工作。

2. 继续推行决策会商机制（ASSISES）

根据法国政府的整体部署，教研部从 2012 年 7 月下旬率先在法国实行高等教育和科研决策会商工作机制。按照全国范围的咨询与研讨、地方会商、国家会商 3 个阶段，分批组织行政部门、联合体、科研机构、高教单位、个人代表等以多途径多渠道方式为国家高等教育、科研的发展和政策制定等建言献策，广泛听取各方面意见，问计于民，推动政府决策咨询面向基层一线。

3. 充分发挥研究联盟作用

为打破部门之间分割，推动协同创新与研发，集中力量和资源，申报和开展法国及欧盟的各项科研计划，更好地实现国家战略部署，法国根据研发部门和行业分别组建了 5 个研究联盟：国家生命科学与卫生联盟，国家能源研究协作联盟，数字化科技联盟，环境研究领域联盟，国家人类、人文与社会科学联盟。通过构建“研究联盟”，密切各研究机构间的伙伴关系，整合全国科研优势力量参与欧盟研发框架计划和专项计划，参与欧洲和国际上的合作与竞争。2013 年 7 月，法国政府以 5 个研究联盟为主导，制订出台了法国 2014 年国家科研计划。

（三）完善竞争力集群建设

2005 年 7 月，法国开始实施竞争力集群计划，第二期计划完成时，集群的总数达到 71 个，其中世界级竞争力集群 5 个，接近世界水准的 7 个。2013 年是第三期竞争力集群计划的开局之年，为期 5 年的第三期计划从 7 个方面完善“竞争力集群”的建设：一是努力推动产品研发积极走向市场，把集群早日打造成为“未来产品工厂”；二是加大引导“未来投资计划”支持集群研发项目产业化；三是向中小企业开放私人投资资金，帮助中小企业走向国际化，为中小企业提供配套服务，满足中小企业需求；四是引进其他部门完善园区伙伴企业的服务，实现优势互补；五是引入高质量培训机构，提高培训水平；六是加强中小企业与大型集团的对接，提高中小企业在大型集团的市场份额；七是完善合同目的条款，与国家签订优化合同，明确集群今后面临的技术与创新挑战以及市场定位。

（四）完善创新税收服务体系

2013 年法国政府修订、出台多项政策，充分利用国家税收调节机制，激励企业的创新研发行为。

1. 科研税收信贷政策

科研税收信贷政策（CIR）主要采取抵扣或退税形式，鼓励企业研发创新，吸引研发型外资项目。2012 年以前减税额为 30%，2013 年开始执行减税额为 40% 的标准。目前 CIR 已成为全球最具吸引力的税收激励措施之一。

2. 创新税收信贷政策

法国从 2013 年开始正式执行创新税收信贷政策，仅面向职工人数 250 人以下或年营业额低于 5000 万欧元或资产总额不超过 4300 万欧元的中小企业群体，而且必须由教研部、国家科研署或国家创新署其中一个单位认证的创新项目。企业享受研发投入抵扣税政策之外，经认定的创新项目固定开发人员和材料费用，工程转包费用，专利、制图和铸模成本费，新建固定资产折旧费等总支出计算率按100%，租赁的固定资产折旧费按75%计算为基数，临时聘用人员费用按50%计算为基数。最高限额为40万欧元，减税定额为20%，条件是抵扣税款需投入到创新样品设计和新产品开发。

3. 竞争力与就业税收信贷政策

从2013年起，法国推行竞争力与就业税收信贷政策，目的为企业改善投资、研发与创新、人员培训、人员招聘、开发新市场、生态与能源转化及其创业资金筹集等方面提供财政支持。该政策在2013年使相关企业享受到130亿欧元的税收优惠，并在2014年实现200亿欧元的税收优惠目标。这一措施将使那些有助于国家经济增长、保障就业但却无法盈利的企业通过税收减免使劳动力成本于2013年下降3%，2014年下降6%，从而在不影响社会保障资金供应的前提下促进就业。

（五）投资未来计划及其他投资计划

1. 投资未来计划

法国于2010年实施“投资未来计划”，政府通过发行大型国债，计划筹集350亿欧元，主要用于教育科研和培训（190亿欧元），工业（65亿欧元）、能源和可持续发展（50亿欧元）及数字化信息产业（45亿欧元）。2012年底，该计划实际投入资金已达221亿欧元，资助430个研发项目。2013年又投入2.25亿欧元用于建筑节能等研发项目。

2. 未来10年投资计划

2013年7月，法国总理埃罗正式公布了政府“未来10年投资计划（PIA）”，旨在确立2016年至2025年10年间政府投资重点，实现提升竞争力和能源转变目标。该计划总额120亿欧元，其中36.5亿欧元投向科研和大学，23亿欧元直接投向生态与能源转换，另外六大重点投资板块分别为可持续工业创新（17亿欧元）、国防工业技术（15亿欧元）、航空航天（13亿欧元）、数字经济（6亿欧元）、青年、培训及国家现代化（5.5亿欧元）和卫生健康（4亿欧元）。超过一半的投资直接或间接涉及生态与能源转换战略。

3. “卡诺研究所”计划（Carnot）

“卡诺研究所”计划是根据2006年通过实施的《科研法》中关于促进公共

研究机构和私人部门间伙伴关系的要求，出台实施的一项具体措施。2011 年开始为期 5 年的第二期计划（Carnot 2.0），共有 34 个研究机构参与。截至目前，34 家卡诺研究所集中了 1.9 万名研究人员（E. T. P），累积科研预算 20 亿欧元，科研合同收入 4.2 亿欧元，参与合作的企业 5000 多家，其中中小型企业 1200 多家。在“投资未来计划”框架下还专门为第二期新挂牌的 10 家卡诺研究所提供 5 亿欧元竞标项目，以加强它们与中小企业的合作。

（六）2014 年国家科研计划

2013 年 7 月，法国批准由相关研究和高教机构组成的 5 个国家研究联盟和法国国家科研中心共同起草 2014 年国家科研计划。新计划坚持三项原则：一是打破基础研究与技术研究的分割，在保证对高水平的基础研究经费投入的同时，保持基础研究、应用研究和定向研究三者之间的连续性和整体平衡；二是加强公共研究机构与产业的合作，鼓励公、私实验室与企业开展伙伴合作，支持与中间型企业、中小企业建立公共实验室，积极推动研发成果及时向产业转化；三是与欧盟 2020 年科研创新计划《地平线 2020》保持一致，配套欧盟科研计划相关资金，鼓励法国年轻研究人员参加竞争欧盟“启动资助计划”（Programme Starting Grant）。法国 2014 年国家科研计划四项重点：一是通过开展基础研究和特别指定的定向研究解决当前九大社会问题：资源节约管理与气候变化应对；清洁、可靠和高效能源；工业振兴；卫生与民生；食品安全与人口挑战；人口流动与城市化可持续机制；信息通信社会；创新、包容与宜居社会；欧洲及其居民和常住人员自由与安全。二是扶持前沿研究发展，2014 年将特别资助一部分与社会发展毫无关联但急需破解的“所有认知的挑战”的基础研究。三是培植参与欧洲研究和国际合作。四是以研究催生振兴工业并提升国家竞争力水平。

三、主要优势领域进展

（一）基础研究

法国的基础研究在数学、物理、化学、生物、医学等领域已经形成了自己特色，整体水平始终位居世界前列。2013 年通过的预算案中，已确定 2014 年将 50% 的国家科研项目经费投向基础研究。

1. 启动纳米计划

法国为赶超与美国和亚洲在纳米技术领域的差距，于 2013 年 7 月启动《2017 年纳米计划》（Nano 2017），把纳米技术列为国家战略技术。该计划为期 5 年，以企业为主体，是一个由意法半导体上市公司和私人企业合作的战略性研发项目，将加强法国和意大利半导体在重要技术领域的领导地位，预计2013年达到670亿美元的目标市场。

2. 人类干细胞研究合法化

历经10年争议，2013年8月法国出台新法律允许进行人类胚胎和人类干细胞研究，新法律将使法国研究人员更便于与对人类胚胎干细胞疗法感兴趣的企业伙伴合作，保持法国在该领域拥有较强的产业优势和竞争力。

3. 投资建设无线电天文观测台

2013年3月法国联合欧洲南部天文台、北美、日本和智利，耗资15亿美元在智利阿塔卡玛沙漠中建设一所世界上最强大的66台ALMA无线电天文观测台（阿塔卡玛毫米/亚毫米波阵列望远镜），大幅提升观察能力，进一步了解银河和地球系的形成。

4. 加强大型基础科研设施的建设

2013年法国新投入大型科研设施建设费用2.44亿欧元。法国大型科研设施涉及的领域有：核物理与高能物理；材料科学与工程科学；数字化科学与数学；生物学与医学；农学、生态科学与环境科学；地学与宇宙科学；人文与社会科学。7月，法国与英、德共同签署延期10年的跨政府合作协议，进一步加强三国间中子源的合作实验。

（二）能源领域

1. 民用核能拓展国际市场

福岛核事故后，在法国本土很难批准再建核电站。为了继续保持本国核工业的发展，保持核技术研发水平，法国将目标瞄准国际市场。2013年4月，法国总统奥朗德访华并签署了包括核能在内的多个领域的合作文件，显示其在核能领域与中国进行合作的强烈愿望。10月，法国电力集团联合中广核电集团、中国核工业集团与英国政府初步达成关于在英国西南部建造一个投资190亿欧元的核电站协议。该核电站将拥有两座法国EPR反应堆，设计年发电量3260兆瓦，为英国20年来首座新建的核电站。

下一步，法国将完善现有核电站技术、标准，不断加强安全的研发；积极推动建立与中国的长期合作，准备与中国共同制订新的CPR1400系列反应堆标准；大力发展小型核电站技术，降低核电站的成本，缩短建造工期，提高法国核工业的国际竞争力，以面对中小发展中国家核电市场；开展核聚变领域研发，积极参加国际热核聚变实验堆（ITER）项目，大力推动本国在核聚变能方面的研究。

2. 可替代能源

2013 年 7 月，法国政府公布的“未来十年投资计划（PIA）”中，总额 120 亿欧元中超过一半的投资直接或间接涉及生态与能源转换战略，其中 23 亿欧元直接投向生态与能源转换，再次确立了法国重点扶持可持续发展和可替代能源研发的决心。

（三）农业

2013 年，法国保持了欧洲第一大农业生产国的地位，但农产品出口再次被德国超越，且差距有加大的趋势。法国极力反对欧盟在共同农业政策新阶段（2014—2020）减少农业补贴，明确要求欧盟扶持其养殖业和农业就业，并最终成为赢家。为提高核心竞争力和发展生态农业，法国政府相继推出一系列重要政策和举措。

1. 欧盟共同农业政策新航向

共同农业政策（CAP）是欧盟实施的第一项共同政策，目前即将进入 2014—2020 新阶段，未来 7 年的共同农业政策财政预算高达 4008 亿欧元，是欧盟财政预算的第一大支出，其中法国占 630 亿欧元。经欧洲议会、理事会、欧委会协商，确定将可负担的食品价格、活跃的农村以及对农民给予支持作为共同农业政策的新目标。

2. 发展“生态农业”新模式

法国遵循环境保护型农业发展模式，坚持农业生产不能以牺牲生态环境为代价的理念，发展以经济效益和环境保护为两大核心的可持续农业与创新农业计划，制定并大力推广生态农业计划，把生态农业放在研发的中心位置，促进农业生产模式的改变。

3. 制定“法国农业、食品和森林未来法”

2013 年 11 月，法国农业部长勒弗尔在部长会议上提出“法国农业、食品和林业未来法”草案。按照立法程序，该法律草案将于 2014 年 1 月提交国民议会审议。该法确定了 12 项具体措施，主要包括在农业中引入“代际合同”，限制农场过度扩张，成立法国农艺兽医研究所，设立农业贸易关系协调人职务，设置森林和木材业新基金，禁止抗生素滥用，把农药对环境和人类健康影响的监控扩展到生产消费全过程等。

4. 终止转基因试验田研究

2013 年 7 月，法国国家农业科学研究院（INRA）宣布终止位于奥尔良市附近的转基因杨树试验田的科研工作，标志着法国正式成为“零转基因国家”。

四、国际科技合作情况

法国一直以来重视国际科技合作，在国际科技合作方面建立了专门的咨询协调机制，由教研部牵头成立的研究与创新战略研究中心（SSRI）向法国公共和私营研究部门提供咨询和协调，制定共同的国际合作优先发展导向计划。

（一）推进科技发展国际化

法国积极参与国际大型科研设施建设，保持与美国等科技发达国家长期合作关系，在欧盟框架计划下推进与欧洲区域合作，开展与金砖国家及第三世界国家、南南国家的科技合作，推动法国科研与国际接轨。

法国推进科技发展国际化的主要举措有：一是建设国际联合实验室、虚拟实验室、国际研究网络；二是积极参与欧盟科技研发框架计划，2013 年已完成第 7 框架计划；三是参与尤里卡计划；四是实施国际联合招标项目；五是鼓励科研人员流动；六是推动跨国集团 R&D 国际化；七是推进国际化科研机构建设；八是参与国际大科学、大工程项目；九是鼓励大型集团带领中小企业进军国际市场；十是推进国际级竞争力集群的发展；十一是将国际化程度纳入科研机构评估体系。

（二）中法间合作向深度、广度拓展

法国积极与中国在多领域广泛开展科技合作与交流，两国科技合作基础好、潜力大，优势互补，合作机制不断创新。航空、核能等是中法两国传统合作领域。同时，中法在生命科学、新能源、水资源、先进材料、信息、电动汽车、国际大科学计划和人才培养等领域的合作也不断取得进展。随着中国经济快速发展和科技成果与人才影响力不断增强，法国也在调整与中国的科技合作政策，改变以往无偿技术援助的做法，实行两国科技界联合研究、共同开发、成果共享。

（执笔人：王衍帅）

爱　尔　兰

2013 年，爱尔兰经济持续第 3 年增长，并于年底宣布彻底退出“三驾马车”救助，使其成为欧元区首个摆脱国际救助、彻底走出欧债危机的国家。一年来，爱尔兰政府以“就业行动计划”为主线，以拉动经济和促进就业为政府首要目标，出台政策，缩减开支，增加税收，制订科研优先发展领域，鼓励以企业为主体的科研创新，以科技、金融等手段推动中小企业发展，全面布局新兴产业，培育新的经济增长点。密集的科研投入和政策支持有效地提高了爱尔兰的综合实力，在瑞士洛桑国际管理学院《2013 年世界竞争力年鉴》排名中，爱尔兰位居第 17 位，比 2012 年上升了 3 位。

一、科技投入下降，但研发投入基本维持不变

2011 年，爱尔兰政府科技投入为 23.69 亿欧元，比上年减少了 1.8 亿欧元，降幅 7%。考虑通货膨胀因素，降幅达 10%。政府科技投入主要包括研究开发（R&D）、技术服务、教育培训、技术转移以及其他活动五项内容。2011 年政府科技总投入中，减少最多的领域为教育培训，由 2010 年的 12.46 亿欧元减少到 10.27 亿欧元。研发投入基本持平，略微减少了 500 万欧元，全国研发支出占 GDP 的比例为 1.71%，低于 OECD 24 国平均水平，排名第 16 位。2012 年政府研发支出为 7.96 亿欧元。由于爱尔兰科研机构主要集中在高校，所以高等教育局研发经费支出占比最高，达 28.3%。

除了保证政府财政对研发的支持，爱尔兰还积极借重欧盟科研项目资助。在 2007—2013 年欧盟第 7 框架计划中，爱尔兰共获得 6 亿欧元的经费资助。爱尔兰的欧盟项目申报成功率为 22.7%，高于欧盟 22.1% 的平均水平。预计 2014 年爱尔兰将获得欧盟项目科研经费资助 1 亿欧元。

二、明确科研投入方向，为经济发展提供支撑

（一）确定优先领域，提高政府科技投入产出效果

2013 年，为了应对金融危机带来的财政紧张状况，在不缩减政府研发投入的情况下，为了更有效地将有限的政府科研资金用于经济发展和推动就业，爱尔兰政府发布了《国家在科研优先领域投入监测框架》指标细则，从总体国家目标、部门目标以及重点领域具体目标三个层次制订了政府未来科技投入的准则和目标，旨在监控和评估政府在科研优先领域的投入产出效果，强化科技创新对经济发展和就业增长的推动作用。

同时，爱尔兰政府制订了 14 个优先领域的行动计划，量化政府在各优先领域的预期目标并提出今后 5 年的实施细则。14 个优先领域包括：未来网络与通信；数据分析、管理及安全；数据平台、内容和应用；远程健康及居家护理；医疗器械；医疗诊断技术；疾病治疗技术；健康保健食品；可持续粮食生产及加工；海洋可再生能源；智能电网和智慧城市；制造业竞争力；加工技术和新材料；服务和业务流程创新。

（二）政企联合打造世界级研究中心

近 10 年来，作为一个小型国家，在由传统农业国向以高科技为主导产业的新兴国家成功转型的历程中，爱尔兰先后经历了信息通信、生命科学等产业的辉煌，并使这些产业成为推动爱尔兰经济发展的引擎。为了实现经济新的增长，爱尔兰政府将科技创新作为着力点。2013 年，爱尔兰就业企业与创新部宣布，将投入 3 亿欧元建立 7 个世界级研究中心。该项投资是爱尔兰目前规模最大的国家和企业共同资助的科研投入。其中，2 亿欧元由爱尔兰政府投入，另外 1 亿欧元由企业提供。目前为止，该项目将涉及 156 家跨国公司和中小型企业，包括微软、思科、惠普、IBM、罗氏、葛兰素史克、辉瑞等。7 个中心的研究领域包括：大数据、海洋可再生能源、纳米技术及工程材料、保健和功能食品、光电子、围产期信息转译、药物合成和结晶。该项目旨在推动爱尔兰在重点领域内取得进一步的优势，从而将该 7 家中心建成为国际水准的研究机构，并使这些领域的研究水平保持或跃居世界前列。

（三）依靠科技创新，实现《就业行动计划》

为了全面推动企业发展，拉动就业，爱尔兰政府曾于 2012 年成功实施就业行动计划，使就业状况开始出现好转，失业率持续下降。在此基础上，爱尔兰政府发布了 2013 年《就业行动计划》，通过跨部门协调方式，采取改善金融环境、

降低商业成本、鼓励重大创新等一系列措施，重点实施7项“颠覆性”改革措施：将爱尔兰发展成为欧洲大数据中心；2013年多培养2000名信息通信技术专业人才；对零售业采取一站式申请体系；让2000家以上的企业开展在线业务；激励企业雇佣长期雇员；到2020将爱尔兰建成欧洲最具能效的国家；将爱尔兰建成为国际水准的世界健康创新中心。

通过一年的实施，该计划成效显著。爱尔兰投资发展局以及企业科技局分别创造了该机构10年和5年来促进就业的最好成绩，使全年新增就业岗位12000个。截至2013年11月，失业率降至12.5%，为爱尔兰退出救助、重返债市做出了重要贡献。

此外，爱尔兰政府公布了《爱尔兰制造——2020年爱尔兰制造业展望》，制定了爱尔兰未来几年内制造业发展规划，并提出了一系列关键性举措以实现在制造业域创造2万个新的就业岗位并带动全国以出口为导向的经济增长目标。提出的举措包括加大政府资金投入、增强政府管理培训和支持、降低生产成本以及加大科技创新力度等。该计划还提出了一系列具体措施，如大力培养和吸引高技能人才以满足该领域当前和未来的就业要求等。

三、加大政府投资力度，全方位推动企业迅速发展

爱尔兰就业企业与创新部宣布，为了资助高增长企业的迅速发展，将于2013—2018年间投入1.75亿欧元用于种子项目和风险投资计划。据预测，此计划将带动5.25亿欧元的企业资金投入，平均每个获批企业可获得约200万欧元的风险投资支持。该计划主要资助生命科学、信息通信技术、高技术制造业和绿色经济等领域的创新型、高增长企业。该计划的推行将使数以百计的爱尔兰公司获益，预计将产生数百万欧元的出口增长并创造数千个就业机会。

该计划是爱尔兰针对企业发展的一系列政府投资计划的一部分，为爱尔兰企业发展提供了总共超过20亿欧元的政府投资，包括8.5亿欧元中小企业发展资金；4.5亿欧元信贷保障计划；9000万欧元小额信贷计划；2.25亿欧元开发资金计划；1000万欧元国际初创企业基金；1.2亿欧元创新基金。

四、2014财年依靠创新引领经济全面复苏

爱尔兰政府于2013年10月15日公布了2014年度财政预算草案，宣布将继续推行新一轮紧缩政策，增税及削减政府开支25亿欧元，削减经费领域主要包括卫生、教育等领域，但在科研创新以及支持中小企业发展方面的投入保持不变。在该预算案中，政府强调继续将发展经济与拉动就业作为政府主要目标，继

续加大政府对企业的资金投入，继续实行就业行动计划，继续加大力度吸引外资，促进出口和旅游，大力支持农业食品、生物医药、云计算、医疗仪器、金融服务、绿色经济等领域的研发和创新；利用生命科学及医疗仪器领域的产业优势，计划将爱尔兰建成为国际水准的健康创新中心，以推动医疗技术的产业化，助推生命科学产业的进一步发展；将投入1000万~1500万欧元建设一批国际规模的企业研发中心、工程技术中心，推动产学研合作，以科技创新持续推动企业发展和就业增长，引领爱尔兰经济走入全面复苏。

（执笔人：杨志军）

比　利　时

2013 年，比利时经济继续受到欧债问题影响，虽然第二季度以来，已逐步停止下滑，呈现回升向好的积极态势，但尚未远离衰退。联邦政府持续采取各项紧缩政策，减少财政赤字和公共债务，计划在 2016 年达到平衡预算的目标。同时，联邦政府和三大区政府多措并举，加大对研发与创新投入，不断调整产业结构，促进经济增长。

一、科技发展基本情况

2013 年，据达沃斯世界经济论坛公布的报告，比利时国家竞争力指数排名全球第 21 位；2013 年世界知识产权组织对全球 142 个国家和地区的创新能力进行排名，比利时位居第 21 位，比 2012 年下降 1 位；欧盟发布的 2013 年度“创新经济体”排名，比利时位于“创新追随者”行列。数据显示，比利时尽管尚未远离经济衰退，但整体创新能力仍处于上升通道。中小企业、创新转化能力以及开放、优良的研发体系是比利时创新能力增长的主要驱动因素。

比利时政府认为，要保持全球竞争力以及促进增长，对研发和创新进行投资十分关键，必须支持企业，特别是中小企业成为创新的关键驱动因素。2013 年比利时继续加大对创新、研发和培训的投入，以避免财政紧缩对研发和创新产生影响。据 2013 年比利时弗拉芒大区议会统计，目前弗拉芒大区研发（R&D）经费支出占 GDP 的比重为 2. 21%，向欧盟 3% 的目标又迈进了一步。其中企业投入占 69%。在弗拉芒大区，企业高度重视创新，R&D 预算近年来逐年增加，年平均增长率约为 21%。从中可以看出，企业是比利时研发活动的主要执行体，研发活动主要集中在医药、化工和计算机服务等领域。外国企业在比利时分支机构的 R&D 投入很高，占比利时企业研发投入的 54%，显示出其参与全球化研发与创新价值链的程度较高。同时，比利时企业注重与高校开展联合研发。2013 年数据表明，弗拉芒语区高校的研发经费中16.1%来自企业。企业大量资助高校的研发，充分反映了比利时高校的研发质量和市场转化能力。

比利时是科技创新型国家，具有较强的科研实力。其主要优势科研领域有信息技术（纳米微电子）、生物技术、农业和食品加工、医药、环保、航天和能源等。2013年比利时科技发展总体态势平稳，以科技创新体系建设为核心的科技政策不断丰富和完善，研发与创新成果不断涌现。

二、推动科技创新和经济增长的政策不断完善

比利时联邦政府和三个大区政府非常重视科技工作，始终把研发和创新作为提升国家竞争力水平、促进社会和经济可持续发展的原动力。2013年，为进一步提振经济，比利时继续实施“比利时研究区”、“科技园区”和“联合研发”等各项促进可持续发展的计划和政策。同时，联邦政府和各大区政府采取积极举措，不断完善各项科技政策，提高竞争力，以促进经济复苏。

（一）联邦政府围绕欧盟研发框架计划的科技政策

2013年比利时联邦科技政策办公室根据《比利时在〈地平线2020〉中的地位》等框架文件，进一步明确比利时在未来欧盟研究和创新中的地位和作用以及应对措施。联邦政府结合欧盟未来研发框架计划《地平线2020》的总目标任务，继续实施“人才回归计划”、生态税等各项政策，推动科研机构与企业从非技术创新到整个创新链，从基础研究到市场开发，都采用集成和广泛的创新方式；注重关键技术的创新，以保持强大的竞争力；强调应对社会挑战，使应对社会挑战成为比利时研究和创新战略的核心，通过加大创新，解决比利时面临的社会发展等问题。

（二）弗拉芒大区科技创新政策

微电子、生物技术、生物制药、核能、节能环保和循环经济是弗拉芒大区的优势领域。大区政府将科技创新作为促进经济增长的重要手段，将发展重点转向以高新技术为代表的新型工业领域。弗区各项研发与创新指标大部分都名列前茅。其发展目标是到2020年进入欧洲前5强地区。

区政府鼓励创新，在经济不景气和总体预算困难时刻，仍然非常重视研发和创新活动，每年增加研发经费。2013年研发经费预算比2012年增加6250万欧元，科学与创新的总预算达到19.8亿欧元，其中研发经费为12.7亿欧元，约占GDP的2.4%。政府采取措施鼓励企业增加研发人员，目前弗区的研发人员达到39 000名以上。

2013 年，弗拉芒大区继续实施《佛兰德斯在行动》计划。按照行动目标，把各种相互独立但又互补的创新体系集成在一起，开展系统创新，以解决面临的各种社会和经济问题。同时强调，应对社会挑战，不能光靠先进技术实现突破，也需要通过社会创新和管理创新来解决技术解决不了的问题。2013 年，弗区的创新政策和做法主要有以下几个方面。

一是继续推动落实“佛兰德斯创新中心”提出的符合地区特点的六大优先发展领域，建设六大创新中心，即生态创新，发展清洁技术，促进绿色环保，可持续材料管理，减少水和自然资源的消耗；节能减排，发展绿色能源和可再生能源，提高能源效率，发展循环经济；发展创新型工业，以创新促进经济转型；促进可持续发展的交通和物流；医疗保健创新，注重老年人健康，提高医疗护理和健康水平；开展社会创新，应对社会和经济的挑战，提供创新的解决方案。将通过开放式创新，把弗区打造成为一个创新型、知识驱动型、可持续发展和具有强大竞争力的经济体。

二是鼓励企业开展创新和研发，作为经济转型的关键因素。2013 年弗拉芒政府创新署（IWT）扩大了支持的企业和领域范围。除了传统的支持公司和中小企业研发项目外，对于仅有小规模研发中心和研发人员的企业，选择“SPRINT 短期项目”合作研发方式给予支持。同时，创新署加大支持培育企业创新能力，联合相关机构开展更多培训和实践指导。

三是以项目为纽带，建立重点领域创新合作平台。2013 年，弗区政府贯彻以创新为导向的发展战略，围绕如何应对社会和经济挑战问题进行长远部署。同时把循环经济、水资源的开发与保护、新能源与环保技术、生物多样化等领域作为应对社会挑战的重要领域。2013 年启动了一系列项目。如投资 1600 万欧元设立了医疗创新和社会创新相关的 4 个生命实验室、建立了电动汽车研究中心等；在生态创新、新能源创新等方面，成立了专门创新指导小组；批准建设能源谷，专注于绿色能源研究，开发智能能源网络和节能建筑技术。

四是注重发挥基金的作用。弗区政府把支持创新作为经济转型的重要抓手。采取了一系列新的举措，如设立 TINA 基金（TINA 为转型、创新和加速的缩写)，这是一种市场为导向的投资基金，管理着 2 亿欧元的风险资本，用于支持产业技术、信息和通信技术、生态和能源等领域的创新。弗区的 SOFI 基金原来仅支持从大学孵化的企业，今年扩大了支持范围和领域，对研究院所孵化的项目也给予支持，预算从 1000 万欧元增加到 2000 万欧元。

五是弗区政府加大对科研机构的支持，特别是对所属的大专院校、重点研究机构等加大政策和经费支持力度，推动产学研结合。2013 年 10 月，弗区政府宣布将推出 11.6 亿欧元的计划，涉及改善就业、促进研发、减免税收、改善工资成本等各方面，以全面提升弗区竞争力。同时成立制造业战略研究中心，整合现有的研究机构，成为新的机电一体化中心和制造技术研究中心。

六是注重人才队伍建设，投入大量资金，支持鼓励企业培训员工。为鼓励更多年轻人选修科学类（科学、技术、工程和数学）课程，2013 年 10 月弗区科学与创新部推出了“面向明天”行动计划，采取多种形式支持和鼓励更多女生选学科学类课程，提高年轻人的学习兴趣，培养年轻人将来成为研发与创新的主力。

七是批准实施弗区 2013—2020 年气候变化计划。该计划响应欧盟提出到 2020 年温室气体排放减少 15% 的目标。区政府提供 2000 万欧元作为 2013—2014 年实施气候变化计划的基金。

（三）瓦隆大区和布鲁塞尔首都大区继续实施“绿色马歇尔计划”（PM2）

2013 年，瓦隆 – 布鲁塞尔地区继续实施“绿色马歇尔计划（2009—2014）”，政府高度重视建立和完善有利于技术创新的政策和环境，以满足区域创新体系中不断发展的需求。通过促进产学研密切合作，推动了优势领域发展。把区域中有基础、有优势的产业作为发展目标，组织和整合资源，改造和提升传统产业，取得了良好成效。2013 年的六大优先领域，一是开发人力资本，将建设终身学习的体系，加强协调在教育、培训、就业和经济政策之间的关系。二是建立竞争力集群和企业网络，通过网络参与企业以及竞争力集群和集群政策，对一系列产业政策进行调整。三是发挥科学研究的作用，注重对研发的投入，支持科学研究，强化研发与创新对经济发展的支撑。四是建立有利于创新的体系，继续以政策鼓励和支持创业和发展，加强对中小企业的支持。五是发展绿色经济促进就业，通过开发绿色产业，推动创新、培训，创造新的就业岗位。六是增进就业和社会福利，出台政策促进医疗保健行业发展，推动在健康产业就业。

2013 年 9 月，瓦隆 – 布鲁塞尔地区宣布将推出“绿色马歇尔计划 2022”。这是马歇尔计划的第 3 版，目标是提升地区竞争力，促进经济复苏和经济增长。新计划有两条行动主线：一是优先加强教育和培训，建设高质量的教育体系，培养高素质的学生，为经济增长提供人才支撑；二是能源转型，制定能源发展规划，支持建设新的能源网络，采用财政和税收杠杆进行调节，逐步向可再生能源过渡。

三、主要科技领域发展动态

比利时国家虽小，但拥有较强的科研实力。特别是在纳米微电子技术、生物技术、农业和食品加工、环保、航天和新能源等领域具有优势。2013 年比利时各相关优势领域的研发与创新取得丰富成果。

（一）基础研究领域

2013 年，比利时科学家弗朗索瓦·恩格勒教授和英国科学家彼得·希格斯因描述了粒子物理学的标准模型并成功预测希格斯玻色子的存在获得诺贝尔物理学奖。比利时数学家德利涅教授因为对代数几何的开创性贡献及其对数论、表示论及相关领域的变革性影响，获得 2013 年阿贝尔数学奖。

（二）微电子领域

比利时微电子技术国际领先，其微电子研究中心（IMEC）是与美国 IBM/Intel 并称全球前三的微纳米电子研发基地。该中心拥有世界一流的研究团队及装备，2012 年总收入为 3.2 亿欧元。2013 年，IMEC 继续致力于前沿芯片制作工艺、集成电路、存储器设计以及信息通信技术、电子医疗和能源方面的技术创新；加大对研发的投入，组建投资额达 20 亿欧元的世界第 2 条 450 毫米生产线。此外，IMEC 与荷兰阿斯麦公司成立先进研发中心，以解决由于芯片产业走向 10 纳米以下尺寸面临的挑战；联合英特尔公司及鲁汶大学、根特大学、布鲁塞尔自由大学等共建 ExaScience 生命科学实验室，致力于超级计算机应用于生命科学研究。

（三）3D 打印技术

近年来，比利时技术产业中心（SIRRIS）牵头联合比利时法兰德斯技术研究院、鲁汶大学等组成专门机构，重点在企业研发和工业应用 3D 技术方面给予专门支持和援助。通过工业研发机构、大学和企业合作的方式，构筑促进 3D 打印技术研发和应用的平台，取得良好效果。2013 年，比利时应用 3D 打印技术推动设计和创意产业变革。一家公司将 3D 打印技术应用拓展到了艺术领域，鼓励艺术家们利用先进的技术进行创作，从而诞生出一批传统方法难以创造出来的艺术作品。3D 技术在服装和设计行业的进展代表了一个新的方向，将极大促进文化和创意行业的发展。

（四）能源领域

1. 核能

比利时是最早发展核能的国家之一，也是世界上除美国外第一个建立压水堆的国家，拥有世界领先的研究实验堆和黏土层核废料处理地下实验室。2013 年 10 月，比利时联邦政府通过法案，修改原定在 2015 年关闭 2 座核电机组的决定，继续延长这两座核电机组的服务年限至 2025 年。同时，比利时核能研究中心积极参与加速器驱动核反应堆项目，在加速器驱动核反应堆示范模型“吉尼维尔”（GUINEVERE）成功运行基础上，继续加大研发力度，推动加速器驱动系统（ADS）开发建设。

2. 其他能源

日本福岛核事故后，比利时采取“去核电化”能源政策，拟逐渐关闭核电站，支持发展太阳能、风能、生物质能等可再生能源和利用燃气发电，2020 年新能源的发电量将达到总电量的 13%。比利时继续加快智能能源网络和智能电网技术研发。2013 年继续大规模发展风电，目前比利时风电装机容量为 154.9 万千瓦，其中海上风电为 49.1 万千瓦，风电单日最大发电功率达 120 万千瓦，占比全国电网总负荷的 13%。为弥补风力发电不易控制和储存的不足，2013 年联邦经济部宣布计划在北海打造两个储电小岛，用来存储附近风力发电场的富余电量。

（五）航天领域

比利时注重开展航天科学研究，大力发展航天工业，具有较强的航天科技水平。2013 年比利时继续参与欧空局火星探测计划项目，参与研究确定火星探索任务的主要指标以及研究目标和优先事项。该计划将发射一个环火星轨道探测器和一辆火星车，预计 2016 年发射火星轨道探测器，2018 年发射火星车，将对火星大气和表面进行勘查，寻找火星生命迹象。2013 年比利时成功发射 PROBA - V 卫星，该卫星入轨后，将为全球的科学用户组织和服务供应商提供数据服务。

（六）脑科学研究

比利时积极参与欧盟 2013 年批准实施的未来及新兴技术旗舰计划“人类脑计划”的研究，根特大学和鲁汶大学等研究团队是该计划重要合作伙伴。

四、国际科技合作

2013 年 11 月比利时联邦政府和韩国政府就加强双边科技与研发合作进行会谈，签署《韩比科学和技术合作协定》并设立科技合作联委会。双方将在创造新的经济增长引擎和韩国“创意经济”政策等方面加强合作与交流，特别是在化工、制药、物流和信息技术等领域开展深入合作。

（执笔人：卢　萍　韩丽娟）

挪　　威

2013 年挪威经济、科技和创新活力仍保持上升态势，在全球竞争力排名中名列第 11 位，并被列入世界 37 个处于创新驱动经济阶段的国家之一。2013 年 9 月，挪威完成了政府换届选举，新政府承诺继续加大教育与科研的投入，更加注重通过开展国际科技合作提升本国科研水平，进一步促进工业界开展以研究为驱动的创新活动，以保障国家创新活力和可持续发展战略目标的实现。

一、科技投入现状

挪威国家统计局和挪威研究理事会的统计数据显示，2010 年挪威全社会研发总支出为 427.59 亿克朗，占 GDP 的 1.68%；2011 年全社会研发总支出为 452.02 亿克朗，占 GDP 的 1.66%；2012 年全社会研发总支出为 481 亿克朗，占 GDP 的 1.65%，可见近年来挪威研发总支出在逐渐增加，但研发强度略有下降。另外，在 2012 年 OECD 国家人均 R&D 投入的排名中，挪威位居第 13 位，工业界 R&D 的投入比 2011 年增长了 6%。2013 年 10 月政府换届后，以保守党和进步党组阁的新政府强调要增加预算争取使科研迈上新台阶。上届政府 2013 年科研预算为 274 亿挪威克朗，新政府比上届政府增加了 3.2 亿克朗的科研预算，同时为企业研发减税计划额外增加了 1.6 亿克朗，2014 年新政府公共财政 R&D 预算将比上届政府增长 3.4%。

二、最新科技发展政策

2013 年 3 月，挪威议会批准了研究理事会提交的新版政府 2012—2013 年科教白皮书，并由挪教育与研究部更名为《长期展望——知识提供机遇》对外发布。

(一）主要内容

制定国家 10 年长期科研计划；增加科研拨款；评估国家高等教育和科研资金使用情况，确保高质量的研究与教育；起草与欧洲合作的科研战略，确保优先领域和目标明确的科研项目；为青年研究人员（特别是数学、自然科学、技术、医药和牙科领域）建立一个可预测的职业生涯途径和示范规划，加强青年科技人才招聘；研究机构要制定减少临时职位的计划，降低临时岗位的比例并采取相应行动；建立资金捐助匹配计划，引导私人对基础科学研究进行捐助；增设公共机构博士学位名额，探讨建立类似“工业博士计划”的“公共机构博士计划”；促进基础科研设施建设，支持郡区系统科研的发展；增加研究的开放性和国际性，促进科研知识的传播。

(二）优先领域和目标

白皮书进一步确认环境、气候变化、海洋、食品安全和能源为国家战略优先领域，重点包括：保障国民的身体健康，消除健康护理服务的社会不平；支持制定以研究为基础的福利政策和培养专业福利服务人员；促进建立以知识为基础的县郡工业，发展食品、海洋、旅游、能源、环境、生物技术、信息技术、新材料纳米技术行业的工业化程度；科研、高等教育和创新群体的有效合作至关重要。

白皮书重申未来 10 年全社会对 R&D 投入占 GDP 3% 的目标，政府对教育与科研的公共财政支出要达到 GDP 的 1% 。白皮书认为优先领域的选择、足够资金的投入、资源的有效利用、科研成果的管理和高效利用是挪威未来成功的起点。

(三）国家研究与创新框架

科研和创新已经成为挪威当今社会各领域的重要组成部分，白皮书提出：将加强贸易与工业界的创新，将其纳入国家长期预算系统是促进二者潜力发挥的重要手段；已有的企业科研减税补偿计划将得到进一步保障，加快促进科研成果市场化的进程；政府将在科研人才招聘方面做出更多的努力；重申研究机构的作用和责任。为此，政府将构建一个新的社会框架，改善和协调工业、贸易与教育之间对知识的需求关系。这个框架是：国家创新体系开展的科研活动必须以全球为视野，立足于以民为本的社会福利体系和财富创造的国家战略现代工业体系。

三、重大科技计划

在国际化的研究体系基础上，挪威在面对世界新兴技术领域，如信息通信技术、生物技术、基因组学、材料科学、纳米技术等研究与开发的浪潮中，规划了环境保护、自然资源开发技术、生命科学、海洋运输和先进制造等领域的大型国家科研计划，以保障其优先和优势研究领域位于世界领先地位，2013 年挪威实施了 7 个大型科研计划。

（一）生物技术创新计划

在过去 10 年生物技术功能基因组学发展计划的基础上，挪威研究理事会制定了面向未来 10 年（2012—2021 年）的国家 BIOTEK 2021 研究计划，把生物技术在农业、海洋、工业和健康领域的运用作为科研的重点，通过对生物技术与社会关系的研究、国际科技合作、发展工业化生产，建立起高标准的国家基础科研与产业设施，该计划财政预算为 14 亿克朗。

（二）水产养殖工业增长计划

水产养殖业是挪威第三大经济支柱，该计划（2006—2015 年）的科研任务是将挪威水产养殖业发展成有益环境的、可持续发展的、市场激励的、盈利不断增长的国家工业，2012—2014 年财政预算为 3850 万挪威克朗。

（三）纳米技术和先进材料计划

在过去 10 年纳米技术和新材料计划“NANOMAT”的基础上，该计划将面向未来 10 年（2012—2021 年），研究覆盖纳米科学、纳米技术、微技术和先进材料，目标是建立起国际先进水准的国家纳米技术和材料科学知识基地，发展可持续的、应对社会挑战的创新纳米技术解决方案，财政预算为 12. 2 亿克朗。

（四）气候变化和对挪威的影响

该计划为期 10 年，旨在增加人们对气候系统过去、现在和未来趋势的知识，建立全球气候变化带给人类环境和自然变化影响的各类学科的研究平台，财政预算为 2. 25 亿克朗。

（五）大型石油二期研究计划

在石油一期（2004—2013 年）研究计划的基础上，二期计划面向未来 10 年（2013—2022 年）。由于挪威 26% 的温室气体排放来源于油气产业，研究课题将面向促进工业发展，在环境可持续的前提下，优化挪威石油资源管理，增加社会价值创造，2013 年财政预算为 2. 39 亿克朗。

（六）大型能源研究计划

为实施国家 Energi21 战略，专门制定为可再生能源、提高能源效率、建立高效能源体系和能源政策提供保障的10年研究计划（2013—2022年），2013年财政预算为3.83亿克朗。

（七）信息技术的核心竞争力和增长计划

在世界经济论坛《2013—2014年全球竞争力报告》中，挪威在技术准备度的评比中排名世界第三，比2012年上升了10位，其重要原因是挪威信息技术的快速进步，尤其是网络带宽和移动宽带增长的突出表现。挪威的信息技术的核心竞争力和增长计划为期10年（2005—2014年），旨在进一步促使挪威信息通信行业迈入世界信息技术转化应用和创新的前列，培养世界一流的信息技术专家和价值创造产业链，精选100个研究项目，预算规模为1.15亿欧元。

四、人才培养政策

挪威将充足和高质量的科研人才的培育放在国家创新体系最重要的位置，认为是获得国际认可的先决条件。挪威共有6.5万名全时研究人员，其中，高等院校研究人员占27%，独立研究机构占23%，企业研发人员占44%，每千名雇员中有10人从事科学研究，远高于欧盟平均水平。挪威不断通过有国际竞争力的薪水、职位的稳定和社会的安定等优厚条件吸引各国人才为其经济和社会发展服务。在人才培育和人才流动两方面，挪威出台了一系列面向国内外人才的激励措施。

（一）国内青年英才研究计划

为激励年轻人从事科学与研究，挪威在不同领域分别制定了资助项目，如人文科学领域的FRIHUMSAM计划、医学健康生物领域的FRIMEDBIO计划、数学物理科学领域的FRINATEK计划、基础研究领域的FRIPRO，总额达81亿克朗。

（二）吸引国际人才驻留挪威的YGGDRASIL计划

“研究居留资助计划”（Grants for Research Stays in Norway）是挪威为提高本国研究人员的国际水准，鼓励本国博士生和青年科学家广泛参与国际合作，吸引国际人才来挪威共同开展研究的一项引进人才措施。每年投入1000万克朗，鼓励博士学位的研究人员将挪威作为研究基地，居住时间为3~12个月，与挪威高等院校和科研院所共同开展研究活动，资助范围包括欧盟成员国、亚洲、美洲，如阿根廷、巴西、智利、印度、以色列、日本、墨西哥和南非等国。

五、国际科技合作

（一）美国——最重要的合作伙伴

挪威一直将美国看作是其提升其国际水准和影响力的最重要的合作伙伴，并制定有专门的《挪威与北美科学与技术合作战略》。每年挪威都在美国举办“大西洋科学周”，作为促进挪威与美国和加拿大在研究、创新和教育合作的重要平台。2013 年在华盛顿举办的“大西洋科学周”的主题是：安全研究、教育研究和分享全球挑战的解决方案。领域包括国际安全、网络安全、应急准备和教育政策。另外，“埃里克森人才流动计划”是挪威专门针对在美国和加拿大培养本国各学科领域的博士生和高级研究人员的资助计划，每年预算 600 万克朗。“研究毕业生科研机会计划”是在挪威国家科学基金会的资助下，面向全球特别是北美的高素质人员，资助他们在挪威开展 3 ~ 12 个月的科研活动的计划。

（二）欧盟——优先合作对象

挪威视北欧国家为其传统的合作伙伴，挪威在北欧创新研究计划中发挥着重要作用。此外，挪威视欧盟为其发挥科研实力的优先合作平台，挪威积极参加欧盟科研第 7 框架计划，并针对《地平线 2020》计划做出了增加 6300 万克朗的预算。近些年来，挪威开始大量投资于与东欧国家的合作，面向欧洲捷克、爱沙尼亚、匈牙利、拉脱维亚、波兰和罗马尼亚六国设有专门的“欧洲经济区 – 挪威资助计划”。

除框架计划外，挪威广泛参与的欧洲其他重要研究机构的活动，包括：欧洲核子研究中心、欧洲科技研究合作组织、欧洲联合倡议计划、欧洲分子生物实验室、欧洲非相干散射科学协会、欧洲空间局、研究人才流动补助金计划、为中小企业服务的欧洲创新网、欧洲创新机构网、国际癌症研究组织等。

（三）专项资金——支持与重点合作国家的科技合作

建立国家专项合作基金是挪威研究理事会开展对外合作的重要手段，例如，2013 年新实施的为期 3 年的 UTFORSK 计划，是专门为增加与巴西、中国、印度、日本、俄罗斯、南非的教育和研究合作制定的项目，支持硕士以上的研究合作，项目资金为 1500 万克朗。目前挪威陆续与俄罗斯、印度、日本、中国、南非建立了专门的资金支持计划。

CHINOR 是专门针对中国的科研合作计划，执行期为 2009—2017 年，每年 2000 万克朗，用于对华基础科学和创新领域的合作，强调迎接全球挑战，促进科研质量提高，参与中国市场产品和服务的开发，融入中国的研究创新体系，重点支持气候、环境和福利的研究合作，推广挪威在这3个领域的价值观。

INDNOR是挪威与印度合作的专项计划，为期10年（2010—2019年），重点领域是国际政治议题、气候、环境、清洁能源和社会发展，前5年每年2000万克朗，之后评估后视情而定。目前，印度参与了挪威GLOBVAC、NORGLOBAL、MILJO2015、NORKLIMA 4个国家计划和1个YGGDRASIL人才计划。随着印度对北极事务的积极参与，极地研究也成为挪威与印度合作的新领域。

CONCERT-Japan是隶属于欧盟第7框架计划下的一个名为ERA-NET的计划，是欧盟13个成员国与日本开展科研合作的专项计划，挪威在该计划下与日本开展合作，希望在双方感兴趣的领域提高挪威的研究质量，双方合作重点领域是能源、新材料与纳米技术、空间、气候研究和食品安全。

NORRUSS是挪威与俄罗斯合作的专项计划，执行期为5年（2012—2016年），总金额为1.05亿克朗，核心是围绕高北战略的实施，面向世界挑战，广泛涉及地缘政治、经济和社会研究，重点研究领域是海洋、环境、极地能源、资源管理和贸易与工业。

SANCOOP是挪威与南非的专项研究合作计划，为期5年（2013—2017年），挪方资金4700万克朗，南非投入1000万兰特，重点领域是环境、气候体系、气候变化对社会的影响、低碳和清洁能源、两性平等。

LATINAMERIKA是面向拉美国家阿根廷、巴西和智利合作的专项计划，为期10年（2008—2017年），每年平均预算2000万克朗，2014年金额为3500万克朗，重点领域为社会科学、环境与气候、南极环境挑战、工业开发、能源与自然资源、文化与社会、传统和宗教。

（执笔人：史　义）

瑞　　典

瑞典是世界上人均拥有跨国企业最多的国家和工业化程度最高的国家之一。2013 年瑞典在世界创新及竞争力排名中继续保持领先，生命科学、信息与通信技术、材料科学等优势领域取得新的进展。

一、科技投入持续增加，创新继续保持领先

2013 年，在欧洲经济下滑的大背景下，瑞典经济的平稳复苏为本国科技发展提供了良好的条件，也对南欧等随经济衰退、科研条件渐缺保障的国家的优秀科研人员形成吸引力。

据世界经济论坛《2013—2014 年全球竞争力报告》，瑞典全球竞争力名列第 6 位，较 2011—2012 年、2012—2013 年的第 3 位和第 4 位有所下滑，但仍属最具竞争力的国家之一。

欧盟委员会《2013 年创新联盟记分牌》（IUS）显示，瑞典位列 2013 年欧盟 27 国创新绩效第 1 名。瑞典与德国、丹麦、芬兰同为创新领先国家，创新绩效高于欧盟平均水平 20% 以上。瑞典自有欧洲创新联盟记分牌综合排名以来已连续 10 次蝉联欧盟榜首。瑞典在 2013 年全球创新指数中名列世界第 2 位，仅次于瑞士。

基于欧洲 2020 战略框架下设定的欧盟到 2020 年研发投入强度达到 3% 的总目标，瑞典设定了一个更高的研发投入目标，即到 2020 年研发投入占 GDP 的比重达到 4% 左右。

2013 年瑞典政府部门研发预算为 315 亿克朗，与 2012 年总量基本持平。其中，高校研发预算占比增加，并大幅增加民口通用性科研资助，削减国防研发开支，公共研发基金会投入有所减少。

2012 年，瑞典国内生产总值为 35 487.83 亿瑞典克朗（以下简称克朗，1 克

朗约合 0.15 美元），全社会研发总支出为 1209.11 亿克朗，研发投入强度为 3.41%。其中，公共部门 58.07 亿克朗，高等院校 327.87 亿克朗，企业 819.63 亿克朗，私人非营利机构 3.54 亿克朗。较之 2011 年，2012 年瑞典高校、公共部门研发支出均有所增加。从经费来源看，企业仍是研发创新的主体。

瑞典的科研活动主要集中在企业和大学，科研院所较少。瑞典共有 34 所公立、3 所私立高等教育机构。2013 年政府投入高校的研发经费预算在 2012 年基础上增加约 7 亿克朗，达到 157 亿克朗，占总研发经费的比例提高至 50%。高校和瑞典研究理事会将共计获得约 210 亿克朗研发经费。

企业界的研发特点是研发活动主要集中在少数大型企业，企业研发活动主要集中在汽车、医药、信息技术和通信产业。

二、加强科研人才引进，强化创新驱动战略

2012 年 10 月，瑞典政府向议会提交了《2013—2016 年研究与创新法案》（以下简称《法案》）。2013 年 2 月，议会通过了该法案且内容几乎未做修改。2013 年瑞典政府科技管理层面的主要工作围绕执行《法案》展开，重点聚焦在加强科研人才引进与交流、构建国际化研发网络、推进大型科研基础设施建设、加强重点科研领域等方面。

（一）加大力度引进优秀国际科研人才

注重研究人员流动性是瑞典科研人才政策的一个显著特点。2013 年，以瑞典研究理事会为代表的资助机构根据《法案》中关于招募顶级国际研究人才的要求，启动了多项不同层次的国际人才招聘与资助，主要包括：

1. 招聘国际领军研究人才

2013 年瑞典研究理事会提供总额约 1.5 亿克朗的专项经费用于资助高校聘用国际领军研究人才长期在瑞典工作，资助标准为每人每年 500 万～1500 万克朗研究费用，工作时间为 7～10 年。此项资助旨在为高校吸引高水平国际研究人员提供机会，以使领军研究人才在创造好的研究环境并带动激励新的研究人员方面做出贡献。

最终确定引进的两位领军人才分别是：皇家理工学院聘用荷兰代尔夫特理工大学纳米光学教授瓦列里·斯韦勒（Valery Zwiller），以填补瑞典该研究领域空白，聘期 8 年（2014—2021 年），共计资助 3605 万克朗；隆德大学聘用德国马普分子植物生理研究所植物生理学家斯坦芬·佩森（Staffan Persson）博士，因其关于“植物细胞壁的纤维素合成机理”研究对于满足可再生能源原料的巨大需

求具有重要战略意义，聘期10年（2014—2023年），共计资助10 498.1万克朗。

2. 资助杰出教授

研究理事会另一项高端人才计划是征集杰出教授，此项资助旨在为最杰出的研究人员从事具有巨大潜力和高风险的长期研究提供持续大幅的经费支持，以期取得科学突破。杰出教授将获得自2014年起连续10年每年500万克朗的研究经费（含直接成本）资助。

3. 资助高校聘用国际博士后

自2012年秋起，瑞典研究理事会改变了以往提供博士后奖学金的支持方式，转为资助国际博士后，即资助自瑞典高校取得博士学位不久且希望在海外大学或研究所开展研究的研究人员。研究理事会认为创造国际联系对于研究人员的职业生涯至关重要，这一项目旨在为青年研究人员提供国际化起点，支持研究人员的国际流动。

（二）扩大国际化研发网络，实施挑战驱动型创新

瑞典政府认为，随着全球化进程加剧，一国视角已过于局限。研究人员和企业都在寻找更多的海外市场与合作伙伴。因此，科研创新越来越多地存在于国际网络中。强大的网络和有效的国际合作是瑞典保持强劲创新力和吸引力的先决条件。

瑞典高度关注全球的发展，关注本国在全球价值链中的位置，提出了挑战驱动性创新（Challenge-driven Innovation），以应对全球社会性挑战，如气候、能源、环境、人口、社会安全、健康、教育。为此，2013年瑞典创新署提出了4项具有良好国际开拓创新前景的创新挑战：未来医疗保健、可持续魅力城市、第三代信息社会、有竞争力的产品。期待以这些挑战作为起点和驱动力，创造出领导创新和商机的新的解决方案，形成长期、可持续增长的基础，更好地融入全球创新合作网络，“这对于瑞典这样的出口依赖型小国尤为重要”。

（三）积极推进大型科研基础设施建设

瑞典政府认为前沿研究对于社会发展进步尤为重要，而最具创新力和高质量的研究产生于最好的科研条件，同时，好的科研条件还将影响社会环境、吸引优秀科研人才，故而大力地推进基础科研设施建设。

1. 欧洲中子散裂源

欧洲中子散裂源（ESS）是一个基于直线加速器的长脉冲散裂中子源，为目前欧洲最大的大科学工程，也是世界上在建的最强大的加速器。其设计平均束流

功率为5兆瓦，为当前已有装置功率的5倍，并可实现实时数据可视化，为研究人员更快地提供初步结果。

经竞标，2009年瑞典、丹麦成为ESS东道国，瑞典南部城市隆德获得主体设施承建权，ESS数据管理和软件中心将建于丹麦首都哥本哈根，瑞、丹两国政府共同成立公司管理ESS项目。2013年项目已由设计阶段进入建设阶段，将于2014年7月正式动工，计划2019年完成首批7个装置并投入科研实验服务，2025年完成全部22个装置。目前已有17个会员国加入ESS。

2. 同步中子光源实验室

同步中子光源实验室（Max Ⅳ）是由瑞典研究理事会、创新署、斯科纳省和隆德大学共同资助在隆德兴建的同步加速器。Max Ⅳ首创使用专门磁铁产生X射线的“终极”储存环技术，增加了同步加速器X射线的强度和亮度。目前建设工作已完成80%，将于2016年6月21日举行工程落成仪式，建成后将对科研以及工业界提供服务。

3. 生命科学实验室

生命科学实验室（SciLifeLab）是近年瑞典政府在生命科学领域投入最大的部分之一，2013年仅新增投入即达到1.5亿克朗，实验室建设进展顺利。10月起，SciLifeLab完成平台升级，新增亲和蛋白质组学、生物成像、临床诊断和功能基因组学平台，加上已有的生物信息学、化学生物学、药物开发等，目前共计开放9个平台，面向全国提供大型数据生成服务以及技术研发和课程。

三、前沿及优势领域进展

（一）生命科学

生命科学为瑞典长期以来的优势和重点学科。根据《法案》，传染病学、抗生素、老年病及健康科学领域将得到特别支持，围绕上述领域的项目征集工作已经展开。例如，2013年瑞典研究理事会与中国自然科学基金委首次合作，即联合发起抗生素耐药性合作研究征集，最终确定了4项合作研究课题。

1. 乳腺癌放疗后增加缺血性心脏病风险

卡罗林斯卡医学院辐射流行病学佩尔·霍尔（Per Hall）教授及其研究团队对瑞典和丹麦自1958年到2001年间2168名进行放疗的乳腺癌患者进行了基于人群和病例对照的主冠脉时间跟踪研究，事件研究表明，乳腺癌患者放疗后增加缺血性心脏病风险。

2. 干细胞瘢痕有助于脊髓损伤康复

卡罗林斯卡医学院研究人员一项最新研究表明，脊髓损伤后的干细胞形成的瘢痕组织不会损害复苏，而事实上限制了损伤。这项发现表明瘢痕组织阻止病变的扩大，有助于损伤的神经细胞存活。

3. 神经胶质细胞可直接编程为脑神经细胞

隆德大学研究团队通过小鼠实验证实，皮肤细胞和支持细胞都有可能直接在大脑中重新编程为神经细胞。在大脑中直接对细胞重新编程的新技术开启了新的可能性，为更有效地替换帕金森症等患者已经死亡的脑细胞创造了条件。

（二）信息与通信技术

1. 北雪平可视化中心

北雪平可视化中心科研人员花费数年开发尖端技术，使实时研究大量高品质数据成为可能，现已实现实时的虚拟世界。现在可视化设备已在全球广泛应用于医学诊断和其他目的，最新的应用案例之一是该中心专家大卫·休斯（David Hughes）等与大英博物馆合作项目。通过对博物馆的木乃伊进行医学扫描形成可视化数据，参观者可通过虚拟交互式触摸屏探索发现木乃伊身体内部细节。

2. “脸书”吕勒奥可再生能源数据中心启用

7 月，全球最大的美国社交网络服务商“脸书”在瑞典北部城市吕勒奥投资总额 50 亿克朗兴建的第三个数据中心——“脸书”吕勒奥可再生能源数据中心。也是在美国本土以外的首座数据中心开始使用，用于处理欧洲、中东和非洲地区用户的数据业务。该数据中心是全球首个 100% 使用可再生能源的数据中心，符合低碳环保理念；依靠瑞典已有的密集光纤网络，数据能够可靠地传输到欧洲及更远的地区。

3. 室温下初始化并读取核自旋

延雪平大学 Weimin Chen 教授及其团队与德国、美国研究人员合作，在室温下成功初始化和读取了核自旋，使科研人员距离量子计算机又接近了一步。

（三）材料科学、化学

1. 使用磁性纳米粒改性制作石墨烯纳米涡管

于默奥大学、乌普萨拉大学、斯德哥尔摩大学研究人员完成了一项通过在石墨薄片表面附着磁性氧化铁纳米粒子将氮掺杂石墨烯卷制成阿基米德纳米涡管的新研究。这种新材料或具有非常好的特性，可应用电极，如锂离子电池。

2. 应用离子导体聚合物提高太阳能电池性能

瑞典皇家理工学院研究人员发现了一种使染料敏化太阳能电池更加节能和电力持久的方法。即通过引入一种新的准液，即聚合物基电解质，实现提高染料敏化太阳能电池的电压和电流，并降低其电极间的电阻。通过向太阳能电池的钴氧化还原电解质中增加离子导体聚合物，氧化电解质的传输能力大大增强，这种快速传输使太阳能电池效率提高 20% 。

四、国际科技合作进展

瑞典在欧盟框架下的国际科研合作具有较高的参与度。自 2007 年欧盟第七框架计划启动至今，瑞典共有 602 个机构参与其中，累计获得超过 10 亿欧元资助。瑞典是获得 FP7 研发经费最多的十国之一，截至 2012 年 10 月，共获得占总额 3.8% 的资助金额。在 2013 年初欧盟选定的首批两个未来新兴旗舰技术项目中，瑞典查尔摩斯理工大学亚里·基纳雷特（Jani Kinaret）教授牵头实施石墨烯项目，卡罗林斯卡医学院在人类大脑项目发挥重要作用，两项目均计划在未来 10 年投入 10 亿欧元。

因地缘及历史原因，瑞典一贯重视北欧国家合作研究，致力于加强北欧国家有共同兴趣以及有国际竞争力的科学领域的合作。2013 年瑞典担任北欧部长理事会轮值主席国，在轮值年“新时代的北欧模式”的主题下，就北欧国家未来面临的主要挑战深化了北欧政府间合作。瑞典提出的优先举措中涉及科技的内容包括：加强北欧矿业竞争力，强化措施减少影响气候和空气质量的短期大气污染物排放，特别是减少炭黑和对流层臭氧浓度等。

在双边合作方面，自 1999 年以来，瑞典与印度、日本、加拿大、中国、墨西哥、新加坡、南非、韩国、美国分别签署了政府间双边研究协议，促进和深化研发合作。2013 年，瑞典与印度就卫生与疾病预防开展了联合研究项目征集，分别与中国、巴西等国联合资助了生态创新合作项目。

（执笔人：夏　方）

丹　　麦

2013 年是丹麦实施国家创新战略的第 1 年，政府出台新的增长计划，科技管理体系延续了近年来的改革趋势，研发经费和人才队伍保持稳定，能源和气候政策引人注目，国际科技合作不断深化。

一、科技发展概况

近几年，受全球金融危机影响，丹麦经济增长乏力，甚至出现负增长（2013 年 GDP 预计增长 0.25% 左右），公共研发投入增长较慢，2013 年公共研发投入约 210 亿克朗（含国际拨款），约占 GDP 的 1.09%。2013 年，丹麦中央政府研发投入预算为 1 639 240 万克朗，地方政府研发投入预算为 226 880 万克朗，国际拨款（欧盟及北欧部长会议）为 180 700 万克朗，国家研究基金会预算为 45 500 万克朗。丹麦政府 2013 年出台的以“减税赋，保就业，促增长”为主题的“丹麦增长计划”（2013—2020）提出要对公司税进行综合改革，降低企业税赋，其中一项措施是提高研发支出可抵免税额上限，即把目前企业享受的每年研发支出“最高按 500 万克朗计算，税率为 25%，即最高可免税 125 万克朗”改为“最高按 2500 万克朗计算，税率为 22%，即最高可免税 550 万克朗”。这一改革方案有利于激励企业（尤其是中小企业）增加研发投入，但是需要到 2015 年或 2016 年公司税综合改革后才能实行。该计划在吸引国外人才方面也提出了一些新措施，如给从丹麦高校毕业的外籍学生发放特别绿卡以使他们留在丹麦工作，支持地方政府和中学开办国际课程和国际文凭班，鼓励曾经在丹麦工作的外籍研究人员返回丹麦工作，改革签证制度以便于企业雇佣外籍员工。

根据汤森路透公司对 OECD 成员国及金砖国家在 2007—2011 年期间的国家科学指数（NSI）统计结果，丹麦发表科技论文 56 350 篇，排名第 22 位；每百万人口发表论文 10 106 篇，排名第 4 位；论文共被引用 443 315 次，排名第 18

位；平均每篇论文被引用7.87次，排名第3位。另据丹麦专利和商标局的统计数据，2011年丹麦人向欧洲专利局（EPO）提交1797项专利申请，相当于每千人0.32项EPO专利申请，这两项指标在OECD国家中分别排名第13位和第4位。

二、科技管理体制改革

2011年9月丹麦议会选举后，新一届政府对科技管理体系进行了重大改革，高等教育管理职能从教育部剥离出来，“科学技术与创新部”被重组为“科学创新与高等教育部”，该部主管全国的公共科技政策制订、技术研究开发、产学研合作和高等教育，下设行政管理司、信息技术司、科技创新署、高等教育署、大学发展和国际教育署等机构。为进一步精简机构，提高效率，政府于2013年9月决定把科学创新与高等教育部下属的高等教育署、大学发展和国际教育署合并为高等教育署，新机构于10月1日正式成立；根据实施国家创新战略的需要，决定将由科学创新与高等教育部管理的丹麦战略研究理事会、丹麦技术创新理事会、丹麦国家高技术基金会等三个机构合并重组为“国家创新基金会”，新的基金会将于2014年4月开始运营，每年预算预计约15亿丹麦克朗（以下简称克朗）。经过改革，几乎所有与科技创新有关的公共科技资源已纳入科学创新与高等教育部管理，综合协调能力得到强化，突出了研究型大学在知识创新体系的作用，精简了研发资助机构，使研发和创新更好地服务于经济和社会发展。以研发经费为例，科学创新与高等教育部管理的公共研发经费占中央财政研发预算的近80%。现任科学创新与高等教育大臣Morten Østergaard同时在议会中担任协调委员会和经济委员会委员，对丹麦的重大事务，如政策规划、预算制订、机构调整、人事安排等均有一定影响力。这种安排确保了科学创新与高等教育部在科技和创新领域的领导和协调能力，有利于从国家战略全局出发部署创新工作、推动科技发展。

三、实施国家创新战略

丹麦政府充分认识到丹麦经济增长乏力、中小企业创新不足的严重性，在借鉴主要创新型国家经验和欧盟研究领域委员会（ERAC）对丹麦创新系统评估意见的基础上，于2012年12月发布了《国家创新解决方案——完善创新体制，强化企业合作》（简称“创新战略”）。这是丹麦政府发布的首份国家创新战略，具有重大意义。该战略强调丹麦必须从三个方面进行创新：一是社会挑战驱动创新，解决具体社会挑战的需求应在国家创新投入上有优先权；二是必须将更多的知识转化成价值，加强企业和知识机构之间的知识交换，提高创新机制的效率；三是教育必须提高创新能力，改进教育文化体制，以创新为焦点。

创新战略提出，要确保丹麦在科研、创新、教育方面的投资能够更好地推动经济增长和增加就业率，实现三个目标：一是增加创新企业数量，到2020年创新企业数量增加15%，使丹麦成为拥有创新公司数量最多的5个OECD国家之一；二是增加企业研发经费投入，到2020年企业研发经费投入增加15%，使丹麦成为企业研发投入占GDP比例最高的5个OECD国家之一；三是提高私有企业中受过高等教育职员的比例，到2020年私有企业中受过高等教育的员工量增加28%，使丹麦成为私有企业雇佣高学历员工比例最高的5个OECD国家之一。

创新战略提出要在以下三个方面实施27项政策措施。一是改进和完善公共创新体系，拟实施7条措施，如以研发成果产业化为导向改组相关政府机构、加强丹麦－欧盟科技合作、强化政府主导的战略研究等。二是加速知识创新、技术创新产业化，拟实施11条措施，包括建立科技交流平台；扶持中小型科技企业开展创新；建立政府支持的创业孵化器项目；设立更多的创新中心，加强国际合作，吸引投资和高技术人才来丹麦；简化创新政策、提高政府研发资金使用效率；在创新型企业中设立科研职位；强化产学研结合等。三是建设以创新为重点的教育文化体制，拟实施9项措施，包括将创业和创新实习纳入学生积分和老师教学内容，在教育中融入创新和企业精神；创新教育从小学抓起；加强职业学校、博士生等的创新能力和面向企业的技能；在学校中开展创新竞赛等。

丹麦创新战略出台以来，一些配套政策措施仍在落实中。2013年10月，科学创新与高等教育部制订了“重点创新领域目录”，提出了交通运输、环境与城市发展，食品生产与生物经济，健康解决方案，创新生产，数字化解决方案，能源解决方案六大重点创新领域的21个专项。

四、能源和气候变化政策

丹麦是世界上最重视环境和气候变化的国家之一。自2009年联合国哥本哈根气候变化大会召开以来，丹麦出台了一系列涉及气候和能源的政策、战略和规划等，提出了宏伟的温室气体减排目标和路线图。政府提出在制定经济、社会和科技发展政策时必须优先考虑能源和气候变化战略目标，要通过丹麦模式向其他国家证明“制定并实施宏伟的减排计划不但是必需的，而且是可行的”，并希望借此推动全球气候变化谈判。

2010年9月，丹麦气候变化委员会发布了《绿色能源——通往无化石燃料的丹麦之路》。丹麦政府在此报告的基础上，于2011年2月发布了《能源战略2050》，阐述了该国中长期能源战略，明确提出丹麦能源政策的首要目标是2050

年时彻底摆脱对化石能源的依赖，同时要保证本国稳定、充足的能源供应和实现哥本哈根气候大会的减排承诺，即到2020年和2050年，分别在1990年排放基础上减排温室气体30%和80%~95%。该战略提出三大方向若干措施：一是重视可再生能源使用和能效；二是加强基础设施建设和相关政策制订；三是推进能源技术研究和开发，发展面向市场的绿色能源研究和开发技术等。

2012年3月，丹麦政府发布了新的能源执政协议（由议会各政党达成），向实现2050年发展目标迈出了重要一步。该协议包括一揽子行动计划，实施期为2012—2020年。主要目标为到2020年，可再生能源占终端能源消费总量的比重超过35%；约50%的电力来自风力发电；与2010年相比，能源消费总量减少7.6%；与1990年相比，温室气体排放减少34%。2012年丹麦在能源领域的公共研发投入（含欧盟资助经费）达到10亿克朗，能源技术及产品出口达到611亿克朗，占出口总额的10%（这一比例是欧盟国家中最高的）。

2013年8月，丹麦政府发布了《走向低碳社会——丹麦气候政策计划》，全面阐述了丹麦的气候变化政策和目标。该文件表明丹麦将实施积极和可行的气候变化政策，明确了减排目标和可再生能源发展目标（2035年，电力生产和供热全部来自可再生能源；2050年，全部能源消费来源于可再生能源），同时敦促欧盟制定更加宏伟的减排目标并改革其排放交易体制。目前，丹麦政府已起草气候变化法案，拟提交议会审议。

五、国际科技合作

2013年，丹麦继续在优势领域推进各类国际科技合作，主要体现在加强与中国、韩国等国家的合作，重视与美国在自然科学和卫生等领域的合作，积极参与欧盟研发计划，深化与发展中国家在能源和气候领域的合作。

（一）与中国的合作

丹麦政府高度重视与中国在知识、科技和人才方面的合作。2013年，丹麦气候能源与建筑大臣、科学创新与高等教育大臣等相继访华。我国国家能源局副局长刘琦访问丹麦并出席全球绿色增长论坛第3次会议，双方科技部门联合征集并资助合作研发项目；丹麦科学家弗莱明·贝森巴赫教授获得中国国际科技合作奖并当选中国科学院外籍院士；数学家乌夫·哈格诺夫教授被华东师范大学授予荣誉博士学位；复旦大学与哥本哈根大学合作建立复旦－欧洲中国研究中心。

在丹麦、中国两国政府的支持下，经过几年筹建，由中科院研究生院（现名中国科学院大学）与丹麦科技创新与高等教育部、丹麦大学联盟合作创建的中丹科研教育中心从2012年开始招收研究生，2013年计划增加招收专业。丹麦政府一直把此项目视为中丹科教合作的重中之重，每年安排国际合作专项经费支持该中心建设。据了解，丹方计划2014年为该中心拨款2900万克朗经费。

此外，丹麦与中国在可再生能源和智能电网等领域继续开展研发合作，中国科技部国际合作司分别与丹麦战略研究理事会（隶属于科学创新与高等教育部）、丹麦能源署（隶属于气候能源与建筑部）联合征集并资助合作研发项目。

（二）与欧盟的合作

作为欧盟的成员国，丹麦积极参与欧盟的第7框架计划（FP7），并为启动《地平线2020》计划（Horizon 2020）做好宣传和准备工作。2013年11月，丹麦科学创新与高等教育大臣在南丹麦大学举行的“Horizon 2020活动周”上说，丹麦将更加积极地参与《地平线2020》计划，政府将投入2600万克朗帮助研究机构和企业参与该计划，力争使丹麦利用该计划预算比例达到2.5%，预计今后7年将会有3500家丹麦的科研机构和企业参与该计划。

（三）其他合作

丹麦与很多国家在可再生能源研究、开发和示范方面开展合作。2011年以来，丹麦联合中国、韩国、墨西哥和肯尼亚等国家连续举办了3次全球绿色增长论坛（3GF）会议。另外，丹麦积极参加国际空间合作。现年36岁的安德烈亚斯·莫恩森将于2015年9月搭乘俄罗斯“联盟号”飞船前往国际空间站并在那里停留10天，成为进入太空的首位丹麦人。

（执笔人：陈德春）

意　大　利

2013 年 4 月 28 日，在经过长达两个月的政治僵局后，意大利新任总理恩里科·莱塔宣誓就职，并最终组建了由民主党、自由人民党和公民选择联盟组成的大联合政府。新政府成立后，提出了一系列改革方案，希望通过改革研究与创新体系、制定新的国家改革计划和研究计划，实现欧盟《地平线 2020》计划确定的研发目标。

一、研究与创新政策的新变化

为应对危机，意大利出台了一系列研究与创新新政。主要包括实行间接激励手段、促进中小企业融资、改革公共研究资助方式等。

（一）公共资助机制的改变

尽管意大利总体发展模式正在朝着与欧盟研究政策一体化、研究创新与经济政策一体化的方向发展，但是与前些年相比，当前主要的公共资助机制已经发生了很大改变。

1. 公共研究和学术机构主要通过竞争性资金获得资助，而不是通过机构式定向拨款获得资助。2011 年和 2012 年出台的金融稳定法导致各机构的预算普遍减少。2011 年，主要的竞争性资金（PRIN）从 2009 年的 1 亿欧元降至 2010 年和 2011 年的 8750 万欧元，到 2012 年降至 3820 万欧元。

2. 尽管研发税收减免新政策和财政担保等间接资助方式增加了，但直接财政补贴方式仍然多于间接资助方式。近年对企业激励机制的改革，改变了国家对技术创新的资助方式，新的资助方式更加面向专题领域（与欧盟计划相关的领域）、间接激励（将直接资助和间接资助的混合资助方式转向间接资助方式），而且更加简化。

3. 合作资助方式越来越多，尤其是对大型研发项目的资助。例如，“2015 产业计划”的产业创新项目（PIIs）以及 FIT 的技术创新合同。研究与创新体系越来越多地与联网行动有关，研发项目中的公私伙伴关系越来越多，这种现象在未来几年将会继续。

4. 资助政策主要集中在专题项目或目标项目上。专题项目资助方法是大型研发计划（如产业创新项目 PIIs）以及由公共研究机构和大学资助的大型项目（FIRB）的首选资助方式。这样，资助目标就能与《地平线 2020》计划或“欧洲数字化议程”等欧盟计划保持一致。

近年来，对地区政策的关注增加了。2007—2013 年，国家“研究与竞争力”行动计划（PONREC）获得的资助为 44.243 亿欧元。该计划将研究和创新作为国家行动计划（PON）的支柱进行整合，并且由教育、大学和科研部（MIUR）以及经济发展部（MISE）共同管理，这表明在地区发展和社会凝聚力政策中研究与创新的干预增加了。

5. 跨国资助成为一个越来越重要的资金来源。意大利的公共研究机构和大学都积极参与主要的国际研究计划。近年来，来自海外的研发资金在增加：2009 年，由海外提供的研发资金占国内研发总支出的 9.4%，2010 年达到 9.8%，这些资金主要来自企业部门，2010 年海外企业投资占海外研发投资总额的 72.2%。

欧洲第 7 框架计划（FP7）正在成为意大利获得跨国研究投资的一个重要渠道。在 FP7 中，意大利是第四大项目资助国。不过，意大利的企业获得 FP7 资助的比率却很高，2007—2011 年，意大利有 9 家企业排在获资助最多的前 50 家企业之列。

（二）研究与创新的新举措

1. 实行研发税收减免新政

2011—2012 年，新出台了两个针对研发和技能工人的税收减免政策法。2011 年出台的税收减免政策（DL7OL106/2011）适用于企业对大学研究项目的资助，或者对公共研究实体的合作项目提供资助。2011 年可用的税收减免资金为 5500 万欧元，2012 年为 1.808 亿欧元，2013 年为 1.572 亿欧元，2014 年为 9100 万欧元。根据 2012 年出台的税收减免激励政策（DL83L134/2012），雇佣高技能工人从事研究和创新的企业，2013 年以后每年将获得 5000 万欧元的税收激励。

2. 出台中小企业融资新模式

2011 年 7 月出台的金融稳定法（DL98L111/2011）提出了刺激初创企业风险投资的新举措。该法律对减少中小企业的信贷障碍具有重要意义，对从事高知识活动的新企业（初创企业）而言尤为重要。2012 年的税收激励法（DL83 L134/2012）使一些创新型企业获得了风险资本投资。

为了推动新的创新型中小企业发展，2012 年的法律 DL179L221/2012 出台了一个为创新型初创企业融资的新计划，2012 年的资助金额为 2 亿欧元，从 2013 年起资助金额为 1.1 亿欧元。2013 年 3 月，在商会注册的这类企业有 450 多家。

3. 简化和削减公共研究投资

2012 年的法律 DL83L134/2012 对教育、大学与科研部和经济发展部的研究资助进行了改革。该法律简化了资助程序，并根据欧盟的要求重新定义了研究的概念，对研究资金的受益者以及资助手段的混合使用（直接资助和间接资助）也进行了界定。2012 年的“支出评价法案”（DL95L135/2012）削减了公共研究机构（PROs）和教育、大学与科研部的一般性预算经费。2012 年削减此类预算 3310 万欧元，2013 及随后几年削减 8840 万欧元。

2013 年，教育、大学与科研部的财政预算削减 1.829 亿欧元，2014 年将削减 1.727 亿欧元，2015 年削减 2.367 亿欧元。“支出评价法案”还对公共研究机构的劳动力人数进行了削减（研究人员除外）。

2012 年 12 月出台的财政法（L 228/2012 和 L 229/2012）对有关政策措施（如研发税收减免、支出评价法的预算削减）进行了资助，并确定了 2013—2015 年的各部门预算。2013—2015 年，教育、大学与科研部的总预算减少了，其中包括对大学支出的预算削减（2013 年为 78 亿欧元，2015 年为 75 亿欧元），以及研究（2013 年为 19.1 亿欧元，2015 年为 19 亿欧元）和国际合作研究（2013 年为 1.272 亿欧元，2015 年为 1.271 亿欧元）的预算削减。经济发展部（MISE）用于科学研究的预算支出也减少了。

二、2013 年重要科研项目投资

（一）国家技术集群

2013 年，意大利教育大学科研部颁布新法令，对公共项目征集中胜出的 30 个项目拨款 2.66 亿欧元，以发展和加强 8 个国家技术集群。

这些项目涉及 456 个主题，其中 112 个属于研究领域（包括大学、私人研究机构和从事研究、医疗和护理的科研院所），344 个属于产业领域（140 家大企业，204 家中小企业，其中包含一些初创公司）。这 2.66 亿欧元拨款中，1.7 亿欧元将被用作费用支出，9600 万欧元将作为信贷融资。

项目的遴选基于欧洲《地平线 2020》研究框架计划确定的优先领域。受关注的项目包括公共与私营部门合作的最佳范例，如大学和公共研究机构与大、中、小企业之间的合作，还包括以高水平国际合作为特征的项目。

教育大学科研部宣布的这 8 个技术集群——智能工厂、绿色化学、生命科学、地表和海洋交通及运输服务、农产品、航空航天、智能社区技术、生活环境技术，每一个都是广泛和包容性的卓越网络，遍布意大利，都是对国家经济体系具有重要战略意义的技术领域。

（二）国家利益研究项目

2013 年 10 月，意大利教育大学与科研部颁布法令，为 141 个国家利益项目（PRIN）拨款 3826 万多欧元。项目的具体分配情况是：生命科学领域，46 个项目，1530 万欧元；物理、化学和工程领域，65 个项目，1530 万欧元；人文科学领域，30 个项目，765 万欧元。这项拨款中有 875 万欧元被分配给年轻研究人员提交的 44 个项目。

（三）“2013 研究的未来”项目

“2013 研究的未来”项目资金总额为 2953 万欧元，分配给以下领域：生命科学领域，28 个项目，1181 万欧元；数学、物理、化学和工程学领域，25 个项目，1181 万欧元；人文科学领域，14 个项目，591 万欧元。

这些项目资金将支持公共大学和研究机构中独立和自主构思的项目。当项目启动后，允许他们临时聘用约 150 名年轻研究人员，允许对额外的科学协议和合作提供资助。项目资金将由教育大学科研部在 2013 年底发放，2014 年初启动。

（四）重建那不勒斯科学城

2013 年 3 月，意大利政府宣布，计划在未来 18 个月内重建被大火严重烧毁的那不勒斯科学城。那不勒斯科学城是一个用于科普和科学交流的园区，由一座旧厂房改造而成，占地大约 6.5 万平方米，其中建筑占地面积为 2.5 万平方米。园区内有意大利首座科学互动博物馆，每年吸引约 35 万人次参观。意大利经济发展、基础设施与运输部，大区事务部以及那不勒斯市政府达成协议，计划斥资 2000 万欧元用于重建工作。

（五）生物技术产业创新

2013 年 11 月，意大利经济发展部发布跨国生物技术合作项目征集令，这是依据欧盟的跨国生物技术计划（ETB）所采取的行动，旨在为意大利企业或合作研究中心提供试验开发和产业研究所需的项目资金。500 万欧元资金将由可持续增长基金（FCS）提供。

（六）吸引卓越研究人员

2013 年 10 月，意大利教育大学与科研部长玛利亚 · 卡罗扎签署法令，允许意大利研究机构直接招聘国内外高素质的研究人员和技术人员。此举旨在通过吸引海内外知名专家来意大利，并且鼓励意大利人才回流，从而提升意大利的研究能力。

三、主要统计数据

（一）研发投入

1. 研发强度

根据意大利国家统计局 2012 年的最新数据，2010 年意大利国内研发总支出（GERD）为 196. 25 亿欧元，2011 年为 197. 56 亿欧元（仅增加 0. 7%），远远低于欧盟 27 国的平均水平。同期，欧盟 27 国的平均研发总支出增加了 4. 1%。

2010 年，意大利的研发强度（国内研发总支出占 GDP 的百分比）为 1. 26%，2011 年降至 1. 25%，低于欧盟 27 国 2011 年的平均水平（2. 03%）。

2011 年，意大利的人均研发总支出为 325. 9 欧元，低于欧盟 27 国的平均值（510. 5 欧元），这主要是由于企业部门的人均研发支出太低（176. 5 欧元），低于欧盟 27 国的平均值（318. 3 欧元）。

2011 年，政府研发支出为和高等教育研发支出占国内研发总支出的百分比（分别是 13. 7% 和 28. 6%）高于欧盟 27 国的平均值（分别为 12. 7% 和 24%）。

2010—2011 年，意大利的企业研发支出从 105. 79 亿欧元增至 107 亿欧元，增加了 1. 1%，但大大低于欧盟 27 国的平均增长率（4. 9%）。

2. 研发资金来源

意大利国内研发资金的主要来源是企业部门和政府部门，其次是海外资金、私营非营利机构和高等教育机构。

2010 年，意大利用于国内研发总支出的资金有 44. 7% 来自企业部门，41. 6% 来自政府部门，其次是来自海外的资金，占 9. 8%，私营非营利机构提供的资金占 3. 1%，高等教育部门提供的资金占 0. 9%。

3. 研发资金的分配

就研发资金的配置而言，意大利的国内研发总支出中约有一半用于应用研究（2010 年占 48. 6%），其次是基础研究（占 25. 7%）和试验设计（25. 7%）。

2009 年以来，用于基础研究的资金减少了，这主要是企业和大学的研发投资减少所致。

2011 年，意大利一半以上的企业研发支出集中在机械制造、计算机、汽车以及交通设施和信息通信服务。2010 年，大约 70% 的企业研发支出来自雇员人数为 500 人或 500 人以上的企业。

（二）人才投入

意大利对科技人力资源的投资较弱，低于欧盟 27 国的平均水平。

2011 年，意大利科技人力资源在全部劳动力中所占比例为 32.9%，低于欧盟 27 国的平均水平（40.1%）。2011 年，意大利 30~34 岁完成高等教育的人口比例为 20.3%，低于欧盟 27 国的平均水平 34.6%。

（三）论文与专利产出

就高等教育部门的产出而言，不论是在国际刊物上发表的论文数量还是论文的被引次数，意大利都好于欧盟。2010 年，意大利每百万人口的国际发文量为 465.8 篇，而欧盟 27 国的平均值为 301.1 篇；2001—2011 年意大利的论文数和被引次数都排名第 8 位。

根据世界知识产权组织 2013 年发布的知识产权统计报告，2012 年意大利的国际专利申请数量（PCT）达到 2836 件，比 2011 年增长了 5.2%，排名全球第 11 位，在全球所占份额为 1.5%。

四、重要领域发展动态

（一）航空航天领域

1. 成功预测超新星爆炸

2013 年 5 月，意大利的一个研究团队提前 15 天成功预测到超新星爆炸，创下了天体物理学和天文学的历史记录。该研究是由罗马大学国际相对论天体物理中心的一些年轻研究人员和国际博士生，在雷蒙·鲁菲尼教授领导下完成的。

2. 首位意大利人漫步太空

2013 年 7 月，意大利航天员帕米塔诺与美国航天员卡西迪走出太空舱，进行了一系列国际空间站的维护和安装工作，这也使帕米塔诺成为首个在太空行走的意大利人。

3. 欧洲最大的射电望远镜在意大利落成

2013 年 9 月，欧洲最大射电望远镜——撒丁岛射电望远镜在意大利撒丁岛落成。这是目前世界上研究天体射电辐射以及地球动力学和空间科学应用的最先进最强大的望远镜之一。

（二）环境与能源领域

2013 年 3 月，意大利经济发展部和环境部发布了最新版的意大利政府 2020 年《国家能源战略》法案，描绘了 2020 年意大利能源的愿景：到 2020 年，意大利能源成本降低 25%，每年节省 140 亿欧元，能源对外依存度从 84% 降至 67%。私营部门注资 1700 亿～1800 亿欧元来帮助实现经济的复苏。可再生能源消费比重达到 20% 左右（电力消费占到 34%～38%），化石燃料的比重从 86% 降至 76%。

《国家能源战略》还提供了一个更长期的能源愿景：到 2050 年，当欧洲路线图设定的温室气体排放比 1990 年下降 80%～95% 时，意大利的能耗将比 2005 年下降 40%，并且 55% 以上的能源消费来自可再生能源。可再生能源是绿色经济的主角，预计 2012—2035 年将累计吸引全球投资 6 万亿美元，其中欧洲 1.3 万亿美元（占发电投资的 77%）。预计到 2020 年，意大利可再生能源发电累计投资将达 450 亿～550 亿欧元，这将对行业产生重要影响。尽管可再生能源每年会产生 105 亿欧元成本，但这也会带来一定的环境效益（如减少 CO_2 排放 1800 万吨）、经济与就业（每年减少化石燃料进口 25 亿欧元）。

就天然气而言，国际能源署估计未来 20 年欧洲天然气进口将大大增加（约 1900 亿立方米），意大利的目标是在现有基础上每年多生产 2400 万桶油当量的天然气和 5700 万桶油，能源需求的满足比例从 7% 提高到 14%，带动投资 150 亿欧元。《国家能源战略》还承诺要提高油气生产的效率，减少油气开采用地 5%，不在敏感地区的海域或陆地上开发油气项目，特别是开采页岩气。

（三）农业科技领域

近年来，科技创新为意大利农业发展带来了新的趋势，农业机械化程度的提高不仅提高了工作效率，降低了污染排放，而且增加了出口，从业者平均年龄也呈年轻化趋势。2012 年，在劳动力市场总体呈失业率持续大幅增加的情况下，农业部门的从业者人数却增长了 3.6%，成为就业人数增加最多的一个部门，这一方面是由于优质农业有更大的吸引力，另一方面是由于危机使其他的就业门路都被关闭了。

此外，投资绿色技术和可持续发展工艺的企业数量也增加了，2009—2011

年，有 54.9% 的企业称减少了能源和水的使用，22% 的企业大大减少了农药和化肥的使用。

（四）新材料领域

欧洲《地平线 2020》计划将石墨烯选为欧盟的旗舰项目，未来 10 年欧盟将对该项目提供 10 亿欧元资助。2013 年 3 月，在意大利新技术、能源与可持续经济发展署（ENEA）的朴次茅斯研究中心，ENEA 和国家研究委员会（CNR）提出了意大利“石墨烯旗舰”项目路线图，概述了该项目的实施步骤以及意大利科技界对“石墨烯旗舰”项目的贡献。ENEA 是意大利石墨烯研究和应用的主要机构。ENEA 将致力于将石墨烯应用于太阳能电池和传感器等能源和环保相关领域。

（五）绿色经济与绿色建筑领域

2013 年 4 月，意大利新技术、能源与可持续经济发展署向经济发展部提交了 2011 年的建筑物节能改造报告《税收减免 55% 以提高现有建筑物的能效》，对现行政策下的节能建筑补贴情况做了回顾与总结。

依据 296/06 号法律提出的税收激励政策，2011 年因建筑物能效提高共节省一次性能源 14.35 亿千瓦时，相应减少二氧化碳排放 305 万吨。2011 年总投资 33 亿欧元为 28.07 万个项目进行了节能改造，税收减免总额达到 18 亿欧元。平均每个项目费用为 1.178 万欧元，平均节能 5 兆瓦时。

这一提高能效的税收激励政策是成功的，在意大利全国范围内广为采用。从 2007—2011 年的 5 年间，全国约 5.5% 的建筑进行了部分或者全部的节能改造，约有 5% 的意大利家庭从这一 55% 的税收减免激励政策中获益。

（执笔人：盖红波　尹　军）

西 班 牙

拉霍伊新政府上台执政西班牙已近两年，尽管其强力推行的财政紧缩政策以及一系列结构性改革措施所引发的批评和抗议风潮连绵不断，但这些政策措施对于扭转西班牙宏观经济失衡的积极作用已从2013年下半年开始渐露曙光。

2013年，受经济萧条、研发经费拨付延迟和年度项目征集滞后等影响，加之减薪和人才流失等不利因素的冲击，西班牙科技生态环境总体低迷，科技事业处于改革适应期。

一、出台《国家科技创新战略（2013—2020）》及《国家科学技术研究与创新计划（2013—2016）》

经过一年多的酝酿，西班牙《国家科技创新战略（2013—2020）》和《国家科学技术研究与创新计划（2013—2016）》正式出炉。

（一）《国家科技创新战略（2013—2020）》

制订实施该战略是西班牙新政府遵照《科学、技术与创新法》的规定，践行其“推动结构性改革，促进经济平衡协调发展，提升国家竞争力”施政方略的重要举措。旨在明确中长期国家科技创新发展的目标任务、重点方向和优先领域，通过强劲的科技支撑和持久的创新驱动，推动经济社会转型发展。

该战略从西班牙科技创新体系建设和发展的实际出发，充分契合欧洲战略2020和欧盟《地平线2020》计划的目标任务要求，明确了4个核心内容。

（1）强化人才在研发创新体系中的就业数量及流动性。实施人才工程，加强对专业人才队伍的培养和使用，以增强国家研发创新体系的能力建设。通过一系列政策措施，营造有利于高素质创新人才就业及流动的良好环境，从而带动公共机构之间、公共机构与私营机构之间紧密合作，协同创新。

(2) 扶持卓越的科学技术研究。促进新知识的生成，提高研发机构的科技实力，巩固国家科技的领先地位，鼓励事关未来发展的尖端创新技术研发，提升国际竞争力。

(3) 培育国际化研发创新领军企业。重点支持一批具有较强创新能力的领军企业进一步加大研发创新力度，形成有国际影响力的战略性新兴产业集群，为繁荣经济和扩大就业发挥引领示范作用。

(4) 推动应对经济社会难题和挑战的研发创新专项。在经济危机的艰难曲折中，凝聚共识，集中有限资源，针对制约经济社会发展的热点和难点问题，充分发掘科技创新潜力，催生新知识、新技术、新成品和新服务，破解挑战。

（二）《国家科学技术研究与创新计划（2013—2016）》

该计划是围绕《国家科技创新战略（2013—2020）》部署，编制实施的指导国家科技创新发展的4年规划。其中包含了以下11项目标任务：公共和私营机构研发创新专业人才的培训和就业；扶持卓越以彰显国家科技竞争力及其国际化水平；巩固研发创新体系的科技实力及国际地位；科研基础设施开放共享；促进研发创新领军企业的辐射带动作用；推动创办技术型企业及实现多渠道融资；加强公共机构和企业之间的研发创新合作；应对经济社会挑战的研发创新专项行动；推进研发创新体系的国际化进程及在欧洲研究区（ERA）的参与度；增进全社会科技创新文化氛围；深化科技体制改革，完善研发创新政策。

为了实现上述目标任务，《国家科学技术研究与创新计划（2013—2016）》确定了与《国家科技创新战略（2013—2020）》核心目标完全对应的四大项目系列，并在每个项目系列下面设定了若干子项目，同时部署了2个专项战略行动计划。

表3－1和表3－2分别给出了《国家科学技术研究与创新计划（2013—2016）》制定的项目系列和专项战略行动计划情况。

表3－1 《国家科学技术研究与创新计划（2013—2016）》项目情况

项目系列	各项目系列的子项目
“人才培训及其就业和流动性”国家项目	①人力资源培训
	②人力资源就业
	③人力资源流动
“卓越的科学技术研究”国家项目	①新知识生成
	②新技术研发
	③研发机构科技实力巩固
	④科技基础设施

续表

项目系列	各项目系列的子项目
“研发创新领军企业”国家项目	①研发创新能力建设
	②关键核心技术开发
	③协同解决生产实际问题
“应对经济社会难题和挑战”国家项目	①健康、人口和社会福利体系
	②食品质量安全、可持续农业以及自然资源
	③航海及海洋研究
	④清洁、高效和安全的能源
	⑤智能和可持续的一体化交通
	⑥气候变化、资源和原材料的有效利用
	⑦社会创新与变革
	⑧数字经济和数字社会
	⑨国防安全

表3-2 《国家科学技术研究与创新计划（2013—2016)》战略行动计划表

专项战略行动计划	进展情况
卫生战略行动	卡洛斯三世医学研究院（ISCⅢ）于6月12日发布“2013年卫生战略行动计划”，预算资金1.1亿欧元。旨在提高国民健康和福祉，通过制定预防、诊断、治疗、康复和消除疾病的方案，巩固和提高国家卫生体系及其相关产业链的国际竞争力，保持西班牙在医疗卫生领域的国际领先地位。 优先领域包括： ①个性化医学研究（基于蛋白质组学和医学成像技术）； ②临床应用及转化医学研究； ③机器人技术及纳米技术用于疾病诊断治疗过程； ④流行病治疗（基于分子生物学和分子流行病学）； ⑤电子医疗及公共健康服务； ⑥临床实践过程中的社会化网络服务； ⑦传统医学与现代医学相结合的系统生物学研究； ⑧疾病诊断及监测手段的改进； ⑨新药开发及创新疗法； ⑩生物技术、机器人技术、纳米技术及生物工程技术。
数字经济与数字社会战略行动	正在部署中

二、经济困境中国家科技事业发展受阻

由于经济颓势挥之不去，西班牙政府在推出新的国家科技发展战略和国家计划后，却难以落实财力有效贯彻执行。

（一）预算拨付风波引发振荡

根据2012年底西班牙公布的《2013年国家预算案》，2013年分配到科研领域的总经费约为59.32亿欧元。其中民用研究经费约为55.69亿欧元，具体到研发创新国务秘书办公室，2013年度科研经费预算约为38亿欧元，比上年度减少3.65%。因预算资金的发放过程极为阻滞，引起科技界的强烈不满，甚至爆发了数次抗议示威游行及请愿活动。

以西班牙最重要和享誉世界的公共科研机构——西班牙最高科研理事会（CSIC）为例，直至2013年6月，CSIC才收到第1笔2500万欧元的拨款。这对于在全国范围内拥有126个研究所、近13 000名工作人员的大型科研机构而言，根本是杯水车薪。为此，100多位研究所所长联名请愿，CSIC主席公开宣称“再无资金注入，CSIC即将破产”，导致舆论哗然。几经波折，政府终于在10月中旬追加拨款7000万欧元，CSIC流动资金问题才暂时得以缓解。

年内预算拨付不到位，使得西班牙许多公共科研机构陷于被动维持的境地，人才流失加剧，科技领域受到不小的冲击。

（二）国家项目组织实施严重滞后

西班牙在国家项目组织实施方面，科研人员也颇感无奈。因政府财力空虚，上年申报立项的项目经费迟迟不能拨付到位。例如，2012年度的国家基础研究计划，确定立项3182个科研项目，项目经费总计约3.09亿欧元。这笔资金的下达时间，整整延迟了将近1年。

同样，也是由于经费预算落实迟缓，2013年度国家科学技术研究计划项目的征集工作一直推迟到11月才开始启动。

年内国家项目组织实施缺位不济的状况，给科研人员造成了一定的消极影响，科技生态环境普遍黯淡，表现低迷。

三、经济回暖中科技的谋篇布局

借力第3季度经济微弱复苏的态势，西班牙科技事业也正在逐渐迈出低谷，重树稳定发展的信心。

（一）评选第3批塞韦罗·奥乔亚卓越研究中心

2013 年 11 月，西班牙政府发布了关于在全国开展第 3 批塞韦罗·奥乔亚（Severo Ochoa）卓越研究中心评选活动的公告。评选塞韦罗·奥乔亚卓越研究中心是国家科技发展战略核心目标“扶持卓越的科学技术研究”的重要举措之一，被认为是展示国家竞争力和提振全社会信心的关键手段之一。目前已有 13 家研发机构获评冠名塞韦罗·奥乔亚卓越研究中心。它们相继获得了国家的重点扶持，享受为期 4 年、每年 100 万欧元的经费资助，用于开展研发活动的基础条件和能力建设等。

（二）组织实施国家项目

从 2013 年第 3 季度开始，搁置多时的国家项目组织实施工作进入实质性操作阶段。西班牙政府 11 月 6 日发布公告称，研发创新国务秘书办公室已安排近 3.82 亿欧元科研项目资金，部署征集国家项目两大系列“卓越的科学技术研究”（约 1.155 亿欧元）和“应对经济社会难题和挑战”（约 2.668 亿欧元）的科研项目。同时，国家项目系列“人才培训及其就业和流动性”在 2013 年下半年稳步推进。

（三）推动参与欧盟《地平线2020》计划

西班牙研发创新国务秘书办公室与西班牙科学技术基金会（FECYT）以及 CDTI 通力合作，全年举办了 7 次欧盟《地平线 2020》计划信息发布会和培训会，着力协调和推动大学、企业和科研机构的广泛参与。此外，还通过创办门户网站，提供全方位的资讯和服务信息，特别是跟踪发布欧洲研究理事会关于《地平线 2020》计划项目征集工作的计划部署和申报指南等。

四、科技投入与产出

据西班牙国家统计局（INE）公布的统计数据，2012 年全国研发经费总支出为 133.91 亿欧元，比上年下降 5.6%。其中，公共部门、大学和企业下降的比例分别为 7.4%、7.2% 和 4.1%。而 2012 年研发投入强度仅为 1.3%，比上年的 1.33% 下降了 0.03 个百分点。从研发投入的筹措情况看，2012 年企业的占比为 45.6%，比上年的 44.3% 有所提高。

从研发人力资源方面看，2012 年西班牙研发从业人员（全时工作量）208 831 人，比上年减少 2.9%，且为连续第 2 年递减。其中，公共部门和大学的减幅分别为 4.6% 和 3.9%，企业则相对稳定。

从科技产出情况看，2011 年西班牙科研人员在国际性杂志上发表论文 74 285 篇，占全世界产量的 3.17%，排名第 10 位。按学科领域排序，论文影响因子较高的学科从高到低依次为能源、兽医和材料科学等。

从专利申请和授权量看，2011 年西班牙共提出国家专利申请 3398 项，获批 2582 项。该年度获批欧洲专利权数量仅为 381 项。

五、国际科技合作动态

由于 2013 年西班牙科研预算依旧匮乏，因此研发创新国务秘书办公室与 2012 年一样，没有启动新的国际科技合作计划。

在政府间双边科技合作方面，2013 年 1 月，西班牙 CDTI 与印度科技部签署《技术类项目合作计划书》，确定优先领域为能源、气候变化、环境、信息通信技术、卫生与健康、纳米技术以及航空航天技术等。5 月，新一届中国 - 西班牙政府间科技合作联委会在马德里成功召开。会上签署了《中华人民共和国科学技术部与西班牙王国经济竞争力部科技合作联委会会议纪要》，确定双边科技合作的优先领域为环境（包括水资源）、能源、生物技术、卫生与健康，以及广泛应用于这些领域的信息通信技术，并一致同意未来两年的工作计划，重点包括科研基础设施开放共享、举办研讨会、组织跨领域专家进行技术创新合作类交流互访，以及共同关注性别与科技话题等。10 月，拉霍伊首相率团访日期间签署两国在科技领域的合作意向，优先领域包括能源、卫生与健康、环境和信息通信技术等。

在政府间多边国际合作方面，2013 年 9 月，西地中海沿岸 10 国在摩洛哥首都拉巴特共同签署科技合作协议，确定优先领域为环境、能源、农业、卫生与健康等。“欧洲研究领域网络（ERA-NETs）”专题联合研究计划、伊比利亚美洲合作发展计划（CYTED）以及伊比利亚美洲创新计划（PII）等继续在 2013 年执行。

（执笔人：李晓贤）

罗马尼亚

2013 年是罗马尼亚总结 2007—2013 年国家研发和创新（RDI）战略和计划实施之年，也是 2014—2020 年新的 RDI 战略和计划最后筹划之年。

在 2013 年欧洲创新联盟排行榜中，罗马尼亚在 27 个成员国中位居第 26 位，财政支持研发总投资仅为欧盟平均水平 1/4；公共研发开支占 GDP 比例约为欧盟平均水平 1/3；企业研发开支占 GDP 比例约为欧盟平均水平 1/7。

目前，罗马尼亚正在结合欧洲 2020 战略以及凝聚政策的目标制定 2014—2020 年 RDI 战略和计划。罗马尼亚的目标是，到 2020 年达到目前欧盟 27 国整体创新指标平均水平；研发投资达到 GDP 的 2%（公私部门各占 1%）。

一、2013 年 RDI 体系的重要事件

（一）罗马尼亚研发和创新主管部门改组

2012 年 12 月议会选举之后，新政府通过了一系列措施，也影响到研发和创新体系。根据 2012 年 12 月 22 日政府令，教育、研究、青年和体育部重组，分成国家教育部与青年和体育部，国家科研署被撤销，其全部职能由国家教育部接管。原来隶属于其他 8 个政府部门的国家研究所转由国家教育部协调。所有国家级研究所的国际评估预计在年内完成。这些措施的目的是解决 RDI 体系碎片化问题，改善研发和创新在政府中的代表性，同时也将减少不同国家研究所的职能差异，整合任务和专长。

（二）研发经费追溯性削减

2013 年 4 月，罗马尼亚国家教育部（通过高等教育、研究、发展和创新资助执行机构，UEFISCDI）宣布调整 2013 年度预算。在 UEFISCDI 负责的 4 项《2007—2013 国家研发和创新战略》子计划中，每个计划削减的幅度不同：探索

性基础研究计划 IDEA 削减 55%，优先科技领域伙伴应用研究计划削减 45%，其余 2 项计划维持不变。这些计划的项目是政府在 2011 年批准的多年度研究活动。在 2013 年接近年中的时候突然宣布大幅度削减项目经费，在罗马尼亚科学界引起了不小的震动。

（三）在财政资源有限的情况下重点保大项目

在过去的 10 年中，罗马尼亚研发强度从 2000 年的 0.37% 提高到 2008 年的 0.59%（峰值）。《2007—2013 年国家研发和创新战略》曾预计逐渐增加公共研发预算。然而，由于经济危机，原计划在 2009 年增加投资的计划没有实现，到 2011 年反而下降到 0.48%（0.33% 来自公共资金，0.15% 来自私营部门）。根据罗马尼亚国家统计局于 2013 年 11 月公布的统计数据，2012 年罗马尼亚研发开支为 28.727 亿列伊（约合 6.22 亿欧元），比 2011 年增加 0.01 个百分点，占 GDP 的 0.49%。国家教育部称，2012 和 2013 年研发经费都没有减少。2013 年预算拨款恢复到 2008 年水平。政府希望让研究成为增长和竞争力提高的动力。一个积极的发展方向是，有限的财源被集中用于大型项目上，例如泛欧极端光 - 核物理基础设施（ELI-NP）和多瑙河 - 多瑙河三角洲 - 黑海国际高级研究中心。此类项目可利用大额欧盟基金，带动罗马尼亚科技发展，提高罗马尼亚科学在世界版图上的可见度。

二、参与欧盟框架计划及其他跨国合作进展

在欧盟第 7 框架计划中，罗马尼亚最成功领域包括 ICT、交通、纳米技术和纳米科学这些使能技术领域。

罗马尼亚参加第 7 框架计划项目 684 个（占总数的 3.32%），参加人数为 858 人（占总数的 0.82%）。罗马尼亚参加者所获得的经费占总经费的 0.33%（人均约 5 欧元）。从项目申请成功率上看，罗马尼亚低于欧盟平均水平（2013 年为 21.3%），从 2008—2013 年均低于 15%。在第 7 框架计划中，德国是罗马尼亚的主要合作伙伴，其次是意大利、英国、法国和西班牙。

除了参加欧盟研发计划之外，罗马尼亚还同 21 个国家有双边或多边合作计划。合作协议基于若干标准：(1) 长期伙伴关系——中国、比利时瓦隆区、摩尔多瓦；(2) 地域邻近——保加利亚、斯洛文尼亚、斯洛伐克、匈牙利、亚美尼亚、乌克兰；(3) 研究领域的重要性——日本、韩国、印度、以色列；(4) 与新兴国家的伙伴关系——土耳其。以瑞士 - 罗马尼亚 2011—2016 年合作计划为例，根据罗马尼亚政府与瑞士联邦委员会 2011 年 11 月签订的协议，合作计划包括两个部分：其一是主题研究，预算为 1035 万瑞士法郎（瑞士支付 85%；罗马

尼亚 15%）；其二是博士和博士后奖学金，预算为 668 万瑞士法郎。计划的合作研究主题包括癌症、心血管疾病、糖尿病和肥胖；废物和污染物对环境和气候的影响、可持续能源、经济增长和社会差距。

三、研发和创新绩效

在世界经济论坛《2013—2014 年全球竞争力报告》中，罗马尼亚在 148 个国家中排名第 76 位。在欧洲委员会编制的《区域竞争力指数》中，罗马尼亚是欧盟国家中竞争力最差的国家。

竞争力水平低对研发和创新体系具有重大影响。在罗马尼亚的经济中，低、中技术部门占主导地位，对知识的需求疲弱，创新文化不发达。由于政府更迭频繁，政策缺乏连续性；具有研发和创新职能的各部之间缺乏协调，科研活动往往“走走停停”，尤其不利于通过长期积累建设能力的要求。

从发表科学论文情况看，罗马尼亚的论文数量近年来有所增加，而且在化学、化学工程、材料科学、数学和物理等领域表现出优势。但是，被引最多的论文数量仍然低于欧洲平均水平，也低于中东欧国家。罗马尼亚研究人员参加第 7 框架计划的成功率只有 14%，低于欧盟 27 国平均水平（22%）。最后，公私合作作者的科学论文数量仍然很低，只有欧盟 27 国平均水平的 11%。

在专利数量上，罗马尼亚申请欧洲专利局专利的数量仅达到欧洲平均水平的 1.5%。

自 1990 年以来，科技投资不足已造成了人才外流现象。罗马尼亚是科技人才净流出国，科学侨民估计达到 1.5 万人。

2013 年重要科学成果：

（1）罗马尼亚克卢日市 Babes-Bolyai University in Cluj -Napoca 拉杜·西拉吉·杜米特雷斯库教授研发出人造血液。这个人造产品可以在几个小时内，最多 1~2 天，取代血液，使得身体在失血情况下继续维持呼吸。

（2）罗马尼亚 MBT 公司设计制造的飞机安全扫描设备 Roboscan 2M Aeria 获得 2013 年第 41 届日内瓦国际发明一等奖。该产品用于识别飞机上任何角落的走私物品、危险品，仅需几分钟就可将机身、机翼全部通过 X 光扫描。

（执笔人：战洪起　于忠庆）

塞尔维亚

2013 年，在国家经济环境不利和科研财政支持不足情况下，塞尔维亚科技发展艰难前行。

一、科技战略计划进展顺利

2013 年，塞尔维亚科技发展战略（2010—2015）实施计划进入第 3 年，塞尔维亚虽然面临经济危机、国家财政紧缩，但国家科技计划阶段性科技产出成果可喜。按照国家科技发展战略规划，塞尔维亚在 2010—2015 期间，政府将持续增加科技研发投入，强化支持为国家经济发展提供科技支撑的科技研发项目，重点支持科技发展战略规划确定的优先发展领域。

2013 年，塞尔维亚国家应用与基础研究计划项目进展顺利。在应用与基础研究领域，重点支持民生健康、新型材料、环境保护、清洁能源、绿色农业、信息技术领域科技项目。

2013 年，塞尔维亚学科交叉综合研究计划取得良好科技产出，提升了不同学科间交叉、科研团队间合作、产学研部门间联合。塞尔维亚学科交叉综合研究计划项目强调以国家科技发展优先领域为重点，突出国家经济社会发展对科技需求。重点支持的科技领域包括：生物医药领域学科交叉计划，能源及能源效率学科交叉计划，环境保护学科交叉计划，信息通信技术学科交叉计划，新材料与纳米科学交叉学科计划，农业与食品交叉学科计划，决策管理学科交叉计划。

塞尔维亚在可再生清洁能源领域科技发展势头良好，国家可再生能源行动计划（NAPRE）进展顺利，到 2020 年，塞尔维亚力争实现清洁能源占总能源消耗的比例达到 27%。国家可再生能源行动计划，积极鼓励发展 1MW 以下小型水力发电，并给予清洁能源补贴财政政策支持，同时积极鼓励发展风能、太阳能、生物能和地热发电。2013 年，塞尔维亚与意大利 Maccaferri Group 集团达成小型水力发电技术合作协议，将在塞尔维亚建成10个小型现代水力发电站。

2013年，塞尔维亚教育科学与技术发展部组织举办了第57届国际技术博览会，意在推动企业依靠科技创新提升竞争力，在数学领域集聚优秀人才，并在国际科技奥林匹克竞赛中展露才华。

二、科技创新设施日趋改善

塞尔维亚将改善国家科技创新设施条件列入国家科技发展优先支持领域。2013年，塞尔维亚科技创新设施条件得到改善，国家大型科研仪器设备配套升级基本落实，科技创新设施服务社会化、网络化体系日趋完善。

为增强科技创新对经济发展的支撑，塞尔维亚实施了建设国家科技园区计划，意在搭建科技创新和成果转化条件平台，推动知识经济发展。2013年，由塞尔维亚财政支持建设的首个科技园——Zvezdara科技园——完成项目建设并投入启用。Zvezdara科技园以信息技术和生物技术研发为重点，计划吸引国际著名信息技术和生物技术研发企业入驻科技园，同时积极探讨创新科技园运行管理模式。科技园区的启用，不仅将为塞尔维亚科技成果孵化和转化提供重要条件平台支撑，也为塞尔维亚探讨科技体制与研发管理创新模式，提供了实践平台。

2013年，克拉古耶瓦茨科技创新卓越中心建设全面展开，作为克拉古耶瓦茨科技创新卓越中心核心组成部分，塞尔维亚生物干细胞中心建设也同时启动。

2013年5月，塞尔维亚纳米技术中心在贝尔格莱德开工建设。政府期望，纳米技术中心在科技创新和产品研发上，成为区域领先者，在推动知识经济发展和技术成果转化上发挥先导作用，为塞尔维亚克服经济危机、促进新兴高新技术产业发展做出贡献。

为提升塞尔维亚在IT国际市场竞争力，发挥整体资源优势，塞尔维亚成立IT外包服务中心OCS，整合IT行业优势资源，在IT国际市场竞争力中形成整体竞争优势。同时，塞尔维亚IT外包服务中心为信息技术企业间合作提供服务平台，实现企业之间资源、经验、知识和技术的共享，有效地降低IT企业自身商业运行成本，提升国际项目竞争力。

2013年，塞尔维亚能源效率局、国家能源公司、私有企业和研发机构跨部门联合，发起成立塞尔维亚能源集团，这是塞尔维亚在能源领域进行的一次重要产研联合，将提升塞尔维亚在国际能源市场竞争力。

三、产业创新能力不断提升

2013年，利用欧盟候选支持资金（IPA），塞尔维亚创新基金投资委员会向塞尔维亚 18 家创新型企业提供了小额及配套资金支持，额度共计 210 万欧元。用于支持创新型公司技术创新和提升市场竞争力，推动创新型公司进入风险投资市场，促进科学研究、技术研发与产业的结合。

在欧洲委员会、欧洲投资银行、欧洲投资基金，欧洲重建与发展银行等国际机构支持下，塞尔维亚启动了支持中小企业技术创新配套项目计划，以提升塞尔维亚中小企业与研发机构、战略伙伴、投资机构之间合作，引导社会资金向科技研发领域投入，推动科技成果产业化进程。2013 年资助的企业创新项目包括，电流非接触传感精确测量仪器、声音识别与合成系统、机器人清洁车、自动切割机、环境友好节能安全建筑、基于云计算多平台增强现实系统、多功能同步农耕机、高效多功能真空泵、移动式能源管理系统、煤尘废物回收利用、环境影响评价系统、功能型玻璃、网络识别与安全系统、基于云计算移动式餐饮服务系统、员工时间管理系统、促玉米发芽细菌盒、社会信用整合系统。

四、国际科技合作日趋加强

2013 年，在欧洲委员会出台的多瑙河战略实施行动计划中，塞尔维亚将科技和环境列为推动多瑙河区域可持续发展优先合作领域，重点与多瑙河流域国家优先开展交通能源、信息通信技术、环境保护、资源可持续利用、知识经济发展等领域合作。欧洲多瑙河战略，计划为多瑙河流域国家经济与科技发展提供资金支持，以提升区域经济合作与科技竞争力，涉及的国家包括塞尔维亚、波黑、奥地利、斯洛文尼亚、罗马尼亚、斯洛伐克、捷克、乌克兰和匈牙利等多瑙河沿岸国家。

塞尔维亚将加入欧盟作为国家发展目标，积极参与欧盟框架计划。此外，还积极推动区域科技合作，在区域科技合作中作用和地位日趋提升。塞尔维亚积极参与中欧倡议国组织框架下的区域科技合作，并寻求在该组织中发挥重要作用。2013 年，塞尔维亚提出希望加入中欧科技基础设施联盟 CERIC。

可再生能源是塞尔维亚国家科技发展优先领域，在可再生清洁能源领域与欧盟国家（如意大利、希腊）有良好的科技合作。塞尔维亚国家可再生能源行动计划（NAPRE）确立 2020 年发展目标，力争实现清洁能源占总能源消耗的比例达到 27% 。

美国是塞尔维亚 IT 领域重要合作伙伴。2013 年，塞尔维亚与美国签署信息通信技术合作谅解备忘录，以推动两国在信息通信技术领域合作水平提升，吸引更多信息通信技术企业到塞尔维亚投资。

除此之外，塞尔维亚重视与金砖国家的经济技术合作，与印度在信息技术领域已开展合作。亚洲方面，与阿塞拜疆、白俄罗斯等签署合作协议，与非洲传统友好国家的科技合作开始恢复，与中东产油国家技术合作引人注目。

国际科技合作为滞留国外的塞籍科学家提供了回国施展才华良好契机，已成为塞尔维亚吸引国外优秀科技人才不可缺失的平台。塞尔维亚积极营造环境，为在国外工作塞籍科学家回国工作或与国内科学家开展科技项目合作创造条件，国家科技项目将向国外塞籍科技人员开放，同时鼓励国内科技人员与国外同行开展科技项目合作。

（执笔人：薛钦昭）

希　　腊

2013 年，希腊经历了政局动荡和经济衰退。政府总理萨马拉斯 6 月 11 日突然宣布关闭希腊国家广播电视公司（ERT）并解雇全部 2600 多名员工，以此作为实施私有化计划的一项重要行动，导致希腊新政府一年来最严峻的政治危机。希腊国内生产总值 2013 年平均负增长约 4%，失业率超过 27%，青年人失业率高达 65%。在主权债务危机和欧盟等三驾马车的压力下，希腊政府一直在紧缩开支、减少预算开支，因此政府方面不愿轻易拿出确切的官方经济数据，以防授人以柄，处于被动。其实际情况是国家科技投入逐年减少。在经济负增长的前提下，科技投入占 GDP 的比例降至 0.58%。希腊政府科技拨款仅为 2008 年的 1/3 左右，而且从欧盟争取资助也越来越难，资金越来越少。许多科研中心的科学家或被削减，或是离开希腊。希腊萨洛尼卡大学 2013 年的一项调查显示，债务危机使大批科学家加入出国潮，2010 年以来希腊移居国外的专业人士达 12 万多。

一、重大科技计划与举措

（一）出台国家改革计划，强调科技创新发展

2013 年 4 月希腊政府出台了国家改革计划，根据实际情况对希腊经济结构改革方案进行调整，主要原因是企业和消费者信心复苏缓慢，衰退仍在继续。由于失业率已升至历史高位，维护社会凝聚力和团结面临挑战，因此希腊需要重新考虑优先发展领域问题，在落实财政整顿措施和提供社会保障之间需要谨慎平衡。希腊政府将致力于稳定经济和巩固经济增长基础的改革。

改革计划的主要内容包括：宏观经济环境与宏观经济平衡发展；按照国家战略参考框架计划（NSRF），通过改革促进企业化发展和提高竞争力；加速数字化、电信网络基础设施建设；实现教育目标；实施行政改革，推动电子政务；改革劳动力市场，实行新的就业政策。该计划尤其强调促进研究和技术发展，认为

当前的科技投入水平应符合未来经济发展前景，对早期设定的不切实际的研发投入目标进行调整，预计到 2020 年希腊研发总投入占 GDP 的比例将维持在 0.67% 。

（二）发布《国家战略参考框架计划》，确立创新等四大领域

2013 年 12 月初，希腊向欧盟提交了《2014—2020 年国家战略参考框架计划》的建议报告，以争取欧盟资金支持。该报告确定了提升竞争力，公共服务，环境和区域项目 4 个重点投资发展领域。其中创新和优先发展领域的区域项目将占资金总额的 35%，竞争力与企业化项目将吸收资金总额的 25%，公共部门的现代化建设占资金总额的 3%；环保和运输业产业化项目占 24%；培训和就业将吸纳额外资金 13%。希腊发展部部长表示，所有资金将投入在投资回报率较高的项目活动中。预计欧盟到 2014 年 2 月底将批准资金，6 月底批准具体方案。届时希腊新旧国家战略参考框架计划之间将没有资金缺口，实现平稳过渡。

（三）进行科技体制改革

2013 年 3 月希腊研究与技术总秘书处出台一份报告，阐述科技创新对希腊摆脱困境、恢复经济增长的重要性，就整合科研与创新体系提出建议。报告提出希腊要创建一个灵活的组织结构，推动科研与创新，要为此重新立法。研究与技术总秘书处正在酝酿一项重组科研系统的计划，以创造一个能够满足公共利益需求的、灵活开展联合科研的伞状结构体系，发挥规模协同效应，增加研究人员流动性和经济结构网络化，更好地利用公共基础设施和资源。报告提出要维护该体系的企业化管理和经营自主权，鼓励开展自下而上的、有竞争力的研发活动。报告建议在更广泛的基础上整合政府各部门的研究机构，除了研究与技术总秘书处所管理的科研机构外，还应包括其他政府部门所属研发中心和机构如雅典学院、农业部下属的农业研究基金会和渔业研究所、发展部所属的地质矿产勘探研究所、可再生能源研究中心和各大学科研部门等。报告认为机构重组将成为催化剂，发挥区域科技创新机构间的水平，促进创新的协同效应。为私营和公共部门联手开发产品和服务创造有利条件，有利于促进高附加值经济发展。

二、国际科技合作情况

2013 年希腊仍倚重与欧盟的科技合作，政府大力推动本国科研机构和企业积极参加《地平线 2020》计划（第 8 研发框架计划）项目，争取获得项目资助。希腊、德国和欧洲三方已共同签署合作意向，改革希腊的可再生能源产业。合作将采取技术咨询方式，并于 2013 年至 2015 年分两个阶段进行。项目内容包括可

再生能源技术成本的研究，在欧盟指令下就可再生能源展开合作，实施最为有效的可再生能源扶持机制。希德两国在 2013 年进一步加强政府间科技合作。两国政府间科技合作研究项目征集工作已正式开始，希腊科研机构和企业积极响应，双方已经征集到 500 多个科技合作项目。双方代表均表示要在研究资金上提供保障。

（执笔人：梁雪军）

德　　国

2013 年，默克尔领导的联盟党赢得大选，新政府继续保持对科技创新的重视。联邦政府以高技术战略为代表的研究和创新政策取得显著成就，德国的创新能力保持世界前列。

一、研发经费稳定增长

德国联邦政府 2013 年的研发投入预算为 144. 399 亿欧元，比 2012 年增长 5. 48%。其中德国联邦教育研究部（BMBF）掌管的研发经费为 83. 455 亿欧元，比 2012 年增长 3. 47%；德国联邦经济技术部为 28. 524 亿欧元，比 2012 年增长 1. 63%。根据德国科学资助者联合会的调查统计，2013 年德国企业计划的研发投入为 540. 71 亿欧元，比 2012 年增长 3. 81%。根据德国五大权威经济研究所的估计，消除物价上涨因素后，2013 年德国 GDP 的增长率为 0. 4%。德国在 2011 年研发经费占 GDP 的比例已达 2. 9%，而这一年的 GDP 增长率为 3. 9%，因此 2013 年可达到研发经费占 GDP 3% 的目标。德国研究与创新专家委员会 2013 年 2 月 27 日向德联邦政府提交的 2013 年度《德国研究、创新与技术能力鉴定报告》要求，到 2020 年研发经费要占到 GDP 的 3. 5%。

二、高技术战略成效明显，创新能力保持世界前列

2006 年德国联邦政府提出高技术战略，2010 年修订为《高技术战略 2020》，2013 年 4 月德国联邦政府发布了《通过研究致富——德国高技术战略的总结与前瞻》报告，全面总结了高技术战略实施以来取得的成效：2012 年，德国可再生能源占最终能源消耗的比例达 12. 6%，可再生能源电力占总耗电量的 23%；2011 年，德国研发密集型商品出口占世界贸易额的 12. 1%，居世界第一；2010

年高技术领域跨国专利约14%来自德国，排在美国和日本之后居世界第三；2011年德国发表研究论文数量居世界第四，排在美国、中国和英国之后；世界经济论坛《2013年竞争力指数》排名，德国在148个国家中排名第四。

三、政府研究与创新政策得到肯定，各界期待政策稳定完善

2013年度《德国研究、创新与技术能力鉴定报告》对德国联邦政府以高技术战略为代表的研究和创新政策取得的成就予以肯定，要求政府继续执行长期性的研究与创新政策。报告认为，过去几年发展的成功因素主要是企业和政府对研发的投入。报告赞扬了研究校园和尖端研究集群竞赛等动议。通过这些举措，企业和科技界加强了联系，推动了知识和技术的转移。报告要求继续推行这些政策并加以完善。

德国研究与创新专家委员会对2013年9月大选后产生的新一届政府针对现行政策提出了改进建议：取消禁止联邦政府给予大学科研和大学教育机构事业费的法规；统一对大学外独立科研机构资助比例；将科学自由法适用范围扩展至高校；研究制定精英大学动议、高校协定和研究与创新协定到期后的后续方案。

2013年7月，作为德国联邦政府科技工作咨询机构的德国科学理事会向联邦政府建议，将现有的高校协定由联邦政府和州政府与大学和独立于大学的研究机构达成一揽子的未来协定，期限至2025年，应在2014年达成，并与现有的两个协定衔接，从而稳定对大学和独立于大学的研究机构研发的经费支持，使他们能中长期地计划工作。德国马普学会主席在该学会2013年年会的讲话中就要求联邦政府保证在未来至少以每年增长5%的幅度确保对独立于大学科研机构的经费支持。

四、继续出台新的研发计划，落实高技术战略

2012年3月，德国联邦政府通过高技术战略行动计划，落实了十大面向未来项目的经费：《适应气候变化二氧化碳中性节能型城市》5.6亿欧元；《矿物油替代型可再生原料》5.7亿欧元；《智能化供电》，第6个能源研究计划框架内37亿欧元；《医疗个性化疾病更好治》3.7亿欧元；《因人制宜防病养生更健康》0.9亿欧元；《年迈生活犹自理》3.05亿欧元；《绿色出行》2.19亿欧元；《为企业的网络服务》3亿欧元；《工业4.0》2亿欧元；《安全的身份》0.6亿欧元。

为落实这些面向未来的项目以及加强德国科技基础设施建设，2013年德国联邦政府又出台了一批研发计划。

（一）“个性化医疗”行动计划

2013 年 4 月，德国教研部宣布了属于德国联邦政府健康研究框架计划内的“个性化医疗”行动计划。德国健康研究框架计划于 2010 年 12 月 8 日由联邦政府通过，准备在 2011 年至 2014 年间总计投入 55 亿欧元。“个性化医疗”行动计划是对高技术战略面向未来项目《医疗个性化疾病更好治》的具体落实，也是这一框架计划的组成部分。计划拟在 2013 年至 2016 年为个性化医疗研发投入 3.6 亿欧元。

（二）“预防与营养研究”行动计划

2013 年 6 月，德国教研部宣布了“预防与营养研究”行动计划，该行动计划是具体落实高技术战略面向未来项目《因人制宜防病养生更健康》，同时也是德联邦政府健康研究框架计划的组成部分。根据该行动计划，将在 2013 年至 2016 年为预防与营养研究投入 1.25 亿欧元，沿着完整的创新链，即从基础研究直至应用为导向的研究，资助研发项目，实现分子医学、流行病学至预防医学和营养学研究的跨学科协同创新。

（三）宣布启动德国历史上规模最大的医学调查

2013 年 7 月，德国教研部宣布将于 2014 年初开始一项德国历史上规模最大的医学调查行动：按照随机抽取原理在德国 20 岁至 69 岁的人群中选取 20 万个人为样本，在 20 年的时间内作跟踪调查，以获得有关基因、环境、社会、生活方式等因素对引发诸如糖尿病、阿尔茨海默病、心脑血管疾病和癌症等大众型疾病的影响的新认识。该项目由德联邦教研部、14 个联邦州和亥姆霍茨国家研究中心联合会资助，总额 2.1 亿欧元，参加单位有 13 所大学、4 个亥姆霍茨国家研究中心、4 个莱布尼茨研究所和 2 个部属研究所。

（四）“未来电网”计划

2013 年 1 月，德国联邦经济技术部、环境部和教研部联合提出了“未来电网”计划项目征集动议。该项目将于 2014 年启动，2017 年结束，总投资 1.5 亿欧元，是 2011 年 8 月德联邦政府通过的第六个能源研究计划的组成部分，与投资 2 亿欧元 2011 年启动、2014 年结束的“储能技术”计划构成德国能源转型技术攻关的核心。通过“未来电网”计划，为技术创新提供技术储备，以实现长期稳定、收费可承受且环境友好的供电。

（五）第五个航空研究计划

2013 年 1 月 16 日，德国联邦政府通过航空战略。根据这一战略，联邦经济技术部推出了第 5 个航空研究计划，在 2014—2017 年投入 1.7 亿欧元资助航空技术研发。资助重点放在功率强大、噪声低、节能的发动机技术、创新的飞机结构和乘客友好型生态型客舱的研发上。

（六）工业 4.0 AUTONOMIK

2013 年 1 月，德国经济技术部宣布“工业 4.0 AUTONOMIK”计划将在项目选定后于 2013 年第 4 季度启动，为期 3 年，联邦经济技术部投入 4000 万欧元，企业投入至少 8000 万欧元。该计划是在 AUTONOMIK 计划（2009—2013 年，总经费 8000 万欧元，政府资助 3500 万欧元）和忒修斯（Theseus）计划（2007—2012 年，政府资助 1 亿欧元，企业配套 1 亿欧元，德国的新一代互联网计划）的基础上，为落实高技术战略面向未来项目《工业 4.0》而实施的。该计划的目的是开发出能使机器、伺服机器人和其他系统自主执行复杂任务的技术。

（七）大型科研基础设施建设路线图

2013 年 4 月，德国教研部出台了新制定的大型科研基础设施建设路线图。路线图确定了 27 个重点项目，其中 7 个由德国独立建设，其余 20 个将与其他国家共同建设，涉及深海科考船、大气研究基础设施、医学研究装备和计算机模拟以及人文和社科等领域的研究平台。路线图新纳入了切伦柯夫望远镜（CTA）、欧洲化学生物学开放筛选平台（EU-Openscreen）、民用飞机大气观测系统（IAGOS）等 3 个项目。德国教研部将在 2020 年底前，资助建造太阳号（Sonne）、北极星号（Polarstern）、海神号（Poseidon）和流星号（Meteor）科学考察船，为此德国联邦政府将投入 6.5 亿欧元。

五、重要领域进展情况

（一）电动交通计划稳步推进

1. 持续支持研发，电动车技术成熟度高

德国联邦政府于 2013 年 5 月 27 日、28 日在首都柏林召开国际电动交通大会。总理默克尔在会上重申了到 2020 年 100 万辆电动车上路，将德国建成电动交通技术的主导提供者和主导市场这一目标。会上德国汽车工业协会宣布，德国汽车企业在 2014 年底前将推出 16 款新的电动车。德国汽车工业界在德国国家电动交通平台范围内开展了 82 个研发项目，在未来三四年内，德国汽车工业界将为研发新能源发动机投入 120 亿欧元。5 月 27 日，联邦经济技术部、交通部、环境部和教研部联合发表新闻公报，联邦政府正通过庞大的研发和示范运行资助计

划支持电动交通的发展。至 2013 年底，已经启动项目的资助金额达 15 亿欧元。通过这些项目将为电动车的批量生产奠定重要基础。

在绿色交通（包括新能源和低碳排放机动车）领域，德国相关技术出口占世界贸易额的 17%，相关技术发明专利每年约 2200 件，居世界第二，排在日本之后（每年约 3000 件），这些技术发明专利 25% 是电动车和混合动力车方面的。德联邦政府每年对绿色交通领域的研发投入从 2009 年的 3.838 亿欧元增至 2013 年的 6.43 亿欧元。

2. 基础设施建设和电动车拥有量增长提速

截至 2013 年 7 月 31 日，德国新批准上路的纯电动车为 10 401 辆，比 2012 年底的 7497 辆，增长 38.7%；至 2013 年 10 月 28 日，德国 652 个城镇拥有公共充电桩 4400 个，比 2012 年底增长近 15%（2012 年底为 3819 个）。据德国国家电动交通平台介绍，到 2014 年底，沿 9 号高速公路建设的能够兼容 4 种直流和交流充电模式的联合充电系统的充电桩，将实现大功率充电，充电时间少于 30 分钟，保证电动车从慕尼黑行使至柏林。

德国在推行自己主张的充电插座标准上也取得重大进展。欧盟委员会 2013 年 1 月 24 日宣布采用德国 2009 年就建议欧盟采用的 2 型充电插座（Ladestecker Typ 2）为欧盟共同标准。

德联邦经济技术部 2013 年 6 月宣布，今后所有电动车都将有一个统一的身份识别号，凭这个号码电动车可在德国境内任意的充电桩充电，而不是像过去那样只能在与其签有用电合同的充电桩充电。这个统一身份识别号系统是德联邦经济技术部资助的《电动交通信息与通信技术应用一期》计划的研发成果。

发起德国氢能交通动议的六大企业于 2013 年 9 月 30 号公布了建设加氢站行动计划：到 2023 年，计划投入 3.5 亿欧元，使德国的加氢站数目增至 400 座。首批 100 座加氢站将在未来 4 年内（2014—2017 年）投入运营。

（二）环保产业

经合组织（OECD）将德国誉为绿色增长的实验室，德国环保产业早已成为支柱产业，2011 年 GDP 的 11% 是通过绿色技术创造的，德国环保技术出口占世界环保技术贸易额的 15%，其中德国制造的太阳能光伏电池模块生产设备出口额占世界市场份额的 50% 以上，德国环保领域的就业人口约达 200 万，其中 140 万人工作在环境友好的能源和储能技术、提高能效技术、提高原料和材料利用效率技术、绿色交通、循环经济和绿色水务经济等领域，预计到 2025 年，就业人口将增至 240 万。

（三）医学领域

在医学领域，德国研究人员在世界上首次培养成功能杀灭携带细胞表面蛋白CD133的癌细胞的病毒；确定了一种引发黑色素瘤的突变基因，并研发出一种新型的、大有应用前景的有效物质，专门攻击突变基因的有害蛋白产物，现已投入临床实验；开发出个性化医疗用药，已获批准使用的个性化医疗用药31种，还有6种正在审批之中；德国制药企业已成为人均研发强度最高的企业，人均研发经费6万欧元。

（四）公共安全

在公共安全研究领域，德国处于世界领先地位。德国的公共安全研究主要着眼于两个方面的需求，一个是基础设施安全，另一个是网络安全。在基础设施安全方面，产学研联合研发项目《红外激光支持的爆炸物成像探测（IRLDEX）》开发的检测系统，可以从安全距离检测出行李、衣物和物品表面的爆炸物痕迹。在网络安全方面，实施了联邦政府的网络安全战略，启动了跨学科的网络安全研究项目。联邦政府安全研究开发每年投入从2009年的6890万欧元增至2012年的8670万欧元。

（五）信息和通信技术领域

在信息和通信技术领域，德国是智能化网络化生产技术的主导提供者，德国信息和通信产业的就业人数从2008年的83.52万增至2013年的90.7万，销售额从2009年的1394亿欧元增至2012年的1520亿欧元。截至2012年底，德国已经有55%的家庭接入高速宽带互联网，在G7集团中排名第二；已有40%的德国人开始使用移动宽带网络。

六、继续推进国际化战略，深化国际合作

2013年1月，德国联邦经济技术部宣布，加强与芬兰在能源研究领域的合作，德方将为两个合作项目资助220万欧元；2月，时任联邦教研部长沙万访问南非，双方会谈重点除了职业教育之外，就是科技合作，主要是天文学、生物经济、人文和社会科学、健康研究、气候变化及城市化研究等领域的合作；4月，联邦教研部宣布德国和希腊将在2015年底前共同投资1000万欧元开展联合研究项目，双方各自资助本国的合作伙伴，领域涵盖健康和能源研究、信息和通信技术、纳米技术、光电子技术直至社会和人文科学；8月，联邦经济技术部宣布与南非结成能源伙伴关系，合作重点放在推广应用可再生能源、扩建电

网、提高能效和开展能源研究，尤其是二氧化碳捕捉和存储的研究；10 月，德联邦经济技术部宣布，将与加拿大阿尔伯塔省合作，对促进中小企业研发的项目进行联合招标。

（执笔人：张卫平　孟曙光）

瑞　　士

瑞士在2013—2016年科技发展计划开局之年，政府围绕“确保创新与产品国际领先地位和保持科研国际一流水平”新科技发展总体目标，对国家科技管理体制进行了调整，推出了一些新的创新措施，并面向未来经济发展布局了国家重点项目，并通过欧盟项目的争取和广泛的国际合作，进一步确立和加大了在国际科技界领头羊的地位和影响。

一、形成经济、教育、科研与创新四位一体管理体制

将经济、教育、科研和创新管理职能融为一体，是2011年瑞士国会秋季会议形成的决议。根据此决议，原隶属联邦内政部的教育与研究署与联邦经济部的职业教育与创新局合并，成立联邦教育科研创新署（SBFI），并入联邦经济部并将经济部更名为联邦经济教育科研部（WBF）。2013年1月1日，瑞士联邦经济教育科研部正式挂牌，表明瑞士政府联邦层面的科技管理体制改革与调整已按国会的要求落实到位，国家经济、教育、科研与创新四位一体管理体制正式形成。

瑞士这种在世界上首开先河的四位一体政府管理体制之所以能够形成，与其国土面积不大有一定的关系，但更重要的是对教育、科研与创新之间的内在联系和依存关系有更深的认识，并寄希望于在2013—2016年科技发展计划执行期中利用这一体制创新，从管理源头加强人才培养、科学研究和技术创新的相互结合，强化科技与经济发展的互动关系，更好地发挥科技对经济发展的推动作用。

二、推出更为有效的创新支撑体系

随着2013—2016年科技发展计划的实施，为更有效地对中小型企业创新提

供支撑，国家技术创新委员会（KTI）对原有的技术创新系统（WTT-Suppor）进行了改进，将增加的国家创新发展主题网（NTN）和创新导师制度（IM）与基于网络的物理交流平台（WTT）整合，形成了新的创新支撑体系，并在2013年新年伊始时正式启用。

新的创新支撑体系与原系统最大的区别是：以前的系统仅能提供有关国家对创新重点的资助信息，不能为企业获得政府创新资助提供全程序服务；新的创新支撑体系不仅在原来的基础上增加了与资助重点相关的科研机构信息，而且还通过配备项目导师为申请创新资助的企业提供一条龙全程服务，从而有效地解决了企业在创新项目形成和在科研机构中寻找合适合作伙伴以及申请资助程序不熟等困难，为企业获得创新资助和建立稳固的产学研关系提供了有力的支撑。

联邦政府还组织一批专家，对国家技术创新委员会近10年的资助重点进行了评估，22份评估报告已在2013年10月完成。下一步将根据各评估报告提出的问题，研究修改国家的技术创新政策并相应调整资助重点，以使国家投入的技术创新支撑费用获得更大的资助效益。

三、部署一批与国家未来发展相关的重大项目

瑞士2013年科技活动呈现出这样一个特点，即机构调整和出台政策的针对性强，重点发展项目的前瞻性强，所获欧盟资助项目的引领性强，且始终围绕确保科研、创新和产品世界一流这样一条主线进行。

经全民公决，瑞士将在今后几年内陆续关闭一批核电站，计划在2018年全面停用境内所有核电设施，因此也就带来了必须彻底改变瑞士现有能源供应结构的问题。联邦能源局提交的新建国家能源体系研究报告获国会批准，一批有关新能源和可再生能源开发项目陆续形成，其中利用太阳能制氢和城市公交车使用新型清洁能源等项目已初显示范效应。

2013年3月，瑞士国会通过了联邦环境、交通、能源与通信部提交的关于瑞士绿色经济发展可行性报告和行动计划，并安排交全民公决。瑞士决定启动绿色经济发展议程，除上述因国内能源供应结构改变而必须对经济发展方式调整原因外，还有以发展绿色经济为抓手、为本国创新能力的提升再搭平台的考虑，旨在为瑞士经济的可持续发展寻找新的突破点，同时也为创新能力的不断提高注入新的动力，推动企业抢先一步开发面向未来的资源节约型技术并占领国际市场。

为进一步巩固和加强瑞士在国际航天技术市场的竞争力，2013年瑞士启动了进军世界小卫星市场战略，依托多家瑞士著名航天技术开发企业，集国内航天器载时频装置、小卫星飞行器，卫星地面装置、发射支架和航天飞机机头等方面已有的研发与制造优势，组建了瑞士航天工业集团。

四、欧盟项目申请成绩盎然

2013 年是欧盟科技发展第 7 框架计划项目申请收官之年。据瑞士联盟教研与创新署统计，从 2007 年到 2012 年底，瑞士递交第 7 框架计划项目申请的获批率是 25.3%，超出了欧盟平均水平。作为非欧盟国家的瑞士，获资助项目数远远超过了瑞典、芬兰、奥地利和比利时等国，且主要集中在信息、通信、纳米和医药等高技术领域。

进入 2013 年，瑞士在申请欧盟项目中更是捷报频传。在 9 个面向未来技术发展旗舰项目中，瑞士参与了 6 个，其中 2 个为项目牵头国家。在 2 个已获批准的项目中，瑞士洛桑联邦理工大学申请的“人脑计划”名列其中，将获得欧盟长达 10 年的可持续资助。

（执笔人：叶建忠）

波　兰

2013 年，波兰继续增加创新投入，加强科研机构评估，建立起了以科研质量为导向的经费资助机制；发展研究基础设施，加强国际科技合作，使科研环境和条件得到改善；建立健全有利于青年科技人才培养和成长的激励机制，有序推进科技体制改革，在不少领域取得了阶段性成果。

一、以提升国家创新能力为目标，出台一系列举措

2013 年，波兰科教部重点推进的促进创新的举措，主要包括以下几个方面。

（一）加强科研机构评估，建立优胜劣汰机制

波兰在 2010 年启动科技体制改革期间，设立了科研机构评估委员会。委员会组成人员由科教部长在科技界和经济界推荐的候选人中选定，总计 30 名。其中，20 名来自评级在 A 级及以上的科研机构，10 名为拥有创新成果的经济界人士。该委员会的职责是对科研机构的研发活动质量进行综合评价，至少每 4 年进行 1 次。评估结果分为 4 个等级：A^+ 级，表示研发活动质量领先；A 级，表示研发活动质量很好；B 级，表示研发活动质量一般；C 级，表示研发质量差。

2013 年，科研机构评估委员会首次启动了对波兰科研机构的评估评估，共评估了 960 多家研究机构。其中，有 37 家研究机构第 1 次获得了 A^+ 级。

值得关注的是，科研机构评估的结果与机构获得的国家预算研发经费挂钩。如，被评为 C 级的研究机构，意味着该机构将面临淘汰出科研领域的严重警告，并须根据《研究机构法案》进行重组整顿。整顿期间，仅能得到法定资助经费，即维持研究所正常运转的经费。12 个月后，被评为 C 级的研究机构可以再次申请评估。被评为 A 及 A^+ 级的研究机构则有获得经费资助的优先权。

研究机构评估等级和研发经费数额挂钩的机制，有助于优胜劣汰，保证优秀

的研发机构能够获得更多的经费支持，有助于培育研发水平领先的研究机构，有助于提高研究机构与欧洲顶尖研究机构开展对等合作与竞争。

（二）突出资助重点，优先支持战略性研究基础设施

为保证重点项目得到持续稳定的资助，波兰修订了《科研资助法案》，明确规定优先资助“战略性研究基础设施”。战略性研究基础设施主要指对科学研究和开发具有至关重要作用，在国内、欧洲或国际上堪称一流的研究基础设施。

为此，波兰科教部组织专家对科技界提交的新的战略研究基础设施建议项目进行评估，并更新了研究基础设施路线图。一旦被确立为战略研究基础设施项目，将优先得到政府资金支持。根据新的《科研资助法案》，政府将减少对研究机构的法定资金，即维持研究所正常运转的资金额度。科研质量评估中得分最低的 C 类研究所的法定资金将进一步缩减，而由学术成就较高的研究团队合并成立的新研究所则可得到政府补贴。

（三）引入税收激励政策，促进产学研结合

从 2014 年起，企业可将本企业 1% 的所得税捐给其自愿选择的任何科研机构，包括高校的有关院系、波兰科学院的研究机构和其他科研机构。对缴税大户，如其所得税的 1% 达到 100 万兹罗提以上，则企业这部分所得税金捐给的科研机构数量可达 3 个。

（四）实施波兰创新计划，推动设立创新基金

波兰科教部正在积极推动“波兰创新”计划的实施。该计划的主旨是设立一个公共－私人基金，通过公共和私人资金的风险投资来降低企业家投资新技术的风险，促进新技术的产业化和商业应用。

（五）修改公共采购法，提高科研机构仪器设备采购效率

2013 年 7 月，波兰政府部长理事会通过公共采购法修正案草案提高高校和科研机构的公共采购招标门槛。根据新法案，高校在购置价值 20 万欧元以下、科研机构在购置价值 13 万欧元以下物品时，免于执行烦冗的招标程序，以利于大学和研究所尽早采购所需的专业仪器、设备和试验材料等。

二、继续加大研发投入，研发投入结构渐趋合理

近年来，波兰研发投入稳步增长。2010 年研发投入为 104.16 亿兹罗提（4.1 兹罗提 =1 欧元），占 GDP 的 0.74%。2011 年研发投入增至 116.87 亿兹罗

提，达 GDP 的 0.76%。与此同时，通过多种激励措施，引导企业增加研发投入，并通过充分利用欧盟的科研资助机制，使得研发投入结构渐趋合理。2012 年，企业研发投入占全社会总投入的比例从 2011 年 24.4% 上升到 28.1%。虽然政府研发投入逐年增加，但其占研发总投入的比例则呈下降趋势。2012 年政府研发投入占研发总投入的 51.9%，比 2011 年下降了 4 个百分点。

2007—2013 年，波兰通过实施欧盟操作计划，充分利用从欧盟获得的 250 亿兹罗提的资助，新建了 200 个实验室，更新改造了 2000 个研究中心。此外，还执行了 2800 个大学项目，以改善大学科研教育条件。这些新增的科研设施一方面为波兰科学家提供了就业岗位，改善了科研条件，另一方面也促进了教育与科研更好的结合，为培养青年学生的创新能力，研发出更多的新技术、新专利和新产品提供了有利条件。

2012—2015 年间，波兰计划投资 100 亿兹罗提建设科研基础设施，其中 70 亿兹罗提来自欧盟结构基金，30 亿兹罗提来自政府预算。

三、着眼未来，加大青年科技人才培养力度

2010 年以来，波兰科教部推出了一系列加强青年科技人才培养的举措，已经初步形成了一套有效的资助机制，以支持青年科学家的科研事业发展。负责基础研究资助的国家科学中心，有 30% 的预算经费专门用于资助青年科学家。2012 年度，有 1200 名青年科学家获得总计 2.9 亿兹罗提的资助。负责应用研究资助的国家研发中心，设有“帅才（Leader）项目”专门资助青年科技人才。已支出 1.2 亿兹罗提资助富有潜力的青年科学家。2013 年，41 名 35 岁以下的研究人员获得“帅才项目”资助，资助经费总额达 4300 万兹罗提，平均每个项目资助额度在 100 万兹罗提以上。科教部还设立部长奖学金，用于重点奖励具有创新能力的青年学生。2007 年时，部长奖学金只授予 10 名学生，金额为 200 万兹罗提；2012 年时，获奖人数扩大到 150 人，预算增加到 2500 万兹罗提。此外，波兰政府规模最大的创新培训项目“创新 500 人”，已培训了 300 多名研发人员。

波兰科教部还作为其重要咨询机构，组建了青年学者理事会，理事会成员由科教部长聘任。2013 年 11 月，青年学者理事会主办了诺贝尔奖得主与青年科学家见面会，邀请世界知名科学家与波兰青年学者共享成功经验。

此外，波兰近年来还通过了一系列法案和政策规定，以缩短优秀青年科技人员职业晋升之路，消除科研机构的裙带关系，在所有科研岗位引入公开透明的岗位竞聘机制。

2013 年，波兰继续推进高等教育改革。教育改革的主要目标是进一步调整波兰高教结构，提升青年学生创新能力，以适应经济社会发展的需要。例如，通

过推行优先课程项目，提升工程技术专业的人气。目前有65 000名学生就读于这些优先课程专业。其中，信息技术、土木工程、生物技术等专业最受学生青睐。据波兰科教部统计，2013—2014学年最受欢迎大学前五名大学全部为理工科大学，分别为：华沙理工、革但斯克理工、波兹南理工、罗兹理工和克拉科夫AGH科技大学。最受欢迎的专业为计算机、自动化与机器人、机械工程、土木建筑、法学和管理。

四、加强国际科技合作，通过开放合作提升整体创新能力

（一）参与建造X射线自由电子激光装置

X射线自由电子激光装置（XFEL）是世界上最大的科研设施之一，包括加速器和光学组件两大部分，工程造价2.4亿欧元，预计2015年完工。波兰投资近2900万欧元参与了XFEL的建设工作，包括设计建造加速器、低温管线部分和其后的测试部分。

（二）波兰第一颗科研卫星莱姆升空

波兰第一颗科研卫星莱姆于2013年11月由俄罗斯第聂伯火箭搭载升空。第二颗科研卫星赫维留斯计划于12月底由中国长城火箭搭载升空。这两颗卫星同属于BRITE-PL（亮星探测器）国际科学项目，分别由波兰科学院空间研究中心、波兰科学院哥白尼天文中心与加拿大、奥地利科学家联合研制，共同观测银河系最亮的星星。波兰科教部为两颗卫星的研制拨款1420万兹罗提。

（三）进一步发挥双边合作资助机制的作用，提升国际合作水平

目前，波兰与德国、瑞士、挪威、新加坡、以色列、韩国等国建立了共同资助科研项目的机制。其中，较为突出的是波兰－挪威合作研究资助机制，第二期合作项目资助的预算达到3680万欧元，合作领域包括环境、健康、极地研究、社会科学等。至目前为止，在波兰与德国共同资助科研项目中，波兰政府出资较多，波方每期合作项目平均资助额度达500万欧元。

通过加强国际科技合作，波兰科学家在欧洲科技界的影响力正逐步加大，已能越来越多听到波兰科学家的声音。2012年，波兰物理学家Tomasz Dietl成为欧洲研究理事会（ERC）指导委员会成员，高能物理学家Agnieszka Zalewska担任欧洲核子研究中心（CERN）主席。2013年，地质学家、华沙大学教授Joanna Pininska成为欧盟科技顾问委员会成员。波兹南理工大学计算机科学系教授罗曼·斯沃文斯基（Roman Slowinski）当选欧洲科学院院士。

此外，因科研工作条件优越，华沙分子与细胞生物学国际研究所成为继波兰科学基金会、波兰科学院孟茨基试验生物学研究所之后，波兰第 3 家获得欧盟卓越研究人力资源标志的机构。该标志由欧洲委员会颁发给那些符合《欧洲研究人员宪章》和《招聘研究人员行为准则》的科研机构。

（执笔人：绍英红）

捷　　克

2013 年，捷克经济仍未走出低迷，全年负增长已成定局（财政部预测约为 -1%）。在这种困难的财政条件下，捷克政府继续推动国家创新政策的实施，增加科技投入，鼓励并扶持高技术和实体经济的发展，参与和扩大国际合作。

一、主要科技政策动向

（一）科技研发投入持续增加

尽管整体经济情况不好，但政府对科研的投入力度并未削弱，较上年增加了 14 亿克朗（增长 3.6%），总额达到 400.8 亿克朗（约 16 亿欧元）。值得注意的是，除院所事业费（Institutional Expenditures）和项目支出（Targeted Expenditures）外，还有为匹配欧盟项目和拨款机制的资金（Income from EU programs and funding mechanism）而设置的预算前资金（Pre-funding）。这一项在 2013 年达到 139.6 亿克朗，比 2012 年的 120.6 亿增加 19 亿克朗，增长 15.8%。这也表明，国家研发投入中所增加的经费，主要是为配合欧盟的资金。

在政府的研发投入中，基础研究所占比重约 74%，应用研究 21%，实验开发 5%；按研究领域分，自然科学占比约 64%，人文社科 14%，工程技术 10%，农业技术和医学各占 6%。

另据经合组织统计数据，2013 年捷克全国研发经费总额达到 900 亿克朗（约 35 亿欧元），占国内生产总值的比重约为 1.97%，较上年增加 0.11%，虽低于欧盟 27 国平均水平（2.03%，2011 年），但在全球经济疲软和欧债危机的大背景下，已实属不易。

（二）继续推进研发评估方法国家专项

捷克政府继续推进《捷克 2009—2015 年国家研发创新政策》和 2002 年的

《引导研究、试验发展与创新的国家优先领域》所确定的目标，继续实施《研发创新资助评估体系》国家专项任务，进一步完善评价国家资助的研发创新机构的评估体系，提高研发创新经费使用效率，提升捷克的科研水平和国际竞争力。

为指导评估工作，国家研发理事会2013年出台了《用于2013—2015年研究机构评估和已完成项目评估的方法学》，对使用公共资金开展科研活动的机构和已完成项目进行评估做出了具体规定。强调通过三方面的相互协调，对研究机构和研究成果及所使用资金的情况进行评估。

二、重点科技计划进展

（一）"信息－研究基础"国家计划

该计划由教育、青年、体育部具体负责。计划总经费约12亿克朗，目的是改善信息基础设施，提高研究机构获取电子信息的能力和研究质量。2013年共9个项目获批，资助总额约10.17亿克朗。

（二）"可持续发展能力"国家计划

该计划由教育、青年、体育部负责实施。该计划的目的是支持各大学和研究机构，确保科研基础设施得到充分利用并可持续发展。2013年，首批获资助项目包括利贝雷茨技术大学的"纳米材料与先进技术"、捷克科学院的"细胞疗法和组织修复"、捷克科学院等离子物理研究所的"现代光学系统与技术"、马萨里克大学的"环境中有毒化合物研究"等20个项目，共获资助约23.2亿克朗。

（三）ERC计划

为促进前沿技术高质量研究的ERC计划于2013年5月启动第二批项目，分别由捷克技术大学、帕尔杜比采大学和捷克科学院物理化学研究所承担，资助总额约1.165亿克朗。

（四）"企业与创新"运行计划

捷克工业与贸易部从"企业与创新"运行计划（2007—2013）中拨款24亿克朗，支持加强本国企业的创新能力建设。通过审核的企业将获得最高5000万克朗的资助，失业严重地区的企业资助上限为7500万克朗。这些钱可用于购置设备、软件升级和购买无形资产，如知识产权使用权等。与以往不同，此次拨款主要向中小型企业倾斜（资助金额占拨款总额的75%），且申请企业须证明能够利用以往的研发成果，而不仅仅是更换生产设备。

（五）捷克技术投资署（TACR）能力中心计划

2011 年 1 月启动的能力中心计划总投资约 63 亿克朗，运行期 2012—2019 年。其间，为促进公共研究机构与私营部门的合作，在提高捷克国际竞争力的重要技术领域预计建立 35 个联合研发创新中心，每个中心参与方须至少包括 3 家私营企业和 1 家公共研究机构。

（六）Delta 计划

TACR 的 Delta 计划 2013 年 8 月由政府第 668 号决议批准，运行期为 2014—2019 年，预算约 7000 万克朗。计划的主要目的是增强捷克研究院所、企业与国外同行间的合作，通过联合研究项目来提高应用型研发的数量与质量，提升国家竞争力。

三、主要领域科技成就

（一）重要科研基础设施建设与运行

1. 布尔诺国际临床医学研究中心（ICRC）

ICRC 是开展先进应用医疗技术研究，打造具有国际领先水平的应用医疗研究中心。它不仅是研究中心，同时也将成为应用医疗领域的国际培训基地和创新型企业孵化期。

2. 中欧技术研究所（CEITEC）

CEITEC 是一个聚焦于生命科学和先进材料研究的大型实验室。建设资金的主要来源是欧盟结构基金“为了创新的研发”运行计划的第一优先“欧洲卓越中心”，共计 2. 1 亿欧元。

3. 国际生物技术和生物医学中心（BIOCEV）

BIOCEV 主要研究领域包括细胞生物学与病毒学、生物材料与组织工程、功能基因组学、结构生物学与蛋白质工程、新型诊断与治疗等。中心建设费用约 1. 25 亿欧元，其中约 9000 万欧元来自欧盟结构基金的“为了创新的研究与开发”运行计划。

4. 信息技术创新中心（IT4Innovations）

IT4Innovations 旨在建立中欧地区计算速度最快的超级计算机，以满足工业研究与社会需求，项目建设预算约8000万欧元，其中6800万欧元来自欧盟结构基金的"为了创新的研究与开发"运行计划。

（二）在生物医学研究领域取得重大进展

布尔诺中欧技术研究所研究人员在基因研究领域取得重大发现，对有效治疗某些遗传性乳腺癌和卵巢癌将有极大促进作用。基于此发现，研究团队正致力于开发一种新型化疗法，其原理是破坏乳腺癌和卵巢癌细胞的双螺旋链，使之无法对破损的DNA进行修复，从而迫使癌细胞死亡。

捷克科学家通过对日本梅紫杉针叶树树叶中所含物质进行研究，发现了植物碱-高三尖杉酯碱的潜在药用价值，并有望开发出新的抗肿瘤药物。该研究还发现了这种物质对于诱导人体结肠癌细胞坏死具有很强的敏感性。

四、参与国际科技合作

（一）双边及多边国际科技合作

在国家层面上负责制定并实施国际科技合作计划的部门是教育、青年和体育部。当前，捷克参与的主要国际科技合作计划有：（1）COST Ⅱ 主要支持欧盟各国在基础研究方面的合作。（2）EUREKA 主要目的是促进公共研究部门与企业在应用技术领域的合作。（3）INGO Ⅱ 主要支持捷克的研究机构参与国际非政府组织的研究计划或项目。（4）KONTAKT Ⅱ 主要支持捷克的研究机构与其他国家研究机构之间的合作。（5）Gesher/MOST 支持捷克与以色列两国企业之间的应用型研发合作。（6）Mobility 该计划支持捷克与不同国家进行科研人员（同时也包括公共研究所、公立大学）间的相互交流。

（二）参与欧盟第7框架计划情况

捷克的940个研究团队共参与了768个FP7项目。捷克参与FP7项目的经费共约2.41亿欧元，其中来自欧盟的经费为1.77亿欧元；项目参与机构提供的配套资金为6400万欧元。

捷克参与FP7的研究团队中，188个为中小型企业，占总数的20%，略低于欧盟平均水平（20.8%）。而在参与FP7的公共研究机构中，捷克科学院的研究团队数量和获得欧盟资金的比例最高，分别达到了59%和63%。

捷克团队参与最多的研究领域为信息与通信技术、纳米科学和新材料技术、交通运输技术。此外，捷克团队参与较多的合作项目还包括科研基础设施建设，农业、食品和生物技术，医学技术以及EURATOM的核裂变与辐射防护研究。

（执笔人：袁 超 冯 瑄）

匈　牙　利

尽管受到欧债危机、经济下滑等不利因素影响，2012 年匈牙利研发投入还是达到了 3637 亿福林（约合 12.25 亿欧元），同比增长 8.1%，创历史新高，占 GDP 的 1.29%，但离欧盟成员国 1.9% 的平均水平还有差距。在研发投入中，政府投入约占 40%，企业投入约占 50%，国外资金约占 10%。投入到基础研究中的经费约占 24%，应用研究占 36%，试验发展约为 40%。匈牙利政府承诺在未来 7 年，将欧盟财政补贴的 10% 投入到研发领域。

一、科技政策动态

2013 年 6 月，匈牙利政府通过了《国家研究、开发和创新战略 2014—2020》。该战略确定了 4 个主要任务：一是将匈牙利的研发投入从 2012 年占 GDP 的 1.29%（其中一半来源于企业）提高到 2020 年的 1.8%，并保持以企业投入为主的“健康比率”；二是将研究人员数量从目前的 3.7 万人增加到 5 万人以上；三是创建应用研发机构，鼓励学术机构创办技术公司；四是针对企业研发活动出台税收优惠政策。

具体目标包括创办 30 所具世界一流水平的研究和开发实验室；推动 30 家跨国公司在匈牙利创建研发中心（或加强现有的研发中心）；使 30 家国内技术型中等规模企业在中东欧地区处于行业领先地位；使 300 家研发中小企业高速增长，走向国际市场；使 1000 家创新创业公司，在创办初期得到国家支持。

二、国内科技进展

（一）科学院向社会开放科研成果

从 2013 年起，匈牙利科学院及其所属研究机构将实行“开放获取政策”，向社会开放由国家财政和公共经费支持的科研成果，使公众能够获得更多的科研成果和出版物，在全社会提倡科学与创新氛围。为此，匈科学院将建立一个基金，用以支持这项工作。这一举措与欧盟的要求一致。2012 年欧委会发布政策性文件（Europe 10657），将科技成果的公开获取视为促进知识传播和提高欧盟创新能力的关键手段之一。在新一轮欧盟研究与创新计划《地平线 2020》中，欧盟规定所有欧盟财政资金支持的研究与创新项目所产生的成果必须公开发表，并且要求能被大众所公开获取。

（二）推动知识与创新社区建设

作为由欧洲创新与技术研究院（EIT）创办的第一个知识与创新社区（KIC）——布达佩斯信息与通信技术实验室联合体，与欧洲创新与技术研究院公布了投资 10 亿福利（约 450 万美元）的年度研究计划。该项研究计划涵盖了信息与通信技术的四大领域。社区成员包括罗兰大学、布达佩斯技术与经济大学、匈牙利思科公司和匈牙利通用电器医疗器械公司，使命是通过信息与通信技术领域的领先创新，推动欧洲的经济增长和生活质量的提高。

（三）继续推进“动力计划”

2013 年，通过匈牙利吸引人才计划“动力计划”，获得立项的研究团队有 14 个。这些团队总共将获得 6.193 亿福林（约合 279 万美元）的国家资助。5 年来国家资助的“动力计划”研究团队总数已达到 79 个，投入总经费达到 30 亿福林（约合 1350 万美元），有效地减缓了匈牙利优秀科研人才流失现象。其中一些团队已取得了世界水平的研究成果，同时让匈牙利的科研体系更加与世界接轨。

（四）致力于将布达佩斯建成中东欧地区的科技创新创业中心

强调科技创新创业是匈牙利政府 2013 年科技工作的特色。全年围绕科技创新创业、风投、产业集群等主题，科技创新署牵头，在国内以及国外（英国和加拿大）开展了一系列峰会、论坛、研讨会、展示会和路演等活动。国家经济部成立“布达佩斯中心工作组”，就 2014—2020 年期间如何有效利用好欧盟基金开展工作进行讨论。为使布达佩斯成为中东欧地区的创新创业中心，政府提倡技术创新创业，为技术人员开办企业建立孵化器，鼓励大学和研究机构人员进行知识创新活动，鼓励建立私营研发机构。

（五）推动农业无转基因战略

匈牙利政府将保证农业无转基因作为至关重要的战略目标。2013 年 10 月底至 12 月，匈牙利地区发展部在全国范围组织题为“无转基因农业”系列宣传活动。在活动各现场，就转基因生物的卫生、环保、经济和社会作用举行讲座，由地区发展部专家、研究机构、科学和社会组织代表给予专业介绍。匈牙利是首先对转基因作物说不的国家之一，有关官员强调，保证农业无转基因是国家利益。匈牙利基本法中规定，每个人都有维护身体和精神健康的权利，为此匈将一如既往地确保匈牙利农业无转基因。匈政府高度重视与转基因相关的论点，地区发展部专设了世界转基因分布图网站就相关情况跟踪报道。

三、国际科技合作

2013 年中国高交会匈牙利分会在布达佩斯举行。这是高交会组委会第六次在匈牙利举办海外分会。深圳市陈彪副市长等率团出席。深圳市投资控股公司与匈牙利国家创新署、匈牙利高科技投资服务公司等签订了合作备忘录。

匈牙利与越南签订核能合作协议。2013 年 9 月 17 日，在越南国家主席访问匈牙利期间，双方签订涉及核能培训、研究、管理和技术的双边合作协议。作为此合作协议的第一步，双方正在执行大规模的核能培训项目。自 2012 年开始，已有大约 120 名越南专家来匈牙利完成了为期 6 周的核能理论和实践的培训课程。

匈牙利－韩国技术日。韩国贸易投资促进会与匈牙利科学院举行第二届技术日，包括三星和 LG 化学等韩国大型企业寻求匈牙利有产业化前景的科技创新成果。这些成果包括：带感应器的橡胶轮胎技术、廉价机器人技术等。自从 2010 年以来，韩国基本科技研究理事会（KRCF）已在匈牙利科学院与匈方建立了 5 个一流的联合实验室。

举办“智能专业化研究与创新战略指导”（RIS3）国际会议。2013 年 6 月 24 ~25 日，欧盟委员会与匈牙利在布达佩斯举行“智能专业化研究与创新战略指导”（RIS3）国际会议。该会议由匈牙利国家创新署主办，除欧盟外，20 个成员国代表出席。

举行“中国－匈牙利项目对接会”。2013 年 9 月 23 日，中国－匈牙利科技项目对接会在布达佩斯举行。匈牙利国家创新署执行副署长拉斯洛 · 克拉尼等官员，来自上海市科委、科研机构和企业 22 名代表，匈牙利中小型科技企业代表，以及中国驻匈牙利使馆科技组负责人共 50 余人出席会议。双方筛选了太阳能电池技术、生命科学技术、3D 打印技术、激光技术、堆肥及污泥处理技术、造纸废水处理技术、电化学污水处理技术等 10 多个项目进行了推介。

匈牙利国家创新署与中国国家外专局签订派遣匈牙利专家和培训协议。2013 年 11 月，中国国家外专局与匈牙利国家创新署在北京签署为期 3 年的派遣匈牙利专家前往中国执行特定任务和培训协议。中方研究机构或企业急需的匈方专家前往中国执行特定任务，在事先经外专局批准的条件下，外专局为匈方专家提供国际国内机票、在中国的食宿和津贴等。匈牙利方面负责筛选和管理匈方专家。同时，中方可在匈牙利举办特定领域的专家培训班等。

（执笔人：陈一斌）

奥 地 利

2013 年，奥地利政府加强了促进科技发展的措施，通过加强成果转化以及对制造业、交通、新能源等优势产业的支持来挖掘潜力，提振奥地利经济发展。

一、科技竞争力地位基本保持不变

2013 年在欧盟经济、科技、创新等领域，奥地利的竞争力地位基本保持不变。欧盟《2013 年创新联盟记分牌》显示，奥地利创新能力在欧盟范围内位列第 9，属“创新跟随者”，其创新优势主要是开放、富有吸引力的研究体系及知识产权储备。另据世界知识产权组织发布的《2013 年全球创新指数报告》，奥地利创新指数在 142 个国家中位居第 23 位，属中上水平。在 84 个评价指标中，奥地利在基础设施和教育水平两个方面得分较高，得分较低的方面包括电子信息产品出口，仅占出口总额的 6.5%，初创公司所占比例也较低，每千人创建公司的比例低于 0.6%。根据世界经济论坛发布的《2013—2014 年全球竞争指数》，奥地利在 144 个经济体中排第 16 位，其科研优势主要集中在智能交通、能源和环境可持续发展、医疗卫生、生物技术和远程通信等领域。

二、国内研发投入再创新高

奥地利 2013 年经济增长预期仅为 0.5%，但其研发投入依然保持增势。据奥地利国家统计局统计，2013 年奥地利全国研发经费支出预计比 2012 年增加 2.55 亿欧元，总计将达到 89.6 亿欧元。以奥地利 3191.5 亿欧元的国内生产总值计算，研发支出所占比例将达到 2.81%，与 2012 年持平，高于欧盟 0.8% 的平均水平，在欧盟 27 国中排名第五。在奥地利全国研发经费中，公共投入占

40.93%，企业研发投入占43.86%，国外资金投入占15.21%，其中企业研发投入增长最快，比2012年增加了3%。

三、积极通过科研促进创新

面对发达国家经济发展低迷、新兴国家崛起，奥地利传统优势产业受到挑战，为此，奥地利政府加强应用技术领域的研发，通过创新来推动经济结构转变，提升发展水平。据统计，最近5年，奥地利政府在应用技术领域共投入27亿欧元，10 000多个研究场所得到资助，通过研发项目转化的新产品和新技术共创造了92 000个工作岗位。2013年，奥地利政府继续采取措施促进应用技术领域的科研和创新。

（一）建立知识转移和开发中心

为促进知识转化，提升奥地利研发实力和经济地位，奥地利联邦科研部和联邦经济部2013年10月联合推出“知识转移和开发中心”项目。项目总资金达到2000万欧元，旨在改善大学和研发机构、企业间的合作模式，加快大学研究成果转化。

（二）推出2013—2018年研究和技术先导计划

为了进一步利用科技引导产业升级，实现再工业化，奥地利政府根据本国产业优势，出台了2013—2018年奥地利研究和技术先导计划，主要内容如下：

1. 利用尖端科研强化奥地利制造强国地位

奥地利的重点研究机构将在2014年获得1亿欧元资助。奥地利创新部联合马歇尔基金会在本国大学中设立两个专门的基金教授席，用来培养产业研发人员。每个教授席将获得320万欧元资助。奥地利还将陆续在交通、老龄化社会应用技术、信息通信技术和能源等领域设立8个基金教授席。

2. 促进科技创业

获得资助的新创科技创新型企业数量将增加20%。为帮助更多科技创业企业家获得成功，奥地利政府将通过发放合作奖金等方式，刺激大型工业企业将订单发给科技创业公司。

3. 支持民生领域的技术发展

民生技术未来将获得2亿欧元资助。此外，奥地利交通创新技术部将建立10

个“生活实验室”，鼓励企业和消费者共同研发生活领域相关产品。

4. **扩大行业领军企业数量**

奥地利计划将最重要的行业领军企业扩大到100家。这100家企业雇员人数将达到13.5万人，年研发投入达31亿欧元，承担奥地利企业研发活动的80%。

四、稳步推进智能交通网络建设

奥地利联邦交通、技术、创新部以2012年发布的智能交通规划为基础，在2013年发布了至2025年的整体交通规划，通过新技术的采用、新规范的实施和新基础设施的新建、改造，到2025年实现温室气体排放从1600万吨减至1300万吨，氮氧化合物和可吸入颗粒物排放分别减少70%和50%，通过智能交通将主干道交通拥堵时间减少15%。

2013年6月，奥地利交通技术创新部与德国交通、荷兰基础设施部共同在卢森堡签署了一项智能交通领域的合作谅解备忘录，从2015年起三国将利用最新的交通技术对从阿姆斯特丹经由法兰克福到维也纳的高速路段实施联合智能交通系统管理。通过实施该项目，交通伤亡事故预计将减少30%，交通拥堵降低15%和能源效率提高20%。

五、可再生能源领域取得进展

目前，可再生能源在奥地利国内能源消费中占32%，到2020年有望达到34%。奥地利的2354个城镇中共有1100个隶属于106个气候和能源示范区。奥地利计划到2050年全国范围实现可再生能源自给自足，能源供给将全部来自水利、太阳能、风能以及生物质能等可再生能源。2013年布尔根兰州率先实现这一目标，成为奥地利境内首个实现可再生电力能源自给自足的州。该州的绿色电力中93.1%来自风能，3.8%来自生物质能，其余1.9%和1.3%分别来自光伏发电和沼气。布尔根兰州自1997年建成第一台风力发电机组，迄今共有321座风力发电站，目前已成为欧盟可再生能源示范区。

六、积极参与欧盟合作研发，扩大科研国际化

据统计，过去几年，奥地利已发展成为欧盟科研框架计划真正的受益者。从欧盟第4个科研框架计划至今，奥地利投入框架计划的资金的回流率已从70%升至130%，即奥地利每投入1欧元，能通过参与框架计划项目获得1.3欧元的回

流资助。奥地利通过2000多所大学、科研机构和企业参加欧盟科研框架计划合作，每年从欧盟获取的经费达到1.4亿欧元。奥地利参与欧盟科技合作研发项目主要集中在生物、医学、量子物理和纳米技术等领域。

在与非欧盟国家科技合作方面，奥地利2013年重点加强了与拉美国家的科技交流合作。3月，奥科研部长托赫特勒出访巴西和智利两国，与巴西签署了教育和科学领域的双边框架协议，进一步增进两国在欧盟第七框架计划和《地平线2020》中的科技合作（目前欧盟第7框架计划中，奥地利14%的科研项目有巴西科研人员参与），与智利重点在山区研究领域建立长期合作关系。5月，奥地利与中国两国科学院共同开展的洲际量子通信合作计划取得阶段性成果，“维也纳空间量子测试链接站”正式投入使用，为中国量子科学实验卫星项目建立洲际链接做好准备。

（执笔人：周顺杰　江晓渭）

俄 罗 斯

2013 年，俄罗斯的国内政治局势较为稳定，新一届政府更加关注科技和创新发展，强调要依靠科技提升俄罗斯国家竞争力和发展创新型经济。为此，俄罗斯对阻碍创新经济发展的体制机制方面存在的问题进行了大刀阔斧的改革，并围绕提升研发工作成效、促进创新、发展高技术产业、强化高水平人才培养和引进等方面出台了一系列的战略规划和措施。

一、2013 年科技投入

尽管经济增速放缓，但 2013 年俄联邦财政预算对研发的投入仍然维持在 3277 亿卢布（约为 102.4 亿美元），与 2012 年（3233 亿卢布）基本持平。俄联邦宇航局、工业贸易部、俄罗斯原子能公司、俄罗斯科学院及其三大分院、俄罗斯农科院、俄罗斯医科院等其他几个国有科学院的经费与 2012 年相比均有上涨或持平，只有对联邦教育科学部的拨款额度缩减幅度较大（从 429 亿卢布缩减为 321 亿卢布）。

二、大力推动科技和创新领域的重大改革

2013 年，俄罗斯进入科技发展的新规划期。随着《至 2020 年俄罗斯联邦创新发展战略》、《至 2020 年俄罗斯联邦科学技术发展政策原则》等纲领性文件的出台，政府关于科技体制改革的基本思路和主要方向逐渐清晰，其基本任务是建立具有竞争力的、有效的科技研发体系，保障其在俄罗斯经济技术现代化中的主导作用。

（一）启动国有科学院改革，成立联邦科研机构管理署

近年来，以科学院为首的俄罗斯基础研究体系的发展状况一直遭人诟病。在

普京的支持下，俄联邦政府于2013年9月通过科学院改革法案及《关于俄罗斯科学院、改组各国有科学院及对部分联邦法律条文进行修订》的联邦法，要点如下：原科学院、医科院与农科院等3个国家级科学院重组为新的俄罗斯科学院，合并后的俄罗斯科学院保留联邦国家预算机构地位；新成立的联邦科研机构管理署接管原科学院下属研究所的管理权及财产；新的俄罗斯科学院被赋予协调管理包括高校系统在内的全国基础科研工作的职能；西西伯利亚分院、乌拉尔分院和远东分院等科学院各分院获得联邦国家预算机构地位等。

10月，俄联邦政府批准了联邦科研机构管理署工作条例。作为直属联邦政府的权力执行机关，管理署的主要职能包括：对原科学院、医科院及农科院移交过来的科研机构进行资产管理和经费分配；会同俄罗斯科学院就完成国家长期基础研究和探索性研究计划做出安排；参考科学院的建议批准下属科研机构的发展计划；负责对下属机构从事科技、教育、卫生、农业等领域的工作提供法律法规支持和公共服务负责对下属机构的经营活动进行评价和分析。联邦管理署内设科学协调委员会，负责协调联邦管理署及其下属科研机构与俄罗斯科学院之间的关系。

（二）大力促进研发水平提升

俄联邦政府从大科学项目投入、科技项目资助方式、科研院所绩效评价、科研成果使用、科技奖励办法等方面着手，促进俄罗斯科技研发水平的提升。

在大科学项目投入方面，俄罗斯教科部计划对位于圣彼得堡加特契纳在建的中子束反应堆项目给予额外的资金支持，将可能超过原有的57亿卢布投资。在改革科研项目资助体制方面，2013年，政府启动了名为“千所实验室”计划和“俄罗斯科学地图”计划。在修改科研机构绩效评价规则方面，2013年11月，俄联邦政府颁布命令对从事民用科研、实验设计及技术工作的科研机构成果的评价规则进行修改，将由科研机构所属部门进行内部评测改为根据科研机构的研究方向和领域组成若干跨部门评测小组对科研机构进行评测，评测指标共有25项。在完善科研成果使用机制方面，俄罗斯政府于2013年4月建立统一的民用科研、实验设计及技术成果统计国家信息系统，探索对国家投资所取得科研成果的使用途径，效仿欧美国家举行成果拍卖会。

另外，2013年俄罗斯还宣布成立科学基金会，将以竞标发放资助金的形式对俄罗斯科研人员的科学研究活动提供支持。支持范围将包括基础研究和探索性研究、科技人才培养、高技术产品研发生产、科研实验基地建设以及国家法律允许的国际科学技术合作等。同时，俄政府还改革联邦科技奖励办法，从2014年1月起将原来的40个政府科学技术奖名额缩减为20个，奖金额度从每项100万卢布增加到200万卢布。

（三）加强国家创新体系建设，推动创新经济

在创新基础设施建设方面，倾力打造技术平台和区域创新集群，继续发展“斯科尔科沃”创新中心项目。同时，对中小企业发展给予了更多关注，出台了一系列扶持措施。

1. 继续支持“斯科尔科沃”创新中心建设与发展

2013 年 8 月，政府将发展“斯科尔科沃”创新中心项目作为子规划列入新颁布实施的《国家经济发展和创新型经济规划》，凸显俄罗斯政府对斯科尔科沃创新中心的重视。子规划中共包含 3 项基本措施：建设和发展创新环境、建设和发展斯科尔科沃科技学院以及建设和管理“斯科尔科沃”基础设施。到 2020 年，用于实施该规划的总经费将达 5020 亿卢布，其中联邦预算拨款为 1360 亿卢布。

2. 打造技术平台与区域创新集群

2011 年 4 月，政府借鉴欧盟“欧洲产业技术平台”的做法，着手建设具有本国特色的“科技平台”，希望通过建立公私伙伴关系，搭建政府部门、生产者、供应商、研究机构、大学以及工程公司之间的合作网络，以实现重点领域高科技产品的研发和商业化。截至 2013 年 10 月，俄罗斯经济发展部牵头建立了 34 家科技平台，参与单位达 2000 多家，涉及生物、医药、能源、航空航天、核能、信息等主要领域。根据大公司的参与程度，上述技术平台大致可分为两种类型：一类侧重于为公司创新战略服务的商业调研；另一类则侧重于就某一具体领域制定相关发展战略。

同时，为提高俄罗斯区域竞争力、充分利用地域毗邻优势、共享创新和技术人才以及服务资源、节省跨区转移费用和时间，俄政府在中央联邦区、伏尔加河沿岸联邦区、西伯利亚联邦区、西北联邦区、乌拉尔联邦区和远东联邦区建设了 25 个面向特色科技产业的区域创新集群，涉及生物、信息通信、新材料、仪器仪表、超级计算机、石油加工、电子、核能、化工等重点领域。

3. 扶持中小企业发展

2013 年俄联邦政府提出一系列扶持中小企业发展的政策，希望以此提高中小企业对推动创新经济发展的贡献率。具体包括：大幅提高企业应缴保险金的额度；降低信息技术领域小企业享受优惠的门槛；允许地方政府给予特定领域新成立的小企业“税收假期”的优惠政策；提高对中小企业的财政资助力度；借鉴国外成功经验，在国家政府采购和大企业采购中增加来自中小企业的份额；在马格尼托哥尔斯克、纳霍德卡等单一经济模式城市实施扶持中小企业发展计划。俄

联邦计划在未来三年从政府财政预算资金中划拨1000亿卢布用于上述实施政策。

（四）调整高技术产业政策

1. 支持高技术产品出口

2013年3月，俄联邦政府总理梅德韦杰夫做出了一系列支持高技术产品出口的指示，包括：经济发展部、财政部及工业贸易部要按照WTO和OECD组规则，修改涉及支持高技术出口的法律法规；俄外经银行作为协调支持高技术产品出口的系列措施的单位，要对此类产品出口实行一站式申报；经济发展部、工业贸易部及外交部向政府提交完善俄联邦贸易代表处体系的建议书；经济发展部会同海关总署、工业贸易部、交通部、农业部及其他有关单位向政府提交简化货物出口手续办理时间和过程的建议书等。

2. 调整高技术出口管控措施

俄罗斯政府向国家杜马提交了修正《出口管控》联邦法的法案并于2013年9月获杜马一读审议通过。新的法案取消了部分已经过时的对高技术产品出口行政限制。根据新法案，一些不具备企业法人资质但拥有对外贸易经验的俄罗斯经营单位可能获得国家认证并获准经营产品出口。法案还对向国外出售受管控货物做出了新的规定。这将有助于提高俄罗斯高技术产品在国际市场中所占的份额，同时促进本国高技术产业的发展。

（五）加大人才培养和引进力度

1. 促进高校发展和强化科研及科教人才培养

为提高本国高校在国际上的竞争力，俄联邦政府通过公开选拔，确定了圣彼得堡国立理工大学、远东联邦大学等15所高校，将对其进行重点支持，以帮助这些高校在2020年进入国际著名高校排行榜。同时，国家颁布了新的联邦法，政府也出台相应的政府令，实施新的学位授予制度，规范学位答辩程序和科研成果的审核制度，提高人才培养的水平。

2. 吸引国外高端人才

2010年，为促进俄罗斯高校教育和科研质量，俄联邦政府开始实施国外高水平专家引进计划，吸引国外著名学者前往俄高校和科研院所任教和从事研究工作，为这些专家提供高额经费，建设现代化实验室，以带动俄高校科研和教育水平的提高（“大项目”资助计划）。2013年4月，第3批引进专家人选确定，共

42 名专家从来自 40 个国家的 720 名申请者中脱颖而出。

三、制定科技研发及产业发展领域的重大规划、发展战略和路线图

（一）《国家科学技术发展规划 2013—2020》

2012 年 12 月，俄联邦政府公布实施了《国家科学技术发展规划 2013—2020》，共包括基础研究、针对特定问题的应用研究和发展前景技术领域科技储备、科研领域制度建设、研究和开发领域跨行业基础设施建设、科技领域国际合作和保障规划实施等 6 个子规划以及配套的优先领域研发、科学及科教人才及世界海洋 3 个联邦专项计划。该《规划》的实施旨在形成富有竞争力并能充分行使功能的研究开发体系，并使其在俄罗斯经济技术现代化过程中发挥重要作用。这份《规划》将分 3 个阶段实施，即 2013 年，2014—2017 年以及 2017—2020 年，计划期间，俄政府将投入预算资金 16033 亿卢布，同时吸引预算外资金 6365 亿卢布。

（二）《俄罗斯联邦长期基础研究计划 2013—2020》和《国家级科学院基础研究计划 2013—2020》

在“国家科技发展规划”发布不久，俄联邦政府于 2012 年 12 月 27 日批准了《俄罗斯联邦长期基础研究计划 2013—2020》，旨在鼓励俄罗斯基础研究领域的发展，为创新经济提供强劲动力。计划将俄罗斯基础研究力量划分为以下五大板块并分别提供经费支持，即：国家级科学院系统，国家研究中心“库尔恰托夫研究院”及其他国家科学中心，卫生部下属机构，包括国立莫斯科罗蒙诺索夫大学和国立圣彼得堡大学等在内的高校，以及科技领域几大国有基金会支持的基础研究工作。俄联邦政府将拨款 8340 亿卢布用于计划实施。

俄联邦政府还于 2012 年 12 月初批准了新的《国家级科学院基础研究计划 2013—2020》，是对《俄罗斯联邦长期基础研究计划 2013—2020》之中由国家级科学院承担的基础研究任务的细化。根据该计划，俄联邦国家级科学院的基础研究工作分为数学、物理、技术科学、信息化和信息技术、化学和材料学、生物科学、基础医学、地球科学、社会学、历史 - 哲学以及全球问题和国际关系等 11 个领域共 112 个研究方向。2013—2015 年的联邦财政拨款分别为 682.87 亿卢布，707.08 亿卢布和 709.42 亿卢布。

（三）《俄罗斯科技优先领域研发 2014—2020》联邦专项计划

2013 年 5 月，俄政府批准《俄罗斯科技优先领域研发 2014—2020》联邦专

项计划，其主要目标是在科技领域形成拥有竞争力且能有效发挥作用的应用研究和开发部门。该联邦专项的核心内容依然与俄罗斯确定的安全与反恐、纳米产业、信息与电信技术、生命科学、超前武器与军事及特种技术、自然资源合理利用、交通与宇航系统、能源效率、节能与核能等八大科技优先发展方向相关，并强调发展大型科研设备，支持科研仪器共享中心建设。俄罗斯政府计划从联邦财政预算中拨付资金 2022.3 亿卢布用于该专项的实施。

（四）《创新俄罗斯科学和科教人才 2014—2020》联邦专项计划

2013 年 5 月，俄政府批准《创新俄罗斯科学和科教人才 2014—2020》联邦专项计划，以建立高水平科学和科教人才的高效培养体系及提高俄罗斯人才国际竞争力为实施目标。新人才专项主要有两个新特点：第一，针对俄联邦政府提出的“建立俄罗斯科技新的增长点”任务，对俄罗斯科研机构、科学院及高校的重点实验室予以资助，计划资助重点实验室约 1000 个。专项实施期内每个重点实验室获得的资助额将达到 1600 万卢布；第二，计划建立博士后工作站，2014—2020 年计划实施 1300 项目，每个项目每年可获 300 万卢布的资助经费，拟从联邦财政预算资金拨款 1534.8 亿卢布用于专项的实施。

（五）《国家经济发展和创新经济规划 2013—2020》

2013 年 4 月，俄联邦政府总理梅德韦杰夫批准了《国家经济发展和创新经济规划 2013—2020》。这份规划以建立良好的经营环境和商业经营条件、提高企业创新积极性以及保障国家管理效率的提升为目标。该《规划》共包含《形成良好投资环境》、《发展中小企业经营》、《创造有利于不动产市场的良好条件》、《完善国家和市政管理》、《鼓励创新》、《提高自然垄断及其他可调控机构的功效并发展刺激性调控》、《创新经济人才》、《完善国家战略管理体系》、《建设官方信息统计体系》等 9 个分规划。2013 年 8 月，俄联邦政府又对该《规划》进行了补充，增加了《建设和发展“斯科尔科沃创新中心”》分规划。俄联邦政府拟投入 8669 亿卢布用于规划的实施，2013 年的联邦财政拨款预计将达 1225 亿卢布。

（六）《俄罗斯国家航天工业发展规划 2013—2020》

2012 年 12 月，俄罗斯总理梅德韦杰夫批准了《俄罗斯国家航天工业发展规划 2013—2020》，总投资为 2.1 万亿卢布。这一计划将为包括“格洛纳斯”系统联邦专项、航天发射中心专项以及行业技术现代化等其他联邦航天领域项目搭建总的规划框架。该规划的目标之一是建设“安加拉 - A5”火箭系统设施并投入使用以及建设东方航天发射场一期（2015 年）和二期（2018 年）项目。根据该规划，2015 年将有 95 个俄罗斯航天器在轨运行，2020 年前其数量增加至 113 个。规划还提出建立三座大型天文台并执行“月球－水珠”轨道器和“月球－资源”登陆器计划。俄航天署提出积极引进先进的机械制造、仪表制造以及材料技术，大力发展先进空间技术的实验基地。

（七）《国家工业发展及其竞争力提高规划 2013—2020》

2013 年 8 月，俄联邦政府对原《国家工业发展及其竞争力提高规划 2013—2020》进行了修改并颁布实施。这份《规划》共包含 17 个子规划，涵盖汽车制造、重型机械、电力机械、国防工业体系（公开部分）、稀有金属冶炼、煤矿安全、轻工业、交通运输工具、农机制造、机床制造、冶金、林业、化学工业等俄罗斯各重要工业领域以及技术规范和标准体系建设。该《规划》总投资额为 2346 亿卢布，其实施目标是建立有竞争力、可持续发展、结构平衡的俄罗斯工业体系，使之在融合世界工业发展环境和先进工业技术成果的基础上可健康发展并形成新的创新产品市场，有效解决与保障国家和国防安全相关问题。俄政府还将之前批准《复合材料产业发展路线图》纳入该《规划》，从“科技研发”、“产品生产”、“人才培养”、“国家调控”、“地区发展”、“国际合作”、“行业协调机制”等角度，分类制定了 24 项政策性措施规划，以加强政府对复合材料产业发展规划、布局的宏观指导和协调。

（八）《俄罗斯信息技术产业发展路线图》及《俄联邦信息技术产业发展战略 2014—2020》

2013 年 7 月，俄政府正式批准《俄罗斯信息技术产业发展路线图》。路线图的时间跨度为 5 年，从 2013 年至 2018 年分两个阶段实施，其确立的目标是：信息技术产业增速与国内生产总值增速的比值到 2018 年前始终保持在 300%；信息技术产品和服务出口总值要从当前的 44 亿美元增加到 2015 年的 58 亿美元和 2018 年的 90 亿美元；信息技术产品产值要从当前的 2500 亿卢布增加到 2015 年的 3500 亿卢布和 2018 年的 4500 亿卢布；信息技术产业吸引风险投资要从当前 180 亿卢布增加到 2015 年的 250 亿卢布和 2018 年的 400 亿卢布；国家级信息产业新技术研发团队要从当前的 6 个增加到 2015 年的 26 个和 2018 年的 50 个；信息技术专业在中学毕业生择业热门专业排行榜的排序要从当前的未上榜提高到 2015 年的第 6 位和 2018 年的第 4 位；俄罗斯在《信息社会测度》中“信息通信技术的知识与技能”的分类指数排名要从当前的 27 位提高到 2015 年的 23 位和 2018 年的第 15 位。此外，“路线图”还计划建设 50 个高水平信息技术新产品研发中心；计划建设 11 个高技术园区，总面积不小于 35 万平方米、创造高技能就业岗位不少于 2.5 万个；制定并颁布信息技术行业标准超过 17 个。

为落实路线图提出的信息技术行业发展目标，俄联邦政府于2013年11月批准了《俄联邦信息技术行业发展战略2014—2020》。该《战略》的实施将为俄联邦信息技术行业的进一步发展打下基础，有助于改善俄罗斯信息技术行业投资环境，提升俄罗斯工人技术水平并扩大俄罗斯信息技术产品的市场份额。

（九）《至2025年俄罗斯联邦医学科学发展战略》

2013年1月，俄罗斯政府公布了《至2025年俄罗斯联邦医学科学发展战略》，共包括5部分内容：俄罗斯医学科学现状及在世界所处地位以及俄联邦2025年前医学科学发展任务及战略目标；俄联邦医学科学发展的优先领域；俄联邦医学科学发展战略的财务和法律保障；俄联邦医学科学体制改革；战略实施的主要预期效果。根据该《战略》，俄罗斯要“建立新的科研基础设施及对旧设施进行重大更新”，将对半数以上的实验室和临床部门进行现代化改建，要建立一批现代化的临床前转化医学研究中心等；以大学教育为依托，首批将以排名前十位的大学为基地建立科研集群；39岁以下科研人员将增加8%，以期占到科研人员总数的33%。该《战略》还提出，未来将设立生物医学知识产权基金作为创新过程管理工具，实行商业化的创新发展，促进医学科学的发展面向“创建高新技术的创新产品”，其高新技术创新产品走向市场的份额应不少于注册新产品的10%。

（十）《国家能源效率与能源开发规划2013—2020》

2013年4月，政府批准了《国家能源效率与能源开发规划2013—2020》，共包括7个子规划，分别是节能与提高能效、电力开发与现代化、石油行业发展、天然气行业发展、煤炭业的重组与发展、可再生能源的开发利用、规划实施保障。编制并实施该规划的目的在于：保障国家对燃料动力资源的需求，提高其使用效率，并减少对环境的负面影响。该《规划》提出，到2020年，单位GDP能耗与2007年相比下降13.5%；技术创新支出在相关产品生产以及配套服务综合支出中的比重达到2.5%；原油加工深度提高至85%或以上；温室气体排放量降至3.93亿吨二氧化碳当量；已进行技术革新的机构占整体比重提高至25%；在实施创新发展计划的企业内部，研发投入占企业收入的比重达到3%。计划期间，俄各级财政将投入6670亿卢布，其中联邦财政1050亿卢布，地方财政5620亿卢布。此外，还将吸引2.8亿卢布的预算外资金用于规划实施。

（十一）《光子技术发展路线图》

2013年7月，俄联邦政府批准了《光子技术发展路线图》，以发展俄罗斯光子技术，扩大俄罗斯产品生产、销售及出口份额为目标。路线图包括研发、人才培养以及完善国家对政府机关和科研机构之间关系的管理和协调等措施，并提出到 2018 年将俄罗斯民用光电技术产品销售额提升至 500 亿卢布，将俄罗斯光电技术领域的专利数量提高到每年 500 项，将光电技术领域的高技术工人岗位增加到 6 万个。

（十二）《俄罗斯至 2020 年北极地区发展战略》

2013 年 3 月，俄联邦政府公布了《俄罗斯至 2020 年北极地区发展战略》。《战略》提出，俄将致力于发展统一的俄罗斯北极交通系统、建立起有竞争力的科技领域，并积极开展国际合作把北极地区作为和平区域加以保护，俄今后将把北极地区纳入整个联邦和地区发展规划，强化国家对这一地区交通、工业、能源基础设施、科研和创新、投资以及社会政策领域建设的实施力度。

四、积极开展国际科技合作

2013 年，俄罗斯与世界各主要国家在科技领域保持着密切合作关系，在多边和双边科技合作上取得了一系列丰硕成果。

俄罗斯积极参与国际大科学计划，包括国际热核反应实验堆、大型强子对撞机、欧洲 X 射线自由电子激光装置等。同时，俄罗斯开展了广泛的双边合作。其中，在与欧盟合作方面，作为欧盟框架计划第三类参与国，积极参与了 2013 年欧盟第 7 框架计划，获得经费 6300 万欧元，超过美国和其他金砖国家；启动“俄罗斯 - 欧盟科学年”，并将于 2014 年举行 30 多场活动；与欧洲航天局签署了火星宇宙生物学联合探测协议。在与美国合作方面，于 2013 年 9 月签署俄美政府间核能科技研发合作协议，双方将在民用核能、新型核燃料、核电站设计、放射性废物处理、核辐射技术在医疗和工业领域的应用等方面联合开展相关基础及应用研究。

（执笔人：米桂雄　郑世民）

白俄罗斯

2013 年白俄罗斯政局保持稳定，经济呈现缓慢增长。为进一步加速科技与经济的结合，白俄罗斯总统卢卡申科要求对科学院进行改革，以求集中国家有限经费投入到优先发展和在国际上具有竞争力的领域，带动经济发展。

一、白俄罗斯科技发展情况

根据白俄罗斯国家科委统计数据，至 2012 年底，白俄罗斯科技发展总体情况如下：

在国家对科技的投入方面，2012 年，白俄罗斯国家总预算对科技投入总量为 12 914 亿白俄罗斯卢布（约合 1.5 亿美元），占国家预算的 1.39%。其中，用于基础研究的经费占 32.5%（划拨至科学院的占 2.8%），用于国际科技合作的占 3.6%。

在科研机构及科研人员数量方面，2012 年，白俄罗斯共有科研机构 530 家，科研人员数量为 30 437 名。在科研机构中，隶属于白俄罗斯科学院的 85 家，隶属工业部的 69 家，教育部 50 家。科研人员中拥有博士学位的 720 名，副博士学位的 3099 名。从科研人员的月收入情况来看，2012 年白俄罗斯科研领域从业人员的月平均工资为 490 万白卢布（约合 572 美元），高于各经济领域中月平均工资 374 万白卢布（约合 430 美元），名列各领域之首。

二、推行科学界改革

2013 年 8 月，总统卢卡申科在工作会议上对科学院提出严厉批评，指责各科研单位机构臃肿，效率低下，浪费资源，研究成果与经济发展脱节，无法适应国家经济建设需要，因此下令限期 3 个月由政府部门和科学院拟定改革方案。

卢卡申科要求此次改革的目的是，今后将国家财政只用于白俄罗斯在国际上有竞争优势的领域，包括光学、激光物理、热物理、生物有机化学和材料学等基础研究，同时要在这些领域大力发展应用技术研究，并将应用技术在国内和国际市场上推广，获得效益。对于非优势领域，则由科研机构自行寻求预算外资金或资助。此外，总统对各高校的研发工作予以不鼓励态度，指出高校应将主要精力投入到教学中，而不要过分关注科研工作。

10 月，总统更换了白俄罗斯国家科委主席，任命原白俄罗斯创新基金会主席舒米林为新任主席，同日又任命原科学院副主席、院士、经济学博士古萨科夫为新任白俄罗斯科学院主席。总统明确指出，任命以上二人为国家科学界的负责人，就是考虑到二者均有多年的经验，通晓科技如何为经济发展服务，如何将科研成果转化为商品。由此可见，改变基础科研与经济相脱节的现状，科研与经济充分结合，成为经济发展的动力或将是今后白俄罗斯科学发展的主要方向。

（执笔人：陈　曦）

日　本

2013 年，日本为摆脱经济长期低迷的困境，进一步加大了科技创新的力度，在生物医药、装备制造、抗灾重建等多个领域取得了一些重要进展。同时，2013 年，为配合安倍政府“日本再兴战略”的启动，日本以建立“世界上最适合于科技创新的国家”为目标，出台了面向 2030 年的《科学技术创新综合战略》，并将一些政策措施反映在了 2014 年的科技行动计划和政府预算中。这些将对日本下一步科技、经济和社会发展的走向产生深刻影响。

一、日本科技发展总体情况

多年来，日本形成了一套基于其《科学技术基本法》的科技创新体系与机制，并已经结合到政府内阁及相关部门的行政措施当中。即便是在内阁交替频繁、施政理念各异的情况，这一科技体制也能保持一定的稳定性和连续性，确保科技的稳步发展。

（一）2013 年的科技预算

2013 年度日本政府科学技术关系预算总额为 35 752 亿日元，2013 年年底公布的补充预算为 4286 亿日元，这样日本中央政府 2013 年度落实的科技经费预算总数就超过了 4 万亿日元。

2013 年度日本科技预算重点用于“国家科技行动计划”重大项目、“重点科技项目包计划”、“科技基础（包括基础研究、人才培养及科技源头建设）行动计划”专项，以及“科学技术振兴经费”等。

（二）产学研合作情况

根据日本文部科学省 2013 年 12 月发布的《2012 年度大学开展产学联合情况

报告》，全国1085所大学和高专中有373家在2012年与民间企业有共同研究项目16 925个，比上一年度增加了623个项目；接受企业委托研究费341亿日元，比上一年度年增加6亿日元。

在日本，产业技术创新和投入的主体是企业。民间（企业）不但要负担企业自身科技创新投入的98%以上，还要支付非营利团体的67%的科研经费以及大学等51%的科研经费支出。从用途上看，这两笔主要是产学研合作委托经费。

（三）科技人才发展情况

根据日本总务省2013年12月发布的《2013年科学技术研究调查》，到2013年3月31日，日本共有科研人员83.57万人，其中女性科研人员数量达到新高，为12.78万人（占总数的14.4%）。另外，日本还有科研事务人员8.55万人、辅助研究人员6.58万人、高级技工5.35万人。这样，总的科学技术研究相关人员就达到104.5万人。

（四）专利等知识产权创造情况

日本是一个专利大国，其制造业的产品竞争力和各类科技创新的底气，均来源于民间的发明创造，来源于成熟的专利制度，以及与经济科技扩展相联系的举国专利战略。

根据日本特许厅《特许行政年度报告书2013版》数据，自2000年以来，日本专利申请以每年40万件左右的申请量向前推移，2006年以后呈渐减趋势，其中2009年度有较大减少。2012年度与前一年度持平，为34.28万件（2011年申请量为34.26万件）。

2012年，日本专利局受理的国际PCT专利申请为4.28万件，比上一年度增加12.7%，连续两年激增。这是随着经济和知识产权国际化的进程，日本企业、申请人更加重视国际申请的表现。

二、科技政策发展动向

（一）出台日本的新成长战略——日本再兴战略

2012年底，第2次安倍内阁上台后，先后设立了“日本经济再生本部”及下设的“产业竞争力会议”，针对日本经济再生，打出了一套组合拳。先是“大胆的金融政策”，接着是“机动的财政政策”，然后是“唤起民间投资的成长战略”。最后在2013年6月统一落笔到《日本再兴战略——JAPAN is BACK》这一重大政策上来。

1. 日本再兴战略的初衷与目标

一是，运用“大胆的金融政策”消除通货紧缩的阴影；采取“机动的财政政策”点火低迷的经济；实行“新成长战略”恢复企业和国民的自信，使大家由“期待”变为“行动”。

二是，直面资源、能源、高龄社会等关键问题，抓住机会在相关新的增长领域领先于世界。

三是，采取积极的经济政策，释放出人、财、物的潜能，实现今后10年名义GDP以平均3%增长率成长的目标。使得日本人均名义国民总所得（GNI）保持3%的增长率，10年后达到人均150万日元以上。

四是，改革政策体制，配套实施国家战略特区等政策群，强化产业基盘、创造国内战略市场、开拓更大国际市场，达到一系列政策群实施的关键绩效指标：到2015年，完成民间设备投资70万亿日元；到2020年盈利中小企业数从70万家增加到140万家；5年间使失业6个月以上的失业者人数减少2成；争取到2020年使日本在世界银行投资环境评价排名中，由2013年的第24位提升到第3位；使世界先进水平的400Gbps级光通信技术实用化，用于民生；使国内医疗健康市场规模由现在的16万亿日元发展到26万亿日元，扩大海外市场份额1.5万亿日元；通过可持续发展和能源改革，到2020年，使发电、节能、蓄电池等的国内市场从目前的4万亿日元扩大到16万亿日元，使蓄电池、节能与新能源汽车、火力发电等的海外市场增幅达到16万亿日元，增加就业113万人。

2. 三条实现增长的路径

一是，最大限度地调动民间力量。加快新陈代谢，推进民间投资、事业重整以及新事业开张；培育健康长寿产业；使农林水产业实现增长；培育能源产业向世界扩张；激活民间资本和创造力的社会资本的整备；利用信息技术加强技术创新等。

二是，全民参与再兴，培育国际化优秀人才。最大限度地发挥女性劳动者的力量；推动人力资源从传统产业向新兴产业转移，减少失业；改革国立大学，最大限度发展其潜力；培育国际化优秀人才。

三是，开拓新的科技创新疆域。再兴“技术立国”和“知识产权立国”的日本，举全国之力创造“依靠技术保持优胜”的日本；走出世界，融入世界，加强与发展中新兴国家的合作；官民一体，获得世界日益增长的基础设施市场；推动“酷日本”活动，扩大外国人到日本旅行观光，吸引国外投资，彻底推动国际化进程。

3. 三大行动计划

一是日本产业再兴计划。日本认为在其“失却的20年”里，结构性地“沉积”了大量的人力、财力和物力资源，首先必须制定切实计划加以释放。因此，“日本再兴战略”把“产业再兴计划”列为第一行动计划，要求民间企业要推动产业和人才等的新陈代谢，应对世界挑战；要求各级政府要积极制定有利于发挥企业和人才活力的规章制度，彻底排除互不协调的条块分割现象，致力于形成政令畅通的一个“整体日本”。

二是战略市场创造计划。能源制约、健康医疗等社会课题的研究解决，蕴藏着全球巨大的未来市场。日本以善于研究解决问题的国家自居，在其再兴战略中，日本就提出利用这一优势，选择“健康医疗”、“清洁能源”等419个专题，实施“战略市场创造计划”专项行动。力图面向未来进行中长期战略部署，在率先克服困难、解决世界性问题的同时，开拓一批新的成长发展领域，达到培育战略性新兴产业的目的。

三是国际展开战略。为了让日本大多数企业和国民能够享受到世界经济成长的果实，日本在其再兴战略中提出，要合理利用日本现有国际依存度较高的现状，以及日本企业所具有的竞争力基础，实施“国际展开战略”专项行动。官民一体，开展积极的、战略性的组合推动，以确保日本在竞争与变化日趋激烈的世界经济中，顺利驾驭前行。日本再兴战略中的国际展开战略，将从“推进建立战略通商关系开展经济合作”等专题入手，积极地拓展世界市场，同时扩大吸引世界的人才、物资、资本，以使日本更好地融入世界经济的成长中。

4. 对经济、社会和科技发展的影响

此次出台日本复兴战略，是日本现任政府内政外交的一个主要抓手，首相安倍在酝酿阶段即亲自操刀，担任新成立的日本经济再生本部及下设的产业竞争力会议的负责人。因此，这次日本政府无论是在内容上，还是战略落实及其与近期工作的结合上，都是不遗余力，下了不少功夫。

在政策体系上，围绕上面介绍的战略框架基础，还配套制定了2013—2015年期间，以及2016年以后详细的《日本再兴战略中短期工程表》，进一步分解政策。并相应制定了更细的施策群成果目标及达成时间表。

在政策落实上，日本政府分别于2013年6月和10月配套出台了《日本经济财政运营及改革的基本方针》及《成长战略的现时执行方针》，前者直接就日本政府2014年度预算如何与再兴战略衔接做了安排，后者则从立法等角度开始为再生战略一系列政策改革扫清道路。2013年1月，日本政府决定开始实施自世界金融危机以来最大的新一轮的日本经济再生紧急经济对策，额度为13万亿日元；

2013年1月，日本政府与日本银行发表共同声明设定了物价稳定目标，4月日本银行又发布了与其配合的金融缓和政策。这虽然没有直接增加需求，但间接刺激拉动了日本的国内需求，影响到近期日本的股市和汇率变化。目前，日本再兴战略已经在日本经济景气等方面产生了一定效果，其继续实施必将对日本经济、社会和科技发展产生深刻影响，也会对世界经济、科技、贸易、外交等的格局产生一定影响。

（二）推出面向2030年的科学技术创新综合战略

2013年6月，日本内阁议定了面向2030年的《科学技术创新综合战略——挑战新维度的日本创造》（以下简称为《日本科技创新战略》）这一新的重大科技政策。

1. 日本科技创新战略的出发点和基本目标

日本出台科技创新战略，出发点有两个：一是想搞清国家将来的社会和经济发展愿景；二是想搞清为实现这一愿景而必须解决哪些重大课题；三是想搞清科学技术创新在这些重大课题的解决过程中能起到什么作用。

日本科技创新战略设定的2030年日本社会和经济发展愿景：一是经济维持世界顶尖实力，实现可持续发展；二是国民富足，够安全安心生活；三是与世界共生存，对人类的进步做出贡献。

日本科技创新战略提出要从“智能化”、“系统化”、“全球化”三个视角出发推动科技创新政策的实施，而科技技术创新应包括从“高等教育、研究人员培养”开始，经过“基础研究、应用研究、实用化和产业化”，直到“普及、市场展开”这一技术创新的全过程。

2. 必须解决的重大研究课题

为实现2030年日本社会和经济发展愿景，日本科技创新战略从当前能够强力推动经济再生的科技施策入手，设置了五个重大课题：一是建成清洁、经济的能源系统；二是实现领先国际的健康长寿社会；三是配备先进的下一代基础设施；四是利用当地资源优势复苏区域经济；五是加速震后灾区的早期复兴。

3. 构建有利于科学技术创新的环境

日本科技创新战略认为，要实现2030年日本社会和经济发展的愿景，就必须打造有利于科学技术创新的良好环境，把日本建成世界上最适合科技创新的国家。为此，将从以下方面做出努力。

一是要培育科技创新的萌芽。改进大学、研究机构的组织运营机制，进一步强化对大学、研究机构创新人才的支持，创造环境，推动他们所进行的各类具有世界先进水平的独创性基础研究，强力推动事关国家大局的安全保障技术、基础关键技术的研究开发。到 2020 年，使日本有潜力与世界顶尖水平大学进行竞争的大学、研究机构中，外国研究人员的比例要达到 20%，2030 年达到 30%；到 2016 年，大学及公立研究机构的自然科学相关领域研究人员中，女性研究人员的比例达到 30%。

二是建立和推动科技创新系统发展。整备相关环境，把担任科技创新任务的“创新萌芽”的原创者、培育者、产业化者以及那些在外围支持科技创新产出的人们调动起来，让他们担纲各个创新环节并与其他环节密切配合，使得科技创新系统能够驱动起来。到 2030 年，使大学里 1000 万日元以上的大型合作研究项目的数量翻倍；到 2030 年，实现大学申请国外专利数倍增。

三是使创新结出果实。研发型风险投资企业、中小企业在研发成果实用化和商业化过程中将发挥重要作用，政府需激发这些挑战新事业的企业的活力，为其提供相应制度保障。另外，日本综合科学技术会议将同日本经济再生本部、规制改革委员会携手推动规制改革，如制定再生医疗推动制度，完善加速新一代汽车普及的相关制度。同时，还将强化国际标准化和知识产权战略，如建立支援企业在海外进行事业活动的知识产权体系。

4. 强化综合科学技术会议中枢指挥功能

在日本，已有 12 年历史的综合科学技术会议是运转比较成功的国家战略决策平台之一。但目前综合科学技术会议机制存在一些问题：①应加强科技创新与国家其他政策手段之间的联动，进一步打通研究开发成果与其出口之间的通道；②对于一些重要施策在实施阶段的进度把握及监督评价较弱；③各府省推行的研究开发施策会出现目标不明、责任不清的情况。日本科技创新战略提出了强化综合科学技术会议中枢指挥功能的 3 个方面的措施：①在科学技术相关预算编制上发挥主导作用；②强化综合科学技术会议的事务局体制；③激发综合科学技术会议的活力。

三、部分领域发展现状和趋势

（一）干细胞及其医疗医药应用

2013 年 2 月，日本文部科学省和厚生劳动省共同组织实施“利用疾患特异的 iPS 细胞进行疑难病研究”项目，由文部科学省组织有设备和研究实力的大学、研究机构，由厚生劳动省组织疑难病治疗研究团队和制药企业，组成研究团队，将患者的疾患特异 iPS 细胞进行体外病理组织的制作，用于医药开发初期的副作用检查、药物发现目标的设定等。文部科学省在2013年启动了“再生医疗实现据点网络”项目，用以接续2008年开始组织实施的“再生医疗的实用化”项目。厚生劳动省在2013年5月向国会提交“药事法改正法案”、“再生医疗安全性确保法案”并获通过；同时，国会还于2013年5月通过了“推动再生医疗迅速并安全地惠及民众的政策综合推进法案”。这些法律的颁布，解决了安全规程、伦理方面的一些问题，为iPS细胞及再生医疗的发展铺平了道路。

日本利用iPS细胞等进行疾患研究及药物发现的研究体系下一步的研究方向：①建立高质量的iPS细胞银行；②促进制药产业、学术界有效利用iPS细胞银行的制度设计；③构建支援制度，促进对疾患特异iPS细胞分化细胞及组织的配制方法的标准化和技术指导，以便各疾患的专家能广泛利用。

（二）海洋科学研究与开发

2013年4月，日本内阁会议正式通过第2版《海洋基本计划》。根据这一计划，日本今后几年将加速开展相关基础研究、科技攻关以及实际验证工作。

1. 海底可燃冰

日本对可燃冰开采技术的研究起步较早，水平位居世界前列。据调查，仅日本近海的可燃冰储量按目前日本天然气消费量计算可供其使用130年左右。2013年3月，日本在爱知县渥美半岛附近海底成功开采出可燃冰，成为世界上首个掌握海底可燃冰采掘技术的国家。目前，开采海底可燃冰面临的最大难点是成本问题。保守估计，其成本达到日本进口液化天然气的3~4倍。除此之外，还将面临甲烷逃逸造成大气污染及温室效应、海底大面积开采可能造成海底滑坡和海底生态破坏等各种社会性问题。根据第2版《海洋基本计划》，今后3年日本将致力于周边海域“可燃冰”及稀土储量的勘查，加强对上述关键技术的研发和实证，争取在2018年前形成甲烷水合物的商业开采技术。

2. 海上风电

在第2版《海洋基本计划》中，日本将海上风电的发展列入重点，目标为在2020年前将海上风电装机量提高到100万千瓦以上，是当前装机量的40倍。近两年，日本海上风电全国性大规模实证项目已经开始实施。经产省在茨城县鹿岛港海域划定了680公顷的风电区，计划建设日本第一个海上风电厂。风电厂规划建设风电机50~100座，总装机25万千瓦。电机将采用富士重工研发的单机功率2000千瓦下风型风车，顶风设计，短舱在前，叶片在后，易适应湍流及台风。

作为日本新能源产业技术综合开发机构提供巨额资金支持的实证业务，位于千叶县桃子海域及北九州市响滩港的两个固定式海上风电项目已经投入运营。此外，日本近期还在遭受地震灾害的福岛县磐城海域以及长崎县五岛列岛启动了100千瓦的浮体式风电实验设备项目。

（三）汽车产业发展状况和趋势

全日本目前有约548万人直接或间接从事与汽车有关的工作，约占日本全国6244万就业人口的8.8%。所以，汽车产业技术的发展创新不仅是汽车行业自身的追求目标，同时也是日本政府实施内政外交、推动内经外贸的重要着力点之一。

1. 日本汽车技术的发展趋势

2013年，日本汽车工业协会在东京举办了第43届车展，同时还进行了“智慧城市的交通2013”，以及“未来社会与交通”、“汽车安全”等国际研讨交流活动。结合这次展会，可以更清楚地了解日本政府、汽车行业及相关行业对未来可持续电动交通系统的追求目标与发展方向。

一是，传统汽车向更加节能环保、更加智能安全方向发展。主要的技术发展方向是：①发动机效率提高和燃料适应性技术，包括“智能歇缸技术”、“缸内直喷技术”、“连续可变气门技术”、“绿色柴油机技术”、“HICC技术”、“替代燃料技术”等；②驱动系统效率进一步提高技术，这就要采用并不断优化混合动力技术；③车身、底盘等轻量化技术；④车辆智能、安全及舒适性技术，包括主动防撞系统、并线系统、泊车系统、导航信息系统等。另外，在车用柴油机领域，日本目前尚落后于欧洲的汽车企业。因此，日本把绿色柴油机技术提升作为当前发展的紧迫任务。经济产业省将从2014年开始构筑汽车产业全新的“车企-大学-风险竞争企业”联盟组织体系，并将首先启动项目确定为“清洁柴油车发动机”，以扭转其在这一产业技术领域落后于欧洲的劣势。

二是，汽车动力系统电动化方向明确。日本汽车动力系统电动化的几个基本技术方向是：①混合动力汽车技术，及其更具体的混合电驱动技术、高功率充放电器件技术、多能源动力控制技术、发动机混合动力化改造技术、电驱变速结合技术等；②纯电动汽车技术，及其更具体的分布或集中电驱动技术、高能量高功率充放电器件技术、多能源动力控制技术、全新电动底盘及车辆设计技术、充放电技术、智能电动车辆技术等；③燃料电池汽车技术，及其更具体的车用燃料电池发电系统技术、大功率DC/DC变流技术、分布或集中电驱动技术、高功率充放电器件技术、多能源动力控制技术、全新燃料电池汽车电动底盘及车辆设计技术、智能电动车辆技术、车载氢系统技术、制氢加氢技术、氢电转换技术等。

三是，多业种合作，共同融入未来城市可持续电动交通系统。即通过多个行业以及政府在规划管理方面的密切配合，实现目标，其发展方向是：①与可再生能源、智能电网结合发展电动汽车能源共计系统；②与城市交通规划及信息技术结合发展电工汽车合理运用系统；③与汽车动力系统电动化结合发展职能电动汽车技术。

2. 日本政府推动可持续电动交通系统的政策动向

一是，购车建站补贴或税收优惠。日本政府前些年曾经对购买混合动力乘用车的用户，给予其与相应级别传统汽车差价 1/2 的补贴，外加一定程度免税的政策，促进了混合动力汽车在日本市场的普及。对混合动力乘用车现行的税收优惠政策是，每辆车大概能免税 20 万日元；对于纯电动汽车，目前是税收免税政策之外，给予一定购车补贴；另外对充电站建设和燃料电池汽车加氢站建设给予补贴。目前已在日本补助建设 3324 座快速充电站，2013 年补助建设 19 座加氢站。为给 2015 年燃料电池汽车创造条件，计划在首都圈、中京圈、关西圈、北部九州圈一线补助建设 100 座加氢站。

二是，科技创新经费支持。每年度对车辆关键技术、电池等关键零部件技术进行支持，促进产学研联合攻关；对电动汽车的示范、考核、试验等给予支持。

三是，规范管理正向引导。政府推动技术标准、规范的制定，为电动汽车发展提供良好的管理界面；政府还通过组织智能城市电动汽车示范，检验技术产品，探索未来可持续电动交通系统建设。为贯彻日本政府的再兴战略，促进作为该战略支柱之一的燃料电池汽车进入普及开始阶段，日本经济产业省正在加紧推动燃料电池汽车相关氢瓶、电堆等一系列车检标准的评估和制修订工作，准备在 2013 年底之前完成，以便支持汽车企业将燃料电池汽车从研究开发推进到销售应用阶段。日本这次不仅要评估制修订燃料电池汽车氢瓶的车检安全法规，在 2013 年底之前还要相应修改燃料电池氢瓶之外整个高压气体容器领域的相关技术标准和安全法规，才能在 2015 年前后配套实施。

（执笔人：甄子健）

韩　国

2013 年 2 月朴槿惠政府上台后，紧锣密鼓，短时间内完成科技体制改革，制定了科技发展规划和一系列发展计划，呈现出一番新景象。科技政策总体特点是进一步强化政府在管理科技中的作用，推动科技与经济深度结合、ICT 与全产业融合，从而优化产业结构，引领经济发展。朴槿惠政府提出“创造经济”这一新的经济理念和发展模式，要将韩国国民的想象力、创意性与科学技术、信息通信技术（ICT）相融合，提高现有产业的竞争力，培育新产业和市场，创造就业机会。

一、大幅调整科技管理体制

（一）成立未来创造科学部

朴槿惠政府将科技从教育科学部分离出来，成立未来创造科学部（简称“未来部”），将原知识经济部（ICT 研发及产业振兴、软件开发及产业）、原广播通信委员会（电波管理、放送通信技术融合）、原行政安全部（国家信息化事业、信息安全、信息文化）、原文化体育部（数字资讯）等职能整合到未来部，并将原国家科学技术委员会（政策制定，研发预算分配的调整）的部分职能也划归其中。

未来部设长官（国务委员）一名，次官两名。两名次官分管科技和 ICT 两大业务。未来部内设科技计划调整、广播通信融合、未来先导研究、创造经济企划、科技政策、成果评价、国际合作等 4 室 21 局 64 课（处），编制 770 名，所属机构 40 个，人员 32 659 名，未来部人员共计 33 429 名。2013 年未来部执行的预算约 157. 7 亿美元（约合 15. 7645 万亿韩元）。

未来部的主要职能包括：制定国家总体科技发展战略和科技发展规划，负责科技事业的评估以及成果管理应用；掌握国家研发预算分配调整权；推动基础科学、大科学和先导型高新技术的研发；负责国家信息化基本计划，互联网管理、技术开发及标准制定等；制订信息通信产业中长期基本政策和软件产业发展规划，维护通信市场的竞争秩序，制定通信服务使用制度等相关政策，促进 ICT 与其他领域的融合，培育新产业；培养科技人才。

（二）新设国家科学技术审议会

2013 年 3 月，韩国撤销了国家科学技术委员会，成立国家科学技术审议会（简称“审议会”）这一非常设机构，原国家科学技术委员会的审议职能划归审议会。其主要职能是对科技发展规划、人才政策、区域技术创新政策、研发计划以及国家研发预算分配调整进行审议，国家重大科技政策只有通过审议会的审议方可颁布实施。审议会委员长由国务总理和总统指定的民间委员长共同担任，设立本会、运营委员会（包括 7 个专门委员会、2 个协议会）和 2 个特别委员会，未来部长官担任本会议的监事。各委员会按一定比例由政府官员、研究机构和企业代表构成。2013 年度审议会共召开 3 次本会议，审议了 17 项议题。

（三）重新划分国立研发机构所属权

国立研发机构所属权划分是韩国历次科技管理体制改革时的主要内容之一。这次改革中，除邮政事业本部以外，与 ICT 有关的研究机构，如国立电波研究院、中央电波管理所划归未来部；产学研型大学的研究机构以及综合型研究机构，如韩国科学技术院（KAIST）、光州科学技术院（CIST）、大邱庆北科学技术院（DCIST）也都划归未来部。未来部现管辖 25 个国立研究机构、10 个附属研究所、1 个基础研究会。未来部集中了企业以外大部分国家研发资源。

（四）新科技管理体制的特点

1. 未来部机构庞大，位高权重

从规模上看，新成立的未来部被韩国媒体和业界戏称为“恐龙部门”，十分庞大。韩国 60 多年科技发展历程中，科技管理机构从未达到如此规模。未来部掌管了政府研发预算分配调整权，大大地提高了在国家科技发展中总体部署和协调能力，能够集中力量，推进重点科技领域和产业的发展，防止无效和重复投入，更好地服务于国家总体战略目标。未来部在政府部门中列企划财政部之后，排序第二。

2. ICT 成为科技管理的重要内容

ICT 发展战略成为未来部的一项重要业务。韩国政府将 ICT 政策制定、技术研发、标准制定、产业化以及与其他产业融合、培育新产业等从上游到下游整个产业链业务统归到未来部。目的是打破以往的业务条块分割，利益牵制，整合资源，为 ICT 的发展创造良好条件。

3. 重视中小企业技术创新

韩国政府通过加大研发投入、财税扶持、知识产权保护、技术转移和新市场开拓等政策手段，重点扶持风险企业、中小企业和中坚企业的发展；针对企业发展的不同阶段制定个性化的扶持政策；政府研发投入进一步向中小企业倾斜，到 2017 年投向中小企业的研发预算将达到全部政府预算的 18%（2012 年为 12.4%）；政府鼓励中小企业与研发机构携手创新；推动民间企业引进职务发明制度（普及率达到 70%），国立研究机构技术转移率力争达到 34%（2011 年为 26%）。为此，未来部制定了“国立研发机构开放合作体系的调整方案”，成立了“中小企业扶持综合中心”，整合现有的 25 家国立研究机构的专利、设备、研究人员信息和实验室等资源，建立数据库，向中小企业开放，中小企业可拨打热线 1379 要求技术援助。

二、实施《第三期科学技术基本计划》

2013 年，韩国颁布实施了《第三期科学技术基本计划（2013—2017)》。该“基本计划”围绕科技与 ICT 如何在创造经济战略中发挥核心作用，规划了未来 5 年科技发展的目标、领域以及实施方式，体现了韩国科技发展新的思路。该“基本计划”设定的科技发展总目标是，未来 5 年内，科技对经济的贡献率提升到 40%，科技创新力量进入世界前 7 位，创造 64 万个科技领域的就业机会，到 2017 年实现人均 GDP 3 万美元的大目标。为此，韩国政府将采取如下举措。

（一）继续加大研发投入

近 10 年来，韩国政府的研发投入一直保持稳步增长，从 2003 年到 2012 年，增长了 2.5 倍，年平均增长率为 10.5%，其规模目前是世界第 6 位，但是投入的绝对值与发达国家还有很大的差距，仅是美国的 1/6，日本的 1/8。今后 5 年，韩国政府研发投入预计达到 920 亿美元（92.4 万亿韩元）。

2013 年，韩国政府研发预算为 168 亿美元（16.877 7 万亿韩元），约占政府预算总额的 5%，其中基础科学和源泉技术领域 40 亿美元（40 590 亿韩元），新成长动力领域 30.4 亿美元（3.436 9 万亿韩元），绿色技术领域 30.5 亿美元（3.598 2 万亿韩元），国立研究机构 20.6 亿美元（2.645 2 万亿韩元），航天航空领域 3.1 亿美元（3146 亿韩元），服务领域研发与政策研究分别为 0.7 亿美元

（777 亿韩元）和 0.4 亿美元（446 亿韩元），应对灾难和灾害领域为 2.8 亿美元（2893 亿韩元），人文社会领域为 0.5 亿美元（527 亿韩元）。

（二）重点发展五大领域战略性技术

五大领域包括 ICT 与其他产业融合，未来发展潜力产业，清洁便利的生活环境（主要指应对气候变化与环境技术）、医疗保健养老领域以及社会安全环境，共 120 项技术。这些技术具有相对优势，有可能在短期内取得较大进展，其中又筛选出 20 个领域 30 项技术重点发展，如知识信息安全技术、大数据应用技术、智能电网技术、运载火箭技术等。

（三）提高中长期创意能力

第一，振兴创意性基础研究。到 2017 年基础研究投入将达到政府研发投入的 40% 。在选定课题时，重视创意性，简化评估程序，包容善意的失败。从中小学到大学再到加入研发队伍，政府将在全过程加大对具有创意性、融合性人才的培养与使用，改善研究人员的待遇，为基础科学发展创造更加宽松的环境。到 2017 年，计划将人口中理工科博士比率由 2012 年的 0.4% 提高到 0.6% ，研究人员总数由 2012 年的 26.4 万名增至 36 万名。

第二，在科技国际化方面，重视科技外交。

第三，构建新的区域创新体系。在韩国，科技发展是中央政府的职责，地方自治政府无科技发展规划。在“基本计划”中，政府将地方创新体系建设列到科技发展规划中，通过引进研发项目，引导地方自治政府加大投入；推动地方成立专门的科技管理部门和设立地方科技委员会，加强与中央政府之间的协调。

第四，在全社会营造创意科学文化的氛围。充分利用公共图书馆和科学馆等设施，开发丰富多彩的项目，积极引导公众关心科技，参与科技。

（四）增加科技领域的就业机会

韩国政府将完善政策环境，加大对技术创业的扶持，对大学、研究机构等不同主体，在技术交易、企业兼并、融资方面提供差别化服务。此外，培养中小企业发展所需的研发人才、研究设备使用人才、科学文化推广专业人才。尤其是培养从事机器人、信息安全、大数据、认知脑科学、老人医疗、医疗工程和文化资讯领域研发与服务专门人才。

三、重点科技领域进展状况

（一）基础科学研究领域

韩国政府逐步加大了对基础科学扶持的力度。2013 年，未来部制定了《基础研究综合计划（2013—2017）》，系统地描绘了未来五年韩国基础科学发展的路线图。2013 年，韩国基础科学投入约为 4.059 万亿韩元，占政府研发预算总额的 35.4%，与 2012 年相比增加了 17.1%。

2011 年，韩国仿照德国马普协会模式，投入 50 亿美元（5.17 万亿韩元）成立了基础科学研究院。在立法的保障下，韩国计划在 2017 年前建成 50 个研究中心（截至 2013 年已设立 20 个研究中心），招聘 3000 名研究人员。每个研究中心平均有 1000 万美元的年度预算，并聘请世界级科学家来领导研究中心。此外，韩国还在 2013 年启动了两项大科学工程。一是基础科学研究院的重离子加速器工程动工开建，计划在 2019 年完工；一是被称为"梦想光工厂"的第四代同位素加速器（PAL-XFEL）在浦项加速器研究所开工建设，预计在 2014 年建成，届时韩国将成为继美国和日本后第三个拥有这一设施的国家。这两项工程完成后，韩国将提升在航天、新药和新材料等领域的基础科学研究能力。

（二）航天领域

2013 年初，在俄罗斯帮助下经历两次失败后，韩国成功地发射"罗老"号运载火箭，标志着韩国具备了开发 75 吨级液体发动机的核心技术，具备了研发、发射和测控技术能力。尽管这不是一次完全自主技术的胜利，但还是极大地提振了韩国追求"太空梦想"的信心。随后，航空宇宙研究院公布了韩国"2040 年宇宙远景"计划，政府制定了《宇宙开发中长期计划》和《宇宙技术产业化育成对策》（2014 年颁布实施），明确提出 2020—2025 年，研制成绕月飞行器和返回式飞船，2026 年研制出火星探测器，2030 年研制出载人宇宙飞船，到 2040 年在地球低轨道上建成 60 吨太空实验舱。韩国将航天技术产业作为"成长动力产业"重点推进，推动卫星产业走出去。

2013 年，未来部设立了 78 个航天领域基础研究项目，涉及基础、融复合技术、推进器、探测遥感、卫星和运载体等领域，着手推动国立研究所之间的协作融合，共同开展探月工程。科学技术研究院等 15 个国立研究所 2014 年将联合开展探月车、探月发射体、深空探测、地面站等技术研发。未来 12 年，韩国政府投入约 17 亿美元（1.7 万亿韩元），带动民间企业和民间资本积极参与，每年生产一颗卫星，参与国际竞争。韩国国防部也将投资约 8 亿美元（8000 亿韩元），研发 4 至 5 颗卫星构建独立的太空侦察系统，摆脱对美军的依赖。此外，2013 年未来部已启动了航天科技人才培养项目。目前，韩国航天领域研发人才仅有 2000 人，预计到 2020 年大约需 5000 人，政府将投入约 876.5 万人民币（16.2 亿韩元）培养 50 名航天领域专家。

（三）信息通信技术领域

未来部 2013 年制定了《信息通信振兴及融合应用法》（也称"ICT 特别

法”）、《第五次国家信息化基本计划（2013—2017）》，颁布实施了《ICT研发中长期战略》和《软件创新战略》等发展规划。未来5年，韩国政府将在数字资讯、平台、网络、设备终端和信息保护5个领域投入85亿美元，重点开发十大技术（全息照片，大数据，云服务，智能软件，物联网、第五代移动通信，智能网络，感知终端，智能型ICT融合模块，应对网络攻击技术）。根据韩国的推算，该计划将创造18万个工作机会和77亿美元的附加值。为今后5年ICT的发展做了明确部署并提供全方位保障。

四、韩国国际科技合作

2013年，韩国国际科技合作事业主要有四方面内容：开展合作研究、拓展双边多边科技合作、援助发展中国家和引进海外高水平研究机构。韩国2013年的国际科技合作投入约为3.8亿美元（3875亿韩元）。美国、日本、欧盟、中国和印度是韩国的国际科技合作对象国。此外，韩国正在积极筹备2015年的OECD科技部长会议，开始筹建国家科学技术外交中心。韩国将继续扩大ODA援助规模，传播韩国科技发展经验，扩大在发展中国家的科技影响力。在战略技术领域，韩国在应对气候变化，能源和解决全球共性问题上加强国际合作，在宇宙航天、航空、海洋等大科学领域开展共同研究，提升国际科技合作的水平。

（执笔人：富　贵）

朝　鲜

2013年，朝鲜虽然遭受国际社会制裁，半岛南北对峙加剧，以及国内电力、能源短缺等因素的影响，经济科技发展困难重重，但整体经济运行和社会发展依然稳步前行。2013年，按照朝鲜党和政府制定的军事国防和经济建设并举战略，朝鲜高度重视科技在社会与经济发展中的支撑作用，下大力气集中有限资源，以解决经济发展中遇到的实际问题为目标，开展全民性技术革新运动，在部分高科技领域、大型企业技术改造和适用技术应用等方面取得了一定成绩。

一、主要政策战略和科技发展动向

朝鲜政府工作报告强调，经济强国建设的捷径就是突破尖端技术，国民经济所有部门要组建新技术开发力量，必须把科技和经济有机地紧密结合起来，用自己的资源和技术增加生产，进而实现设备和生产工序的数字化和无人化。

（一）领袖视察科技工作，为各领域技术革新指明方向

2013年，金正恩先后视察了新建的国家科学院生物工程学分院草皮研究所、朝鲜人民军534部队所属1116号农场新建的蘑菇厂，以及金日成综合大学科学家住宅建设工地，具体了解各施工和研究工作进展情况。

金正恩在参观后分别指示说，在增加必要的现代化设备基础上，研究所要深化研究，应在除耕地以外的所有土地都种植树木、营造草地、栽种花卉和地皮植物，不留一块空地和荒野；应将拱形栽培场和利用干法工艺建设的室内栽培场的做法大力推广，实行标准化设计，普及蘑菇栽培技术和经验，坚决实现金日成主席关于把朝鲜变成蘑菇之国的遗训；今后要多修建科学家住宅供教师和研究人员居住。

（二）成立宇宙和原子能开发机构

朝鲜最高人民会议2013年4月决定成立国家宇宙开发局，将该局定性为统一指导管理宇宙开发计划的制定和实施、对宇宙开发工作的监督和控制的国家中央指导机构。决定指出，行使合法、和平的宇宙开发权利，成为世界宇宙强国是朝鲜坚定不移的立场。同时强调发展国家的宇宙科技，旨在推动经济建设和提高人民生活水平。2013年4月，朝鲜最高人民会议常任委员会发布政令，决定成立原子能工业省。政令称，朝鲜将为实现原子能工业的现代化、科学化，把原子能工业提升到尖端科技基础的位置上，从而增加核物质生产和提高产品质量，进一步发展自立核动力工业。

（三）颁布可再生能源法

2013年，朝鲜最高人民会议常任委员会通过并颁布了《可再生能源法》，该法对可再生能源的定义，可再生能源资源调查、开发利用的基本原则，可再生能源资源开发利用的规划方向，强化可再生能源部门物质技术基础条件，以及对可再生能源部门工作的权限和职责等进行了规定。这些条款旨在鼓励可再生能源的开发利用，搞活可再生能源产业，保障经济可持续发展，提高人民生活水平的同时，为国土环境保护提供法律依据。

（四）群众性技术革新活动势头不减

在朝鲜党和政府的组织领导下，2013年以来数以千计的技术创新小组活跃在生产一线，在钢铁、煤炭、化学、机械等领域研发新技术、引进新工艺、更新设备中取得了不少成绩。特别在数控机床的研制、企业生产管理自动化系统的引进，以及食品、制袜和儿童食品开发等领域，获得了从高新技术到实用技术的突破。

（五）全国科技工作者大会重申重视科学思想并加强领导

2013年11月13日举行的朝鲜全国科技工作者大会总结了过去10年在贯彻落实金正日总书记的著作《切实贯彻党的重视科学技术路线》精神所取得的成就和经验；传达了最高领导者金正恩《在科学技术发展中带来转变，大力加快强盛国家建设》的内容，探讨了今后科技发展的任务和途径。

金正恩著作中说，金日成主席和金正日总书记在领导革命的整个时期一向重视科学技术，对科技发展予以深切关心。金正恩强调将永远发扬光大两位伟人的不朽业绩，解决经济建设和改善民生的科技问题，努力使国家科技发展带来新的革命性转变。

二、高新技术及产业化方面取得的主要成果

按照金正日遗训，朝鲜坚定认为信息技术、纳米技术和生物技术是21世纪核心基础技术，对于发展经济和提高人民生活有着重要意义。因此，在经济极其困难的条件下，朝鲜仍然致力于高新技术的发展，在航天、核能、信息、集成电路、微电子、生命工程和纳米等领域开展跟踪研究。

（一）航天技术取得突破性进展

近年来，朝鲜按计划持续进行卫星发射试验，虽然2012年4月发射失败后遭受联合国安理会严厉制裁，但朝鲜仍于2013年12月12日再次发射第二颗"光明星3号"人造地球卫星并取得成功，从而再度引起国际社会的关注和批评。朝鲜表示，卫星制造和发射百分之百依靠自己的技术和力量，科学卫星主要用于国家森林资源分布情况调查、自然灾害监测和粮食产量预估等，坚称发射卫星是朝鲜堂堂正正的权利，体现了和平利用空间的宗旨。

（二）利用信息技术成果改进生产工艺，部分大型企业实现了生产流程的自动化管理

朝鲜在2012年100多个生产单位实现了生产系统的信息化和自动化基础上，2013年对200多个生产工序进行了信息化改造，并在医疗、教育和社会服务等领域大量应用信息技术成果。

软件开发是朝鲜重点发展的领域，朝鲜信息产业指导局、平壤信息技术局、朝鲜电脑研究中心、国家科学院、大学和部分地方电子工业研究所在信息技术发展中发挥着骨干作用。

（三）生物产业技术领域有所进步

2013年2月，科学院纳米研究所开发出农业纳米杀菌剂和纳米生物成长促进剂。2013年3月，国家科学院413研究所科研人员利用落叶和杂草、玉米、水稻根茎等生物质制造出压缩燃料和高效能煤气炉。在生物医学方面，国家科学院生物工程分院继续开展转基因、高效抗癌免疫治疗剂、B型转O型血等领域研究。

（四）其他领域科技攻关取得成效

金钟泰电力机车联合企业技术人员在开发出大容量电动装置基础上，制造出高性能轨道对接焊机，从而提高了铁轨接缝的强度；国家科学院中央实验分析所科研人员开发出准确分析金属与矿石的标准试样；太阳能设备开发中心推出太阳

能热水加热器；茂山矿山联合企业推出旋转翼式精矿刮板装置；金策钢铁联合企业创造发明了190多件新技术革新方案；国家科学院造纸工程学研究所以天然纤维为原料，采用工业方法生产优质粉末云母纸的工艺，成功实现了粉末云母纸的国产化；分析试药研究所开发出化学、轻工和医药部门广泛使用的试样——PH标准溶液用粉末，并实现国产化；有机物质研究所开发出能够在烈火高温条件下保护建筑物的无机阻燃剂。

三、高度重视并大力推广新技术的普及应用

朝鲜历来十分重视新技术的推广应用工作，每年都通过2.16科技奖励大会、中央科学技术节、地方科学技术节，以及各种展会、研讨会、技术成果发表会等形式，广泛宣传和大力普及推广新技术，让科技节和展会成为科技成果展示和信息交流的平台。

与此同时，各产业领域不断推出最新科研成果和新技术产品。在朝鲜国土环境保护部门全国科技成果研讨会上，与会单位发表了旨在实现土地保护、植树造林、公路建设、河川治理的科学化和现代化，利用科学技术防治大气和水污染问题等数十篇论文。在朝鲜全国建设建材部门举行的科学发表会上，建筑、建设工程、建筑材料、工程机械、城市管理、国土环境保护及水利工程、建筑信息技术等分科单位发表400多篇科学论文和数十件建筑方案。朝鲜全国医学科学讨论会以内科、外科、高丽医学、卫生防疫、基础医学、药学等分科部门发表报告的形式，提交了290多篇医学技术和防治疾病水平方面所取得的成果论文。第九届朝鲜机械设计部门科技展上，390多件机械设备资料、80多件设计研究及支持软件、300多件机械产品外形设计图案登台亮相。全国青年科技成果展则推出3000多件发明新技术革新方案。2013年还举行了软件技术竞赛、鞋类工业科技发表会、营造和管理草坪全国科技报告会等一批全国性专业技术展会和竞技比赛活动，通过这些形式多样的活动不断推出最新科研成果和新技术产品。

四、研发实用技术与开展国际合作是朝鲜科技发展的现实需求

2013年朝鲜经济和科技发展取得的成果，实际上反映出了其社会与经济发展的现状与迫切需求。解决能源短缺，提高生产效率，保障人民衣食等生活必需品供应的现实需求是朝鲜科技的重要使命。朝鲜高度重视并大力推动科技发展，在经济依然困难，资金投入不足的情况下，以解决经济发展中遇到的实际问题为目标，致力于科技与经济密切结合，努力开展技术创新运动，推动大批实用技术

广泛应用到生产与生活中。特别是在高科技领域、大型企业技术改造和适用技术的应用等方面为经济发展提供了有力支撑。从以往经验和现实需求看，今后一段时期内，实用技术的研发与应用仍将是朝鲜科技发展的既定目标和主攻方向。

目前，朝鲜与其他国家的国际科技合作与交流几乎处于停滞状态，中国成为朝鲜仅存的最主要科技合作伙伴。在国际社会制裁和国内经济困难的巨大压力下，朝鲜依然为推动国际科技合作积极努力。金正恩在谈到对外交流时强调，要积极开展与其他国家和国际机构之间的科学技术交流工作，多了解世界发展趋势，多吸收其他国家的先进技术。要利用互联网多了解世界发展趋势，积极与其他国家的科研机构开展共同研究、信息交流，吸收先进科技发展经验。显然，金正恩希望扩大对外交流，通过开展国际科技合作解决朝鲜当前面临的经济困境和实际问题。

（执笔人：单　波）

越　南

2013 年度，越南为完善科技事业发展的需要，制定并颁布了若干科技发展的政策和法规，一些科技领域的发展取得了一定的进步，同时也加快了国际科技合作的步伐。

一、科技管理与投入概况

（一）完善科技管理机构与职能

2013 年 2 月越南总理签署第 20/2013/ND-CP 号条例，规定了科技部的职能、任务、权限及组织结构。按照条例，科技部是政府下属机关，行使科技行政管理职能，其中包括科学技术及研究发展活动，知识产权，质量测量标准，原子能、核安全，以及根据法律规定属于该部管理领域的公共服务行政管理等。科技部共有 28 个直属单位，包括协助部长开展行政管理职能的单位及为该部行政管理服务的事业单位。

2013 年 9 月，越南政府成立国家技术创新基金会并颁布《科技创新基金条例》。该基金会是国有非营利机构，其注册资金 1 万亿越盾（约 5000 万美元）来自国家预算，并且每年将重新补足注册资本。

基金主要支持科技创新企业的有关国家民生的重要课题，以及用于资助研究机构、企业和个人从事技术研究、转移和创新等活动。其中包括不在国际上公布、不在国际杂志和报纸上发表的课题项目也能得到国家资助，旨在创造为生产和生活服务的科技产品。

基金会设有管理委员会、办公室和基金监事会等部门。管理委员会由 9 ~ 11 人组成，成员包括科学家、管理人员及企业代表，人员每 5 年遴选 1 次。

（二）从全社会强调科技发展

越南共产党召开的第十一大六中全会发布了“关于在越南建设社会主义定向市场经济体制和融入国际社会的条件下发展科学技术，服务于工业化现代化事业”的20号决议的行动计划，并提出了促进科技进步的6项重大任务。为落实20号决议的行动计划和政府制定的《2011—2020年科技发展战略》，2013年度，越南对《科技法》、《企业所得税法》进行修改，并制定实施细则和具体化各项革新内容，鼓励私人或与国家联合成立风险投资基金，以推动高新技术领域发展。同时，进一步加大了对科技发展重要性的宣传。

9月，越南政府在河内举办了首届科技传媒周，目的在于加强科技的宣传工作，将科技领域内的相关信息普及到全国，让全社会更加了解科技在社会经济事业发展中的重要性。

近年来，越南政府日益重视科研投入，提出以科技发展推动国家竞争力，通过提高科技工作水平，以加快科技创新和革新工作。根据越南科技部的信息，越南现在每年投入科研经费约7亿美元，约占国家财政总支出2%的水平，有17个国家重点实验室。在科研机构、大学里从事科研工作的人员约6.2万人，全国高等院校讲师有8.4万人，现有近10万留学生，有30万海外越裔知识分子。同时，政府进一步加强了在空间、新材料、核能、信息通信、生物农业、环保、自动化技术等领域的研究与投入。

二、科技政策的新动向

（一）批准《高科技基础设施建设计划》

2013年2月越南政府批准了到2020年国家高科技发展的研发、培训与建设计划。根据计划目标，到2015年，越南力争将研发10种高科技产品及配套服务达到国际标准水平；兴建15个高科技研发基地，协助企业生产高科技产品；建立5个达到地区先进水平的高科技研究与人力资源培训基地以及20个高科技研究组。到2020年，建设和发展约40个高科技研发基地，建立20个达到国际标准的高科技研究与人力资源培训基地以及50个高科技研究组。并将信息传媒技术、生物学技术、自动化技术和新材料技术列为优先发展的4个科技领域。

此外，为从事高技术产品项目生产的500名骨干领导以及1万名工程师提供业务培训，使其能够胜任高科技产品生产的要求。聘请500名外国志愿专家和旅居国外的1000名越南人参加越南高科技产品生产、研发与培训基地的科技研发工作。

（二）批准《至2020年科技市场发展计划》

2013年11月，越南政府批准了关于《至2020年科技市场发展计划》的第2075/QD-TTg号决定。计划要求至2020年科技产品和服务的年均交易总值提升15%以上，优先投资发展的高科技产品及服务年均交易总值提升20%以上。到2015年技术知识产权交易价值占科技产品和服务交易总价值的10%以上，2020年为20%以上。至2020年，将建设与辅助科技服务体系相结合的技术交易所网络，其核心地区为河内市、胡志明市和岘港市。这项决定同时也提出了推进科技市场服务、促进技术需求和提高技术转移能力等的核心任务、目标及措施。

（三）批准《使用科技人才和吸引海外科技人才与外国专家的优惠规定》

《使用科技人才和吸引海外科技人才与外国专家的优惠规定》是在《科技法》修订中增加的一项新的内容，包括对越南人力资源及在国内和国外的科技人才的使用，以及吸引海外越侨科技人才和外国科技专家的激励优惠机制。

（四）批准《人才赴国外培训计划》

2013年4月，越南政府批准了2013—2020年干部培训计划。根据该计划，越南将派遣1800名干部赴国外培训。具体内容是，对1650名具有硕士学位的干部进行培训（2013—2017年平均招生330人/年），大学讲师占60%，军队和公安部门干部占10%，科技研究机关及其他各行业干部占30%。

此外，为了满足高素质人力资源需求，将派遣150名奥林匹克竞赛奖牌获得者和一些特殊领域有特别才能的学生赴国外学习（2013—2017年招生30人/年）。培训方式分为两种形式，一是完全国外培训，二是联合培训。优先培训行业为基本科学、技术、经济、农林业、环境、公共管理、社科和人文，尤其是特殊、高需求行业等国内尚未具备培训条件的行业。计划总经费为2070万越盾，从国家财政中拨付。

三、高科技园区的发展

2013年11月，越南政府颁发154号决定，自2014年1月1日起，新入驻高新技术产业园区内的新投资项目将享受更多的优惠政策，包括：15年内所得税率为10%，其中4年免税，9年减半征税。此外，园区内企业还享受进口免税、出口税收优惠等政策，海关为园区生产设备进口和产品出口提供便利。

大力兴建科技园，如越南岘港信息科技园区。在2013年里，胡志明市高科技园区新增 5 个高科技项目，投资总额达 1.2 亿美元，项目集中于高科技发展研究和高素质人力资源培训领域。英特尔、捷普、日本电产、丹麦声扬等世界一流高科技公司、集团均已投资于胡志明市高科技园区。

微软创新中心（SMIC）的建设是胡志明高新区与微软公司开展项目合作的成果，中心的目标是提供和创造条件给在高新技术园区的企业，及其他各地的科技公司、大学以进一步发展资讯技术的能力。同时，该中心也将成为政府发展未来人力资源的资讯培训中心。

四、重要科技领域的进展

（一）空间技术

在越南制定的《至 2020 年航天技术研究与应用战略》的推动下，空间技术取得了快速发展。越南今年先后通过法国、日本发射的火箭成功将两颗自主研发的遥感卫星送入太空；利用日本无人货运飞船将自主研发的小卫星运送上国际空间站，并且卫星在脱离国际空间站后已成功向地面发出信号。

（二）电子信息技术

根据越南信息传媒部发布的 2013 年信息技术与传媒白皮书，2012 年越南资讯技术工业总营收达到 255 亿美元，同比增长 86%。其中硬件及电子技术营收超过 230 亿美元，同比增长 103%，占资讯技术工业总营收的 90.4%。由于越南近 10 年信息技术产业的迅速发展，据国际通信联盟排名，越南 2012 年资讯发展指数从第 86 名提高到 81 名，在东南亚地区居第 4 位，在亚太地区居第 12 位。

（三）农业生物技术

近年来越南日益重视生物技术在农业生产中的应用。2013 年 8 月，越南科技部宣布，越南首次成功破解 36 种水稻基因组，这一成果将有助于越南农业选育出高品质和适应气候变化的水稻品种，也有利于创造越南高品质大米的品牌。越南破解水稻基因组的研究计划是越南科技部和英国政府的科技合作项目，该项目总经费为 110 亿越盾（约合 52.1 万美元），其中英国资助 80 亿越盾（约合 37.9 万美元），越方自筹资金 30 亿越盾（约合 14.2 万美元）。

九龙江三角洲地区提出至 2020 年农业生物技术应用计划，旨在培育出更多的作物苗和生物技术制品以提高农产品的产量和质量，有利于整个地区的农业经济结构转移。计划目标是至 2020 年九龙江三角洲各省 70% 的农业用地将用于种植健康种苗，并要杂交至少 8 个优质稻种。各省将制定生产规划和研发保护植物的制品以防治 10 种虫害病。鼓励投资企业转让和接受技术，使先进科技在生产及经营上得到有效应用。在此基础上，建设优质的、增值率高的、环保且可代替进口产品的生产模式。同时，在芹苴市农业高科技区开展科技展示及应用项目并指定芹苴大学和九龙江三角洲水稻研究院为该计划的主管单位。

（四）核能技术

自越南2009年《原子能法》和2010年政府批准的《至2030年越南核电发展指导规划》生效实施以来，越南核电计划进展基本顺利。2013年5月，越南政府批准成立一个新的国家原子能发展委员会，负责确定越南核能发展的战略和优先事项。该委员会负责人由越南科技部部长担任，委员会将为政府做出“方向和策略”上的建议，确定每个阶段的有限发展领域，并起草核能开发和应用的重要政策。10月政府批准了《关于原子能领域培训对象优惠政策》的决定，决定中指出，在所有文件所规定的优惠政策不同的情况下，原子能培训领域对象可享受最优惠和最大支持。

（五）环境保护技术

由越南资源环境部主持制定的《至2020年和面向2030年国家环境保护战略实施计划》获政府批准实施。该计划确定目标是，到2020年基本监管和限制环境污染加剧、资源退化枯竭及生态多样性减弱的趋势；进一步改善生活环境质量，提高应对气候变化的主动性，向国家可持续发展目标迈进。2030年将制止环境污染加剧、资源退化枯竭及生态多样性减弱的趋势；改善生活环境质量，主动应对气候变化，基本形成绿色、低排放、低碳经济，为国家可持续发展与繁荣做出贡献。关于“主动应对气候变化、加强自然资源管理和环境保护”决议为越南各级、各部门实施应对气候变化，管理资源和保护环境措施指出了明确的方向。根据决议，2050年，越南将发展成为能适应气候变化，合理、有效地可持续开采使用资源，生活环境质量、生物多样性及相关环境指标达均到地区内工业国家水平的发达国家。

越南政府出台了《国家绿色增长战略》。提出了下一阶段任务是提高经济发展质量、节约能源、保护环境、保障社会公正与进步，并据此制订了《2013年至2020年国家绿色增长行动计划》，计划提出在主要产业上要将国内生产总值能源消耗年均减少1%～1.5%、温室气体排放比2010年减少8%～10%等指标。

五、国际科技合作

据越南科技部统计，越南目前已经与70个国家、地区及国际组织建立了科技领域的合作关系，并以正式或非正式的成员资格，参加近 100 个国际性的科技组织，签署了 80 项政府间及部门层级的科技合作协议。近 5 年来，越南的科技研究计划吸引了 1.28 亿美元的国外投资。目前，越南科技部在中国派驻有 7 名科技外交官。

（执笔人：蒋苏东）

印　度

2013 年，为实现“十二五”目标，印度政府和各部门格外注重加大科技投入，优化战略部署，出台了一些新政策。同时，着重在国防、核能、可再生能源、电子信息、产业、航空航天、制造业等领域进行布局，有重点地充实重要领域的研究实力，加大研发力度，取得了许多新进展。

一、出台重大科技发展战略，优化提升创新能力的政策部署

2013 年年初，印度政府出台了系列新的国家科学技术发展和创新政策，为印度今后的科技发展提出了新目标。

（一）发布第十二个五年计划

2012 年底，印度发布“十二五”（2012—2017 年）计划，提出今后 5 年 1.204 万亿卢比（约合 240 亿美元）科研预算，主要用于 6 个重要政府部门主导的科技发展，并使研发投入占 GDP 比重提高到 2%。计划提出：要加大人才培养，博士培养数量由过去每年 8900 人提高到 12 500 人，将全职研究人员的数量从 15.4 万人增加到 25 万人；到 2017 年，印度研究人员发表论文数量占到全世界论文的 5%(现在约 3%)；继续大力支持航天事业，支持的项目任务达 58 项；支持科学与工业研究理事会（CSIR）建立包括系统生物学、仿生材料学和太阳能在内的 5 个新研究机构；支持科技部建立 25 家纳米技术创业公司，开发千兆级计算机，实现跻身超级计算机世界前五强国家的目标；支持生物技术部成立 5 个新研究中心，地球科学部创办一个地震学国家中心，继续完成 8000 米深井钻探研究；支持原子能部在海得拉巴和维沙卡帕特南建造研究反应堆等。这些为印度今后的科技发展定下了基调。

（二）出台新的《科学技术和创新政策》

2013 年 1 月，印度正式宣布《科学技术和创新政策》（ STI 2013 ），目标是建立科技创新（STI）体系，为印度开辟高科技主导的发展道路，以实现更快、可持续和包容性增长。STI 2013 强调要改善私营部门投资环境，使未来 5 年公共和私营部门投资比从当前的 3 : 1 转变至 1 : 1 以内，实现科技投入倍增，并在 2020 年进入全球五大科技强国之列。具体内容包括：

1. 加强研发投入

印度科技研发投入水平较低，占全球份额不足 2.5%，占本国 GDP 比重低于 1%。STI 政策框架提出，5 年内将研发投入占 GDP 比重提高到 2%。其中的关键是调动私营部门的积极性——将通过设立国家科技创新基金、支持私营部门建设研发中心、公共研发项目向私营部门倾斜、吸引私营部门参与基础设施建设等方式，引导私营部门增加科研投入。

2. 培育创新人才

鉴于印度巨大的人口红利，STI 政策框架提出了未来 5 年将全国研发人员全时当量提升 66% 的目标。主要从培育和引进四类人才着手：青年人才、女性人才、理工科人才以及海外印度裔人才。在教学阶段，加强教育改革，注重科学和工程学科建设，设立跨高校研究中心；在研究阶段，积极参与全球研发基础设施建设和大科学工程，实施结果导向的人员激励政策，不断吸引更多的人才从事科研事业。

3. 关注重点领域

STI 政策框架提出将优先关注农业、通信、能源、水管理、健康、制药、材料、环境、气候多样和变化等领域，依靠重大战略任务，提升研发强度，刺激高科技产品出口和创新产业发展。

4. 支持创新创业

在全社会范围内大力支持创新创业活动，设立“风险创意基金”、探索“小创意、小资金”机制、加强创业孵化服务、鼓励商业模式创新等。对于创新创业的风险，设计由公共部门牵头、私营部门参与的防范机制，不断探索新的金融投资补偿方法。推行创新产品首购首用政策。实施发明者和投资者共享知识产权的法律框架，从供给和需求两端来抵御创新创业的失败风险。

5. 营造良好创新氛围

提升公众科学素养，宣传科学知识，培育尊重科学的公众价值取向，增强全社会各阶层的年轻人实际运用科学的能力；提高科技决策水平，建立自主、自治的评价系统和指标体系，推动科技决策从主观直觉转向更加依靠证据和方法。

（三）发布《国家制造业政策2013》

印度计划委员会于2013年4月宣布了新的国家制造业政策，提出未来10年，提高国内制造业实力，力争实现制造业占GDP的比重从现在的14%提升到25%的目标。7月，印度总理辛格召开了“制造业高级别委员会”会议，就一系列刺激国内制造业的策略，包括制造国产中型民用飞机，提高钢产量和纺织品出口等进行讨论。

（四）激励私营部门加大研发投入

为推动产业部门投资科研工作，科技部采取了一系列重大措施。包括提出新千年印度技术领导倡议，生物技术产业伙伴计划（BIPP），小企业创新研究倡议（SBIRI），生物行业合同研究和服务计划（CRS），对产业研究联盟的105个项目进行支持的药品和制药研究计划（DRPP），国家纳米科学和纳米技术计划，设立由研究机构和产业联合申报项目的水技术倡议和太阳能研究计划，以及出台总理级产学研合作博士奖学金计划等等。

印度政府还联合大学、企业出台了一系列举措。一是设立印度包容性创新基金。基金总额为500亿卢比，专门用于激励传统风险投资不愿意介入的创新链条早期的种子资金阶段，支持健康、教育、农业、纺织和手工业等社会民生领域的创新。二是设立印度创新计划。该计划的目标是支持草根创新者的创意和发明，印度阿默达巴德管理学院对该计划提供孵化支持，印度工业联合会负责该计划的推广。三是设立促进地方创新基金。旨在为各地特色发展问题寻找科技解决方案。四是设立促进社会创新基金。支持可能无商业利润但有高社会回报的创意和科技冒险。五是探索预算外补助金和创新税收激励的新方式。专门为政府所属研发机构、学术机构和大学中的新思想、新设计以及甘冒失败风险的创意提供支持。

（五）制定政府采购优先中小企业的优惠政策

《经济展望2013—2014》，将推进中小微企业发展作为改善经济的重要手段之一。2012年，印度政府要求中央部委和事业单位贯彻《微型、小型和中型企业发展法》，所有政府部门和国有企业在采购物品和服务时要优先考虑中小微企业，到2015年4月，中央部委和事业单位被强制要求每年从中小微企业的采购额不得低于总采购额的20%，其中4%的产品和服务采购需来自科技型中小企业，且具体采购额等目标完成情况需向中央政府进行年度报告。印度政府还要求各部委编制并在官方网站上公开年度采购计划，使中小微企业能够预先了解各机构的采购需求。

（六）启动职业技能培训计划

2013年7月，印度政府启动了大规模职业技能培训计划，使更多的年轻人能够适应汽车产业、汽车零部件、零售业和房地产业等行业的发展需求。印度政府在2013—2014的年度预算中，确立了100亿卢比（约1.85亿美元）的培训基金，计划资助100万名学生（每人1万卢比，约185美元）参加技能培训。9月，印度农村发展部出台了专为农村青年开展的职业技能培训计划，Aajeevika技能培训计划。印度的目标是到2022年培训5亿人，为劳动力严重短缺的行业提供合格的员工。

二、继续保持重点领域科研投入，科技产出增幅明显

（一）空间和原子能继续成为科研投入重点

“十二五”计划期间，政府将投入1.204万亿卢比于科技研发。根据预算，6个科技部门的经费配置从高到低为：空间署（33%）、科技部（DST）（17.9%）、原子能署（16.5%）、科学与工业研究理事会（CSIR）（14.9%）、生物技术局（DBT）（9.8%）、地球科学部（7.9%），可见空间和原子能仍然是印度科研投入重点。

（二）科研产出增幅明显

印度科研论文数量在过去10年间得到飞速发展，论文数量在SCI数据库中的占比从2000年的2.2%提高到了2010年的3.5%，在金砖国家中仅次于中国。根据SCOPUS数据库统计，印度发表的科研类文章从2005年的35 419篇增加到2010年的65 487篇，5年增加了85%。SCI数据库表明，印度发表的科研文章从2005年的26 093篇增加到2010年的40 711篇，增幅达56%，2006—2010年间，印度科研论文的发表增长率在SCOPUS和SCI数据库分别为12%和10%，明显高于世界其他国家4%的平均水平。在《UNESCO科学报告2010》中，印度科学论文数量在全世界排名第九，依照论文量目前的增速，有望在2020年赶上欧洲科研强国。

近3年印度的专利申请以每年大约16.6%的增长速度渐进式发展。2010年，印度共受理了39 400件专利申请，其中8312件（21.1%）的申请者为印度人，外国申请者主要来自3个国家，美国（33.5%）、日本（13.2%）和德国（11.8%）。从专利申请的数量分布看，主要集中在计算机/电子、机械和化工3个领域。

三、重点领域的政策与发展状况

（一）大力推动可再生能源的开发利用

印度计划在"十二五"计划期间对可再生能源领域投入3.18万亿卢比的资金，到2017年，倍增其可再生能源的产能，达到55 000兆瓦，以减少对化石燃料的依赖。

1. 完善太阳能利用政策，加强太阳能开发

2013年4月17日，在第四届清洁能源部长级会议上，印度宣布将推出新计划，综合利用太阳能、风能和生物质能等非常规能源，到2017年，印度清洁能源总量将翻倍至55 000兆瓦。为提高能源使用效率，印度设定了新目标，到2020年GDP增长对能源的依存度要降低20%~25%。为实现这一目标，印度出台了一些新举措：成立了实施"尼赫鲁国家太阳能计划"的多部门联合专责小组，为提高本国太阳能制造能力提供政策建议，为太阳能制造商和开发商提高成本效益、进行融资等提供帮助，确保可再生能源证书机制的有效实施，推动地方政府太阳能的发展进程；为太阳能制造商和企业制定海关减免税优惠政策；印度新能源与可再生能源部批准建立新太阳能研究和技术中心；新能源与可再生能源部公布750兆瓦并网光伏项目准则草案；在拉贾斯坦邦建设世界最大的太阳能发电站。

2. 通过优化审批程序加速发展风电项目

风能是印度可再生能源领域重点发展行业，计划未来5年实现增长15 000兆瓦的目标。2013年，印度25个邦电力监管委员会都制定了可再生能源的配额指标，其中13个邦有针对风电的固定电价制度。这些政策相辅相成，极大地推动了印度风电产业的发展。印度政府大力优化风电项目的审批程序，对总装机容量为4万兆瓦的近百个风电项目实施"快速审批"及建立联动机制，由印度能源部牵头与风电审批有关的其他部委联合成立风电项目快速审批小组，小组成员由各个有关部位工作人员组成。快速审批小组对风电项目进行一站式审批，大大缩短审批时间。

3. 积极与美国开展可再生能源合作

2013 年 7 月，印美举办年度战略对话会议，强调共同应对全球气候变化，在能源安全领域开展合作，支持低碳经济发展。两国将基于美印《清洁能源、能源效率、能源安全和气候变化谅解备忘录》开展合作。双方将在美印能源对话的框架下，继续开展电网、能源效率、扩大可再生能源技术市场、解决清洁能源应用过程中的障碍、页岩气资源开发、清洁煤技术与核能研究等领域开展合作。在美印石油天然气联合工作组中，两国就天然气水合物生产甲烷达成了协议。此外，美国正帮助印度开发国内页岩层的天然气资源。通过全球甲烷行动计划，美国和印度联合开展甲烷气捕捉和清洁能源开发利用等项目。美国能源部国家可再生能源实验室还与印度太阳能中心开展合作，研究太阳能光伏组件在不同气候环境条件下的性能，以及开发测试如何改善产品稳定性。

（二）巩固 IT 业国际地位，加强制定和实施网络安全措施

1. 制定信息和通信技术及电子业发展的政策措施

2013 年 10 月，印度制定了《ICT 研发和创新框架 2013》，其目标是，使印度成为信息和通信技术及电子业的全球领导者，具体发展战略主要包括：明确优先发展的内容；注重基础研究、应用研究和产品开发平衡发展；加强产品开发、研发质量、基础设施建设和国际合作；鼓励中小企业发展创业，助推初创企业发展；推动公私合作开展研发；发掘技术与产业化的汇合点，进一步开拓市场。

2013 年 2 月，印度发布了《GI 云应用及实施路线图》，确定了 GI 云的实施计划。路线图宣布，印度将建立国家和邦级水平的云计算环境，使用新的和已有的数据中心，启动国家级云的建设，制定 GI 云服务指南。

2. 政府联合风投企业共同支持电子制造业

2013 年 8 月，印度电子与信息技术部表示，目前 90% 以上的电子设备均依靠进口，为扭转这一局面，计划与风险投资企业协商，共同投资 10 亿卢比发展电子制造业。预计 2020 年，印度进口电子设备额将超过原油进口额，达 3000 亿美元。印度政府拟投资 15%~20%，其余由风投企业承担。共同对初创企业进行甄选。

3. 改进关键部门的网络安全

斯诺登泄密事件引发了印度政府对网络安全的重视。2013 年 5 月，印度政府宣布实施一个为期 5 年的项目，从整体上加强国家关键部门的网络安全设施。该

项目由国家关键信息基础设施保护中心（NCIIPC）承担，并制定为期5年的计划以彻底改善和整合所有关键性基础设施的网络安全设备，如电力、交通、供水、电信和国防。

（三）继续竭力追逐航天大国梦

近年来，印度始终没有放缓追逐成为世界航天大国梦的脚步，始终保持高额投入，不断完善研发计划，在许多项目上取得了令世人瞩目的成绩。

1. 发射首颗导航卫星、首颗国产国防卫星、首枚火星探测器

2013年7月2日，印度空间研究组织成功发射首颗导航卫星IRNSS-1A，为构建印度自己的卫星导航系统迈出重要一步，标志着印度进入空间应用新纪元。印度空间研究组织计划于2015年前发射7颗IRNSS卫星，形成独立的区域导航卫星系统。“印度区域导航卫星系统”第2颗卫星已准备就绪，预计于2013年底或2014年初发射。2013年8月30日，印度首颗海军军事通信卫星GSAT-7，由阿丽亚娜5型（Ariane 5）运载火箭，在法属圭亚那库鲁航天中心成功发射。2013年11月5日，印度在斯里赫里戈达岛航天发射场发射的首颗火星探测器“曼加里安”号，成功进入了地球周边的椭圆形轨道。

2. 发射国产气象和通信卫星

2013年7月25日，印度INSAT-3D气象卫星和欧洲Alphasat通信卫星由阿丽亚娜5型火箭从法属圭亚那库鲁航天中心送入轨道；2013年8月19日，印度用国产火箭在斯里赫里戈达岛的南部航天发射中心发射了通信卫星GSAT-14。

3. 第2次成功发射“一箭七星”

2013年1月25日，印度第2次成功发射“一箭七星”，即利用1枚PSLV-C20型极地卫星运载火箭在萨蒂什达万航天中心成功发射7颗卫星。这是印度第22次连续成功发射卫星，也是自2009年9月以来第2次成功发射“一箭七星”。

4. 完善自主导航卫星系统（IRNSS），成立导航中心（INC）

2013年5月28日，印度太空研究组织导航中心（INC）成立。INC是印度建设区域导航卫星系统（IRNSS）的重要组成部分，该系统由印度自主研发，由七颗卫星组成。INC将负责提供时间基准，形成导航信息，并监控包括IRNSS测距站在内的地面设施。

（三）大力提升军事国防实力

近两年来，印度格外注重自身军事国防力量的提升。2013年度的国防支出

比2011年增长5.3%，达到2.367万亿卢比（约376亿美元），比2012年增加5%。2013年，首艘国产航母下水，首次成功从水下发射弹道导弹，第一艘核潜艇进入测试阶段，通过继续发展海上军事装备，证实其在南亚甚至亚洲的军事大国地位。

1. 首艘国产航母“维克兰特”号下水

2013年8月12日，印度首艘国产航空母舰“维克兰特”号在印南部港口科钦正式下水。“维克兰特”号排水量为3.7万吨，舰身长260米，宽60米，最高航速28节，可持续航行8000海里，可搭载36架军用飞机。该航母将在2016年进行海上试航，2018年正式服役，届时将装备导弹等先进武器。

2. 多次成功发射自主研发的水下和陆地导弹

2013年1月27日，印度从位于孟加拉湾的水下平台发射了射程为1500千米的K-5弹道导弹。该导弹是由位于印度海德拉巴的印度国防研究与发展实验室（DRDL）自行研制。这是印度第一次成功从水下发射弹道导弹。2013年8月12日，印度在东部沿海奥里萨邦成功发射自主研发的大地-2型导弹（Prithvi-Ⅱ）。2013年9月15日，印度在东部海岸惠勒岛再次成功试射一枚“烈火-5”型弹道导弹，该导弹将于2014—2015年服役。

3. 第一艘核潜艇“歼敌者号”进入测试阶段

2013年8月10日，印度第一艘装备小型核反应堆的国产核潜艇“歼敌者号”达到“临界状态”。这是印度核技术和军事发展的重要里程碑，标志着印度将具备“三位一体”的核打击能力，该潜艇计划于2015年正式启用。

（四）着力发展制造业

2013年3月，印度重工业部和公共（国有）企业部颁布重点发展汽车、重型电气行业的年度发展计划书，提出2013年将“着眼于具备全球竞争力，发展成长型、盈利型的重工业，实现公共（国有）企业的自力更生的增长”，主要任务是“提高汽车产业、重型电气行业和资本货物行业的全球竞争力、成长能力和盈利能力，并提供一切必要的资金和技术支持，建立‘支持责任中心’以提高利润率和整体实力”。制造业能力提升主要从以下方面入手：促进汽车行业、重型电器行业、资本部门的增长，支持自动化、重型电器、资本货物部门的科技研发活动，将印度巴拉特公司（BHEL）打造成为具备全球竞争力、获得更高营业额和利润额的重型电器公司，重组、整改国有企业，提高“支持责任中心”的性能。

2013 年 9 月 19 日，印度总理设立的部际小组宣布投资建设“阿姆利则—德里—加尔各答工业走廊”（ADKIC），打造制造业集群。工业走廊项目一期工程将在 7 个邦各建立占地 1000 公顷的集成制造业集群，与东部专用货运走廊（EDFC）相连接，形成沿公路两侧 150～200 千米的带状开发区。每个邦将推动至少 1 个占地约 10 平方千米的“综合制造业集群”的发展，并要求该区域的 40% 土地长期用于制造业和加工活动。该项目一期投资总额达 575 亿卢比（约 9.6 亿美元），该工业走廊将延长已建立的“德里—孟买工业走廊”（DMIC），在未来 15 年中，对 7 个邦的 20 个城市投资建设制造业集群。建立工业走廊，旨在吸引投资，用于发展新兴城市、建立工业区和基础设施，实现区域协调发展。

四、积极开展国际科技合作和参与国际大科学项目

近年来，印度主动与国际机构建立联系，积极制定并扩展多边合作机制，以项目为基础开展大量国际合作，增强了在国际社会的影响力度，提升了自身整体科研水平和创新实力。

印度注重拓宽科技合作渠道，目前已与 30 多个国家开展广泛、深入的合作。印度科技部统计表明，2012 年间，印度与 29 个国家和地区签订和续签了科技合作协议，与 16 个国家联合举办 40 余个国际研讨会和培训课程，进行 400 余次互访，执行了 600 余个合作项目，联合建立 13 个实体联合研发中心，与 22 个国家和地区举行了科技联委会会议，根据双边科技合作计划与 40 余个国家开展基于联合研究项目的双向科研人员流动。

2013 年，印度与中国的科技合作也取得了新进展。中国科技部长万钢与印度科技部长雷迪举行了双边会谈，双方同意在地震和自然灾害预警和管理、天文学和天体物理学、气候变化技术研究、传统知识和医药等 4 个领域进一步开展合作。

2013 年，印度还与加拿大、日本、中国的研究院及美国的大学共同签署了合作协议，联合投资 12 亿美元，建设和运行世界最大的光学和红外望远镜——30 米天文望远镜。印度将为此项目贡献约 80 亿卢比（约 1.3 亿美元）资金。

（执笔人：毕亮亮）

新　加　坡

2013 年，新加坡科技发展平稳，政府继续坚持“建设以知识为基础，创新为驱动力的国家”的科技发展战略，坚持政府主导，在重大科技项目确定等方面发挥主要作用；强调科技创新、创业的重要性，保持对研发的预算投入；重视科技创新对中小企业发展的促进作用，科技发展除保持传统领域的领先优势外，在航天、海事、网络安全等领域加强研发力量，投入有所增加。新加坡在社会发展、科技竞争力等方面在全球继续保持领先地位，在世界经济论坛评估的 122 个国家劳动力健康、教育和技能转化为经济优势水平的排名中名列世界第三。

一、重大科技政策动向

科技研发在社会经济活动中的作用继续体现。在年度财政预算案中，研发预算维持 2011—2015 年五年规划的规模不变，即 5 年内投入 161 亿新元。近年来受金融危机等影响，新加坡的研发投入占 GDP 的比例始终在 2. 3% 左右徘徊，最高达到 2. 8% ，但其目标是到 2015 年，研发投入占 GDP 的比例达到 3. 5% 。新加坡将继续坚持“研究 - 创新 - 创业”的研发体系，通过促进产学研合作激发其创新活力。政府搭台，集研究机构、同行业公司的力量组成研究联盟，就行业发展共同研究、共同投入、共同分享成果。在拨款制度方面，新加坡坚持 2012 年制定的与工业界紧密联系的政策，科研局属下各科研院所研究经费的 30% 预留在科研局，待找到与工业界合作的研发项目后，再全额拨发下去，用此办法加快科研院所成果转化速度和鼓励科研院所与企业紧密合作。新加坡还坚持对中小企业的扶植，除在员工增薪补贴、减免税收等方面给予中小企业优惠外，科研局派出技术人员到中小企业帮助实地解决技术问题，并补贴技术人员的大部分工资。鼓励科技人员创业，将科技成果转化为产品，为新创办的公司实行减免税收。

新加坡政府在《2013 年度财政预算案》中提出，发展新兴产业计划，在机器人技术、三维印刷、新型制造技术等领域加大科研投入；经济发展局拨款5亿新元，支持“制造业的未来”计划；拨款9000万新元用于新型卫星的研发。2013年，新加坡国家研究、创新与创业理事会召开第7次会议，推出研究、创新与创业计划，未来5年新加坡政府将至少拨款3.3亿新元支持网络安全和医疗诊断等领域的研发活动。

新加坡政府意识到，随着网络袭击更加频繁和复杂，政府机构、企业、个人都将受到网络安全的挑战，因此决定投入1.3亿新元进行网络安全能力研发。研发项目包括提高系统硬件、固件和软件功能的可靠性；提高系统恢复能力及适应度；提高系统的袭击识辨能力及追踪袭击来源能力；提高对抗局内人袭击的能力；提高对抗恶意软件的能力；加快数码分析速度等方面。参与此项计划的政府机构包括国立基金研究会、国防部、内政部、资讯通信发展局和经发局。

新加坡政府还投入2亿新元实施“创新群体计划”，在医疗诊断、语音和语言、薄膜和添加层制造等领域加强研发，促进科研人员与投资者合作，推动产业发展。每个创新群体的发展将由一家经济机构和一家科研机构主导。以医疗诊断为例，经济发展局负责找出开拓市场的机会，科研局负责科研和将成果转化成产品的能力。

二、科技人才政策

新加坡的人才政策是要保证每个人实现自己的价值，在社会上有适合自己的位置。注重学生的全面发展，重视对重点人才的培养，从小学开始就实行分流政策，重点培养优秀人才进入重点中学、重点高中、公派留学，然后成为政府、国企的高官或高管。同时也重视实用技术人才的培养，理工学院培养出大量具有操作技能的技术人员，在企业中发挥重要作用。

吸引国际人才为其服务，是新加坡一贯坚持的人才政策。许多大学和科研院所的一把手及主管来自国外。新加坡吸引人才不采取大规模招聘的形式，而是事先对需要的人才在学术、性格、需要解决的困难等各方面进行了解，有针对性地做工作，成功率高，收到较好效果。

鉴于科研领域在过去十多年发展迅速，科研环境日渐成熟，新加坡政府2013年推出“新加坡科学家回国计划”。该计划提供科研经费给旅居海外的本国科学家，协助他们回国从事科研工作，以提高国家的科研水平。科学家可选择先当客座教授、研究员2年，在适应环境后再正式任职，在这期间，可多次往返新加坡和其他国家，在新加坡工作不少于8周时间。新加坡政府承担科学家80%的旅费、在新加坡的住宿费和薪金，其余20%由用人单位支付。科学家也可选择全职工作，可获得优厚薪金以及5年的研究经费。计划参加者必须是新加坡公民，研究课题与国家计划有关，且在国外取得杰出科研成果，在科技界具有一定影响力。此项计划只接受大学和研究院所的提名，不进行公开招聘。

三、科技发展动态

新加坡继续保持在电子、生物制药、环境保护及水治理等领域的领先水平，在宇航、海事等新兴领域加强研发，在贸工部下成立太空科技与工业署。由新加坡设计制造、印度代为发射的第一颗人造卫星“X-SAT”两年来运行良好，传回4700多张地球表面图像获得国际上的认可，目前已担负起观测地球表面自然灾害动向的职能；由南洋理工大学学生为主设计的第2颗人造卫星11月21日由俄罗斯代为发射，目前运行正常，该卫星主要用于研究和测试太阳能传感系统、方向控制技术及能源管理系统。新加坡将在2015年发射第1颗商业用途的卫星。新加坡还与劳斯莱斯公司建立联合实验室，共同研发航空和海事新技术，目前在研发地面随时接收飞行中的飞机引擎状况的信息系统。

新加坡在保有优势的医学领域，继续加大研究和国际合作力度，在基础理论研究、癌症生成机理、疾病治疗诊断方面有较多科研成果。例如，与多国科学家共同合作，首次从拥有3万个基因的人体基因组中，找到了能决定人眼角膜厚度的27个基因，在青光眼治疗方面实现突破；新加坡基因组研究院研发出分析细胞组合的新方法，只需1000多个细胞就能达到传统采集100多万个细胞的效果，为癌症预防、诊断提供了便捷的条件；医学生物科学院的科学家研发找到了控制伤口愈合及帮助皮肤细胞迁移的分子“开关”，这项研究发现，能够促进糖尿病患者的伤口愈合，从而防止伤口感染造成截肢。

2013年，新加坡科研局拨款1500万新元实施“工业增材制造”计划，用于推动三维打印技术的研发，明确宇航、汽车、石油天然气、海事和精密工程制造是三维打印技术发展的关键领域。此计划由科研局下属的制造技术研究院、材料研究及工程研究院和高性能计算研究院共同合作完成。该计划将重点发展激光辅助增材制造技术、选择性激光熔覆技术、电子束熔覆技术、聚合物喷射技术、选择性激光烧结技术和立体光固化成型技术。

在北极研究方面，新加坡成为北极理事会永久观察员国，积极参加该组织各项活动，关注气候变化对水资源、生物多样性、公共卫生等诸多方面的变化，从而判断其对本国经济和环境带来的潜在影响；新加坡国立研究基金会与吉宝公司、国立大学共同投入7500万新元，合作研发北极钻油平台和深海矿物质探掘技术。

在核电发展方面，新加坡已明确表示未来15年不修建核电站，但会长期密切关注世界核能技术发展，同时培养本国的核能专家，并邀请外国专家积极探讨建设地下核电厂的可行性。

四、国际科技合作

2013 年新加坡继续保持与东盟国家密切合作，合作领域在原有的医药研发及科技成果商品化等基础上有所拓展。在东盟国家中，新加坡科技实力最强，在多领域处于领头羊的位置，积极将科技成果在东盟国家中推广，使之转换成生产力。例如，与越南进行水务技术合作，在越南胡志明市附近建立了东南亚首个远程控制的过滤传感膜技术水处理厂。新加坡计划到 2014 年底在越南建立 20 座此类水处理厂。

新加坡积极与美国、日本、俄罗斯、印度、欧盟国家开展科技合作。例如与美国洛克希德马丁公司建立联合实验室；合作开发 iPad 应用程序，以培养学龄前儿童社交和智力的软件；与美国国家环境保护局签订协议，共同开展可持续性水源管理计划；与瑞典科学家合作，找到了可攻击癌细胞的天然蛋白质，目前进入临床试验阶段，目标是在 5 年内开发出治疗癌症的市场药品；与澳大利亚联合进行传染性疾病，例如肺结核、登革热、流感等疾病的防治研究。

（执笔人：张伟成）

印度尼西亚

2013年，印度尼西亚政府积极调整科技政策，将与促进经济发展和民生改善密切相关的技术领域作为科技发展重点，努力提升印度尼西亚全社会的技术能力。印度尼西亚政府还利用主办亚太经合组织峰会的有利时机，积极推动建立亚太经合组织科技与创新政策伙伴关系，大力倡导蓝色经济，进一步促进国际科技合作。

一、科技投入情况

2013年，印度尼西亚科技研发投入仍然处于较低水平，但较2012年有所增加。根据《2013年全球研发投入预测》统计资料，2011年印尼研发投入占GDP的比重为0.15%，2012年为0.20%，2013年达到0.25%。2013年印尼议会批准在修订后的财年预算中，追加了一部分科技资金，用于开展防灾减灾科技活动。

二、实施面向经济社会发展的科技创新政策

2013年印度尼西亚政府努力营造鼓励创新氛围，进一步调整科技政策，重点支持与促进经济发展和民生改善密切的技术领域，加强促进技术转移的体制和机制建设，通过技术转移进一步提升技术能力，实现印度尼西亚成为创新型国家的目标。

（一）经济社会发展需求是科技创新政策的出发点

印度尼西亚《2011—2025年国家中长期发展规划》明确提出，科学技术和人力资源将作为建设印尼实现“自给自足、发达、繁荣、公正”目标的三大战略支柱之一，印尼政府出台多项措施鼓励全社会积极参与创新体系建设。2013年印尼“国家技术觉醒日”主题是“面向国家发展的创新”。苏希洛总统在纪念活动上的

讲话中指出，粮食安全、能源和水资源是印尼政府和全社会最为关注的问题。面对全球粮食安全和能源形势，印尼必须提高本国粮食产量和自给率，增加新能源和可再生能源的生产。总统强调，要处理好经济发展和技术研发的关系，国家经济的可持续发展必须依靠科技创新，并鼓励私营部门增加在研发和创新方面的投融资。政府将通过制定法律法规，促进政产学研有效结合，推动全社会协同创新。

（二）优先发展与促进经济发展和民生改善密切的技术领域

2013 年是印度尼西亚落实《2010—2014 年科技中期发展规划》各项任务关键之年。印尼政府强调必须突出重点，优先发展与促进经济发展和民生改善密切的技术领域。2013 年 4 月在印尼召开的首次 APEC 科技与创新政策伙伴关系高官会上，古斯提部长向与会各经济体代表宣布印尼政府确定的七大优先发展技术领域，即粮食安全、能源、交通技术与管理、信息和通信技术、国防与安全技术、医药卫生、新材料等。印尼研究与技术部提交国会讨论的 2013—2014 年度科技行动计划草案和预算报告中，将粮食生产与气候变化、发展大众交通关键技术、电动汽车研发和产业化、N219 飞机研发和工程化、地理空间信息应用、低碳排放技术研发以及发展科技园区等列为 2013—2014 年度重点支持发展的技术领域。

（三）发挥创业孵化器在经济发展中的作用

2013 年 4 月，印度尼西亚政府发布第 27 号总统令，颁布《创业孵化器发展条例》。条例确定了创业孵化器发展目标、定位、服务对象和服务内容，明确了创业孵化器应具备的条件，提出了孵化企业申报程序和培育计划，强调种子期是重点培育期，培育和孵化时间为 3 年，可适当延长，但创业孵化器主办方将在 1 年内确定孵化对象是否具有培育和业务发展前景。条例提出，中央政府、地方政府、企业或社会组织可以创办创业孵化器，创业孵化器日常管理由有资质的企业或社区负责。同时，印尼经济事务协调部负责创业孵化器发展总体协调，中小企业部负责落实创业孵化器的资金来源。为推动落实条例，印尼政府还实施了“创业孵化器行动计划”，政府部门和相关机构参与行动计划，落实制订技术准则、管理规范、提供网络和信息支持、筛选创业导师和专家负责以及投融资等。

（四）促进科研与产业结合，提升技术转移能力和水平

印度尼西亚政府实施了一系列促进科研与产业结合的举措。一是，科研院所为企业设立产业创新奖。例如，印尼科学院设立产业创新奖，奖励与科研院所开展协同创新活动的科技型企业，一方面，鼓励企业开展以科研为基础的创新活动，另一方面，鼓励科研院所的科研人员从事与产业相结合的创新型科研。二是，实施面向微小型企业行动计划，鼓励科研人员深入企业，发挥技术优势，针

对企业提出的实际需求提供具体解决方案。三是，发挥科技中介机构在技术转移中的作用。印尼研究与技术部提出，鼓励社会各界积极参与技术中介活动，提供增值服务，促进创新主题的协同，并将科技中介机构发展纳入到国家科学和技术政策框架，支持中介机构提供技术维护、专利适用、科研成果商业化服务，鼓励中介机构为跨国公司技术研发成果的推广提供服务。四是，采取减税政策促进全社会研发投入。印尼资本投资协调局与财政部计划共同推出一项减税计划，通过对私营企业的税收减免，鼓励企业在员工培训和研发方面进行更多投入，提升企业创新能力。

（五）加大人才培养力度，提高人力资源竞争力

一是，实施青年企业家增长计划。印度尼西亚政府每年拨出20兆~25兆印尼盾贷款，支持青年企业家创新创业。二是，重启海外研究奖学金计划。印尼研究与技术部计划在2013—2018年之间资助273名青年科学家出国攻读硕士和博士学位，并派遣1250名研究人员参加非证书课程培训和访问学者计划，每个受资助研究人员将得到10亿~15亿印尼盾资金支持。三是，举办第三届科技创业夏令营。2013年共收到486份申请书，经过评估，来自印尼19个省份的60名青年创业者成为本届训练营成员，每位学员在参加训练营期间将提出和制订一份商业计划书。

（六）积极应对东盟经济一体化进程

一是加强国家计量系统建设。为迎接2015年东盟经济共同体的建立，印尼政府提出实施国家测量系统发展战略，加强关键计量技术研发，与国际认证认可体系接轨，完善评定体系，推动商品质量提升，方便货物和商品的自由流动，在更高的水平上保障本国优质产品在国际市场上的竞争力。二是加强知识产权保护。东盟经济共同体建立后将要求本区域所有国家市场必须自由开放，印尼政府要求本国研究院所、企业要及时注册知识产权，而外国投资项目必须同时提供技术转让。三是建立外国研究人员许可制度。印尼研究与技术部正在研究由其颁发的许可证是否可以在印尼的所有科研活动中通行，外国研究人员也希望印尼方简化许可程序。

三、重点科技领域取得进展，有效支撑经济社会发展

（一）粮食安全

2013年印度尼西亚研究与技术部将“气候变化与粮食安全”列为重点支持

的技术方向。包括提高遥感技术在农业领域应用水平，增强农民预防灾害能力；加强生物技术研发和应用，发展基因工程和开发遗传资源，为农业生产提供优质种子；大力发展缓控释肥，充分利用当地潜在饲料资源，提高肥料利用率；发展罗非鱼生产技术，培育优质品种；开展土壤和水管理技术研发，促进农业可持续发展。

（二）新能源与可再生能源

1. 生物质能源

印度尼西亚将发展生物质能源作为国家发展可再生能源和能源保护政策的重要组成部分，积极探索发展生物质能源新途径，计划逐步提高生物燃油消费比率，力争在2025年使生物燃油占全部能源的比重达到5%。2013年印尼矿物与能源部颁布第25号部长条例，实施生物柴油强制性政策，规定从事交通运输、工业、商业和发电站的企业必须在使用的综合柴油中添加至少10%的脂肪酸甲酯。

2. 核能

核电站发展计划仍在印度尼西亚政府议程之中。研究技术部长古斯提表示，政府计划投资兴建一座总功率为30兆瓦的核电站，但尚未确定兴建核电站的具体地点。目前，印尼拥有30年前在雅加达西部赛朋地区兴建的小型核反应堆，主要用于科学研究。

3. 太阳能

2013年印度尼西亚政府拨付4000亿印尼盾用于兴建120座太阳能发电站，总发电量为8兆瓦。目前存在的技术瓶颈是小于1兆瓦的小型太阳能发电站还不能储存电流以直接进入输电管。

（三）信息和通信技术

2013年印度尼西亚政府积极推动信息和通信技术在经济社会发展中的应用。一是，大力发展网络数据服务业务。服务内容包括业务数据服务和信息技术服务。二是，积极发展开放源码软件技术。印尼研究与技术部会同通信和信息技术部等部委设立印尼开源软件奖。三是，建立地理空间信息系统开放式平台，推动地理空间信息开发与利用。2013年，印尼研究与技术部组织印尼六大经济走廊的6个城市开展区域科学数据和信息利用与共享培训，并利用开放式地理信息系统，设立Web GIS、空间数据库和空间信息分析三大模块，提升利用科学数据和信息技术水平，促进区域创新体系建设。四是，利用信息技术提升灾害预警和监测水平。为减少洪灾造成的农业损失，印尼在联合国国际水文计划支持下，建立洪水分析系统，实现洪水预报和预警。

（四）航空航天技术

1. 发布太空法推动国家太空活动发展

2013 年 7 月，印度尼西亚国会通过《国际太空活动法案》，为印尼开展太空活动提供了法律依据。《法案》提出了印尼开展太空活动的技术领域，包括发展空间科学、遥感卫星应用、掌握空间技术以及发射太空飞船等。法案还专门就与外方开展技术合作和融资活动做出规定，提出建立问责制和报告机制，强调外方不得干涉印尼开展太空活动。

2. 发布总统令推动遥感卫星数据服务国计民生

2012 年，印度尼西亚政府颁布《关于高分辨率遥感卫星数据提供利用和质量控制条例》，并于 2013 年正式实施。条例规定，国家财政拨付专项资金用于采购遥感卫星数据；建设国家空间数据基础设施；遥感卫星数据全社会共享。条例还明确了相关部门在原数据标准制定、数据质量控制等方面的职责。

3. 投入生产自主研发的无人机

印度尼西亚自主研发的无人驾驶飞机“乌龙”于 2013 年 4 月公开亮相并被军方批量订购，该机型配备有光学监控系统和飞行控制系统，设置有日光和红外线摄像机，主要用于印尼空军执行边界监测任务。

（五）交通运输技术

1. 推动国家发展电动汽车路线图的实施

印度尼西亚计划在 2014 年研发出电动汽车概念车，到 2018 年实现电动汽车批量生产。虽然印尼研发人员在多种场合展示其研发的电动汽车，但目前缺乏锂电池或专用电池是制约印尼电动汽车发展的主要障碍。

2. 发展民用飞机技术，采取技术整合和组件集成的技术路线

印度尼西亚航空公司投资生产的主要是 CN235 – 230、NC – 212 – 200 等型号多用途民用客机，NBO – 105、BELL – 412 和 NAS – 332C1 等 3 种型号直升机。目前正在开发涡轮螺旋桨飞机 R80，用于飞行距离少于 600 千米的航线，载客量为 80~100 名乘客。

（六）医疗卫生与生物医药

一是在传统医药培育领域取得成果。例如，万隆帕达达兰大学医学院研制出抗癌新药；印尼水产品加工和农业生物技术研究院；利用印尼丰富的海藻资源，研制出抗癌新药——抗肿瘤绿色海藻等。二是在登革热研究方面取得进展。印尼科研人员针对目前在印尼还没有治疗登革热的特效药，采用番木瓜、珠子草、印尼莪术等研制出的草药，被证明对于抗登革热有效果。三是建立被称为印尼血液库的信息系统，该系统实时提供印尼每一个红十字中心血液存量情况，确保及时准确向有需求的患者提供血液供给。四是推动大学和制药企业合作开发新药和医疗器械。泗水工学院、埃朗卡大学热带疾病研究所等两所国立大学与印尼制药、化工制药和生物制药等3家国有制药企业达成协议，利用大学科研成果开发新药和医疗器械。

四、开展国际科技合作

印尼政府十分重视国际科技合作，把国际科技合作作为培养科技人才，吸纳国际研发资金，提高自身科技水平的重要手段。

（一）双边国际科技合作

（1）印尼与美国科技合作涉及多个技术领域。一是加强碳贸易合作，印尼面临着森林保护和发展林区经济的双重压力，对国际碳贸易合作前景表示忧虑。二是美国承诺通过美国国际开发署与印尼以建立合作伙伴关系等形式开展合作，针对印尼方提出的在核技术安全方面的合作，美国表示愿意向印尼提供核电站监督训练。三是美国通用电气公司投资3亿美元，联合印尼国电公司、北塔米纳国油公司和鹰航公司等三大国企共建科技研发中心，为印尼能源和卫生保健领域基础设施建设、技术转移和提高人力资源质量提供科技支撑。

（2）印尼与德国在发展可再生能源和基础设施方面开展合作。德国投资4.58亿欧元的项目，包括热能发电站建设、废物管理系统、林业修复以及人员培训等，这是印尼和德国双边合作中投资总额最大的项目。印尼还希望与德国开展物流技术合作交流和转让合作。

（3）印尼和法国签署双边科技合作协议。双方同意在电动汽车领域开展合作，将由印尼科学中心和法国莱特科学中心共建科学与技术示范中心。

（4）印尼科学院与欧洲核子研究中心签署谅解备忘录。双方确定将开展基础科学合作研究，涉及的研究领域包括信息技术、光学、材料科学以及电子学等，但目前尚不包括高能物理领域。

（二）多边国际合作

2013 年 10 月，印度尼西亚利用主办亚太经合组织会议的有利时机，推动建立亚太经合组织科技与创新政策伙伴关系工作组，倡导召开科技和创新战略会议，并率先提出了印尼在科技与创新政策伙伴关系框架下拟采取的行动计划。另外，印尼将海洋可持续开发列为 2013 年亚太经合组织创新、研发和教育科学奖主题，涉及海洋学、水产养殖和渔业科学、水文地理与测量、海岸地理学环境科学以及生态学等多个学科，反映了印尼发展“蓝色经济”战略需求。印尼希望通过鼓励亚太经合组织各经济体成员间的合作研究，提出促进海洋和相关水域环境和经济可持续问题。

2013 年 9 月，印度尼西亚参加首届中国 – 东盟技术转移与创新合作大会，与中国和其他东盟成员国共同为中国 – 东盟技术转移中心揭牌，在东盟科技联委会框架下，落实东盟科技合作行动计划，加强重点领域科技合作。

2013 年 11 月，印度尼西亚主办第 34 届亚洲遥感会议。这是印尼第 2 次主办，体现了印尼政府加强遥感领域国际合作，利用遥感技术促进本国经济社会发展的迫切愿望。

（执笔人：胡永健）

以　色　列

2013年，以色列在航空航天、纳米技术、生物医药、计算机与通信、新能源、水技术等方面取得不少科技成果。有两位以色列籍科学家获得诺贝尔化学奖。根据世界经济论坛发布的《2013—2014年全球竞争力报告》，以色列在142个国家和地区中排名第27位；而在瑞士洛桑国际管理学院的《2013年世界竞争力年鉴》中排名第17位。

一、实施机构重组，加强科技投入

以色列科技工作实行首席科学家负责制，主要政府部门都设有首席科学家办公室。由科技和空间部（原科技部）、经济部（原工贸部）、国防部、农业部、卫生部、通信部、教育部、环境部、国家基础设施部等13个部门以及科学与人文科学院等机构共同组成了国家的科技决策体系，协调全国的科技工作。政府部际科技委员会是内阁的参谋决策机构，协调政府宏观科技工作。以色列新政府上台伊始，在新任部长雅科夫·佩里的推动下，科技部重组更名科技和空间部，旨在推动发展空间科学作为国家的优先战略。同时扩增以色列航天局的科研经费和科研范围，使用于空间研究的科研经费从不足300万美元猛增到4700万美元。

以色列的民用研发支出占GDP的比重多年来保持在4.4%左右，远高于OECD成员国和其他发达国家。根据中央统计局2013年7月公布的数据，2012年以色列民用研发总支出为394亿谢克尔，占当年GDP的4.0%，按2005年不变价计算，2012年比2011年增长了5.3%。此外，2013又有12个卓越中心投入运营，这些中心为以色列改革科研体制、增强基础科研能力、吸引高科技人才回流、占领尖端前沿科技阵地的重要手段。

以色列中央政府在民用研发方面的投入逐年增加，2012年投入53.4亿谢克尔，比2011年的50亿谢克尔增加了6.8%。中央政府的民用研发投入主要通过高等教育委员会和工贸部、农业部、科技部、基础设施部及其他各部的首席科学家办公室实施，大多以补贴和转移支付等方式资助大学、产业界和私人非营利机构的研发活动。以 2012 年为例，中央政府的研发投入中有 46% 的经费是普通大学基金（主要是提升大学的研究），38% 的经费通过工贸部等资助工业研发，7% 经费用于资助农业，其他则用于社会发展和基础设施等方面的研发。

二、优先发展重点领域，出台引才回流政策

2013 年，以色列政府出台了一批新的与科技有关的法律法规和政策。议会通过《禁止使用有机磷类农药的条例》、《空气质量标准》等法规。

为支持网络安全研究，启动“前进计划”、“马萨达计划”，设立学术基金和奖学金，培养网络安全专门人才，推动网络安全的产业化；以色列交通领域“能源选择计划”旨在推动科研人员从事降低对石油依赖性的研究。以色列争取在 2020 年对石油的依赖性减少 30%。以色列议会通过农业部提议的《禁止使用有机磷类农药的条例》，条例规定从 2014 年起分两步，逐步禁止有机磷类、三嗪类、氢类氯化物等类农药的使用。农业部将提供技术支持和补贴，以鼓励农民使用生物防治方法。

2013 年，以色列议会通过《空气质量标准》，该标准规定，申请新建工厂、新修道路、采石厂等项目，按照测算如果该项目的污染超标的话，将不会获得建设许可证；两年内将对所有正在运营企业的排污情况进行检查，超标企业强行关闭。而且标准第一次将 $PM_{2.5}$ 列入了空气质量检测指标，按照该标准，$PM_{2.5}$ 在 25 微克/立方米及以下被视为最佳空气质量。

以色列人才和科技资源的人均拥有率全球领先。全国人口中 20% 以上的人员有大学及以上学历，每万人口中科学家和工程师数高达 145 人。根据以色列中央统计局公布的数据，2012 年以色列的教育经费支出达 800 亿谢克尔，占当年 GDP 的比例为 8.1%，这一比例高于 OECD 的平均水平。

以色列政府为吸引世界各个领域的杰出科学家和研究人员回国工作，从 2010 年 3 月起启动了一项特殊的引进计划，该计划将在 5 年内耗资 13.5 亿谢克尔建立 30 个卓越中心（I-CORE）。首批 4 个卓越中心已经于 2011 年 6 月开始运营，4 个中心共吸引了 14 名海外顶级以色列科学家并获 3.6 亿谢克尔的政府资金资助。第 2 批的 12 个卓越中心于 2013 年 5 月开始运行。12 个新建中心将从国际知名研究院所或者大学引进国际知名科学家 120 人，50 名专业带头人。

三、高技术产业实力雄厚

高技术产业是以色列的最重要产业。以色列制造商协会发布的数据显示，从

2001年以来，以色列的高技术产业产值占工业总产值在46%以上（除2008年，42.2%除外）。政府通过实施《鼓励产业研发法》和技术孵化器计划、建立风险投资基金和科技产业园区、吸引跨国公司投资、提供出口补贴等政策，推动高技术产业发展。

（一）生命科学产业

以色列生命科学产业全球闻名，生命科学领域的创业公司发展势头强劲，也是以色列投资最火热的领域。2013年以色列的脑科学、肝细胞研究等领域取得丰硕成果，研发出一批基于生物材料的医疗器械。Bonus Biogroup有限公司在海法建成世界第一个再生骨生产厂。

（二）纳米技术产业

2013年以色列的纳米领域取得令人注目的科研成果，魏兹曼科学院开发出用于太阳能板的纳米材料，能吸收98%的可见光，大幅度提高能源的转换效率；特拉维夫大学利用纳米技术和生物技术研发出一种可有效检测水污染的芯片；以色列理工大学发现了氧化铁纳米材料的特性，研制出可同时进行光伏发电和制氢的实验室装置等。

（三）水技术产业

以色列被誉为世界海水淡化的先导者。以色列的IDE公司独家拥有低温多效与反渗透两项技术，凭借较其他技术的投资少、耗能低、造建周期短等优势占据了全球90%的海水淡化市场。2013年以色列每年通过海水淡化生产5亿立方米的生活用水，以色列全国35%的生活用水来自海水淡化。

（四）新媒体产业

新媒体是以色列出口协会为区别传统电信产业而提出的一个概念，新媒体产业是以互联网为代表的现代信息技术基础上发展起来的新兴高科技产业，如网络应用与服务、电子商务、在线广告、娱乐与视频、搜索引擎、社交网站、数字广播、数字电视、电子内容制作、传输与管理、电子游戏等。2013年6月，谷歌击败苹果、脸书以及三星等公司，斥资10多亿美元收购以色列导航软件开发公司WAZE，这是2013年以色列IT领域最大的一宗收购案；IBM公司斥资7亿美元收购以色列数据安全公司，斥资2.5亿美元收购Red Bend软件开发公司；11月苹果公司收购以色列3D扫描技术公司PrimeSence。网络安全方面，以色列为了建设全球网络安全5强的目标，网络安全局2013年启动了多个项目推动网络安全防御科研和产业化。

四、重要科技发展动态

2013 年，以色列在航空航天、纳米技术、生物医药、计算机与通信、新能源、水技术等方面取得不少科技成果。魏兹曼科学院数学研究所教授沙菲·戈德瓦赛和一位美国麻省理工学院教授获得 2012 年“图灵奖”，奖励他们在在线交易安全性方面所取得的开拓性成果。沙菲是魏兹曼科学院第 3 个获得图灵奖的科学家，她的科研成果奠定了现在密码学的数学基础。

以色列理工学院研发出的机器蛇根据工作目标不同，被设计成不同大小、直径和长度。其中，搜救机器蛇可用于战场情报搜集、城市搜救等。还研发出了用于医学微创手术的微型机器蛇，以及康复理疗、视频游戏等用途的机器蛇。相对传统的机器人，以色列理工学院研发出的机器蛇有体积小、重量轻，可以灵活组合，信息传导迅速等优点。

特拉维夫大学的科研人员通过一个简单的方法，采集病人鼻腔中的组织做活检测试，根据病人和常人神经元组织中的 microRNA 的差异表现，来诊断患者是否患有精神分裂症。该技术不但缩短了诊断时间，而且提高了诊断准确性。特拉维夫大学的科研人员还发现黄金纳米纤维在工程化心脏组织中可增强电子信号，优化细胞间的电子传输，由于工程心脏组织中加入了金粒子心脏组织收缩更有力，并且跳动节律可控。这是科学家竭力寻找的用于修复受损心脏的“补丁”的最佳材料，未来心脏病患者将拥有一个金子一般的心而摆脱疾病困扰。

以色列 Insightec 技术公司宣布，他们研制出不用在颅骨开口便可实施无创伤的神经外科手术的设备。该技术基于 MRI 扫描提供的准确脑部图像，然后使用 1000 倍聚焦超声波束穿透头骨进行病灶的清除。

希伯来大学和魏兹曼研究人员一起发明了一种高速、低消耗的电脑存储技术，解决了目前电脑存储设备动态 RAM 内存必须定时刷新，静态 RAM 在电脑突然断电之后导致资料丢失等问题。这项技术不需要永久性磁铁，而且使存储的最小单位达到单个纳米颗粒。

以色列环保部给 Arrow Ecology 环保公司投资 700 万谢克尔，在海瑞亚市的垃圾填埋厂址上建设一个利用有机生活垃圾发电的绿色发电厂，初始阶段的日处理垃圾能力 201 吨，日发电量 2 兆瓦，生产堆肥 100 吨。该发电厂是将有机垃圾进行厌氧消化发酵，产生的沼气用来发电，让垃圾变废为宝，同时减少了垃圾填埋对环境的危害。以色列在过去 2 年里已投资 1200 万谢克尔在全国内建设 6 个同样的绿色发电厂，总的日垃圾处理量将达到 3200 吨。

五、国际科技合作稳步发展

以色列国际科技合作稳步发展，重点是推动高科技产业研发合作，与美国、韩国、新加坡等国家的双边基金在推动科技合作方面发挥了重要作用。

（一）与欧盟的科技合作

2013 年以色列与欧洲的合作关系随着欧洲和以色列政府的外交纷争而出现了裂痕。但经过两轮会谈，双方最终达成一致并签署协议，以色列将会从《地平线 2020》中获得 3 亿欧元的科研经费。

（二）与美国的科技合作

2012 年，双边农业研发（BARD）基金共出资 1965 万美元支持了 22 个合作项目；2013 年 7 月出资 1100 万美元用于资助医疗器械、3D 打印、数字化技术、国土全防卫等领域的 14 个项目的研究；该基金 36 年内共投资 3 亿美元，资助了 863 个项目，经济效益达 100 多亿美元。

（三）与中国的科技合作

2013 年 10 月，第二次中以科技创新联委会确定了 9 个 2014 年度中以产业技术研发合作项目，其中双方将共同支持 5 个项目，以方单独支持 4 个项目，并确定了下一批项目的合作领域为生物医药与生物纳米技术；材料科学、清洁能源和再生能源。

在基础研究领域，中国国家自然科学基金委员会与以色列科学基金会开始启动“国家自然科学基金委员会与以色列科学基金会合作研究计划”。

在农业领域，2013 年 5 月以色列农业部与中国签署“中以关于促进农业科技创新的合作协定”，并于 2013 年 10 月双方会谈确定了征集项目的领域：可持续农业、小麦耐性新品种培育、农作物抗逆性的生化特性、奶牛养殖等。

（执笔人：王向社）

哈萨克斯坦

近两年，随着哈萨克斯坦国家经济的稳定运行和发展，其科学技术体系日益完善，科研队伍日益壮大，科技投入不断增加。科技在哈萨克斯坦国民经济和社会发展中的地位和作用逐渐增强。

一、重要科技数据统计

2012 年，尽管外部经济环境不利，哈萨克斯坦国内经济仍实现了 5% 的增速，人均 GDP 超过 1.2 万美元。2012 年，国家研发总投入约 512.5 亿坚戈（约合 3.44 亿美元），占 GDP 的 0.17%，科技投入总经费约 509.3 亿坚戈（约合 3.42 亿美元）。工业技术创新投入约 1685 亿坚戈（约合 11 亿美元），创新总产值约 3790 亿坚戈（约合 25 亿美元），占 GDP 的 1.25%。截至 2012 年底，哈萨克斯坦全国共有研发机构 345 家，从事研发工作的组织结构比例为私人非商业组织占 7.4%，企业占 38.5%，高校占 28.9%，政府占 25.2%。全国研发人员总数为 20 404 人，研发人员月平均工资 14.6 万坚戈（约合 982 美元）。

二、重大科技规划

哈萨克斯坦政府于 2013 年 3 月通过《2013—2017 年哈萨克斯坦清洁能源开发科技计划》，其主要内容包括：编制《2050 年前未来哈萨克斯坦可再生能源战略》；加强多晶硅、硅片太阳能电池板和组件垂直一体化生产技术研发及生产；编制哈萨克斯坦可再生能源潜力分布图；生产节能复合型照明灯具；支持地热水、太阳能光伏、热能、风能、水能、生物能应用技术研发及样机生产；实现生物质废弃物制取发生炉煤气、生物柴油、活性炭技术研发；支持等离子处理有机废弃物、制取新一代发电机燃料技术研发；利用碳纳米管生产太阳能热水器；加强宇宙太阳能发电站模型和地面无线输电试验台模型研发和制造。

三、重要科技发展动态

（一）哈萨克斯坦农工联合体正在实施37项创新项目

哈萨克斯坦农业创新集团正在实施专项拨款框架内的37项科研项目，共有48所科研单位联合参与。创新研究项目涉及农工联合体所有基本领域和哈萨克斯坦所有农业区域，包括土壤墒情保护技术、种植业多元化研究、农作物中耕创新技术、畜牧牛基因组育种的应用以及植物保护生物学方法的研究等。

（二）设立九类国家创新基金

随着《国家支持工业创新法》的顺利实施，哈萨克斯坦教科部在2013年设立九类国家创新基金。其中，青年创新者在初创阶段可以获得资助5000万坚戈（约合32.89万美元）；技术商业化基金为3000万坚戈（约合19.74万美元）；工业研究基金为3000万坚戈（约合19.74万美元）；国外或本国申请专利相关基金为625万坚戈（约合4.11万美元）；生产管理技术在企业应用相关基金为1500万坚戈（约合9.87万美元）；工程技术人员国外培训基金为200万坚戈（约合1.32万美元）；引进国外高技能专家基金为900万坚戈（约合5.92万美元）；引进工程咨询设计公司基金为3500万坚戈（约合23.03万美元）；引进技术基金为1.5亿坚戈（约合98.68万美元）。

（三）启动国家碳交易平台

哈萨克斯坦政府2013年启动了本国碳交易平台，旨在减少温室气体排放，推广应用低碳技术。2013年国家温室气体排放配额分配计划涉及178家企业，涵盖工业、能源、煤炭开采、石油天然气等行业，二氧化碳排放总量共计1.472亿吨。

（四）开建阿里·法拉比大学创新集群基地

阿里·法拉比大学2013年承担了哈萨克斯坦阿拉套信息技术科技园三期建设项目——阿里·法拉比大学创新集群基地建设。创新基地建设项目已纳入哈萨克斯坦《国家创新发展和支持技术现代化规划》。建设该基地的目的是使包括阿里·法拉比大学在内的高校和科研单位最具发展前景的科研成果产业化，并建设一批创新型示范企业。产业集群建设将通过官方与民间投资有效合作机制来实施。目前，哈萨克斯坦已与韩国、香港、新加坡等国家和地区投资者达成了5亿美元的实质性投资协议。

（五）建设50个高精度卫星导航基站

目前，已完成50个高精度卫星导航系统建设任务，并于2013年底完成安装调试。高精度卫星导航系统项目总造价12.23亿坚戈（约合804.61万美元），由哈萨克斯坦政府财政全额拨款，定位精度在2米以内，技术再处理后精度可达厘米级。系统的主要服务对象是国家机关、国有公司、私营企业和普通用户。

（六）成立生物学家协会

2013年10月，哈萨克斯坦生物学家协会在国家生物技术中心成立，其使命是促进国家各经济领域生物技术的发展，形成生物技术科研成果转化的有效机制，加强哈萨克斯坦生物技术领域的国际科技合作与交流。

四、国际科技合作

（一）与美国的合作

2013年3月，哈萨克斯坦国家技术发展股份公司与美国 Innovaro Inc 创新咨询公司签订合作协议，双方商定开展联合研发、共同实施合作项目、技术转让、科技信息互换等合作。10月，哈萨克斯坦国家石油天然气股份公司与美国斯伦贝谢公司签订技术合作协议，涉及哈萨克斯坦现有油田评估和最佳化开采、应用美方先进地质勘探技术、美方培训哈方技术专家等内容。

（二）与法国的合作

2013年10月，哈萨克斯坦国家石油天然气股份公司与法国瓦卢瑞克·曼内斯曼钢管公司签订合作协议。双方商定在哈境内成立合资公司，法方以钢管及管接件先进制造技术入股。

（三）与捷克的合作

2013年2月，哈萨克－捷克工程技术中心在阿斯塔纳成立。该中心位于哈萨克斯坦首都科技园区，注册资本16.7亿坚戈（约合1113万美元）。其中，捷克投资2/3，包括11台现代化精密机床、现代化焊接设备、培训哈方专家及技术转让等。

（四）与吉尔吉斯斯坦的合作

2013年5月，哈萨克斯坦国家技术发展股份公司与吉尔吉斯斯坦国家知识产权和创新局签署创新技术领域合作协议。根据协议，双方将共同采取措施，为创新发展营造良好环境，共同发展创新基础设施，加快建设国家创新体系，建设一批特别经济区、科技园区等其他支持创新型中小企业发展的基础设施项目。双方还规定，相互提供咨询和评审，进行经验交流，举行专家培训班和创新培训班。

（五）与韩国的合作

2013 年 5 月，哈萨克斯坦国家技术发展股份公司与韩国科学技术信息研究院签署谅解备忘录。双方商定在科技交流、科研信息管理系统、提高科技潜力以及国家信息系统管理等方面开展合作。

（六）与日本的合作

2013 年 2 月，哈萨克斯坦副总理、工业和新技术部部长率团访问日本，出席哈日企业家合作委员会第 4 次会议。双方在“中亚 + 日本”对话框架内，就日方对哈方转让先进技术，协助哈方完成国家重大科技计划达成共识。包括：生产过程自动化、原子能领域合作、发展新能源、哈方访问日方高新技术数据库、筹办 2017 年世博会等。随后，日本科学技术振兴机构许可哈萨克斯坦国家技术发展股份公司使用其 J-Store 数据库。该数据库包括日本大学、科研院所科研成果及专利、技术和产业化项目等信息。

（七）与欧洲的合作

2013 年 3 月，哈萨克斯坦国家技术发展股份公司同欧洲战略信息咨询公司签订合作协议，成立哈 - 法技术转移中心，双方在对方互设代表处，有力加强了双方在创新领域的合作。

（执笔人：李庆伟）

澳大利亚

2013年是澳大利亚大选之年，政府更迭、部门调整、机构重组、人员变动，科技主管部长更是五易其主，部门职能也历经3次调整，政府对科研的投入有所减少，并缺乏长期规划，给澳大利亚的科技界带来不少困惑和担忧。但澳大利亚也出台了一些新的政策支持科技发展，原有的科技计划也取得了一定的进展。

一、改革科技管理体系

2013年，澳大利亚科技主管部门变化频繁，1年之内，科技主管部门职能历经3次调整，由原来的工业、创新、科研与高等教育部（DIISRTE）到工业、创新、气候变化、科研与高等教育部（DIICCSRTE），再到目前的工业部；科技主管部长也是五易其主，最后由内阁成员、国会议员伊恩·麦克法兰（Ian Macfarlane）出任新成立的工业部部长。

（一）科技主管部门三变职能

2013年澳大利亚科技主管部门先后3次调整，职能不断增减。3月，时任总理吉拉德宣布气候变化与能效部（DCCEE）职能中的很大一部分划归原工业、创新、科研与高等教育部（DIISRTE），其中包括清洁能源监管机构和气候变化局。由此成立了新的澳大利亚科技主管部门：工业、创新、气候变化、科研与高等教育部（DIICCSRTE）。将气候变化职能加入该部门，进一步强化了其经济作用，表明澳大利亚政府认识到减缓气候变化对澳大利亚造成的影响需要经济转型。

9月，澳大利亚新当选总理托尼·阿博特（Tony Abbott）颁布由总督签发的政府设置令，成立新的澳大利亚科技主管部门——工业部。新组建的工业部职能也有所调整：保留了科技管理职能，包括科技政策制订、科研经费管理、科技基础设施建设等，澳大利亚最大的政府研发机构“联邦科工组织”（CSIRO）继续归新工业部管理；将高等教育、气候变化、小企业政策职能分离出去，分别划归新的教育部、环境部和财政部；将国际教育职能划归教育部和澳大利亚贸易委员会；将可再生能源划归新的环境部，但保留了可再生能源技术开发职能；撤销原资源、能源与旅游部，将其职能划归新工业部，这意味着工业部的职能将专注于建立一个包含众多大型产业在内的，更加高效、更具竞争力和创新力的经济。

10月，新政府再次颁布由总督签发的政府设置令修正案，对部分政府部门的职能和机构划分进行了调整。其中，涉及科研方面的内容主要是将科学与研究进行区分，将部分工业部职能管辖的涉及高校的研究职能、基础设施和奖学金等划归新的教育部。具体包括：在工业部的职能中，将协调研究政策改为协调科学研究政策，取消了建立和发展研究基础设施职能，取消了研究经费和奖学金职能，增加了国际科学事务；相应地，在教育部的职能中，增加了协调涉及大学的研究政策，增加了建立和发展研究基础设施职能，增加了研究经费和奖学金职能，在原有对国际教育职能的政策、协调和支持之上，增加了对国际研究事务的政策、协调和支持职能；将主要负责研究大学科研经费管理的澳大利亚研究理事会（ARC）从工业部划归教育部。

（二）调整科技主管部门机构设置

与陆克文-吉拉德时代的“超级部”将相关政策领域放在一个大的职能部门之下的做法相比，阿博特政府对新部门的结构进行了简化，希望通过重组政府部门，简化政府事务管理，明晰责任，确保各部门履行政府的关键重点任务。新成立的科技主管部门——工业部在政府部门职能变更完成之后，接连2个月2次调整其内部机构。目前，工业部下辖5个科研和管理机构以及5个职能机构，科研和管理机构包括澳大利亚核科技组织、联邦科工组织、澳大利亚海洋研究所、澳大利亚技能质量局和国家海洋石油安全与环境管理局；职能机构包括反倾销委员会、首席科学家与首席科学家办公室、澳大利亚可再生能源局、澳大利亚劳动力与生产力局和高等教育、技能与就业国家咨询委员会。同时，工业部还代管2个政府职能机构，包括澳大利亚地球科学局和澳大利亚知识产权局。

（三）任命国家科学与数学教育和工业顾问

除首席科学家伊恩·查布（Ian Chubb）教授作为独立顾问，直接向科技主管部长汇报外，2013年2月，澳新任命罗斯林·普林斯利（Roslyn Prinsley）博士为国家科学与数学教育和工业顾问，进一步协助首席科学家向政府提供政策建议，帮助应对新兴科学、技术、工程和数学技能的短缺问题。

二、科研投入持续下降，引发科技界担忧

为改善政府财政状况，近一年来澳大利亚新政府多方削减政府开支，而科研似乎成为这一过程中的替罪羊。

2011—2012 财政年度①，澳大利亚企业研发经费支出 183.21 亿澳元，政府机构研发经费支出 35.33 亿澳元，私营非营利机构研发经费支出 9.25 亿澳元，分别占 GDP 的 1.24%、0.24% 和 0.06%。上述研发经费支出中来自澳大利亚政府对科研的经费投入为 91.14 亿澳元。2012—2013 财年政府对科研预计投入 89.74 亿澳元，2013—2014 财年预计预算为 86.44 亿澳元，3 个财政年度政府科研投入占澳大利亚政府全部支出比例分别为 2.41%、2.35%、2.17%，占 GDP 比例分别为 0.62%、0.59%、0.54%。可见，澳大利亚政府对科研的投入，无论是其投入实际经费或预算的额度，还是其科研投入在政府整体支出中所占比重，或者是政府的科研投入占 GDP 的比重，在这 3 个财年中均呈现持续下滑的趋势。

澳大利亚政府对科研投入持续减少，并缺乏长期规划，给澳大利亚科技发展带来了不确定性，也使澳大利亚科研人员感到忧虑和担心。2013 年 12 月，澳大利亚科学院（AAS）向澳大利亚国家审计委员会提交建议，提醒澳大利亚科研投入正在倒退，将会导致澳大利亚优秀人才流失，并敦促政府通过对科学和创新的投入来建立强劲的经济和应对迫在眉睫的问题，从而形成能够处理未来问题的手段。

三、明确战略重点，鼓励科研创新

（一）明确战略重点，支撑经济繁荣

为确保澳大利亚拥有多样和富有活力的经济以实现未来的繁荣，原工业、创新、气候变化、科研与高等教育部在其 2012—2013 财政年度工作中，确定了 6 个关键战略重点，其中位列第一的就是“加强并关注科学研究、科学活动及科学意识”，强调教育青年更好地懂得科技的价值并使之成长为有着国际联系的、支持有力科研基础的智力库，同时与工业界合作开发新的产业、产品、服务和技术诀窍。此外，战略重点还包括“有助于国家和全球有效地应对气候变化，包括澳大利亚经济的必要转型”，指出为达到澳大利亚碳排放减排目标，需要确保商业投资、研究和创新鼓励开发和使用低碳技术；“培育合作环境”，强调建立政府、工业和教育、培训及科研界的网络，加强合作，促使澳大利亚成为科研和创新优

① 澳大利亚财政年度从上一年的 7 月 1 日起，到本年的 6 月 30 日止。

秀资源的目的地和中心。

2013 年 6 月，工业、创新、气候变化、科研与高等教育部发布了 15 个新的战略研究重点，以解决澳大利亚所面临的 5 个方面的社会挑战：生活在一个不断变化的环境下，促进人口健康与福利，管理食品与水资产，确保澳大利亚在变化世界中的地位，提高生产力与经济增长。政府资金将向这些领域倾斜，帮助国家更好地应对最为重要的经济、环境和社会挑战。2013—2014 财年将作为新战略研究重点取代现有国家研究重点的过渡期，2014 年 7 月起将全面实施新的战略研究重点。同时，每 3 年对研究重点进行一次评估，作为制定下阶段国家研究投入规划的一部分。

（二）鼓励科学研究，倡导创新合作

在科研方面，澳大利亚政府通过一系列措施鼓励研究人员、高校、工业界和公众的创新与合作，并与国际同行一同推进科研和创新的全球合作。

2013 年 6 月，澳大利亚“科技馆科技学习中心”（QTLC）正式揭幕。该中心是澳大利亚首个可以让中学生将其创意转换为创新和发明的地方。澳大利亚政府为其投入 1630 万澳元。此外，在 2013—2014 财年预算中，通过国家合作研究基础设施计划，投入 1. 859 亿澳元用于今后 2 年支持澳大利亚研究人员能够使用主要的国家研究设施与网络。

四、重大科技计划执行情况及发展动态

（一）合作研究中心计划

合作研究中心计划（CRC）从 1991 年 3 月开始实施，是目前为止澳大利亚实施最长的科技计划。该计划以促进产学研结合为宗旨，以支持建立和扶持新兴产业为目的，通过政府、研究机构、企业三方合作，共同匹配资金进行研发、中试、工业化试验等，按照国家确定的优先领域，促进国家急需产业的发展。同时，该计划为国家培养所需要的科研人员和产业工程技术人才。从 1991 年开始，政府投入 35 亿澳元，先后共资助了 196 个合作研究中心，参与中心的研究机构和企业的投入为 114 亿澳元。从 2010 年开始，合作研究中心计划由原来每两年评审一次改为每年评审，资助时间从 7 年延长到 10 年。迄今，合作研究中心计划已经进行了 16 轮评选。

（二）国家旗舰研究计划

国家旗舰研究计划是澳大利亚最大的单项研究计划，其宗旨是通过开展大范围、多学科的联合研究，解决国家面临的重大科技挑战。2012—2013 财年，联

邦科工组织对国家旗舰计划的直接投入增长7%，从42%提高到49%，即联邦科工组织将其49%的资源投入到11个国家旗舰研究计划中。同期，联邦科工组织以外的旗舰计划合作伙伴对国家旗舰研究计划的经费支持为2.7亿澳元，比上一年增加0.58亿澳元，相当于整个旗舰计划投入的40%。截至2013年6月30日，联邦科工组织对旗舰合作基金的投入已达1.24亿澳元，其中2012—2013财年投入1700万澳元。

迄今为止，澳大利亚共启动了12项国家旗舰研究计划，目前有11个计划正在运行中，包括能源、适应气候变化、粮食未来、未来制造、可持续农业、为了国家健康的水、澳洲矿产、预防医学、海洋财富、数字生产力与服务、生物安全。其中数字生产力与服务旗舰计划和生物安全旗舰计划是2013年正式启动的两项新的国家旗舰计划。数字生产力与服务旗舰计划的主要目的是用数字技术开发和创造更有效的服务，提高澳大利亚人民的福利水平，促进经济繁荣，力争在2025年前实现每年40亿澳元的经济增加值；生物安全旗舰计划的主要目的是减少外来病虫害和疾病对于澳大利亚的影响，保护澳大利亚的生态安全，力争在2042年以前消除外来生物对于澳大利亚的负面影响。

（三）澳大利亚研究理事会的计划

澳大利亚研究理事会（ARC）是管理澳大利亚高校科研经费的主要机构，2012—2013财年的总支出为9.07亿澳元，其中8.85亿澳元用于项目资助。本财年经过11轮筛选，澳大利亚研究理事会收到的6151份项目申请中有1435项获得研究经费资助。项目规模有为期2年、经费6万澳元的探索计划项目，也有为期4年、经费1600万澳元的专项研究计划下的学习科学研究中心项目。2013年6月28日，澳大利亚研究理事会宣布，投入1.018亿澳元，从7月1日起为期3年资助306个联系项目。

2012—2013财年，澳大利亚研究理事会引入新的“公开获取政策”。该政策作为澳大利亚研究理事战略规划重点行动，自2013年1月1日起正式实施，要求由澳大利亚研究理事会支持的研究项目产生的任何发表的文章，除非涉及知识产权的限制或文化敏感数据，否则必须在发表之日起12个月内放入一个可开放获取的知识库。这一政策的首要目标是确保公共资助的研究可尽快被更广泛的公众所获知。

（四）国家健康医学研究理事会的计划

国家健康医学研究理事会（NHMRC）是澳大利亚公共卫生和医学领域的最大的政府科研资金的管理机构，每年掌管约7.8亿元的政府研究经费，主要负责审批和拨款支持健康与医学研究的科研活动、科研基础设施建设及人才培养。

2012—2013 财年，澳大利亚政府通过医学研究资助账户（MREA）对健康医学研究拨款总计 7.09 亿澳元，而国家健康医学研究理事会用于健康医学研究的资助经费共计 7.63 亿澳元。这也是国家健康医学研究理事会对医学研究资助账户之前年度累积资金的有计划的支出。2012—2013 财年末，该账户结余 2.14 亿澳元。在该财年，通过该账户新获得的资助经费合计 9.12 亿澳元，这些经费将在今后 6 年之内拨付使用。

此外，澳大利亚政府还为新的医学研究拨款。2013 年 10 月 23 日，澳大利亚总理托尼·阿博特宣布拨款 5.591 亿澳元用于澳大利亚健康医学研究，促使澳大利亚有新的健康发现。这一新的资金将通过国家健康医学研究理事会的三类研究资助计划和五种奖学金计划对 963 项资助加以支持。国家健康医学研究理事会通过这些计划收到了 5000 多份申请，所有申请经过严格公开且竞争性很强的同行评议，有 19% 的申请获得了资助。

五、前沿、优势领域发展现状和主要进展

（一）发布《卫生与健康研究战略评估》报告

2013 年 2 月，《卫生与健康研究战略评估》报告发布，为澳大利亚提供了一个 10 年的卫生与健康研究战略规划。其中包括：确保对于研究人员从职业间歇中返回研究时，资助计划具有灵活性；评估资助标准以确保澳大利亚研究理事会（ARC）与国家健康医学研究理事会提供的支持间宁可重叠而不能有缺口；在关键领域支持能力建设，包括基因组学、生物信息学、生物统计学、健康经济、健康服务研究等等。

（二）重新评估国家宽带网络计划

上届工党政府启动了澳大利亚有史以来政府投入最大的工程——总投资达 374 亿澳元的国家宽带网络（NBN）计划，希望使澳大利亚的信息通信技术得到进一步的发展。自由党 - 国家党联盟上台后撤换了国家宽带网络公司负责人，并开始对原来的计划重新进行评估，以找到一种更经济的方法并以更快的速度建成国家宽带网络。

（三）应对气候变化前景尚不明朗

2013 年 3 月，对生产力委员会关于阻碍有效适应气候变化的询问，澳大利亚政府发布回应。政府拟通过澳大利亚气候变化科学计划和适应气候变化计划支持科研活动，通过自然资源管理计划支持区域规划者适应气候变化的影响。

6 月，工业、创新、气候变化、科研与高等教育部发布《气候适应展望：国

家适应评估框架建议》，审视了澳大利亚在管理无法避免的气候变化带来的影响方面是否到位，强调了对新出现的气候适应问题将影响澳大利亚的企业和居民的认知，展现了一个思考澳大利亚如何管理气候变化带来的风险系统的框架。报告还开始研究能帮助测量澳大利亚较好适应气候变化的参数。

然而，随着9月澳大利亚大选工党政府败选、自由党和国家党联盟上台，2012年7月1日刚刚引入的碳价机制（以每吨23澳元的定价征收碳排放税），在仅仅实施1年之际即面临将被废除的命运。新一届政府10月15日于联邦政府网站发布了撤销碳税的立法草案。“碳税废除法案”一旦获得通过，澳大利亚政府将于2014年7月起废除碳税。碳税一旦被废除，因不再需要其现有职能，气候变化局也将随之撤销。澳大利亚政府还将就“直接行动规划”及其核心组成“减排基金”的设计分别进行咨询。

（四）赢得平方千米阵列射电望远镜项目设计阶段研发合同

2013年澳大利亚在平方千米阵列射电望远镜项目（SKA）上有所斩获。11月，相关研究机构和公司被选中承担平方千米阵列射电望远镜的设计阶段的相关研发工作。在这一国际大科学工程1.2亿欧元研发工作包的任务中，澳大利亚将牵头2个工作包，参与其他5个工作包。

澳大利亚政府通过“SKA前期建设资助计划”，投入近1900万澳元支持澳大利亚参与该望远镜设计阶段的工作。鉴于这次成功中标，这些机构自身将另外投入1750万澳元作为共同投资，以确保完成任务。

六、国际科技合作

2012年，澳大利亚政府全面终止了国际科学联系计划（ISL），重点支持与中国和印度的国际科技合作。2013年，中澳科技合作稳步发展，澳印科技合作继续推进。

（一）中澳科技合作稳步发展

因2013年9月澳大利亚举行大选，原定的中澳政府间科技联委会暂定推迟到2014年4月举行。此外，由于澳方科技主管部门职能及部长频繁变更，使得双方科技界高层交往较以往有所减少，但双方常规科技合作仍取得不同程度进展。

1. 高层领导访问有力推动双方科技合作

2013年4月9日，正在中国访问的澳大利亚总理朱莉娅·吉拉德女士出席中澳科技和教育40年成就招待会并为中澳联合研究中心揭牌。6月3日，科技部部长万钢会见了在中国访问的澳大利亚西澳州州长（兼州科技部长）科林·巴奈特一行。万钢表示，科技部与西澳州在“中澳联合研究中心”和平方千米阵列射电望远镜（SKA）国际大科学工程等方面保持着良好的合作关系。中方愿意与西澳州在矿产资源、食品安全与保障、环境保护、生物医药与中医药、青年科技人员交流等领域加强合作。

2. 中澳青年科学家交流计划顺利开展

自2006年4月中澳两国政府签署《中澳青年科学家交流计划执行协议》以来，中澳科学家之间的人员交流和往来不断深入。双方青年科学家的交流互访带动了两国在生物技术、纳米技术、新材料、清洁能源、农学、气候变化、地球物理学等方面的深入合作。2013年，中方选派15名、澳方选派16名青年科学家分赴对方国家的相关单位开展为期两周的考察和交流活动，密切关系，发掘共同感兴趣的合作项目，并与相关单位签订了联合研究、学生交流等一系列合作协议。

3. 中国卫星“驰援”澳大利亚林火救灾

2013年10月17日，澳大利亚新南威尔士州发生了20世纪60年代以来面积最大的森林火灾。火灾发生后，根据澳方需要，中国相关机构为澳方提供了卫星遥感监测图片和信息数据。这些卫星影像与澳方从其他国家收到的图片一起，成为地球科学局科学家们绘制火灾地图、监控火灾形势的重要依据。

（二）澳印科技合作继续推进

澳大利亚－印度战略研究基金是迄今为止澳大利亚与单一国家建立的最大的双边科技合作基金，重点支持两国科学家在癌症、海洋科学、农业科学、水资源管理和纳米技术等领域的创新与攻关研究。2013年，有23项澳－印合作项目获得批准，其中包括合作研究项目11项、有终端用户合作伙伴的合作研究项目4项、在澳大利亚举行研讨会的项目4项、在印度举行研讨会的项目4项，澳方共计资助506.49万澳元。

（执笔人：李　捷　徐　捷）

新　西　兰

2013年新西兰总体经济发展态势继续向好，财政赤字减少，全球竞争力首次跻身世界第18位。新西兰政府继续加大科学与创新投入力度，在财税、专利等方面实施刺激创新的新政策，发布了举国关注的十大科学挑战计划，成立先进技术研究院，提出建设国家农业创新中心方案，留住和吸引高层次人才。

一、科技发展概况

根据2013年8月新西兰统计局发布的最新《研发调查报告（2012年）》，2012年新西兰全社会研发支出26.25亿新元，占GDP的1.27%，基本与2010年持平。从统计数据看，有如下特点：研发强度较经合组织国家仍差距明显；研发投入中政府是最主要来源。新西兰研发经费来源，2012年政府研发投入为10.78亿新元，占研发投入总数的41.4%，企业研发投入经费为10.49亿新元，占当年研发投入总额的40%；企业研发支出增势迅猛，2012年为11.93亿新元，占当年研发经费支出总额的45.4%，企业研发支出占GDP的比例变化较为显著，由0.51%增加到0.58%；应用研究支出增加最多，2012年首次超过10亿新元，占全部研发支出的41%。政府是生命科学领域的主要投资者。生命科学对靠初级产业立国的新西兰非常重要。2012年新西兰全社会的生命科学研发支出为4.95亿新元，比2010年减少0.1亿新元。其中政府研发支出最大，为2.02亿新元；企业研发支出为1.11亿新元，较2010年增加0.21亿新元；高等院校研发支出为1.82亿新元，比2010年减少了0.11亿新元。

2013年5月新西兰政府发布的2013—2014财年预算报告，其中，跨部门政府科学与创新总投入由上一财年的12.4亿新元增加到13.6亿新元，增加了1.2亿新元，过去4年总共增加了28%。其中，科学与创新预算为9.27亿新元（增加了0.94亿新元，增幅为11%），高等教育预算为3.13亿新元，初级产业预算为0.98亿新元，其他政府部门预算为0.18亿新元。新西兰政府提出，为增强国际竞争力和生产效率，需要为经济增长的关键驱动力——科学与创新增加2亿新元，主要包括：新增企业研发资助0.75亿新元；初创企业返还式资助0.31亿新元；国家科学挑战计划0.74亿新元；基础研究马斯顿基金0.2亿新元。2013—2014财年，新西兰科学与创新部的预算分配如下：皇家研究所（CRI）核心拨款为2.02亿新元；生物经济、高附加值制造业和服务业等六大领域研发及应用3.03亿新元；企业跨年度研发资助1.45亿新元；国家科学挑战计划0.42亿新元；马斯顿基金0.52亿新元。

新西兰研发人员总数呈持续增长态势。2012年，按全时当量统计的研发人员总数为2.84万人，比2010年增加了1600人，其中企业研发人员较2010年增加了21%。在研究人员中，高等院校占1.41万人，所占比例最高，但其中80%是从事研究的学生，主要是硕、博士研究生。

另据新西兰知识产权办公室2011—2012财年最新数据，新西兰专利注册总数为35 853件，比上一财年增加了1043件；外观设计总数为9845件，比上一财年减少了33件；注册商标总数为230 633，比上一财年增加了12 570件。

二、出台多项创新举措

（一）成立先进技术研究院

2013年2月1日，筹备已久、备受关注的新西兰先进技术研究院（亦称卡拉翰创新院）正式揭牌成立。科学创新部长表示，卡拉翰创新院是为企业提供科学、技术、工程和设计等相关服务的“一站式”机构，将成为支持企业创新和商业发展的高技术“总部”。该研究院属于独立的皇家机构，集研发、孵化和政府资助职能于一体，是政府强力推进创新、落实国家经济发展议程的关键举措，未来4年将获得政府资助1.66亿新元，用于机构建设与发展。此外，创新院还负责管理政府各类创新资助计划，年度资助额为1.15亿新元。7月9日，新西兰卡拉翰创新院向议会提交了首个三年发展意向声明，确定了未来3年的战略方向和重点领域，提出了促进企业创新、加速产品和服务商业化的具体措施。其发展重点领域包括：为企业接近市场化创新提供研究和技术服务；奖励和管理企业研发投入资助；帮助企业开发技能和培养人才，将创新想法成功应用到市场中；建立和支持国家技术创新网络，协调不同领域的创新活动；培养创新文化，帮助现有和未来的企业领导者，找到企业发展潜力的兴奋点。

（二）建设世界级的农业研究与创新中心

4月29日，新西兰科学与创新部长同初级产业部长联合宣布，在基督城附近小镇林肯，建设世界级的农业研究与创新中心。此举与2013年初新西兰政府提出的在基督城市中心建设高技术园区相呼应，将成为坎特布雷重建计划的重要组成内容。建设该中心的方案由林肯大学、新西兰乳业协会、皇家农业研究所、植物与食品研究所和土地保护研究所等机构共同提出。此方案得以实施得益于两大因素：一是坎特布雷地震后，林肯大学需要重建科学设施；二是皇家农业研究所将投资1亿新元，对科研设施进行现代化改造，对研究中心进行重新布局。该中心将集教育、研究、创新和产业化于一体，为提高国家农业生产能力，提供"一站式"服务。农业是新西兰支柱产业，该中心将为国家2025年农业出口翻番，实现60亿新元的目标发挥关键作用。

（三）通过《专利法修正案》

新西兰新的软件专利法将促进软件产业繁荣。2013年8月27日，新西兰议会通过了《专利法修正案》，其核心内容是"计算机软件本身不受专利保护"。新西兰各界对该法案的通过表示欢迎。新西兰政府认为，该法案不仅能给企业更多灵活性，而且能真正保护专利，比较好地平衡了专利所有者与使用者之间的利益关系。

（四）进行研发税收调整

6月6日，新西兰科学与创新部长批准增加重型工程研究税，以支持重型工程领域的创新。自7月1日起，该项税收将翻番，每吨征收10新元，其他税率维持不变。重型钢铁和焊材税，为重型工程研究协会提供部分资助，属于强制税种。重型工程研究协会是由产业拥有并运作的非营利性机构，在过去有非常好的研究业绩，特别在钢结构建筑、一般金属制造能力提升和为金属工程企业创造商机上做出了重大贡献。重钢税收的增加，将为重型工程研究协会提供稳定的资助来源，使其能够从事更多研究，帮助新西兰金属行业更具创新能力和竞争力。

11月7日，新西兰科学与创新部长与税收部长联合发布了"研发支出黑洞"退税草案，面向社会进行咨询。该草案旨在解决与企业研发相关的某些类型支出税收抵扣问题。所谓的"研发支出黑洞"，是指企业研发支出不能退税产生的成本。新西兰政府在2013年预算案中，提出了一整套改变研发支出黑洞的意见。为减少企业创新的税收障碍，鼓励企业发展和为经济做出贡献，政府提出如下政策草案：确保与某些可折旧的资产相关的资本化的研发支出，在资产法定生命周期内能够折旧；纳税人成功开发企业自用的应用软件的资本化支出能够折旧；产生不成功资产的资本化的研发支出，只要符合一定条件，就可以立即退税。

此外，新西兰政府出台了对企业研发税收损失补偿草案，允许企业由于研发支出产生的税收亏损100%提前挂账，而不用结转。符合条件的初期税收亏损封顶额为50万新元（等同于退税14万新元），之后可逐年增长，但最高封顶额不能超过200万新元。

三、发布国家科学挑战计划

5月1日，新西兰总理约翰·基、科学与创新部长斯蒂芬·乔伊斯联合发布了经内阁批准的国家科学挑战计划，并表示未来4年将追加投入7350万新元，总投入达到1.335亿新元。这是新西兰政府着眼未来10年发展，针对国家经济和社会发展面临的重大、复杂而又亟须科技提供支撑的关键问题，集中社会各界智慧确定的十大重点领域发展规划。国家科学挑战计划总体上在新西兰受到好评。

国家科学挑战计划入选标准如下：瞄准一个高水平目标，如果实现将对新西兰产生重大影响，并能持久惠及社会；科学研究必不可少；公众普遍认同挑战计划能解决重大问题，或为新西兰创造重要机遇；具有广泛的科学能力，能成功担当挑战计划重任；具有应用研究成果、实现挑战目标的外部动机和渠道。

国家科学挑战计划的特点是：有强大的虚拟管理结构；在参与挑战计划的研究人员与机构中，有明确的领导者和责任分工；每项挑战涉及多学科研究活动，需要许多研究人员合作；每项挑战包含若干相互关联的研究主题，需要协调，为实现挑战目标提供合理途径；每项挑战需要整合国家专家力量，共同实现挑战目标；每项挑战与国际研究活动有联系，能够支持挑战目标的实现；每项挑战将展示研究人员与研究活动用户间的紧密合作关系，包括对研究活动适当的投资支持等；每项挑战要勾勒出并涵盖现有的相关研究活动。

国家科学挑战计划，确定新西兰未来5~10年发展面临的复杂、关键而又亟待科技提供支撑的十大重点领域，分析了面临的机遇，明确了科学和社会两大目标，以及包括的优先主题。这十大挑战计划分别是：老年人要老得优雅；从生命起源做起；更加健康地生活；高附加值营养品；新西兰的生物遗产；土地与水资源；海洋生物；南极与南大洋研究；促进技术创新；应对自然挑战。

四、支持多层次人才成长

新西兰支持人才发展的主要措施包括移民政策、发挥高校和皇家研究所的科研优势留住和吸引一流人才、政府和皇家学会的奖励和奖学金等。

新西兰移民政策包括两大类：一是临时移民，二是永久移民。临时移民包括各类访问、工作和学生签证。这类移民中，技术移民和学生移民是吸引人才的重点。工作签证主要是颁给外来技术人才的。新西兰劳工部制定国家人才短缺名录，凡是用人单位从海外招聘的职位符合这个名录的，都可以得到工作签证。学生签证是颁发给来新西兰就读的国际学生，对国际学生就读人才短缺名录有关专业的，或是相当学士学位以上资格的，在学业完成后都可以拿到工作签证，允许他们在新西兰寻找相关的工作，成功者在一到两年之后，都可以申请永久移民。这一举措对吸引有潜力的国际人才相当有效。同时，新西兰还着重吸引博士生，对国际博士生提供和当地学生同等水平的国家补贴，对配偶同时给予工作签证。

国家卓越研究中心和基于绩效的研究基金也起到了凝聚一流科研人才的作用。自 2002 年起，新西兰政府改革了高等院校的科研拨款机制，相继成立了 7 个卓越研究中心，实施了基于绩效的研究基金，政府评估认为，这两项举措对于提高科研质量和数量，以及留住和吸引一流人才发挥的作用值得充分肯定。如莫里斯·威尔金斯分子生物发现中心有将近 20 位首席研究员、120 多名研究人员，凝聚了全国在分子生物医药领域的最优秀人才。新西兰政府对卓越研究中心从建设和运作两方面给予固定资金支持，实行动态管理，能者上庸者下。2013 年政府对卓越研究中心的评估结果显示，卓越研究中心在聚集人才、促进合作、提升研究水平等方面取得了满意成果，达到了预期目标。新西兰高等院校根据基于绩效的研究基金（PBRF）评审结果和政府相应的科研拨款，分配其本身的经费使用，对于 A 级科研人员会有很大倾斜。皇家研究所核心拨款也是稳住人才的一项主要措施。2002 年起，新西兰政府对科研体制进行改革，成立皇家研究所，实行企业化运作。根据 2009 年对皇家研究所评估结果，政府加大了皇家研究所非竞争性核心资助，其目的是实现国家战略目标，完成皇家研究所的长期研究任务，同时起到留住关键人才的作用。

皇家科学院院士是新西兰一流研究人员的荣誉称号。新西兰皇家学会负责新西兰皇家科学院院士的遴选与管理，每年评选一次，授予在基础科学、应用科学和社会科学做出突出贡献的顶级研究人员。当选院士是对上述领域的研究，或者推进科技与人文科学进步，做出突出贡献的卓越研究人员授予的一种荣誉称号。院士参与专家咨询，从事最优秀和创新性研究，传播科学信息。新西兰有现有皇家科学院院士 391 人，另有 60 名外籍院士。

总理科学奖项涵盖各个层面。总理科学奖项是新西兰最知名和最有价值的科学奖，共有 5 个奖项，奖金总额为 100 万新元。2013 年的总理科学奖于 11 月 12 日揭晓。奥克兰大学两位著名教授因在感应电能传输方面的杰出贡献获得总理科学奖，奖金 50 万新元。总理科学奖项设立于 2009 年，其目的是提高科学的地位与形象，突出科学对经济繁荣和人民生活的重要影响，从而吸引更多青年人进入科学领域。此外，新西兰政府还设立了卢瑟福发现奖学金、卢瑟福奖章、卢瑟福基金会奖、詹姆斯·库克学术奖等不同类型的奖学金以留住和吸引高端人才。

五、国际合作稳步发展

新西兰科学与创新部2013—2014财年国际科技合作经费为895万新元，较上一财年减少了近100万新元。从合作区域来看，2013年新西兰科学与创新部长将科技合作的重点放在了东亚、特别是中国。一年中，乔伊斯部长两次与中国科技部万钢部长会面，先后签署了科学家交流计划协议，宣布了中新联合研究计划三大领域四个项目的遴选结果。乔伊斯部长强调，新中双边科技合作属于关键战略伙伴关系。9月8~14日，乔伊斯部长先后访问日本和韩国，称这两个国家是新西兰的战略伙伴。9月底在惠灵顿举行了新西兰与日本科技合作联委会，确定了先进技术、环境与可再生能源、减灾防灾、海洋、卫生和生物医药等合作重点领域。据了解，新西兰与韩国合作的重点领域包括南极、医学、可再生能源和纳米技术。新西兰与新加坡合作重点领域是营养食品。

6月19~20日，新西兰与欧盟举行第三届科技合作联委会，确定了重点研发活动，为科技合作路线图奠定了基础。双方肯定了科学创新在解决经济、环境和社会挑战方面的重要作用，强调增加研究投入以实现长期目标。双方表示，将在各自科学创新体系的调整时期，共同努力以加强双边关系。在此次联委会举行之前，双方联合举办了7个专题研讨会，包括生物经济、健康、适应性城市、研究基础设施和创新等。

（执笔人：谢成锁）

南　　非

受经济危机影响，南非全社会研发投入总额和研发强度均有所下降。但总体来看，2013 年度南非科技发展不乏亮点，主要表现在绿色能源、环境和气候变化领域。

一、研发强度连续 3 年下滑

根据南非《2009—2010 财年国家研究实验发展调查报告》，2009—2010 财年，南非研发总投入为 209 亿兰特，较上一财年的 210 亿兰特略有下降，这是近 10 年来名义投入总额的首次下降。2009—2010 财年的研发强度为 0.87%，这是自 2007—2008 财年以来研发强度连续第 3 年下降。这一财年政府部门研发投入为 93 亿兰特，在南非研发总投入中所占比例最高，达 44.4%，企业研发投入在研发总投入中占 42.5%。从研究领域来看，工程科学、自然科学、医学、信息技术和社会人文科学等领域是研发投入最高的几个领域。从研发类型来看，基础研究投入为 55 亿兰特，在研发总投入中所占比例由上一财年的 20.2% 上升至 2009—2010 财年的 26.5%，占 GDP 的 0.23%，基础研究的投入强度虽低于发达国家，但高于中国、阿根廷等发展中国家，而应用研究和实验开发所占比例都略有下降，分别为 31.4% 和 42.1%。

二、天文学领域动作频繁

（一）天文学管理体制调整

南非科技部内部正在进行天文学管理职能调整，将原来分散在几个部门的天文学管理职能集中到人力资本和知识系统总司之下，预计 2014 年 4 月前可调整完毕。同时，南非科技部将天文学工作组的任期延长 3 年，并在科技部内新建一个天文学处，以更好地配合天文学工作组工作。经征求各相关机构和专家意见，南非科技部决定在国家研究基金会增设一名副总裁，专门负责天文学事务。另外，南非还成立了独立的天文学咨询委员会，代表天文学界向国家研究基金会天文学事务副总裁和董事会提供建议。

（二）经费保障

2012—2013 财年和 2013—2014 财年国家研究基金会南非平方千米阵列天文望远镜（SKA）项目办公室的预算分别为 5 亿兰特和 3 亿兰特。未来 3 年，包括 SKA 先导项目 MeerKAT 在内，南非 SKA 项目的预算约 20 亿兰特。据估计，南非 SKA 项目第一阶段将吸引外来投资达 180 亿兰特。

（三）加强国际合作

非 - 欧合作。根据欧洲议会 2012 年通过的关于"非洲科学能力建设：促进欧洲 - 非洲射电天文学伙伴关系"的书面声明，欧洲和非洲共同组建了非洲 - 欧洲射电天文学平台（AERAP）。2013 年 3 月，AERAP 在欧洲议会召开了大科学会议，讨论非 - 欧射电天文学方面合作的构想，并就 AERAP 合作框架计划的准备工作提出了具体建议。AERAP 合作框架计划提出了非洲 - 欧洲射电天文学合作的目标和关键行动，将在七大主题优先领域包括研究基础设施投资、信息通信技术和大数据、可再生能源和人力资本发展等领域开展合作项目。

对俄合作。2013 年 3 月，南非国家空间局与俄罗斯联邦航天局签署了关于利用俄罗斯射电天文空间卫星 RadioAstron 开展射电跟踪探测的合作协议。这一协议不仅证明了南非基于其南半球地理优势而在全球太空科技中所发挥的战略作用，而且还为南非利用太空科技促进社会经济发展提供了机遇。此外，南非俄罗斯射电天文合作还将支持和加强非洲在射电天文基础设施的投资，促进非洲大陆能力建设和社会经济发展，提高非洲大陆在天文学研究领域的国际地位。

三、绿色能源投资增长率世界居首，太阳能技术路线图即将出炉

2012 年，南非的绿色能源投资达 55 亿美元，增长率位居全球第一。迄今为止，南非能源部针对清洁能源项目一共进行了 3 个阶段的招标，前两阶段有 47 个项目中标，合计发电量约 2400MW，投资 1500 亿兰特。最新进行的第 3 阶段招标共有 17 个项目中标，合计发电量为 1473MW，价值 330 亿兰特。

南非科技部和能源部正在组织制定太阳能技术路线图，以指导未来 5~10 年太阳能技术发展有关的政策法规的制定、产业发展战略和相关投资、教育与技能

培训、创新与研发以及在南非和南部非洲推广太阳能技术。路线图主要涉及集中式太阳能的开发和推广；太阳能光伏技术；太阳能加热和冷却技术；与节能减排相关的研发活动，分布式发电、扩展式独立发电和对国家电网供电以及对碳燃料减轻依赖等方面。该路线图预计将于2014年1月发布。

四、就碳税征收做出政策安排，制定电动汽车工业路线图

南非国家财政部发布预算审查报告指出，从2015年1月1日起，将以每吨120兰特的标准对每家公司40%的碳排放征收碳税，且征收比例将每年递增10%，直至2020年。不过南非财政部同时规定，近2/3的二氧化碳排放量要在2020年之后才会被纳入征税范畴。南非将通过这项碳税政策每年向公司征收80~300亿兰特的排放费。根据南非政府的估计，到2025年，南非碳排放值将达到6.14亿吨，到2050年将降低至4.28亿吨。部分税收收入将用于实施提高能效的激励机制。作为非洲最大碳排放国和德班全球气候变化大会的东道主，南非政府承诺到2020年将二氧化碳排放量减少34%，到2025年则减少42%。

为了开发和培育电动汽车市场，促使南非向低碳和绿色经济过渡，促进就业和可持续发展，南非贸工部、南非科学工业理事会、科技部及工业发展公司联合研究并制定了《电动汽车工业路线图》，并于2013年6月发布供公众评议。为了达成南非《汽车生产与发展计划》框架中到2020年将南非电动汽车生产量提高到每年120万辆的目标，该路线图制定了具体的激励措施，包括规定凡达到每年生产5000辆电动汽车的汽车厂商，可享受政府提供的35%投资现金返还。而对购买电动汽车的消费者，则将采取个人所得税退税、减少增值税和车辆登记费等激励措施。贸工部将开展公众教育，提高公民对电动汽车经济和社会效益的认识，还将与包括全国汽车制造商协会、南非金属工人全国联盟在内的相关利益方进行磋商，组建电动汽车工业指导委员会，对公众评议结果和激励机制进行审核。

五、加强海洋环境管理和科学研究

2012年12月，南非环境部发布《南非海洋环境管理政策绿皮书》供公众评议。绿皮书的主旨是要保护和可持续利用南非独特的海洋环境。南非海洋面积比国土面积还要大，其生物多样性和富饶的海洋资源，对于传统的渔业部门和受新兴技术推动的医药、能源、采矿、食品部门来说都意味着巨大的经济机遇。南非环境部的目标是保持海洋生态系统环境的完整性，并与其他政府部门一起鼓励可

持续利用南非的海洋资源。根据绿皮书，南非海洋环境管理政策由海洋环境信息、海洋环境知识、海洋环境管理和海洋环境完整性这四个相互关联的政策目标组成，这四个政策目标环环相扣，通过信息产生知识，从而为海洋环境管理提供决策支持，促进管理方式的改善，最终实现对海洋环境完整性的保护。

六、发布古人类学研究战略规划，成立古人类学卓越中心

2013 年 4 月，南非科技部发布《南非古人类学战略》。该战略强调了古人类学研究的重要意义，认为由于长期的种族隔离，使得南非的古人类学优势没有得到充分发挥，未能成为古人类学研究的全球领导者，为此，南非科技部自 2004 年起便开始在充分征询各界意见的基础上制定国家古人类学战略，以指导政府和有关各方提高古人类学研究、管理和人才培训水平。从中长期来看，《南非古人类学战略》要实现的目标包括：从中小学教育抓起，改变南非人的思想观念；支持大学的古人类学教育和培训，提高研究人员的研究能力；提高博物馆的研究能力；改善遗迹资源管理；使南非成为古人类学旅游目的地。针对这些目标，《南非古人类学战略》还提出了具体的干预措施，包括：加强学校教育，加强科普宣传，确保对古人类学的研究资助、奖学金和实验室设施设备的合理利用，加强国际合作，加强对古迹遗址的管理等。

南非目前缺乏足够的研究和管理人才支撑实现这五大目标，人才匮乏本身也是古人类学面临的最严重的问题之一，为此，南非科技部决定在南非金山大学组建古人类学卓越中心，以加强南非古人类学研究和人才培养，彰显和巩固南非在古人类学领域的独特地位。南非科技部还将设立数个古人类学研究席位，以吸引和留住稀缺人才并培养下一代古人类学研究人员。

（执笔人：任洪波）

埃　　及

2013 年埃及社会动荡致使其经济严重下滑，也给埃及科技发展留下明显的印记。回顾一年来埃及科学和技术发展，虽然困难重重，但是还在现有的轨道上艰难缓慢前行。

一、科技发展概况

（一）科技创新总体竞争力下降

世界经济论坛全球竞争力报告显示，2013 年埃及总体竞争力指数、创新指数已连续第 3 年呈相对下降趋势，分别居于世界第 118 位和第 120 位，两个指标较 2012 年都下降了 11 位。除百万人专利授权/申请排名较 2012 年上升 1 位外，涉及科技创新的新技术应用、创新能力、科学研究机构质量、企业 R&D 投入、大学与产业结合 R&D、科学家和工程师等主要指标的排名均呈逐年下降趋势。尽管总体竞争力相对下降，但是埃及社会生产力仍在缓慢发展，该竞争力报告将埃及提升并列入经济发展“效率驱动”阶段。

（二）科技经费投入不乐观

2012—2013 财政年度，埃及政府财政科技投入为 65 亿埃镑（1 美元折合约 6.9 埃镑），占其 GDP 的 0.7%。其中 80% 用于人员工资、基本办公条件维持等项目，用于科学研究的费用为 13 亿埃镑，仅占 20%。其用于基础研究领域与应用研究领域的科研项目经费各占 50%。由于科技经费使用效率不高，管理不力，2013—2014 年的科研费用不仅没有增加，反而遭到削减，将不足 10 亿埃镑。企业 R&D 投入甚微。据埃及科研技术院评估，埃及企业 R&D 投入仅相当于政府财政投入的约 5%，而所有企业中仅有约 19% 的企业投入资金进行产品创新市场开发。其他非政府组织，经费投入量也相对较小且仅限于支持特殊领域科研活动。

（三）科研人员分布不平衡

埃及目前拥有各类科技研究人员约9.8万人。其中分布在大学和政府所属研究机构（含公立大学27所、私立大学34所、各类研究中心362个）中的分别占73%和13%，分布在企业的仅占约14%。在政府所属的各类研究机构中，又以国家农业研究中心、国家研究中心以及国家水资源研究中心科研人员最多，分别拥有研究人员6000人、4002人和1017人。此外，从其所属研究领域来看，农业、医疗卫生、工业应用、基础研究领域所占比重最大，分别占48.6%、17%、8.1%和7%，其他19.3%主要分布在工程技术、能源、石油以及社会科学研究领域。

（四）科研成果数量缓慢增长

2012年埃及科学家及研究人员在世界主要期刊中发表论文12 107篇，较2011年增长14%，在中东地区排名第4位，在世界排名第37位，较2011年提高了3位。其中，医药、生物化学及分子生物学、化学、工程学、农业和生物技术占据论文发表数量的前5位。涌现了光子数据传输和医疗诊断、纳米技术控制肺部给药治疗慢性疾病、太阳能海水淡化技术、纺织物活性处理技术等一批优秀科研成果。

（五）高技术产业薄弱

埃及的外汇收入长期以来主要依赖旅游、油气、苏伊士运河、侨汇四大支柱。产业基本为以农业、纺织、食品加工等为主的低端产业，高技术产业基础薄弱，发展缓慢。高技术产品主要依赖进口，具有实力的高技术企业很少且多为外资企业。根据2013年9月埃及中央银行公布的数据显示，涉及高技术产业的三大类大宗商品中，化工产品出口为25.9亿美元，进口达到50亿美元，逆差近1倍：机械、电器、电子设备及其零部件出口为5.5亿美元，进口达到59亿美元，逆差近9倍；车辆、交通工具及其零部件，出口为2.4亿美元，进口为46.8亿美元，逆差近19倍。

（六）政局动荡对科研工作造成一定影响

2011年埃及发生革命以来，导致内阁轮换频繁，仅以科研部为例，已换了4位部长。频繁换人，严重影响国家对科研发展的领导以及国家科研经费的下拨。

二、主要科技工作

（一）部长频更迭，科研受影响

受政局动荡影响，2012 年 7 月穆尔西任命的科研部部长 Nadia Zakhary 博士，从一家医院的院长，直接升任部长，缺乏宏观管理经验，作风独断，说得多，落实少。主政一年来，科研部工作没有起色。特别是 2012—2013 财年结束时，尚有 25% 的科研预算经费未安排使用，导致 2013—2014 财年政府科研经费预算遭到大幅削减，饱受部内及科研院所的批评。埃及内阁在 6 月 30 日"二次革命"后，再次做出调整，任命开罗大学教授 Ramzy Geoge 博士担任部长。由于其经历与上任部长类似，对国家层面规划和指导科研工作不熟悉，而且面临科研预算被削减的困局，近期工作难度相当大。

（二）强调经费集成，为经济社会发展提供支撑

由于埃及目前财政经济状况十分紧张，埃及对于今后开展的科技合作项目，将围绕国家经济社会发展重大需求，集成项目经费，选择若干重点领域，立足设计并组织实施大项目。

埃及科研部把加强科技与经济社会发展的联系作为其重要执政理念，强调科技服务经济社会的功能，积极促进产学研结合，鼓励企业等私营组织加大 R&D 投入。以埃及信息产业为例，近年来，埃及通过开展产学研结合，积极为信息产业培养输送人才、提供技术支撑，从事信息产业的企业的数量由 2003 年的 1700 多家，增加到现在的 4000 多家，诞生了一批具有发展潜力且符合埃及市场特点的小型信息企业。同时，也吸引了 Microsoft，Ericsson，Vodafone，Intel 以及 IBM 等世界知名 IT 企业在埃及投资，促进了埃及信息产业发展。

（三）重视农业科技创新，积极解决粮食安全问题

埃及十分重视粮食安全问题，积极发展农业科技研究，建立了较为完备的粮食作物科研体系。作物品种的高产、耐旱、抗病害是他们追求的目标。埃及针对本国土壤、气候等特点，积极开展耐旱作物品种技术研究，在小麦、杂交玉米、水稻等主要农作物的良种选育方面取得了较大成就。最近，政府加大投入，努力恢复日益削弱的农业技术推广体系建设，特别是利用现代信息技术传播先进种植技术和方法。目前直接服务埃及粮食安全生产的研究机构为埃及国家农业研究中心的大田作物研究所。该所下设小麦、大麦、大米、玉米、高粱、豆类作物以及种子技术、植物遗传资源、推广统计等 17 个专业研究部门，其研究成果显著，促进了主要粮食作物产量的提高。

另外，埃及用自己的农业技术和科技人员与外国合作，开辟“屯田”渠道，作为解决国内粮食安全的重要补充。近10年来，埃及已经与苏丹、尼日尔、埃塞俄比亚、赞比亚、桑给巴尔、坦桑尼亚等国开展了农业合作。合作方式采取埃及出资金、技术和科研人员，对方出土地、基础设施和人力资源，多以合资的形式投资经营。埃及在非洲国家屯田面积约为145万公顷，占世界总屯田面积的3.084%，居世界第六。例如，2013年1月埃及与苏丹签署了新的农业合作协议。双方同意成立合资公司进行土地耕种开发。

（四）提高科技管理能力，确定优先科技发展领域

利用信息技术提高科技行政管理效能。埃及科研部与埃及通信技术部达成合作协议，共同促进埃及科研部及其附属研究机构和研究院所信息基础设施建设，开展信息技术应用研究，积极整合各研究机构研究数据库资源并建设形成中央研究数据库，同时开展信息技术管理人员培训。两部商讨并同意以电子管理系统和电子学研究两个项目作为首批合作项目，率先启动实施。埃及科技研究主要集中在以下重点领域。

目前基础科学方面埃及的重点领域包括：天文物理、生物化学、生命科学、遗传学；应用科学领域主要包括：粮食安全、医疗卫生、水资源保护和利用、土地开垦和利用、以风能和太阳能为重点的新能源、信息和通信技术、环境保护；前沿科学领域主要包括纳米、微电子、交叉学科等；工业科学领域主要包括纺织、石油和医药等；政府主导的大型科学项目领域主要包括核能、空间和海洋科学等。

埃及科技界普遍认为，应当学习和借鉴韩国科技创新的发展模式，加强教育投入，走引进消化吸收再创新的科技发展之路，因此科技行政管理部门积极鼓励埃及研究机构开展技术引进，并积极推动对引进技术进行消化吸收再创新。

（五）加强国际科技合作，争取国外支持的同时寻求地区科技发展主导地位

2013年“六三〇革命”以后，埃及立即获得中东国家120亿美元援助，但绝大部分受援资金用于解决进口粮食、成品油气等民生物资。为摆脱革命后埃及科技发展缺乏财力、物力以及先进技术支持的窘境，埃及更加重视对外科技合作，积极争取来自其他国家及国际组织的支持。目前来看，一方面，在开展对外科技合作伙伴的选择定位上，埃及把来自中东的沙特阿拉伯，来自亚洲的日本、韩国，来自欧洲的德国、英国、意大利、法国，以及来自美洲的美国，作为主要合作伙伴。主要原因是他们在埃及发展的时间较长，加之历史和地缘政治因素，以及各国投入的精力、人力、财力和物力的影响。此外，有埃及高层人士认为，

随着欧洲社会老龄化的加剧，埃及因与之仅隔地中海相望，具有丰富的青年人力资源，且文明相对开放、更加西化，埃及同欧洲开展科技合作，比文化传统不同的中国、印度更具优势。这些国家中，美国、法国、德国在埃及均设有专门的合作基金，埃及科学家和研究人员可以直接向其申请项目资金支持。另一方面，埃及一直自视为非洲和中东地区科技发展的“领头羊”，特别是在农业、水资源、可再生能源、纳米技术、生物技术以及医药等领域。他们认为，该地区各国面临着如粮食安全、缺水、沙漠、气候变化等相同问题，但由于缺乏诸如欧盟第7框架研发计划之类的协同发展计划，致使各国科研还处于“各自为战”的状态。埃及有意在未来领导和整合该地区科技发展上发挥主导作用。

随着埃及外交战略的调整，从长远来说。向东看战略的重要性将日益凸显。“六三〇革命”后，美国暂停对埃及的经济援助。埃及现在疏远美国呼声日隆，欲逐步摆脱对其内部事务的干涉。转向俄罗斯，特别是军购看重和俄罗斯合作，也只是权宜之计。从长远战略考虑，真正能够帮助支持其经济社会发展的还是中国。中国对于埃及而言是潜在的最重要合作伙伴，涉及的领域不仅仅是军事方面，更多的还在经济和科技领域。中国经济持续高速增长，经济总量位居世界第二，令埃及人震惊，他们对中国给予帮助和支持寄予很大期待。

（执笔人：靳志勇）

第四部分

附　录

本部分介绍了3个方面的内容：一是最新的科技统计数据，其中包括研发投入、研发人员、专利、论文等；二是国内外相关媒体评选出的2013年世界重大科技进展；三是2013年诺贝尔科学奖的简要介绍。

科技统计表

附表 1-1　2013 年与 2012 年主要经济体世界竞争力排名

国家或地区	2013 年	2012 年	国家或地区	2013 年	2012 年
美国	1	2	立陶宛	31	36
瑞士	2	3	墨西哥	32	37
中国香港	3	1	波兰	33	34
瑞典	4	5	哈萨克斯坦	34	32
新加坡	5	4	捷克	35	33
挪威	6	8	爱沙尼亚	36	31
加拿大	7	6	土耳其	37	38
阿联酋	8	16	菲律宾	38	43
德国	9	9	印度尼西亚	39	42
卡塔尔	10	10	印度	40	35
中国台湾	11	7	拉脱维亚	41	无
丹麦	12	13	俄罗斯	42	48
卢森堡	13	12	秘鲁	43	44
荷兰	14	11	意大利	44	40
马来西亚	15	14	西班牙	45	39
澳大利亚	16	15	葡萄牙	46	41
爱尔兰	17	20	斯洛伐克	47	47
英国	18	18	哥伦比亚	48	52
以色列	19	19	乌克兰	49	56
芬兰	20	17	匈牙利	50	45
中国	21	23	巴西	51	46
韩国	22	22	斯洛文尼亚	52	51
奥地利	23	21	南非	53	50
日本	24	27	希腊	54	58
新西兰	25	24	罗马尼亚	55	53
比利时	26	25	约旦	56	49
泰国	27	30	保加利亚	57	54
法国	28	29	阿根廷	59	55
冰岛	29	26	克罗地亚	59	57
智利	30	28	委内瑞拉	60	59

数据来源：瑞士洛桑国际管理学院《2013 年世界竞争力年鉴》。

附表 1-2 2013—2014 年、2012—2013 年主要经济体全球竞争力排名

国家或地区	2013—2014 年	2012—2013 年	国家或地区	2013—2014 年	2012—2013 年
瑞士	1	1	韩国	25	21
新加坡	2	2	文莱达鲁萨兰国	26	28
芬兰	3	3	以色列	27	26
德国	4	6	爱尔兰	28	27
美国	5	7	中国	29	29
瑞典	6	4	波多黎各	30	31
中国香港	7	9	冰岛	31	30
荷兰	8	5	爱沙尼亚	32	34
日本	9	10	阿曼	33	32
英国	10	8	智利	34	33
挪威	11	15	西班牙	35	36
中国台湾	12	13	科威特	36	37
卡塔尔	13	11	泰国	37	38
加拿大	14	14	印度尼西亚	38	50
丹麦	15	12	阿塞拜疆	39	46
奥地利	16	16	巴拿马	40	40
比利时	17	17	马耳他	41	47
新西兰	18	23	波兰	42	41
阿联酋	19	24	巴林	43	35
沙特阿拉伯	20	18	土耳其	44	43
澳大利亚	21	20	毛里求斯	45	54
卢森堡	22	22	捷克	46	39
法国	23	21	巴巴多斯	47	44
马来西亚	24	25	立陶宛	48	45

续表

国家或地区	2013—2014 年	2012—2013 年	国家或地区	2013—2014 年	2012—2013 年
意大利	49	42	马其顿	73	80
哈萨克斯坦	50	51	博茨瓦纳	74	79
葡萄牙	51	60	克罗地亚	75	81
拉脱维亚	52	55	罗马尼亚	76	78
南非	53	52	摩洛哥	77	70
哥斯达黎加	54	57	斯洛伐克	78	71
墨西哥	55	53	亚美尼亚	79	82
巴西	56	48	塞舌尔	80	76
保加利亚	57	62	老挝	81	81
塞浦路斯	58	58	伊朗	82	66
菲律宾	59	74	突尼斯	83	101
印度	60	59	乌克兰	84	73
秘鲁	61	61	乌拉圭	85	74
菲律宾	62	65	危地马拉	86	83
斯洛文尼亚	63	56	波黑	87	88
俄罗斯	64	67	柬埔寨	88	85
斯里兰卡	65	68	摩尔多瓦	89	96
卢旺达	66	63	纳米比亚	90	92
黑山共和国	67	72	希腊	91	107
约旦	68	64	特立尼达和多巴哥	92	84
哥伦比亚	69	69	赞比亚	93	无
越南	70	75	牙买加	94	97
厄瓜多尔	71	86	阿尔巴尼亚	95	89
格鲁吉亚	72	77	肯尼亚	96	106

续表

国家或地区	2013—2014 年	2012—2013 年	国家或地区	2013—2014 年	2012—2013 年
萨尔瓦多	97	101	莱索托	123	137
玻利维亚	98	104	斯威士兰	124	135
尼加拉瓜	99	108	坦桑尼亚	125	120
阿尔及利亚	100	110	科特迪瓦	126	131
塞尔维亚	101	95	埃塞俄比亚	127	121
圭亚那	102	109	利比里亚	128	111
黎巴嫩	103	91	乌干达	129	123
阿根廷	104	94	贝宁	130	119
多米尼加	105	105	津巴布韦	131	132
苏里南	106	114	马达加斯加	132	130
蒙古	107	93	巴基斯坦	133	124
利比亚	108	113	委内瑞拉	134	126
不丹	109	127	马里	135	128
孟加拉	110	118	马拉维	136	129
洪都拉斯	111	90	莫桑比克	137	138
加蓬	112	99	东帝汶	138	136
塞内加尔	113	117	缅甸	139	—
加纳	114	103	布基纳法索	140	133
喀麦隆	115	112	毛里塔尼亚	141	134
赞比亚	116	102	安哥拉	142	95
尼泊尔	117	124	海地	143	142
埃及	118	107	塞拉利昂	144	143
巴拉圭	119	116	也门	145	—
尼日利亚	120	115	布隆迪	146	144
吉尔吉斯共和国	121	127	几内亚	147	141
佛得角	122	122	乍得	148	139

注："—"表示数据为零、暂无、无法获得或太少。以下皆同。

数据来源：世界经济论坛《2013—2014 年全球竞争力报告》。

附表 2　经济体互联网显示度排名（2012—2013 年）

经济体	排名	搜索次数	占比（%）	经济体	排名	搜索次数	占比（%）
中国	1	69 994	9.94	阿联酋	32	6433	0.91
印度	2	57 278	8.14	菲律宾	33	6423	0.91
巴西	3	38 402	5.45	乌克兰	34	6358	0.90
土耳其	4	34 680	4.93	瑞士	35	6039	0.86
加拿大	5	26 475	3.76	新西兰	36	5755	0.82
新加坡	6	25 926	3.68	韩国	37	5678	0.81
西班牙	7	23 976	3.41	智利	38	5618	0.80
马来西亚	8	23 093	3.28	保加利亚	39	5583	0.79
俄罗斯	9	23 055	3.27	挪威	40	4888	0.69
希腊	10	22 918	3.26	罗马尼亚	41	4828	0.69
卡塔尔	11	18 940	2.69	秘鲁	42	4181	0.59
澳大利亚	12	18 240	2.59	中国台湾	43	3856	0.55
日本	13	18 051	2.56	哈萨克斯坦	44	3788	0.54
法国	14	18 033	2.56	奥地利	45	3329	0.47
印度尼西亚	15	17 079	2.43	比利时	46	3033	0.43
德国	16	16 775	2.38	克罗地亚	47	2738	0.39
英国	17	16 197	2.30	葡萄牙	48	2725	0.39
波兰	18	13 146	1.87	立陶宛	49	3613	0.37
泰国	19	13 129	1.86	匈牙利	50	2514	0.36
南非	20	12 717	1.81	卢森堡	51	2284	0.32
墨西哥	21	12 565	1.78	冰岛	52	2040	0.29
意大利	22	10 171	1.44	爱沙尼亚	53	2036	0.29
美国	23	9867	1.40	拉脱维亚	54	1768	0.25
丹麦	24	9369	1.33	荷兰	55	1577	0.22
芬兰	25	8781	1.25	捷克	56	1462	0.21
瑞典	26	7770	1.10	斯洛文尼亚	57	1430	0.20
以色列	27	7628	1.08	委内瑞拉	58	1413	0.20
爱尔兰	28	7213	1.02	约旦	59	1270	0.18
中国香港	29	6862	0.97	斯洛伐克	60	745	0.11
阿根廷	30	6799	0.97	总和	704 026	100.00	
哥伦比亚	31	6492	0.92				

注：数据为 2012 年 3 月至 2013 年 2 月 Google 上含有上述 60 个经济体名字的投资和商务词条搜索次数统计。

数据来源：瑞士洛桑国际管理学院《2013 年世界竞争力年鉴》。

附表3 主要经济体研发总支出与研究人员（2012年或最近数据）

经济体	国内研发总支出						研究人员（全时当量）
	当前购买力平价（百万美元）	经费来源占比（%）		执行部门占比（%）			
		企业	政府	企业	高校	政府	
澳大利亚	20 578.06[c]（2010年）	61.9	34.6	58[c]	26.6[c]	12.4[c]	92 649
奥地利	10 155.67[c,p]	44.6[c,p]	39.3[c,o,p]	68.1[c,p]	26.1[c,p]	5.3[c,p]	37 084[c,p]
比利时	8719.39[p]	58.6	25.3	67.1[p]	22.9[p]	9[p]	40 498[p]
加拿大	24 289.25[p]	45.5	36.1[c]	51.3[p]	38.1[p]	10.1[p]	149 060[p]
智利	1331.44	35.4	37.1	38.7	30.6	8.4	5440m
捷克	5086.5	46.9	37	60.3	21.6	17.5	30 682
丹麦	7052.44[c,p]	60.2[c,p]	27.6[c,p]	67.6[c,p]	29.8[c,p]	2.2[c,p]	37 480[c,p]
爱沙尼亚	710.35	55	32.8	63.2	27.8	8.1	4511
芬兰	7634.75	67.0	25[a]	70.5	20	8.8	40 003[a]
法国	51 890.98	53.5[a]	37.0[a]	63.4[p]	21.2	14.1	239 613[a]
德国	93 055.47[c]	65.6	30.3	67.3[c,p]	18[c]	14.7[c,o]	327 953[c]
希腊	1866.8[c]（2007年）	31.1	46.8	28.6[c]	49.2[c]	20.9[c]	21 013[c]
匈牙利	2581.89	47.5	38.1	62.4v	20.2v	15.8v	23 019
冰岛	370.19（2009年）	50.2	38.9	52.9	24.9	20	2861
爱尔兰	3223.02[c]	48.3[c]	30.3[c]	69[c]	26.1[c]	4.9[c]	15 172[c]
以色列	9822.74[d]	39.0[a,d]	14.8[d]	80.2[d]	12.6[d,g]	3.7[d]	—
意大利	24812.09[p]	44.7	41.6	54.2[p]	28.6[p]	13.7[p]	106 848[p]
日本	146537.3	76.5	16.4[e]	77	13.2	8.4	656 651
韩国	59890.04	73.7	24.9	76.5	10.1	11.7	288 901
卢森堡	656.2[c,p]	46.1[c,p]	33.9[c,p]	68.5[c,p]	12.4[c,p]	19.2[c,p]	2636[c,p]
墨西哥	8209.39	36.8	59.6	39	28.9	30.5[o]	46 125
荷兰	12 810.07（2010年）	45.1	40.9	47.9	40.4	11.7[o]	53 703
新西兰	1772.07	40.1	41.2	45.4	31.8	22.7	16 300

续表

经济体	国内研发总支出						研究人员（全时当量）
	当前购买力平价（百万美元）	经费来源占比（%）		执行部门占比（%）			
		企业	政府	企业	高校	政府	
挪威	5006.65	44.1	46.7	52.1	31.5	16.4	27 228
波兰	6227.87	28.1	55.8	30.1	35.1	34.5	64 133
葡萄牙	4037.59[p]	44.1	44.9	45.9[p]	38.3[p]	7.5[p]	47.31[p]
斯洛伐克	882.32	33.9	49.8m	37.2	34.9	27.7[d]	15 326
斯洛文尼亚	1387.79[a]	61.2[a]	31.5[a]	73.9[a]	11.8[a]	14.3[a]	8774[a]
西班牙	19 763.12	43	46.6	52.1	28.2	19.5	130 235
瑞典	13 216.23[a,c]	58.2[a,c]	27.5[a,c]	69.3[a,c]	26[a,c]	4.3[a,c]	49 053[a,c,p]
瑞士	10 525.2（2008 年）	68.2	22.8	73.5	24.2	0.7[h]	25 142
土耳其	10 826.93	45.8	29.2	43.2	45.5	11.3	72 109
英国	39 627.15[p]	44.6[p]	32.2[p]	61.5[p]	26.9[p]	9.3[p]	262 303[p]
美国	415 193[j,o,p]	60[j,p]	33.4[j,p]	68.3[j,p]	15.2[j,p]	12.1[h,j,p]	1 412 639[b]
欧盟 28 国	320 455.95[b,p]	53.3[b]	35.3[b]	61.9[b,p]	24.1[b,p]	13.1[b,p]	1 595 604[b]
经合组织	1 034 024.26[b,p]	60.3[b]	31.1[b]	67[b,p]	18.7[b,p]	11.7[b,p]	4 203 260[b]
阿根廷	4640.6	23.9	71.6	24.6	31.4	42.3	50 340
中国	208 171.8	73.9[v]	21.7[v]	75.7	7.9	16.3	1 318 086
中国台湾	26 493.13	72.5	26.2	72.7	11.9	15.1	134 048
罗马尼亚	1648.52[a]	37.4[a]	49.1[a]	36[a]	22.9[a]	40.7[a]	16 080[a]
俄罗斯	35 045.14	27.7	67.1	61	9	29.8	447 579
新加坡	7060.19	55.3	38.1	62.1	27.7	10.2	33 719
南非	4416.16（2009 年）	42.5	44.4	53.2	24.3	21.6	19 793

注：a. 序列中断，具备上年数据；b. OECD 秘书处根据各国（地区）资源情况做出的估计或预测；c. 该国（地区）做出的估计或预测；d. 不含国防部分（全部或几乎全部）；g. 不含人文和社会科学领域的研发；h. 只有联邦或中央政府数据；j. 排除全部或大部资本支出；m. 低估或依据低估数据；o. 不含其他类别；p. 临时数据；v. 子项之和不计入总数。

数据来源：经济合作与发展组织（OECD）《主要科技指标》，2013 年 6 月。

附表 4　2011 年主要经济体研发支出与排名

国家或地区	总支出（百万美元）	排名	总支出 GDP 占比（%）	排名	人均支出（美元）	排名
美国	415 193	1	2.75	10	1331	10
日本	178 811[a]	2	3.25[a]	5	1396.3[a]	7
中国	134 443	3	1.84	22	99.8	43
德国	102 442	4	2.84	9	1260.3	12
法国	62 447	5	2.25	17	988.1	16
英国	43 097	6	1.77	23	690.4	21
韩国	37 935[a]	7	3.74[a]	3	767.8[a]	20
加拿大	28 366	8	1.7	25	880.6	18
澳大利亚	28 362[a]	9	2.27[a]	16	1278.6[a]	11
意大利	27 463	10	1.25	31	455.2	24
巴西	24 891[a]	11	1.16[a]	33	130.5[a]	37
俄罗斯	20 775	12	1.09	34	145.4	36
西班牙	19 718	13	1.33	29	417.8	25
瑞典	18 186	14	3.37	4	1924.2	2
印度	17 139	15	2.99[b]	7	14.2	55
荷兰	17 087	16	0.9	38	1023.6	15
瑞士	15 050[c]	17	2.99[c]	8	1954.2[c]	1
中国台湾	14 024	18	3.02	7	603.8	23
奥地利	11 487	19	2.75	11	1364.1	8
以色列	10 665	20	4.38	1	1362	9
比利时	10 504	21	2.04	19	951.8	17
丹麦	10 333	22	3.09	6	1858.2	3
芬兰	9959	23	3.78	2	1847.8	4
挪威	8062	24	2.37[a]	13	1616.9	6
委内瑞拉	7784[b]	25	1.67	26	274.2[b]	30
土耳其	6684	26	0.86	40	90.4	44
新加坡	5921	27	2.23	18	1142.3	14
墨西哥	4734	28	0.41	52	40.9	51
捷克共和国	3995	29	1.84	21	380.6	27
波兰	3944	30	0.77	41	103.3	42

续表

国家或地区	总支出（百万美元）	排名	总支出 GDP 占比（%）	排名	人均支出（美元）	排名
爱尔兰	3811	31	1.72	24	849.8	19
葡萄牙	3554	32	1.49	27	333.9	29
马来西亚	3079	33	1.07	35	106.2	41
南非	2473[b]	34	0.87[b]	39	50.2[b]	47
阿根廷	2286[a]	35	0.62[a]	46	56.4[a]	45
希腊	1836[d]	36	0.6[d]	47	164.4[d]	35
中国香港	1791	37	0.72	43	253.3	31
阿联酋	1700	38	0.5	49	203.1	32
匈牙利	1674	39	1.21	32	167.6	34
新西兰	1527[b]	40	1.32[b]	30	351.4[b]	28
斯洛文尼亚	1243	41	2.47	13	606.3	22
乌克兰	1134	42	0.69	44	24.8	53
罗马尼亚	914	43	0.5	50	42.7	49
智利	907[a]	44	0.42[a]	51	53.1[a]	46
卢森堡	845	45	1.43	28	1650.2	5
泰国	708[a]	46	0.22[a]	55	10.7[a]	56
斯洛伐克	651	47	0.68	45	119.5	39
爱沙尼亚	527	48	2.38	14	393.3	26
克罗地亚	468	49	0.76	42	109.4	40
哥伦比亚	449[a]	50	0.16[a]	57	9.9[a]	57
哈萨克斯坦	400	51	0.21	56	24	54
立陶宛	393	52	0.92	37	129	38
冰岛	379	53	2.7	12	1176.2	13
保加利亚	306	54	0.57	48	41.6	50
约旦	268[a]	55	1.01[a]	36	43.8[a]	48
卡塔尔	220[d]	56	0.28[d]	53	180.4[d]	43
印度尼西亚	209[a]	57	0.03[a]	59	0.9[a]	59
菲律宾	166[b]	58	0.1[b]	58	1.8[b]	58
拉脱维亚	71	59	0.25	54	34.3	52

注：a. 前 1 年数据；b. 前 2 年数据；c. 前 3 年数据；d. 前 4 年数据。

数据来源：瑞士洛桑国际管理学院《2013 年世界竞争力年鉴》。

附表 5 主要经济体近几年研发支出占 GDP 比例 单位:%

经济体 \ 年份	2000	2006	2007	2008	2009	2010	2011
澳大利亚	1.47	2.01	—	2.26	—	2.2[c]	—
奥地利	1.93[c]	2.44	2.51	2.67[c]	2.71	2.79[c]	2.75[c,p]
比利时	1.97	1.86	1.89	1.97	2.03	2	2.04[p]
加拿大	1.91	2	1.96	1.92	1.94	1.85	1.74[p]
智利	—	—	0.31	0.37	0.41[a]	0.42	—
捷克	1.17	1.49	1.48	1.41	1.47	1.56	1.85
丹麦	—	2.48	2.58[a]	2.85	3.16	3.07	3.09[c,p]
爱沙尼亚	0.6	1.13	1.08	1.28	1.43	1.63	2.41
芬兰	3.35	3.48	3.47	3.7	3.94	3.9	3.78
法国	2.15[a]	2.11	2.08	2.12	2.27	2.24[a]	2.24
德国	2.47	2.54	2.53	2.69	2.82	2.8	2.88[c]
希腊	—	0.59[c]	0.6[c]	—	—	—	—
匈牙利	0.81[d]	1.01	0.98	1.00	1.17	1.17	1.21
冰岛	2.67[c]	2.99	2.68	2.65	3.11	—	—
爱尔兰	1.11[c]	1.25	1.29	1.46	1.7	1.71[c]	1.7[c]
以色列	4.29[d]	4.51[d]	4.86[d]	4.77[d]	4.49[d]	4.34[d]	4.38[d]
意大利	1.04	1.13	1.17	1.21	1.26	1.26	1.25[p]
日本	3	3.41	3.46	3.47[a]	3.36	3.25	3.39
韩国	2.3[g]	3.01[g]	3.21[a]	3.36	3.56	3.74	4.03
卢森堡	1.65	1.66	1.58[c]	1.66	1.72	1.48	1.43[c,p]
墨西哥	0.34	0.38	0.37	0.41	0.44	0.46	0.43
荷兰	1.94	1.88	1.81	1.77	1.82	1.85	—
新西兰	—	—	1.18	—	1.31	—	1.3

续表

经济体＼年份	2000	2006	2007	2008	2009	2010	2011
挪威	—	1.48	1.59	1.58	1.76	1.68	1.66
波兰	0.64	0.56	0.57	0.6	0.67	0.74	0.76
葡萄牙	0.73[c]	0.99[c]	1.17	1.5[a]	1.64	1.59	1.49[p]
斯洛伐克	0.65	0.49	0.46	0.47	0.48	0.63	0.68
斯洛文尼亚	1.38	1.56	1.45	1.66[a]	1.85	2.09	2.47[a]
西班牙	0.91	1.2	1.27	1.35[a]	1.39	1.39	1.33
瑞典	—	3.68	3.4	3.7[c]	3.6	3.39[c]	3.37[a,c]
瑞士	2.47	—	—	2.87	—	—	—
土耳其	0.48	0.58	0.72	0.73	0.85	0.84	0.86
英国	1.82	1.74	1.77	1.78[c]	1.84[c]	1.8[c]	1.77[p]
美国	2.71[j]	2.65[a,j]	2.72[j]	2.86[j]	2.91[j]	2.83[j]	2.77[j,p]
欧盟28国	1.74[b]	1.76[b]	1.76[b]	1.83[b]	1.91[b]	1.91[b]	1.94[b,p]
经合组织	2.20[b]	2.26[b]	2.29[b]	2.36[b]	2.41[b]	2.37[b]	2.37[b,p]
阿根廷	0.44	0.5	0.51	0.52	0.6	0.62	0.65
中国	0.9[a]	1.39	1.4	1.47	1.7	1.76	1.84
中国台湾	1.94[d]	2.51	2.57	2.78	2.94	2.91	3.02
罗马尼亚	0.37	0.45	0.52	0.58	0.47	0.46	0.5[a]
俄罗斯	1.05	1.07	1.12	1.04	1.25	1.13	1.09
新加坡	1.85	2.16	2.36	2.64	2.2	2.05	2.23
南非	—	0.93	0.92	0.93	0.87	—	—

注：(1) 由于统计机构及其统计来源的不同，附表5中一些国家（地区）的数据与附表4中相同年份的一些数据可能会有差异，引用与比较时请注意。附表5之后前后表的数据可能也存在同样的问题，不再一一做说明。

(2) a. 序列中断，具备上年数据；b. OECD秘书处根据各国（地区）资源情况做出的估计或预测；c. 该国（地区）做出的估计或预测；d. 不含国防部分（全部或几乎全部）；g. 不含人文和社会科学领域的研发；j. 排除全部或大部分资本支出；l. 高估或依据高估数据；m. 低估或依据低估数据；p. 临时数据。

数据来源：经济合作与发展组织（OECD）《主要科技指标》，2013年6月。

附表6　主要经济体近几年研发人员统计　　单位：全时当量

经济体＼年份	2000	2006	2007	2008	2009	2010	2011
澳大利亚	95 621	126 702	—	137 489	—	—	—
奥地利	—	49 377	53 252	58 014[c]	56 438	58 992[c]	60 378[c,p]
比利时	53 391	55 714	57 963	58 476	59 756	59 896	59 991[p]
加拿大	167 940	229 050	248 640	256 650	235 320	221 360[p]	—
智利	—	—	11 024	12 571	10 430[m]	11 491[m]	—
捷克	24 198	47 729	49 192	50 808	50 961	52 290	55 697
丹麦	37 693	44 878	46 897[a]	58 589[c]	55 918[c]	57 310	57 170[c,p]
爱沙尼亚	3710	4741	5002	5086	5430	5277	5724
芬兰	52 604	58 257	56 243	56 698	56 069	55 897	54 526[a]
法国	327 466[a]	365 814	375 235	382 653[d]	390 214[d]	392 875[a]	—
德国	484 734[c]	487 935	506 450	522 688	534 565	548 526	562 763[c,p]
希腊	—	35 140[c]	35 531[c]	—	—	—	—
匈牙利	23 534[d]	25 971	25 954	27 403	29 795	31 480	33 960
冰岛	—	3415	2982	3117	3753	—	—
爱尔兰	12 762[c]	17 444	18 157	20 018	19 705[c]	19 722[c]	21 560[c]
以色列	—	—	—	—	—	—	—
意大利	150 066	192 002	208 376	221 115	226 527	225 632	231 914[p]
日本	896 847	910 375	912 202	882 739[a]	878 418	877 928	869 825
韩国	138 077[g]	237 599[g]	269 409[a]	294 440	309 063	335 228	361 374
卢森堡	3663	4377	4605[c]	4652	4711	4988	4988[c,p]
墨西哥	—	66 967	70 293	—	—	—	—
荷兰	91 313	97 835	93 788	93 432	87 874	100 544	—
新西兰	—	—	21 000	—	23 400	—	23 800

续表

经济体＼年份	2000	2006	2007	2008	2009	2010	2011
挪威	—	31 231	33 635	35 485	36 091	36 121	36 950
波兰	78 925	73 554	75 309	74 596	73 581	81 843	85 219
葡萄牙	21 888[c]	30 531[c]	35 334	47 882[a]	51 347	52 378	52 944[p]
斯洛伐克	15 221	15 028	15 421	15 576	15 952	18 188	18 112
斯洛文尼亚	8568	9793	10 369	11 594[a]	12 410	12 940	15 269[a]
西班牙	120 618	188 978	201 108	215 676[a]	220 777	222 022	215 079
瑞典	—	78 715	74 437[a,m]	79 549[c]	75 849[m]	77 418[c,m]	78 480[a,c,p]
瑞士	52 285	—	—	62 066	—	—	—
土耳其	27 003[m]	54 444[m]	63 377[m]	67 244[m]	73 521[m]	81 792[m]	92 801[m]
英国	288 599[b]	334 804[c,m]	343 855[c,m]	342 086[c,m]	347 486[c,m]	350 766[c,m]	358 583[p]
美国	—	—	—	—	—	—	—
欧盟 28 国	2 000 349[b]	2 293 677[b]	2 369 298[b]	2 462 314[b]	2 488 699[b]	2 535 481[b]	2 586 713[b,p]
经合组织	—	—	—	—	—	—	—
阿根廷	37 515	49 359	53 187	56 987	59 683	65 761	69 693
中国	92 2131[a,t]	1 502 472[t]	1 736 155[t]	1 965 357[t]	2 291 252[a]	2 553 829	2 882 903
中国台湾	104 568[d,m]	161 314	175 741	184 633	196 893	210 678	221 371
罗马尼亚	33 892	29 340	28 977	30 390	23 398	26 171	29 749[a]
俄罗斯	1 007 257	916 509	912 291	869 772	845 942	839 992	839 183
新加坡	19 365	30 129	32 198	33 165	35 896	37 013	38 996
南非	—	30 984	31 352	30 802	30 891	—	—

注：a. 序列中断，具备上年数据；b. OECD 秘书处根据各国（地区）资源情况做出的估计或预测；c. 该国（地区）做出的估计或预测；d. 不含国防部分（全部或几乎全部）；g. 不含人文和社会科学领域的研发；l. 高估或依据高估数据；m. 低估或依据低估数据；p. 临时数据；t. 不完全符合《弗拉斯卡蒂手册》的推荐规范。

数据来源：经济合作与发展组织（OECD）《主要科技指标》，2013 年 6 月。

附表 7 2011 年主要经济体研发人员统计

国家或地区	全时当量（千人）	排名	每千人研发人员数（全时当量）	排名
中国	2883	1	2.14	39
日本	877.9[a]	2	6.86[a]	13
俄罗斯	839.2	3	5.87	20
德国	562.6	4	6.92	12
法国	392.9[a]	5	6.26[a]	19
英国	358.6	6	5.74	21
韩国	335.2[a]	7	6.78[a]	14
巴西	265.2[a]	8	1.39[a]	42
意大利	231.9	9	1.39	40
中国台湾	221.4	10	9.53	5
加拿大	221.4[a]	11	6.49[a]	16
西班牙	215.1	12	4.56	27
澳大利亚	137.1[c]	13	6.35[c]	18
乌克兰	134.7	14	2.95	34
荷兰	112.5	15	6.74	15
土耳其	92.8	16	1.25	46
波兰	85.2	17	2.23	38
墨西哥	83.6[b]	18	0.74[b]	49
瑞典	78.5	19	8.3	6
阿根廷	65.8[a]	20	1.62[a]	41
瑞士	62.1[c]	21	8.06[c]	7
奥地利	60.4	22	7.17	11
比利时	60	23	5.44	23
泰国	59.9[a]	24	0.91[a]	48
马来西亚	57.4	25	1.98	40
丹麦	57.2	26	10.28	2
捷克共和国	55.7	27	5.31	24
芬兰	54.5	28	10.12	3

续表

国家或地区	全时当量（千人）	排名	每千人研发人员数（全时当量）	排名
葡萄牙	52.9	29	4.97	25
挪威	36.9	30	7.4	9
希腊	35.5[d]	31	3.18[d]	33
匈牙利	34	32	3.4	31
新加坡	33	33	6.37	17
南非	30.9[b]	34	0.63[b]	51
罗马尼亚	29.7	35	1.39	43
中国香港	24.5	36	3.46	30
新西兰	23.8[b]	37	5.48[b]	22
立陶宛	22.4	38	7.36	10
爱尔兰	21.8	39	4.87	26
印度尼西亚	20.8[b]	40	0.09[b]	53
斯洛伐克	18.1	41	3.32	32
哈萨克斯坦	18	42	1.08	47
菲律宾	17.1[b]	43	0.19[b]	52
保加利亚	17	44	2.31	37
斯洛文尼亚	15.3	45	7.45	8
智利	11.5[a]	46	0.67[a]	50
阿联酋	11.4	47	1.36	44
克罗地亚	9.9	48	2.32	36
爱沙尼亚	5.7	49	4.27	28
拉脱维亚	5.6	50	2.72	35
卢森堡	5	51	9.74	4
冰岛	3.8[b]	52	11.77[b]	1
卡塔尔	1.6[d]	53	1.31[d]	45

注：a. 前1年数据；b. 前2年数据；c. 前3年数据；d. 前4年数据。

数据来源：瑞士洛桑国际管理学院《2013年世界竞争力年鉴》。

附表8　1950—2012年诺贝尔物理学、化学、生理或医学及经济学奖获奖统计

国家或地区	总数	总数排名	每百万人获奖数
美国	271	1	0.86
英国	58	2	0.92
德国	30	3	0.37
法国	19	4	0.30
瑞士	12	5	1.50
日本	12	5	0.09
俄罗斯	10	7	0.07
瑞典	9	8	0.94
荷兰	8	9	0.48
澳大利亚	8	9	0.35
加拿大	7	11	0.20
挪威	6	12	1.19
以色列	6	12	0.75
意大利	5	14	0.08
丹麦	4	15	0.72
奥地利	3	16	0.35
比利时	3	16	0.27
中国台湾	2	18	0.09
中国	2	18	—
立陶宛	1	20	0.34
爱尔兰	1	20	0.22
中国香港	1	20	0.14
捷克	1	20	0.10
阿根廷	1	20	0.02
南非	1	20	0.02
印度	1	20	—

数据来源：瑞士洛桑国际管理学院《2013年世界竞争力年鉴》。

附表 9　2011 年主要经济体专利统计

国家或地区	申请数（含非居民，件）	排名	每 10 万居民申请数（件）	排名	专利授予数（件）（2009—2011 年均值）	排名	每 10 万居民有效数（件）	排名
日本	472 417	1	370	4	295 783	1	1656. 8	1
中国	435 608	2	32	24	101 490	3	27. 3	32
美国	432 298	3	139	10	196 394	2	473. 3	7
韩国	187 454	4	377	3	86 867	4	1222. 3	2
德国	172 764	5	213	7	71 522	5	331. 8	9
法国	65 349	6	103	15	34 126	6	179. 8	15
英国	49 938	7	80	19	17 552	9	131. 1	21
瑞士	37 477	8	474	1	17 063	10	990. 3	3
荷兰	32 376	9	194	9	14 645	11	367. 6	8
俄罗斯	31 433	10	22	28	22 906	7	87. 4	23
意大利	27 679	11	46	23	20 545	8	76. 8	25
加拿大	24 528	12	71	20	10 299	13	212. 8	13
瑞典	21 480	12	227	5	10 765	12	493. 2	5
印度	15 717	14	1	51	3009	21	1. 4	53
丹麦	11 565	15	208	8	4105	19	320	10
芬兰	11 516	16	214	6	6145	14	483. 8	6
比利时	11 427	17	104	14	5129	16	177. 4	16
奥地利	11 393	18	135	12	4727	18	210. 4	14
澳大利亚	11 348	19	50	22	5943	15	156. 7	18
以色列	10 821	20	138	11	3869	20	302. 7	11
西班牙	10 564	21	22	27	4920	17	78. 6	24
挪威	5325	22	107	13	2343	22	250. 6	12
土耳其	5265	23	7	40	807	31	4. 4	45
波兰	4890	24	13	33	1899	25	2. 1	48
新加坡	4529	25	87	18	1949	24	133	20
爱尔兰	4131	26	92	17	1768	26	114. 9	22
乌克兰	3312	27	7	39	2267	23	32. 3	29
新西兰	3021	28	68	21	997	29	159. 3	17
卢森堡	2281	29	446	2	921	30	3588. 1	4
马来西亚	1927	30	7	41	558	36	5. 7	43

续表

国家或地区	申请数（含非居民，件）	排名	每10万居民申请数（件）	排名	专利授予数（件）(2009—2011年均值)	排名	每10万居民有效数（件）	排名
墨西哥	1863	31	2	50	449	38	2.9	46
哈萨克斯坦	1821	32	11	34	1756	27	1	54
捷克共和国	1802	33	17	30	663	34	29.6	31
南非	1718	34	3	46	1250	28	6.1	42
匈牙利	1695	35	17	31	612	35	29.9	30
巴西	1662	36	1	53	686	32	1.6	49
中国香港	1647	37	23	26	680	33	49.7	26
罗马尼亚	1597	38	7	38	463	37	9.6	38
泰国	1137	39	2	48	312	41	5.3	44
葡萄牙	992	40	9	35	297	42	14.4	34
智利	657	41	4	45	183	44	6.5	40
斯洛文尼亚	654	42	32	25	426	39	41.1	28
印度尼西亚	607	43	0	59	17	57	0	59
希腊	470	44	4	44	417	40	6.4	41
斯洛伐克	432	45	8	37	122	46	10.5	37
保加利亚	394	46	5	42	175	45	8.8	39
哥伦比亚	386	47	1	54	55	52	0.8	55
克罗地亚	366	48	9	36	93	50	14.2	35
冰岛	324	49	101	16	102	48	155	19
拉脱维亚	323	50	16	32	264	43	43.5	27
阿根廷	307	51	1	55	105	47	2.2	47
菲律宾	298	52	0	56	53	53	0.3	58
爱沙尼亚	272	53	20	29	86	51	17.9	33
阿联酋	194	54	2	47	32	55	1.6	51
立陶宛	142	55	5	43	95	49	12.7	36
委内瑞拉	90	56	0	57	30	56	1.5	52
约旦	75	57	1	52	34	54	1.6	50
秘鲁	75	57	0	58	17	58	0.4	57
卡塔尔	29	59	2	49	2	59	0.6	56

数据来源：瑞士洛桑国际管理学院《2013年世界竞争力年鉴》。

附表 10 2012 年世界主要国家或地区科技论文统计

国家或地区	合计（篇）	近 3 年排名			SCI 2012（篇）	Ei 2012（篇）	CPCIS 2012（篇）
		2012 年	2011 年	2010 年			
美国	601 552	1	1	1	192 761	124 382	77 518
中国	394 661	2	2	2	125 371	22 265	18 294
英国	165 930	3	3	3	113 506	27 227	19 213
德国	159 946	4	4	4	90 382	29 377	19 565
日本	139 324	5	5	5	79 011	20 438	12 040
法国	111 489	6	6	6	68 939	14 229	12 019
意大利	95 187	7	7	7	67 672	14 849	10 531
加拿大	93 052	8	8	8	52 911	20 992	10 135
印度	84 038	9	11	11	54 220	19 774	8980
韩国	82 974	10	10	10	59 526	14066	9150
西班牙	82 742	11	9	9	52 874	10 658	5458
澳大利亚	68 990	12	12	12	41 352	6671	5607
巴西	53 630	13	13	14	39742	6615	5564
荷兰	51 921	14	14	13	28 533	11575	5967
中国台湾	46 075	15	15	16	29 589	12581	3632
俄罗斯	45 802	16	16	15	29 841	6002	4268
瑞士	40 111	17	17	17	26120	9772	2777
伊朗	38 669	18	18	21	27 461	5611	2944
土耳其	36 016	19	19	18	24 800	6124	4374
波兰	35 298	20	20	19	25 108	5436	3478
瑞典	34 022	21	21	20	21 588	4352	3205
比利时	29 145	22	22	22	16 626	2967	2554
以色列	22 147	23	24	24	16 880	3038	2052
丹麦	21 970	24	25	26	15 820	3214	2 934
奥地利	21 968	25	23	23	13 711	3510	2899
葡萄牙	20 120	26	27	28	14 326	2614	2258
墨西哥	19 198	27	26	27	11 652	4932	1980
新加坡	18 564	28	29	30	13 074	2924	2299
希腊	18 297	29	28	25	11 121	3983	1312
中国香港	16 416	30	30	—	10 565	4417	1175
总计	2 396 403				431 930	83 701	85 921

注：统计数据含非第一作者单位为所在国（地区）的论文。

数据来源：中国科学技术信息研究所。

附表 11 2011—2013 财年美国联邦政府研发支出统计

预算项目（研发活动与设施建设）	2011 年实际支出（百万美元）	2012 年初步数据（百万美元）	2013 年预算支出（百万美元）	2011—2012 年变化率（%）	2012—2013 年变化率（%）
国防	83 226	78 778	77 296	-5.3	-1.9
卫生	30 990	31 188	31 480	0.6	0.9
基础科学与研究	10 581	10 610	10 440	0.3	-1.6
宇航研究与支持	8658	8924	9134	3.1	2.4
自然资源与环境	2314	2291	2431	-1.0	6.1
能源	2265	2398	2734	5.9	14
农业	1768	1957	1961	10.7	0.2
运输	1420	1446	1593	1.8	10.2
老兵福利与服务	1160	1154	1166	0.3	0.2
商业与房贷	651	739	2082	13.5	181.8
教育、培训、就业与社会服务	636	650	656	2.2	0.9
国际事务	196	196	196	0	0
司法	184	113	858	-38.6	659.3
医疗保险	180	23	30	-87.2	30.4
社区与地区发展	83	57	104	-31.3	82.5
收入保障	68	34	74	-50	117.6
总计	144 379	140 568	142 235	-2.6	1.2

数据来源：美国国家科学基金会国家科学和工程统计中心。

附表 12-1 2002—2011 年加拿大国内研发总支出统计

年份	国内研发总支出（百万加元）	国民生产总值（百万加元）	研发强度（%）
2002	25 535	1 152 905	2.04
2003	24 693	1 213 175	2.04
2004	26 679	1 290 906	2.07
2005	28 022	1 373 845	2.04
2006	29 031	1 450 405	2.00
2007	30 031	1 529 589	1.96
2008	30 757	1 603 418	1.92
2009	30 129	1 528 985	1.97
2010	30 219[p]	1 624 608	1.86[p]
2011	30 696[p]	1 720 748	1.78[p]

注：p 表示初步数据。2010 年和 2011 年数据不含加拿大各省数据。

数据来源：加拿大统计局。

附表 12-2　2009—2014 年加拿大联邦政府科技从业人员统计

分类		2009/2010	2010/2011	2011/2012	2012/2013	2013/2014
研究与开发	自然科学与工程	15 725	15 328	15 681	14 795	14 210
	社会科学与人文	1546	1755	1281	1604	1137
	小计	17 272	17 082	16 962	16 399	15 347
相关科研活动	自然科学与工程	11 615	11 745	11 482	11 685	11 497
	社会科学与人文	10 081	9766	10 745	9298	8348
	小计	21 696	21 512	22 227	20 983	19 845
总计	自然科学与工程	37 340	27 073	27 163	26 480	25 707
	社会科学与人文	11 628	11 521	12 026	10 902	9485
	小计	38 968	38 594	39 189	37 382	35 192

注：1. 数据为全时当量，人员包括行政人员、外事机构人员、操作人员和军事人员。

2. 由于四舍五入，分项之和可能会与小计和总计数据略有出入。

数据来源：加拿大统计局。

附表 13-1　2010—2012 年欧盟及 9 个非欧盟国家研发支出统计

国家或地区	2010 年			2011 年			2012 年		
	总支出（百万欧元）	人均支出（欧元）	研发总支出的 GDP 占比（%）	总支出（百万欧元）	人均支出（欧元）	研发总支出的 GDP 占比（%）	总支出（百万欧元）	人均支出（欧元）	研发总支出的 GDP 占比（%）
欧盟 28 国	246 915[e]	489. 2[e]	2[s]	259 460[e]	512. 4[e]	2. 04[s]	266 898[e]	525. 8[e]	2. 06[s]
欧盟 15 国	238 111[e]	—	—	249 347[e]	—	—	255 659[e]	—	—
欧元区 17 国	189 939[e]	573. 2[e]	2. 07[s]	19 9471[e]	600. 3[e]	2. 12[s]	203 280[e]	609. 9[e]	2. 14[s]
比利时	7488	609. 7	2. 1	8171	742. 8	2. 21	8405	757. 6[p]	2. 24[p]
保加利亚	216	29	0. 6	220	29. 8	0. 57	254	34. 6[p]	0. 64[p]
捷克	2095	200. 3	1. 4	2552	243. 4	1. 64	2877[p]	273. 9[p]	1. 88[p]
丹麦	7093	1281. 6	3	7157	1287. 1	2. 98	7319[ep]	1311. 5[ep]	2. 99[ep]
德国	69 948	855. 1	2. 8	75 501	923. 5	2. 89	77 835[ep]	951[ep]	2. 92[ep]
爱沙尼亚	233	174	1. 62	384	287. 7	2. 37	380[p]	284. 9[p]	2. 18[p]
爱尔兰	2670	586. 8[e]	1. 69[s]	2696[e]	589. 7[e]	1. 66[s]	2826[e]	616. 7[e]	1. 72[s]
希腊	—	—	—	1391[b]	125. 1[b]	0. 67[b]	1338	120. 3	0. 69
西班牙	14 588	313. 8	1. 4	14 184	303. 9	1. 36	13 392	286	1. 3
法国	43 469	672. 3[b]	2. 24[b]	45 027	692. 8	2. 25	45 984	703. 9[p]	2. 26[p]
克罗地亚	335	75. 7	0. 75	336	76. 2	0. 76	330	77. 2	0. 75
意大利	19 625	325. 2	1. 26	19 811	326. 8	1. 25	19 834[p]	326. 1[p]	1. 27[p]

续表

国家或地区	2010年			2011年			2012年		
	总支出（百万欧元）	人均支出（欧元）	研发总支出的GDP占比（%）	总支出（百万欧元）	人均支出（欧元）	研发总支出的GDP占比（%）	总支出（百万欧元）	人均支出（欧元）	研发总支出的GDP占比（%）
塞浦路斯	86	105.2	0.5	89	105.8	0.5	83	96.1[p]	0.47[p]
拉脱维亚	109	51.2	0.6	141	67.8	0.7	147	71.7[p]	0.66[p]
立陶宛	220	69.9	0.79	283	92.6	0.91	297	98.9[p]	0.9[p]
卢森堡	592	1178.3	1.51	—	—	—	—	—	—
匈牙利	1126	112.4	1.17	1205	120.6	1.22	1257	126.6	1.3
马耳他	42	101.4	0.66	47	114.3	0.72	57	137.3[p]	0.84[p]
荷兰	10 892	657.1	1.86	12 141[b]	728.9[b]	2.03[p]	12 926[p]	772.6[p]	2.16[p]
奥地利	7480[e]	952.8[e]	2.8[e]	8276	984.8	2.77	8708[ep]	1035.6[ep]	2.84[ep]
波兰	2608	68.3	0.74	2836	73.6	0.76	3430	89	0.9
葡萄牙	2749	260	1.59	2606	246.5	1.52	2469	234.2[p]	1.5[p]
罗马尼亚	573	28.2	0.46	657	32.5[b]	0.5[b]	554[dp]	27.6[dp]	0.42[dp]
斯洛文尼亚	746	364.4	2.1	894[b]	436.2[b]	2.47[b]	989[p]	481[p]	2.8[p]
斯洛伐克	416	77.2	0.63	468	86.9	0.68	585	108.3	0.82
芬兰	6971	1302.7	3.9	7164	1332.7	3.8	6831	1264.9	3.55
瑞典	11 870	1270.8[de]	3.39[de]	130 568	1386.6	3.39	13891[e]	1464.9[e]	3.41[e]
英国	30 732	491.9[e]	1.77[e]	31 547	500.6	1.78	33 262[ep]	523.9[ep]	1.72[ep]
冰岛	—	—	—	242	760.2	2.4	—	—	—
挪威	5342	1099.6	1.68	5831	1185	1.65	6439	1291.5	1.66
塞尔维亚	222	30.3	0.79	242	33.3	0.77	287	39.7	0.96
土耳其	4642	64	0.84	4771	64.7	0.86	—	—	—
俄罗斯	12 999	91.6	—	14 930	104.5	—	17 529	122.5	—
美国	308 258[d]	—	2.73[d]	29 8271[dp]	—	2.67[dp]	—	—	—
中国大陆（不含香港）	78 725	58.7	1.76	96 565	71.7	1.84	—	—	—
日本	135 036	1054.6	3.25	—	—	—	—	—	—
韩国	28 629	579.4	—	—	—	—	—	—	—

注：b. 序列中断；d. 定义不同；e. 估值；p. 临时数据；s. 欧盟统计局估值。

数据来源：欧盟统计局。

附表 13-2 2010—2012 年欧盟及 8 个非欧盟国家研发人员统计

单位：全时当量

国家或地区	2010 年	2011 年	2012 年
欧盟 28 国	2 545 357[e]	2 615 169[e]	2 645 034[e]
欧盟 15 国	2 269 435[e]	2 324 546[e]	2 345 541[e]
欧元区 17 国	1 823 455[e]	1 875 997[e]	1 892 574[e]
比利时	60 075	62 895	65 979[p]
保加利亚	16 574	16 986	16 746[p]
捷克	52 290	55 697	60 223[p]
丹麦	56 623	56 126	55 711[ep]
德国	548 526	574 701	579 200[ep]
爱沙尼亚	5277	5724	5841[p]
爱尔兰	19 721[e]	21 560[e]	22 791[e]
希腊	—	36 913[b]	37 361
西班牙	220 022	215 079	208 831
法国	397 756[b]	402 318	—
克罗地亚	10 859	10 622	10 368
意大利	225 632	228 094	23 3927[p]
塞浦路斯	1302	1297	1270[p]
拉脱维亚	5563	5432	5593[p]
立陶宛	12 315	11 173	10 675
卢森堡	4988	—	—
匈牙利	31 480	33 960	35 732
马耳他	1121	1383	1490[p]
荷兰	100 544	116 326[b]	116 666[p]
奥地利	58 992[e]	61 171	63 682[ep]
波兰	81 843	85 219	90 716
葡萄牙	52 348	55 612	56 192[p]
罗马尼亚	26 171	29 749[b]	27 650[dp]
斯洛文尼亚	12 940	15 269[b]	15 333[p]
斯洛伐克	18 188	18 112	18 127
芬兰	55 897	54 526[b]	54 047
瑞典	77 418[de]	77 950[bd]	81 272[de]
英国	350 766[de]	356 258d	358 045[dep]
冰岛	—	3158	—

续表

国家或地区	2010 年	2011 年	2012 年
挪威	36 121	36 950	37 804
黑山	—	530	—
塞尔维亚	17 274	17 489	17 730
土耳其	81 792	92 801	—
俄罗斯	839 992	839 183	828 401
日本	877 928	—	—
韩国	335 228	—	—

注：d. 定义不同；e. 估值；p. 临时数据。

数据来源：欧盟统计局。

附表 14 2009—2011 年德国研发支出和人员统计

类型 \ 年份	2009 年		2010 年		2011 年	
	研发支出（百万欧元）	研发人员（全时当量）	研发支出（百万欧元）	研发人员（全时当量）	研发支出（百万欧元）	研发人员（全时当量）
公立和私营非营利机构	9932	86 633	10 354	90 531	10 974	93 663
高等院校	11 808	115 441	12 665	120 784	13 449	123 910
企业	45 275	332 491	46 929	337 211	51 077	357 129
合计	67 015	534 565	69 948	548 526	75 500	574 701

数据来源：德国联邦统计局。

附表 15-1 2011 年英国研发支出统计 单位：百万英镑

资金来源 \ 执行部门	政府	研究理事会	高等教育	企业	私营非营利机构	合计	海外
政府	977	86	406	1601	68	3138	531
研究理事会	47	819	1979	11	86	2942	188
高校资助理事会	—	—	2257	—	—	2257	—
高等教育	2	11	290	—	14	317	—
企业	203	26	284	11 957	85	12 556	2003
私营非营利机构	3	47	987	104	165	1306	—
海外	77	51	923	3734	79	4864	—
合计	1308	1040	7127	17 408	496	27 380	—
民口	1151	1040	7091	15 562	494	25 338	—
国防	158	—	35	1847	2	2042	—

数据来源：英国国家统计局 2013 年 3 月 13 日公报。

附表 15-2 2011 年英国科学家和工程师统计 单位：千人

16~64岁人群	学历情况			男性			女性		
	总数	大学	科学或工程	总数	大学	科学或工程	总数	大学	科学或工程
16~64岁人群	39 028	9608	4137	19 439	4807	2142	19 589	4801	1996
具备就业能力	30 087	8397	3615	16 153	4361	1941	13 934	4035	1673
就业人数	27 551	8013	3484	14 699	4164	1865	12 853	3949	1620

数据来源：英国商业、创新与技能部《科学、工程与技术统计附表 2013》。

附表 16 2007—2011 年俄罗斯研发支出与人员统计

项目 \ 年度		2007 年	2008 年	2009 年	2010 年	2011 年
科研人员（千人）		801. 1	761. 3	742. 4	736. 5	735. 3
科研经费投入（百万卢布）	基础研究	54 769. 4	69 735. 8	83 198. 1	82 173. 8	92 305. 3
	应用研究	77 934. 0	92 380. 1	135 859. 5	155 482. 8	226 970. 2
	合计	132 703. 1	162 115. 9	219 057. 6	237 656. 6	319 275. 4
	GDP 占比（%）	0. 40	0. 39	0. 56	0. 53	0. 57
科研内部经费（百万卢布）	现行货币	371 080. 3	431 073. 2	485 834. 3	523 377. 2	610 426. 7
	GDP 占比（%）	1. 12	1. 03	1. 24	1. 16	1. 12
研发支出（百万卢布）	基础研究	63 590. 4	77 121. 3	96 809. 1	95 881. 3	106 924
	应用研究	54 492. 6	79 885. 8	92 557. 1	92 010. 7	113 096. 8
	试验发展	234 834. 7	253 857. 9	271 640. 0	3 015 580. 8	348 365. 9
	合计	352 917. 7	410 865. 0	461 006. 2	489 450. 8	568 386. 7

数据来源：俄罗斯联邦统计局《国家统计年鉴 2013》。

附表 17 2010—2012 年中国研发支出与人员统计

项目 \ 年份		2010 年	2011 年	2012 年
研发总经费（亿元）		7062. 9	8687	10298. 4
研发经费投入强度（%）		1. 76	1. 84	1. 98
研发人员（全时当量，万人年）		255. 4	288. 6	324. 87
研发人员人均经费（万元）		27. 7	30. 1	31. 7
投入分配	各类企业	5185. 5 亿元（73. 4%）	6579. 3 亿元（75. 7%）	7842. 2 亿元（76. 2%）
	政府属研究机构	1186. 4 亿元（16. 8%）	1306. 7 亿元（15%）	1548. 9 亿元（15%）
	高等学校	597. 3 亿元（8. 5%）	688. 9 亿元（7. 9%）	780. 6 亿元（7. 6%）
	其他事业单位	93. 7 亿元（1. 3%）	112. 1 亿元（1. 43%）	126. 7 亿元（1. 2%）
国家财政科技支出（亿元）		4114. 4	4902. 6	5600. 1
财政科技支出比重（%）		4. 58	4. 39	4. 45

注：“投入分配”中括号内数据为各部门研发投入占研发投入总额之比。

数据来源：中国国家统计局。

附表 18-1　2010—2012 年新加坡研发支出统计

年份	总额（亿新加坡元）	复合年增长率（%）	研发强度（%）	企业研发强度（%）	公共研发强度（%）
2010	65	8.0（2000—2010）	2.09	1.3	0.84
2011	74	8.6（2000—2011）	2.2	1.4	0.8
2012	72	8.8（2002—2012）	2.1	1.3	0.8

数据来源：新加坡科技研究局《国家研发调查》。

附表 18-2　2010—2012 年新加坡研发人员统计

年份	总数	复合年增长率（%）	研究人员（人）	复合年增长率（%）	科学家和工程师（人）	复合年增长率（%）
2010	43 164	6.1（2000—2010）	30 801	6.1（2000—2010）	28 296	6.9（2000—2010）
2011	44 855	5.9（2000—2011）	33 023	5.9（2000—2011）	29 482	6.7（2000—2011）
2012	45 001	5.3（2002—2012）	32 508	6.2（2002—2012）	30 109	6.8（2002—2012）

数据来源：新加坡科技研究局《国家研发调查》。

附表 19　日本 2012 年研发支出与 2013 年研发人员统计

部门＼项目	研发支出（2012 年）			研发人员（2013 年）	
	数量（亿日元）	占比（%）	人均研究费（万日元）	研发组织数（个）	总数（人）
企业	121 705	70.2	2528	12 673	581 042
非营利组织	2225	1.3	2980	468	12 295
公共研究机构（其中国立机构）	13 692（1627）	7.9	4337（6970）	497（22）	62 752（4012）
大学	35 624	20.6	1246	3638	384 397
总计	173 246	100	2073	17 276	1 040 486

数据来源：日本总务省《科学技术研究调查》。

附表 20-1　2010—2012 年以色列研发支出统计

单位：百万谢克尔，现价

类别＼年份	私营非营利机构	高等院校	政府	企业	总计
2010	415	4681	637	28 580	34 313
2011	421	4756	680	30 822	36 679
2012	442	4904	683	33 390	39 419

数据来源：以色列中央统计局。

附表 20-2　2009 年以色列研发人员统计

项目＼类别	政府机构	公立非营利机构	私营非营利机构	总计
人员（千人，全时当量）	1574	127	511	2212
占比（%）	71	6	23	100

数据来源：以色列中央统计局。

附表 21　2010—2012 年澳大利亚研发支出统计　　单位：百万澳元

类别 \ 年份	私营非营利机构	高等院校	政府	企业	总计
2009	1210	4502	1314	27 387	34 413
2010	1282	4686	1379	27 991	35 338
2011	1305	4808	1426	30 623	38 162

数据来源：澳大利亚统计局《澳大利亚创新体系报告2013》、经合组织《主要科技指标2013》。

附表 22　2008—2011 年南非研发支出与研发人员统计

年份 \ 类别	国内研发总支出（百万兰特）	GDP 占比（%）	研发人员（全时当量）	每千名就业者研发人员数（全时当量）
2008—2009	21 041	0. 92	30 802	2. 2
2009—2010	20 955	0. 87	30 891	2. 3
2010—2011	20 254	0. 76	29 486	2. 2

数据来源：南非科技部《2010—2011 财年国家研究与实验发展调查》。

美国《科学》杂志评选出2013年世界十大科学突破

2013年12月20日，《科学》杂志盘点了2013年那些领跑科学的十大重要突破。其中正在展现足够前景的“癌症免疫疗法”登上本年度最重要科学突破的榜首。

1. 癌症免疫疗法

2013年标志着癌症攻克的一个转折点，致力于使人体免疫系统免受肿瘤影响的长期努力正在开始奏效，尽管其前景仍是一个未知。

免疫疗法是一种同以往完全不同的癌症治疗方法，其目标是免疫系统，并非肿瘤本身。2013年6月，研究人员报告，结合使用伊匹单抗（即抗CTLA－4）和抗PD－1令1/3的黑色素瘤患者出现“深层和快速的肿瘤消退”。虽然目前尚不能证明阻断T细胞表面的PD－1通路的药物可以延长生命，但迄今为止的存活率使医生对此持乐观态度。肿瘤学家表示，癌症治疗刚刚走过一个转角，而他们将在研究路上，继续前行。

2. 大众基因显微手术——CRISPR

20世纪20年代，手术室中引入显微镜，其精度和易用性带来了一场外科手术的革命。2013年，一种被称为CRISPR的基因编辑技术引发了大量研究的进行，它使生物学家可以更加精确和轻松地进行对基因组的操作。

从2013年1月起，十多个团队已经使用CRISPR操纵了老鼠、细菌、酵母、斑马鱼、线虫、果蝇、植物和人体细胞中的特定基因，为了解这些基因的功能和利用它们改善健康状况铺平了道路。CRISPR还具有同时修改多个基因的潜力，并简化了制作疾病小鼠模型的工作。在未来，CPISPR很可能被更加灵活的基因编辑工具取代，然而现在，CPISPR的热潮仍会持续。

3. 脑成像技术——CLARITY

2013年，大脑的一个新窗口被打开，有望从根本上改变实验室研究这种错综复杂器官的方式，它被称为CLARITY。由于形成细胞膜的脂肪会发出散射光，CLARITY通过消除脂肪可以使大脑组织透明如玻璃，它使用一种凝胶取代脂质分子，同时能保持神经元、其他脑细胞及细胞器完整，从而使错综复杂的大脑结构呈现出来。

在以前试图建立透明大脑的技术中，各组织都非常脆弱，但在CLARITY中，这些组织足够坚固，科学家可以多次将不同标记渗入其中，进而将其冲出，并使大脑重复成像。研究人员称，这种进步能够使计算一个特定大脑区域的神经元数量等任务的速度提升100倍。相比之下，传统的死亡脑组织成像方法变得无关紧要。

4. 人体胚胎克隆

研究人员在2013年宣布他们已经克隆出人体胚胎，并将其用于胚胎干细胞的来源，这是一个梦寐以求的目标。胚胎干细胞能够发展成任何组织，并提供与克隆细胞完美匹配的基因，是研究和开发药物的强大工具。然而，对于破坏胚胎的担忧以及克隆人类胚胎的简易便捷可能会使其成为热议话题。

5. 迷你器官

2013年，科学家成功使iPS细胞在实验室成长为微小的“类器官”——肝脏雏形、迷你肾脏，甚至初期的人类大脑。研究人员希望利用迷你大脑技术探索其他人类疾病。

由澳大利亚研究人员培养出的这种大脑与真实大脑在一些重要方面有所不同。由于其缺少血液供应，它们在长到苹果种子大小时便会停止生长，中心的细胞由于缺少养分和其他营养物质会相继死亡。但是类器官对人类大脑的模拟程度令人吃惊，在显微镜下可以观察到眼组织，就像早期胎儿的大脑。

6. 宇宙射线的来源

几十年以来，物理学家认为，作为宇宙射线在太空穿行的高能质子和原子来自于恒星爆炸后的残骸，或者说超新星。现在，他们确定了这一结论。2013年，研究人员使用美国宇航局费米伽马射线太空望远镜，发现了这些粒子在银河系的云状超新星遗迹中加速的首个直接证据，即他们终于将这些射线与超新星或爆炸中的恒星所遗留的碎片云联系在了一起。

天体物理学家仍不清楚粒子与磁场相互作用的很多细节，而且他们怀疑最高能量的宇宙射线来自银河系之外。不过，超新星遗迹的确喷涌出宇宙射线却是毫无疑问的。

7. 太阳能新星——钙钛矿型太阳能电池

一种新兴的太阳能电池材料在过去的2013年获得了大量的关注，它们比那些传统的硅电池要更便宜且更容易生产。钙钛矿电池还没有像商用太阳能电池那样有效，但它们正在快速不断地得到改善。钙钛矿作为一颗冉冉升起的新星，照亮了太阳能研究界。这种便宜易制的晶体被证明能够将15%的太阳能转换为电能。

不同于硅电池和其他高效能太阳能材料依赖于高温下使用昂贵的设备生产出的半导体，目前用于太阳能电池的钙钛矿仅仅通过在溶液中混合便宜的前体化合物，然后在物体表面晾干就可以了。也许还可以将其与传统的硅太阳能电池整合，将其覆盖在硅板顶部，可以使转换效率达到30%。

8. 为什么睡觉

我们为何睡觉？这是生物学的最基本问题。2013 年，神经科学家在这个答案的追寻上有了一个大跨步。通过追踪睡眠小鼠大脑中的有色染料，科学家得出结论，睡眠的基本目的是：清洗大脑。他们发现，在小鼠睡眠时，大脑运输管道的网络膨胀了 60%，增加了脑脊液的流动，从而清理了 β－淀粉蛋白等代谢废物。

如果未来的研究发现，许多其他的物种也会经历这一大脑清理的过程，那将表明清洗的确是睡眠的一个核心功能。新发现还说明，睡眠不足也许在神经疾病的发展中发挥着作用。不过由于二者因果关系尚不确定，人们担心这一问题还为时过早。

9. 微生物与健康

研究人员发现，人体内的细菌在决定身体如何应对营养不良和癌症等不同挑战方面扮演着重要角色。2013 年，研究人员开始精确定位特定微生物影响健康和疾病的方式，从而获得了更多关于微生物影响免疫系统功能的提示。研究越来越明显地表明，个性化医疗要想更加有效，需要将每个人体内的微生物情况考虑在内。

2013 年，研究人员追踪肠道微生物与癌症之间的一些联系。3 个抗癌疗法被证明需要肠道细菌才能奏效；细菌可以帮助刺激免疫系统以应对药物治疗。一个小鼠研究显示，由于肥胖小鼠体内产生一种损害 DNA 的细菌副产品，与肥胖相关的一种肝癌发生率会上升。新发现还证实了之前的猜测：一种被称作梭菌属的肠道细菌对刺激结直肠肿瘤有重要作用。

10. 结构生物学指导疫苗设计

几十年以来，研究人员一直希望结构生物学（在近原子水平研究生物分子）可以帮助他们设计更好的疫苗。2013 年，他们终于发现了令人信服的证据，证明该方法可以带来较高的回报。2013 年 5 月，美国国家过敏症和传染病研究所的一个研究团队报告称，他们已经通过结构生物学的方法锁定一种对抗呼吸道合胞病毒比帕利珠单抗有效 10~100 倍的抗体。而 2013 年秋天公布的另外 3 项研究利用类似的方法为艾滋病病毒设计疫苗。

既然结构生物学已经证明了它在疫苗设计上的价值，许多研究人员希望这种开创性的工作也可以为丙型肝炎疫苗、登革热等病毒疫苗的研制指明方向。

《科技日报》评选出2013年国内、国际十大科技新闻

由科技日报社主办，部分两院院士、中央主流新闻媒体负责人和资深科技记者共同评选出的2013年国内、国际十大科技新闻于2013年12月25日在京揭晓。

一、国内十大科技新闻

1. 运－20大型运输机首飞成功

2013年1月26日，运－20大型运输机首飞成功。它以超过60吨的载重量，220吨的最大起飞重量，跻身全球十大运输机之列，是中国研制的最大的飞机，其成功标志着中国跻身世界大飞机国家。

该型飞机航程超过7800千米，是我国依靠自己的力量研制的一种大型、多用途运输机，可在复杂气象条件下执行各种物资和人员的长距离航空运输任务，同时还为中国的空中加油机和预警机找到了合适载体，弥补了国内自研预警机缺乏大飞机平台的遗憾，填补了近年来中国空运力量的空缺。它的首飞成功，对于推进我国经济和国防现代化建设，应对抢险救灾、人道主义援助等紧急情况，具有重要意义。

2. 首次观测到量子反常霍尔效应

2013年4月，由清华大学薛其坤院士领衔，来自中科院和清华大学的团队在《科学》杂志发表论文，利用新思路制造出合适材料，并从实验中首次观察到了量子反常霍尔效应。这是我国科学家从实验中独立观测到的一个重要物理现象，也是物理学领域基础研究的一项重要科学发现。杨振宁表示，这是从中国实验室做出的、具有诺贝尔奖级的物理学论文。

量子霍尔效应之所以如此重要，一方面是由于它体现了二维电子系统在低温强磁场极端条件下的奇妙量子行为，另一方面这些效应可能在未来电子器件中发挥特殊的作用，用于制备低能耗的高速电子器件。这项研究成果将会推动新一代低能耗晶体管和电子学器件的发展，可能加速推进信息技术的进步。

3. “神十”开创我国载人航天应用性飞行先河

2013年6月11日，神舟十号飞船成功发射并访问天宫一号，开创中国载人

航天应用性飞行的先河。在经过 15 天太空飞行后，神舟十号载人飞船返回舱在预定区域安全着陆。

神舟十号飞船在轨飞行期间，与天宫一号进行了一次自动交会对接和一次手控交会对接。3 名航天员在天宫一号开展了一系列空间科学实验和技术试验，并向全国青少年进行了太空授课。

经过神舟八号和神舟九号飞行任务的考核和验证，目前飞船和火箭功能更加完善、完备，性能更稳定，可靠性安全性进一步提高，技术状态基本固化。应用性飞行不仅将验证和巩固交会对接技术，进一步验证航天员在轨驻留相关技术，还将开展空间站建造相关的技术实验，更加注重为空间站建造积累经验。

4. “天河”重夺世界超级计算机头名

在 2013 年 6 月德国莱比锡的“2013 年国际超级计算大会”上，由国防科技大研制的天河二号超级计算机，跃居第 41 届世界超级计算机 500 强排名榜首。这是继 2010 年天河一号首次夺冠之后，中国超级计算机再次夺冠。天河二号峰值计算速度达每秒 5. 49 亿亿次，持续计算速度达每秒 3. 39 亿亿次。

5. 成功研发人感染 H7N9 禽流感病毒疫苗株

2013 年 10 月 26 日，我国科学家宣布成功研发出人感染 H7N9 禽流感病毒疫苗株。这一成果打破和改变了我国流感疫苗株需由外国提供的历史，为及时应对新型流感疫情提供了有力的技术支撑，并为全球控制 H7N9 禽流感疫情做出了贡献。

6. 实现体细胞重编程技术重大突破

2013 年 7 月，北京大学的科学家在《科学》杂志上发表的文章中提出一种成功将体细胞制成多潜能性干细胞的新方法，让多潜能性干细胞的研究和应用变得更现实。

该成果将为未来细胞治疗及器官移植提供理想的细胞来源，极大推动人类“克隆”组织和器官治疗疾病的医学研究。这一重大发现有助于人们更好地理解细胞命运决定和细胞命运转变的机制，使人类未来有可能通过使用小分子化合物的方法，直接在体内改变细胞命运。这样，治疗疾病所需要的细胞功能或许可以直接通过小分子化合物来重塑。如果这一目标得以实现，很多难以治疗的疾病将会得到新的解决方案，整个再生医学领域也将会发生新的变革。

7. 拍摄到氢键的清晰照片

2013 年 11 月，国家纳米科学中心的团队在《科学》杂志上发表文章：他们利用原子力显微镜技术，实现了对分子间局域作用的直接成像，在国际上首次直接观察到了分子间的氢键，拍下了高分辨率图像。他们精确解析了分子间氢键的构型，实现了对氢键键角和键长的直接测量。专家指出，这项研究开辟了一条新的实验途径，预期在分子间相互作用的机理研究领域会有广阔的应用前景。

8. 证实盐碱土大量吸收二氧化碳

科学家们在进行全球碳平衡研究和估算中发现，有近20%的CO_2排放去向不明，这被称为“碳失汇”问题或“碳黑洞”问题。2013年11月，一个由中外科学家组成的团队对上述问题给出了答案，并在世界上首次证实了碱土能够吸收CO_2。研究还揭示了无机碳汇形成的载体和通道，从这个角度看，干旱区人类活动的加剧意味着碳汇的加强，让空气里的二氧化碳变少了，这是对自然和环境的良性反馈。

9. 4G牌照颁发，电信业进入新时代

2013年12月4日，工信部正式向三大电信运营商——中国移动、中国电信、中国联通颁发了TD－LTE制式的4G牌照。此举预示我国进入到一个全新的通信时代，将对包括用户网速、语音通话、移动互联网、电子商务、智慧城市等带来深远影响。预计4G牌照的发放将加速中国移动对TD－LTE的建设，4G网络的建成将大大缓解3G时代中国移动网络承载能力差的大问题。

10. 嫦娥三号成功落月

2013年12月14日，嫦娥三号探测器在月球虹湾预定区域成功着陆，此举标志我国成为世界上第3个实现地外天体软着陆的国家。嫦娥三号探测器落月后，进行了太阳翼和定向天线展开、设备工作模式调整等月面初始化工作，之后在地面控制下，着陆器与巡视器成功分离和互相拍照。

在本次探月之旅中，嫦娥三号将获取月球内部的物质成分并进行分析，将一期工程的“表面探测”引申至内部探测。嫦娥三号着陆器定点守候，月球车在月球表面巡游90天，抓取月壤在车内进行分析，并把数据直接传回地球。

二、国际十大科技新闻

1. 欧美争相发布脑科学计划

2013年1月，欧盟委员会宣布，人脑工程项目成为欧盟“未来新兴旗舰技术项目”之一，并将在未来10年内获得10亿欧元的科研经费，目标是用超级计

算机模拟大脑的工作原理；紧接着在 4 月，美国总统奥巴马宣布将从 2014 财年政府预算中拿出 1 亿美元，启动“人类大脑活动图谱”的研究计划，意在通过绘制一幅囊括大脑所有活动的高清动态图，为后续的研究“导航”。这是一个与人类自身息息相关的领域，也是一个“钱景”看好的领域，抢攻脑科学战略制高点的号角就此吹响。

2. 陨石袭击俄罗斯致千人受伤引担忧

2013 年 2 月 15 日，一颗陨星在俄罗斯车里雅宾斯克空中留下了轨迹，这场突袭导致约 1200 人受伤，近 3000 座建筑物受损。它引发了一次与核爆炸相当的巨大冲击，但对于太空岩石来讲，这颗陨星居然还算太小，以至于预警网络没能起到应有的作用。

鉴于全世界的宇航机构居然和普通民众一样，都是通过互联网手段了解此事的，联合国决定解决这个长期被忽视的问题。在 10 月的联合国大会上，几名宇航员提出的小行星防御计划方案获批——成立“国际小行星预警组织”，以便在各成员国之间分享潜在威胁地球的小行星信息；一旦探测到小行星将与地球相撞，将发射飞船撞击目标使其偏转轨道。

3. 美国“功能性治愈”一名感染艾滋病病毒婴儿

美国约翰·霍普金斯儿童医疗中心、密西西比大学医学中心和麻省大学医学院的研究人员 2013 年 3 月 3 日报告，他们首次实现了对一名感染艾滋病病毒婴儿的“功能性治愈”。

所谓“功能性治愈”，是指其无须终身用药，体内的艾滋病病毒感染已被完全控制，且标准的临床测试无法检测到血液中的艾滋病病毒复制，但患者体内仍有少量病毒，与“根本性治愈”（指患者体内病毒已完全清除）不同。这项成果将有助于为根治儿童艾滋病病毒感染铺平道路，尽管数据仍不足够，但该例子为开展原理验证研究提供了理论基础。

4. 阿尔法磁谱仪研究暗物质首批成果公布

诺贝尔奖得主、美籍华人物理学家丁肇中及其团队于 2013 年 4 月 3 日公布了其主持的阿尔法磁谱仪项目的首批研究成果，实验观察到宇宙射线流中正电子存在的比率符合关于暗物质存在的理论预测。虽然目前尚没有充分证据排除其他可能性，但这批成果向最终找到暗物质存在的可靠证据又迈进了一步。

5. 美国克隆出人类胚胎干细胞

美国俄勒冈健康与科学大学和俄勒冈国家灵长类动物研究中心的科学家在

2013 年 5 月 15 日出版的《细胞》杂志上发表论文称，他们已成功地将人类皮肤细胞重组为可在体内转化成任何其他类型细胞的胚胎干细胞。研究人员从一个患有遗传病的婴儿身上提取了皮肤细胞，将它们与捐赠的卵子融合，制造出了多个人类胚胎，这些胚胎的基因与这名 8 个月大的婴儿完全相同。之后，研究人员从这些胚胎上提取了干细胞。这项研究的导向是产生可用于疾病治疗的干细胞，即“治疗性克隆”，目的只是想要干细胞做治疗。该研究的成功意味着人类在开发可用于再生医学的细胞方面迈出了重要的一步。

6. “棱镜门”事件示警网络与信息安全

英国《卫报》和美国《华盛顿邮报》2013 年 6 月 6 日披露，美国国家安全局和联邦调查局于 2007 年启动了一个代号为“棱镜”的秘密监控项目，直接进入美国网际网路公司的中心服务器里挖掘数据、收集情报，包括微软、雅虎、谷歌、苹果等在内的 9 家国际网络巨头皆参与其中。此事件经前美国中央情报局职员爱德华·斯诺登曝光后，舆论哗然。而此后半年，“棱镜门”继续发酵，使得越来越多的国家被卷入其中，也让全球都开始审视当下的网络安全战。

7. 光被“拘留”在晶体中达一分钟

以往研究中，光的传播速度已可以被大幅降低，甚至还可以让光停下来，但停留时间转瞬即逝。而 2013 年 7 月，来自德国的科学家创下纪录：他们用一种更为稳定的介质来取代由电磁场保持的超冷原子云，这种介质是一种不透明的晶体，在激光照射下可暂时变得透明，而光就在这种晶体中静止了整整 60 秒。这一成果对于研制量子中继器具有重要意义，也是未来打造强大的量子计算机以及构建长距离量子通信的基础。

8. 人类探测器首次飞离太阳系

美国国家航空航天局 2013 年 9 月 12 日正式确认，人类向外层空间派出的首位使者——1977 年 9 月发射的“旅行者 1 号”探测器已经在 2012 年 8 月 25 日前后跨出了太阳系，在寒冷黑暗的星际空间遨游了至少 1 年。

36 年来，“旅行者 1 号”极大丰富了人类对于太阳系及太阳系以外空间的认知。也有科学家认为，“旅行者 1 号”驶出太阳系很危险，它暴露了地球的坐标。但作为第一个走出太阳系的人造物体，“旅行者 1 号”到达了从来没有探测器到过的空间，成了人类科学发展史上的一座里程碑。

9. “冰立方”首次观测到太阳系外高能中微子确凿证据

2013 年 6 月，“冰立方”中微子天文台记录到迄今最高能级的一次中微子震荡事件，即亚原子粒子在飞行途中从一种类型转变为另一种类型的现象，这是达成对中微子质量清晰认识的必要一步。随后，在分析了 2010 年 5 月至 2012 年 5 月“冰立方”收集的数据后，11 月，项目科学家再次宣布，发现了 28 个高能中微子，其能量都超过 30 万亿电子伏特。随着“冰立方”收集到的更多数据，这些中微子的来历也将被揭开。这也就是中微子天文学的开端。

10. 嫦娥三号成功落月

2013 年 12 月 2 日 1 时 30 分，万众瞩目的嫦娥三号一飞冲天，发射取得圆满成功。14 日，“嫦娥”成功落月，“玉兔”上路探险。嫦娥三号是中国首个在地球以外天体实施软着陆和月面巡视勘察的航天器，实现了探月工程二期“落”的工程目标，创造中国航天史上的又一个第一。而“嫦娥”和“玉兔”的自主导航能力及其携带的极紫外相机、月面光学望远镜和测月雷达，都是美苏 20 世纪探月时不曾用过的；人类此前登月时所用的探测器，也无法拥有当今先进的计算技术。

2013 年诺贝尔科学奖

1. 2013 年诺贝尔生理学或医学奖

北京时间 2013 年 10 月 7 日，瑞典卡罗琳医学院经过评定，宣布将 2013 年诺贝尔生理学或医学奖授予 2 名美国科学家詹姆斯 · E · 罗斯曼（James E. Rothman）、兰迪 · W · 谢克曼（Randy W. Schekman）和 1 名德国科学家托马斯 · C · 苏德霍夫（Thomas C. Südhof），以表彰他们在细胞囊泡的运输与调控机制方面所做的贡献。

谢克曼发现了能控制细胞传输系统不同方面的三类基因，从基因层面上为了解细胞中囊泡运输的严格管理机制提供了新线索；罗思曼在 20 世纪 90 年代发现了一种蛋白质复合物，可令囊泡基座与其目标细胞膜融合，阐明了囊泡是如何与目标细胞膜融合并进行传递运输的；基于前两位美国科学家的研究，苏德霍夫发现并解释了囊泡如何在指令下精确地释放出内部物质。他们突破性的研究成果，共同解释了蛋白质和其他物质是怎样在细胞内和细胞间进行转运的，同时有助于解释胰岛素是如何释放到血液当中的，其发现也能帮人类更好地认识神经细胞之间的信号传递过程、病毒感染后细胞的变化方式。

所谓囊泡运输调控机制，是指某些分子与物质不能直接穿过细胞膜，而是依赖围绕在细胞膜周围的囊泡进行传递运输。这种运输系统背后的分子机制，指导着如何在细胞内把分子于正确的时间运送到正确的地点，即让囊泡通过与目标细胞膜融合，在神经细胞指令下可精确控制荷尔蒙、生物酶、神经递质等分子传递的恰当时间与位置。例如，对控制血糖具有重要作用的胰岛素，正是借由囊泡进行精确传递并最终释放在血液中。如果缺失了这个过程，细胞内部将变得一片混乱。即当细胞运输系统出现异常时，会对人体产生不良的影响，导致出现诸如神经系统疾病、糖尿病、免疫失调等症状。

2. 2013 年诺贝尔物理学奖

瑞典皇家科学院于北京时间 2013 年 10 月 8 日宣布，2013 年诺贝尔物理学奖由比利时理论学家弗朗索瓦 · 恩格勒特（François Englert）和英国物理学家彼得 · 希格斯（Peter Higgs）共享，获奖原因是他们从理论上预测了万物质量之源——希格斯玻色子（即所谓的“上帝粒子”）的存在。这最后一种未被发现的基本粒子，也是解释物质质量之谜的最重要粒子。假设中的希格斯玻色子是物质的质量之源，其他粒子在希格斯玻色子构成的“海洋”中游弋，受其作用而产生惯性，最终才有了质量。

颁奖词说，两位科学家从理论上发现了帮助我们理解亚原子粒子质量起源的机制，且该机制最近已通过欧洲核子研究中心大型强子对撞机的超环面仪器和紧凑缪子线圈实验发现了预测中的基本粒子而获得证实。

瑞典皇家科学院在声明中也表示，获奖的理论是用于描述世界是如何构建的粒子物理标准模型的核心部分。根据粒子物理标准模型，所有的事物，从花朵到人类，从恒星到行星，皆由物质粒子这些基石构成。这些粒子在希格斯玻色子构成的场中，受其作用而产生惯性，最终获得了质量。恩格勒特和希格斯提出的理论描述了这一过程。

1964 年，恩格勒特和同事罗伯特・布绕特（Robert Brout，已故）提出了量子场方程，这种无形的场弥漫于整个宇宙。希格斯也提出了同样的方程，并指出这个场中的涟漪会表现为一种新的粒子，也即是希格斯玻色子。这就是粒子物理标准模型的前身。而 2012 年 7 月，欧洲核子研究中心大型强子对撞机的两个独立项目组分别发现了希格斯玻色子，填补了标准模型所缺失的这最后一片拼图。

3. 2013 年诺贝尔化学奖

瑞典皇家科学院于 2013 年 10 月 9 日宣布，将 2013 年诺贝尔化学奖授予 3 名美籍科学家马丁・卡普拉斯（Martin Karplus）、迈克尔・莱维特（Michael Levitt）、阿里耶・瓦谢勒（Arieh Warshel），以表彰他们在开发多尺度复杂化学系统模型方面所做的贡献。

诺贝尔化学奖评选委员会指出，卡普拉斯、莱维特和瓦谢勒研究的开创性在于，他们让经典物理学与迥然不同的量子物理学在化学研究中“并肩作战”。以前，化学家必须二选其一：依靠用塑料棒和杆创建模型的经典物理学方法的优势在于计算简单且能为大分子建模，但其无法模拟化学反应；而如果化学家选择使用量子物理学计算化学反应过程，巨大的计算量使得其只能应付小分子。为此，在 20 世纪 70 年代，这 3 位科学家设计出这种多尺度模型，让传统的化学实验走上了信息化的快车道。

多尺度复杂化学系统模型的出现无疑翻开了化学史的“新篇章”。化学反应发生的速度堪比光速，刹那间，电子就从一个原子核跳到另一个原子核。以前，对化学反应的每个步骤进行追踪几乎是不可能完成的任务。而在由这三位科学家研发出的多尺度模型的辅助下，化学家们让计算机做“帮手”来揭示化学过程。例如，在模拟药物如何同身体内的目标蛋白耦合时，计算机会对目标蛋白中与药物相互作用的原子执行量子理论计算；而使用要求不那么高的经典物理学来模拟其余的大蛋白，从而精确掌握药物发生作用的全过程。目前，三位科学家的研究成果，已经应用于废气净化及植物的光合作用的研究中，并可用于优化汽车催化剂、药物和太阳能电池的设计。